Visual Basic 程式設計與應用：程式設計與邏輯訓練共舞

(附範例光碟)

陳會安　編著

全華圖書股份有限公司　印行

國家圖書館出版品預行編目資料

Visual Basic 程式設計與應用 ：程式設計與邏輯訓練共舞 / 陳會安編著. -- 初版. -- 新北市 : 全華圖書, 2017.07
面 ; 公分
ISBN 978-986-463-592-4(平裝附光碟片)
1.BASIC(電腦程式語言)
312.32B3 106010995

Visual Basic 2017 程式設計與應用：程式設計與邏輯訓練共舞(附範例光碟)

作者 / 陳會安
執行編輯 / 王詩蕙
發行人 / 陳本源
出版者 / 全華圖書股份有限公司
郵政帳號 / 0100836-1 號
印刷者 / 宏懋打字印刷股份有限公司
圖書編號 / 06340007
初版二刷 / 2019 年 09 月
定價 / 新台幣 400 元
ISBN / 978-986-463-592-4(平裝附光碟片)
全華圖書 / www.chwa.com.tw
全華網路書店 Open Tech / www.opentech.com.tw
若您對書籍內容、排版印刷有任何問題，歡迎來信指導 book@chwa.com.tw

臺北總公司(北區營業處)
地址：23671 新北市土城區忠義路 21 號
電話：(02) 2262-5666
傳真：(02) 6637-3695、6637-3696

南區營業處
地址：80769 高雄市三民區應安街 12 號
電話：(07) 381-1377
傳真：(07) 862-5562

中區營業處
地址：40256 臺中市南區樹義一巷 26 號
電話：(04) 2261-8485
傳真：(04) 3600-9806

序言

微軟 Visual Basic 語言是一種支援 .NET Framework 平台的程式語言，源於「BASIC」（standing for Beginner’s All Purpose Symbolic Instruction Code）語言的簡單易學，Visual Basic 語言對於初學程式設計來說，是一種相當容易入門的程式語言。

本書內容在規劃上是鎖定第一次學習程式語言和程式設計的學生與使用者，所規劃的 Visual Basic 程式語言學習手冊和教材，可以作為讀者學習第一種程式語言、高中職、大專院校資管系、商科、理工科系等第一門程式語言或 Windows 視窗程式設計等基礎程式設計課程的教材。

因為微軟 Visual Studio 整合開發環境有多種版本，為了方便電腦上已經安裝不同版本的使用者，在書附光碟提供適用 Visual Studio 2010~2017 版的 VB 範例專案，不論讀者使用哪一個版本，都可以使用本書來學習 Visual Basic 程式設計。

依據筆者多年經驗、訪談和觀察所得，初學者學習程式設計所面臨的最大問題不是語法；而是邏輯，因為初學者不了解程式邏輯（program logic），再加上功能強大的整合開發環境 IDE 只有執行結果，沒有詳細執行過程，初學者根本無從了解程式碼是如何執行，進而學習如何追蹤程式碼的執行，所以，只能使用人類的邏輯來寫程式，當然不知如何下手，寫不出一個像樣的程式。

因為學習程式設計不只需要學會程式語言的語法，更重要的是學會電腦的程式邏輯（因為各種程式語言的語法雖然不同，但是程式邏輯並不會改變）。因此，本書提供針對初學程式設計者開發的 fChart 程式設計教學工具，不只可以自行繪製流程圖，更能夠以直譯方式執行流程圖來驗證演算法是否正確，然後啓動 fChart 程式碼編輯器，使用功能表命令將流程圖符號一一自行轉換成對應的 VB 程式碼。

所以，本書是採用三步驟的「作中學」來幫助讀者真正學會重要的 VB 語法，如下所示：

- 第一步：觀察流程圖了解程式邏輯。
- 第二步：實際將流程圖轉換成為 VB 程式碼。
- 第三步：了解 VB 程式語法，和進一步修改程式碼來學習相關的進階語法。

如何閱讀本書

本書內容架構分成兩大部分，在第一部分的前 7 章是結構化程式設計的 VB 語法，強調基礎 VB 語法的學習，可以幫助讀者真正學會循序、選擇和重複結構的 VB 語法，筆者是從 fChart 程式設計教學工具的流程圖開始，一步一步引導讀者來學習基礎程式設計，在實作部分可以選擇使用 fChart 程式碼編輯器，或 Visual Studio 來撰寫 VB 程式碼。

第二部分是從第 8 章開始進入 Windows 應用程式開發，使用 Visual Studio 整合開發環境建立視窗應用程式、繪圖、動畫、檔案處理和功能表，並且使用現成函數庫來建立支援海龜繪圖的 VB 程式，最後在第 14 章提供多個實用的整合範例。

編著本書雖力求完美，但學識與經驗不足，謬誤難免，尚祈讀者不吝指正。

陳會安於台北 hueyan@ms2.hinet.net

2017.4.30

光碟內容說明

為了方便讀者實際操作本書內容，筆者將本書的 VB 專案、VB 程式和相關工具都收錄在書附光碟。書附光碟的資料夾和檔案說明，如下表所示：

資料夾和檔案	說明
ch02~ch14 和 appa 資料夾	本書各章節 VB 範例專案、VB 程式和相關 DLL 檔，Visual Studio Community 2015~2017 適用
community.zip	本書 Community 版範例的 ZIP 格式壓縮檔
express 資料夾	Visual Basic 2010 Express 版的 VB 範例專案、VB 程式和相關 DLL 檔
express.zip	本書 Express 版範例的 ZIP 格式壓縮檔
VS2010 Express 繁體中文版 .url	Visual Basic 2010 Express 下載網址，可以下載 ISO 檔案來自行燒錄成安裝光碟
FlowChart4.55v4 資料夾	fChart 程式設計教學工具
FlowChart4.55v4.zip	fChart 程式設計教學工具的 ZIP 格式壓縮檔

請注意！在 ch02~ch08 資料夾下副檔 .vb 的程式，請使用 fChart 程式碼編輯器開啓，.fpp 是流程圖，請使用 fChart 直譯器開啓，ch02~ch14 的各子資料夾是每章的 VB 專案，請使用 Visual Studio 開啓。

Visual Basic 2010 Express 版和 Visual Studio 2012/2013 版的讀者，請使用 express 資料夾的 VB 專案，Visual Studio Community 2015~2017 版請使用 ch02~ch14 資料夾的 VB 專案。

版權聲明

目錄

Chapter 1　Visual Basic 語言與流程圖的基礎

Chapter 2　建立 Visual Basic 程式

Chapter 3　變數、資料型態與輸出輸入

contents

Chapter 4 運算子與運算式

Chapter 5 條件敘述

Chapter 6 迴圈結構

目錄

Chapter 7 程序與函數

Chapter 8 Windows 表單與基本控制項

Chapter 9 選擇與清單控制項

Chapter 10 陣列應用

目錄

Chapter 14 綜合應用練習

附錄 A 使用 fChart 流程圖直譯器繪製流程圖

附錄 B Visual Studio Community 的下載與安裝

附錄 C ASCII 碼對照表

Chapter

1

VisualBasic

Visual Basic 語言與流程圖的基礎

本章綱要

1-1 程式與程式邏輯

「程式」（programs）以英文字面來說是一張音樂會演奏順序的節目表，或活動進行順序的活動行程表。電腦程式也有相同的意義，程式可以指示電腦依照指定順序來執行所需的動作。

1-1-1 認識程式

程式（programs）或稱爲「電腦程式」（computer programs）可以描述電腦如何完成指定工作，其內容是完成指定工作的步驟，撰寫程式就是寫下這些步驟，如同作曲寫下的曲譜、設計房屋的藍圖或烹調食物的食譜。例如：描述烘焙蛋糕過程的食譜（recipe），可以告訴我們如何製作蛋糕；Word 電腦程式可以幫助我們編輯文件。

以電腦術語來說，程式是使用指定程式語言（program language）所撰寫沒有混淆文字、數字和鍵盤符號組成的特殊符號，這些符號組合成指令敘述和程式區塊，再進一步編寫成程式碼，程式碼可以告訴電腦解決指定問題的步驟。

基本上，電腦程式的內容主要分爲兩大部分：資料（data）和處理資料的操作（operations）。對比烘焙蛋糕的食譜，資料是烘焙蛋糕原料的水、蛋和麵粉等成份，再加上器具的烤箱，在食譜描述的烘焙步驟是處理資料的操作，可以將這些成份製作成蛋糕，如下圖所示：

圖 1-1

事實上，我們可以將程式視爲一個資料轉換器，當使用者從電腦鍵盤或滑鼠輸入資料後，執行程式是在執行資料處理的操作，可以將資料轉換成有用的資訊，如下圖所示：

圖 1-2

上述輸出結果可能是顯示在螢幕或從印表機印出，電腦只是依照程式的指令將輸入資料進行轉換，以產生所需的輸出結果。對比烘焙蛋糕，我們依序執行食譜描述的烘焙步驟，就可以一步一步混合、攪拌和揉合水、蛋和麵粉等成份後，放入烤箱來製作出蛋糕。

請注意！爲了讓電腦能夠看懂程式，程式需要依據程式語言的規則、結構和語法，以指定文字或符號來撰寫程式，例如：使用 Visual Basic 語言撰寫的程式稱爲 Visual Basic 程式碼（VB Code）或稱爲「原始碼」（Source Code）。

1-1-2 程式邏輯的基礎

我們使用程式語言的主要目的是撰寫程式碼來建立程式，所以需要使用電腦的程式邏輯（program logic）來撰寫程式碼，如此電腦才能執行程式碼來解決我們的問題，因爲電腦才是眞正的「目標執行者」（target executer），負責執行你寫的程式；並不是你的大腦在執行。

讀者可能會問撰寫程式碼執行程式設計（programming）很困難嗎？事實上，如果你能夠一步一步詳細列出活動流程、導引問路人到達目的地、走迷宮、使用自動購票機買票或從地圖上找出最短路徑，就表示你一定可以撰寫程式碼。

請注意！電腦一點都不聰明，不要被名稱誤導，因爲電腦眞正的名稱應該是「計算機」（computer），一台計算能力非常好的計算機，並沒有思考能力，更不會舉一反三，所以，我們需要告訴電腦非常詳細的步驟和資訊，絕對不能有模稜兩可的內容，而這就是電腦使用的程式邏輯。

例如：開車從高速公路北上到台北市大安森林公園，然後分別使用人類的邏輯和電腦的程式邏輯來寫出其步驟。

人類的邏輯

因爲目標執行者是人類，對於人類來說，我們只需檢視地圖，即可輕鬆寫下開車從高速公路北上到台北市大安森林公園的步驟，如下所示：

Step 01：中山高速公路向北開。
Step 02：下圓山交流道（建國高架橋）。
Step 03：下建國高架橋（仁愛路）。
Step 04：直行建國南路，在紅綠燈右轉仁愛路。
Step 05：左轉新生南路。

上述步驟告訴人類的話（使用人類的邏輯），這些資訊已經足以讓我們開車到達目的地。

電腦的程式邏輯

對於目標執行者電腦來說，如果將上述步驟告訴電腦，電腦一定完全沒有頭緒，不知道如何開車到達目的地，因爲電腦一點都不聰明，這些步驟的描述太不明確，我們需要提供更多資訊給電腦（請改用電腦的程式邏輯來思考），才能讓電腦開車到達目的地，如下所示：

- 從哪裡開始開車（起點）？中山高速公路需向北開幾公里到達圓山交流道？
- 如何分辨已經到了圓山交流道？如何從交流道下來？
- 在建國高架橋上開幾公里可以到達仁愛路出口？如何下去？
- 直行建國南路幾公里可以看到紅綠燈？左轉或右轉？
- 開多少公里可以看到新生南路？如何左轉？接著需要如何開？如何停車？

所以，撰寫程式碼時需要告訴電腦非常詳細的動作和步驟順序，如同教導一位小孩作一件他從來沒有作過的事，例如：綁鞋帶、去超商買東西或使用自動販賣機。因爲程式設計是在解決問題，你需要將解決問題的詳細步驟一一寫下來，包含動作和順序（即設計演算法），然後將它轉換成程式碼，以本書爲例就是撰寫 Visual Basic 程式碼。

1-1-3 程式是如何執行

程式是告訴電腦操作步驟的指令，可以完成指定工作，我們在學習撰寫電腦程式前，或多或少都需要對電腦有一些認識，也就是了解電腦是如何執行程式。

基本上，我們使用程式語言建立的程式碼最後都會編譯成電腦看的懂的機器語言，這些指令是 CPU 支援的「指令集」（instruction set）。請注意！不同 CPU 支援不同的指令集，雖然程式語言有很多種，但是 CPU 只懂一種語言，也就是它能執行的機器語言，如下圖所示：

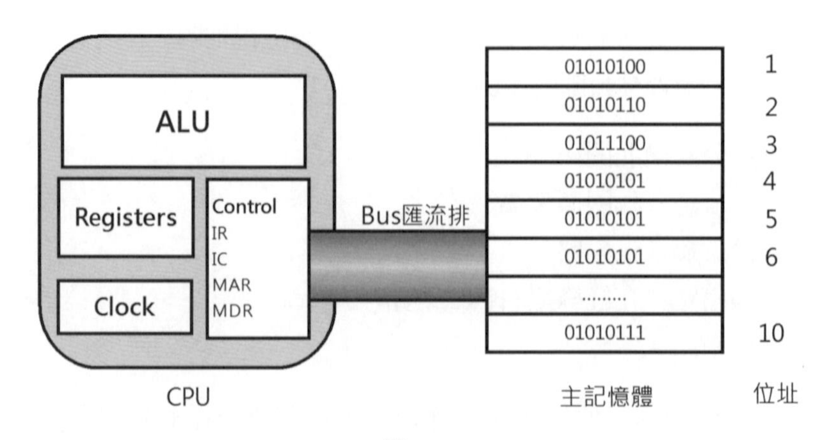

圖 1-3

在上述圖例的電腦架構中，CPU 使用匯流排連接周邊裝置，以此例只繪出主記憶體。CPU 執行機器語言程式只是一種例行工作，依序將儲存在記憶體的機器語言指令「取出和執行」（fetch-and-execute）。簡單的說，CPU 是從記憶體取出指令，然後執行此指令，取出下一個指令，再執行它。CPU 執行程式的方式，如下所示：

- 在電腦的主記憶體儲存機器語言的程式碼和資料。
- CPU 從記憶體依序取出一個一個機器語言指令，然後依序執行它。

所以，CPU 並非眞正了解機器語言在作什麼？這只是 CPU 的例行工作，依序執行機器語言指令，所以使用者讓 CPU 執行的程式不能有錯誤，因爲 CPU 只是執行它，並不會替您的程式擦屁股。

中央處理器（CPU）

電腦 CPU 提供實際的運算功能，個人電腦都是使用晶片「IC」（Integrated Circuit），其主要功能是使用「ALU」（Arithmetic and Logic Unit）的邏輯電路進行運算，來執行機器語言的指令。

在 CPU 擁有很多組「暫存器」（registers），暫存器是位在 CPU 中的記憶體，可以暫時儲存資料或機器語言的指令，例如：執行加法指令需要 2 個運算元，在運算時這兩個運算元的資料就是儲存在暫存器。

CPU 還擁有一些控制「取出和執行」（fetch-and-execute）用途的暫存器，其說明如下表所示：

表 1-1

暫存器	說明
IR（Instruction Register）	指令暫存器，儲存目前執行的機器語言指令
IC（Instruction Counter）	指令計數暫存器，儲存下一個執行指令的記憶體位址
MAR（Memory Address Register）	記憶體位址暫存器，儲存從記憶體取得資料的記憶體位址
MDR（Memory Data Register）	記憶體資料暫存器，儲存目前從記憶體取得的資料

現在，我們可以進一步檢視取出和執行（fetch-and-execute）過程，CPU 執行速度是依據 Clock 產生的時脈，即以 MHz 爲單位的速度來執行儲存在 IR 的機器語言指令。在執行後，以 IC 暫存器儲存的位址，透過 MDR 和 MAR 暫存器從匯流排取得記憶體的下一個指令，然後執行指令，只需重複上述操作即可執行完整個程式。

記憶體（memory）

當電腦執行程式時，作業系統可以將儲存在硬碟或軟碟的執行檔案載入電腦主記憶體（main memory），這就是 CPU 執行的機器語言指令，因爲 CPU 是從記憶體依序載入指令和執行。

事實上，程式碼本身和使用的資料都是儲存在 RAM（Random Access Memory），每一個儲存單位有數字編號稱爲「位址」（address）。如同大樓信箱，門牌號碼是位址，信箱內容是程式碼或資料，儲存資料佔用的記憶體空間大小，需視使用的資料型態而定。

電腦 CPU 中央處理器存取記憶體資料的主要步驟，如下所示：

Step 01：送出讀寫的記憶體位址：當 CPU 讀取程式碼或資料時，需要送出欲取得的記憶體位址，例如：記憶體位址 4。

Step 02：讀寫記憶體儲存的資料：CPU 可以從指定位址讀取記憶體內容，例如：位址 4 的內容是 01010101，取得資料是 01010101 的二進位值，每一個 0 或 1 是一個「位元」（Bit），8 個位元稱爲「位元組」（byte），這是電腦記憶體的最小儲存單位。

每次 CPU 從記憶體讀取的資料量，需視 CPU 與記憶體間的「匯流排」（bus）而定，在購買電腦時，所謂 32 位元或 64 位元的 CPU，就是指每次可以讀取 4 個位元組或 8 個位元組資料來進行運算。當然 CPU 每次可以讀取愈多的資料，CPU 的執行效率也愈高。

輸入 / 輸出裝置（input/output devices）

電腦的輸入 / 輸出裝置是程式的窗口，可以讓使用者輸入資料和顯示程式的執行結果。目前而言，電腦最常搭配的輸入裝置是鍵盤和滑鼠；輸出裝置是螢幕和印表機。

因爲電腦和使用者說的是不同語言，對於人們來說，當我們在【記事本】使用鍵盤輸入英文字母和數字時，螢幕馬上顯示對應的英文或中文字。

對於電腦來說，當在鍵盤按下大寫 A 字母時，傳給電腦的是 1 個位元組的數字（英文字母和數字只使用其中的 7 位元），目前個人電腦主要是使用「ASCII」（American Standard Code for Information Interchange，詳見＜附錄 C：ASCII 碼對照表＞）碼，例如：大寫 A 是 65，換句話說，電腦實際顯示和儲存的資料是數值 65。

同樣的，在螢幕上顯示的中文字，我們看到的是中文字，電腦看到的仍然是內碼。因爲中文字很多，需要使用 2 個位元組的數值來代表常用的中文字，正（繁）體中文的內碼是 Big 5；簡體中文有 GB 和 HZ。也就是說，1 個中文字的內碼值佔用 2 位元組，相當於 2 個英文字母。

目前 Windows 作業系統也支援「統一字碼」（unicode），這是由 Unicode Consortium 組織制定的一個能包括全世界文字的內碼集，包含 GB2312 和 Big5 的所有內碼集，即 ISO 10646 內碼集。擁有常用的兩種編碼方式：UTF-8 為 8 位元編碼；UTF-16 為 16 位元的編碼。

次儲存裝置（secondary storage unit）

次儲存裝置是一種能夠長時間和提供高容量儲存資料的裝置。電腦程式與資料是在載入記憶體後，才依序讓 CPU 來執行，不過，在此之前這些程式與資料是儲存在次儲存裝置，例如：硬碟機。

當在 Windows 作業系統使用編輯工具編輯程式碼時，這些資料只是暫時儲存在電腦的主記憶體，因為主記憶體在關閉電源後，儲存的資料就會消失，為了長時間儲存這些資料，我們需要將它儲存在電腦的次儲存裝置，也就是儲存在硬碟中的程式碼檔案。

在次儲存裝置的程式碼檔案可以長時間儲存，直到我們需要編譯和執行程式時，再將檔案內容載入主記憶體來執行。基本上，次儲存裝置除了硬碟機外，CD 和 DVD 光碟機也是電腦常見的次儲存裝置。

隨堂練習

1. 請試著詳細描述早上起床到出門上學之間的動作和順序，例如：刷牙、洗臉、換衣服、吃早餐、出門上學等動作。

1-2 流程圖與 fChart 流程圖直譯器

程式設計的最重要工作是將解決問題的步驟詳細的描述出來，稱為演算法（algorithms），我們可以直接使用文字內容來描述演算法，或使用圖形的流程圖（flow chart）來表示。

1-2-1 演算法

如同建設公司興建大樓有建築師繪製的藍圖，廚師烹調有食譜，設計師進行服裝設計有設計圖，程式設計也一樣有藍圖，哪就是演算法。

認識演算法

「演算法」（algorithms）簡單的說就是一張食譜（recipe），提供一組一步接著一步（step-by-step）的詳細過程，包含動作和順序，可以將食材烹調成美味的食物，例如：在第 1-1-1 節說明的蛋糕製作，製作蛋糕的食譜就是一個演算法，如下圖所示：

演算法	=	一張食譜	=	一組指令步驟

圖 1-4

電腦科學的演算法是用來描述解決問題的過程，也就是完成一個任務所需的具體步驟和方法，這個步驟是有限的；可行的，而且沒有模稜兩可的情況。

演算法的表達方法

因為演算法的表達方法是在描述解決問題的步驟，所以並沒有固定方法，常用表達方法，如下所示：

- 文字描述：直接使用一般語言的文字描述來說明執行步驟。
- 虛擬碼（pseudo code）：一種趨近程式語言的描述方法，並沒有固定語法，每一行約可轉換成一行程式碼，如下所示：

```
/* 計算 1 加到 10 */
Let counter = 1
Let sum = 0
while counter <= 10
   sum = sum + counter
   Add 1 to counter
Output the sum    /* 顯示結果 */
```

- 流程圖（flow chart）：使用標準圖示符號來描述執行過程，以各種不同形狀的圖示表示不同的操作，箭頭線標示流程執行的方向。

因為一張圖常常勝過千言萬語的文字描述，圖形比文字更直覺和容易理解，所以對於初學者來說，流程圖是一種最適合描述演算法的工具，事實上，繪出流程圖本身就是一種很好的程式邏輯訓練。

1-2-2 流程圖

不同於文字描述或虛擬碼是使用文字內容來表達演算法，流程圖是使用簡單的圖示符號來描述解決問題的步驟。

認識流程圖

流程圖是使用簡單的圖示符號來表示程式邏輯步驟的執行過程，可以提供程式設計者一種跨程式語言的共通語言，作爲與客戶溝通的工具和專案文件。如果我們可以畫出流程圖的程式執行過程，就一定可以將它轉換成指定的程式語言，以本書爲例是撰寫成 Visual Basic 程式碼。

所以，就算你是一位完全沒有寫過程式碼的初學者，也一樣可以使用流程圖來描述執行過程，以不同形狀的圖示符號表示操作，在之間使用箭頭線標示流程的執行方向，筆者稱它爲圖形版程式（對比程式語言的文字版程式）。

在本書提供的 fChart 流程圖直譯器是建立圖形版程式的最佳工具，因爲你不只可以編輯繪製流程圖，更可以執行流程圖來驗證演算法的正確性，完全不用涉及程式語言的語法，就可以輕鬆開始寫程式，其進一步說明請參閱第 1-2-3 節和附錄 A。

流程圖的符號圖示

目前演算法使用的流程圖是由 Herman Goldstine 和 John von Neumann 開發與製定，常用流程圖符號圖示的說明，如下表所示：

表 1-2

流程圖的符號圖示	說明
	長方形的【動作符號】（或稱為處理符號）表示處理過程的動作或執行的操作
	橢圓形的【起止符號】代表程式的開始與終止
	菱形的【決策符號】建立條件判斷
	箭頭連接線的【流程符號】是連接圖示的執行順序
	圓形的【連接符號】可以連接多個來源的箭頭線
	【輸入 / 輸出符號】（或稱為資料符號）表示程式的輸入與輸出

流程圖的繪製原則

一般來說，為了繪製良好的流程圖，一些繪製流程圖的基本原則，如下所示：

- 流程圖需要使用標準的圖示符號，以方便閱讀、溝通和小組討論。
- 在每一個流程圖符號的說明文字需力求簡潔、扼要和明確可行。
- 流程圖只能有一個起點，和至少一個終點。
- 流程圖的繪製方向是從上而下；從左至右。
- 決策符號有兩條向外的流程符號；終止符號不允許有向外的流程符號。
- 流程圖連接線的流程符號應避免交叉或太長，請儘量使用連接符號來連接。

1-2-3 fChart 流程圖直譯器

fChart 流程圖直譯器是 fChart 程式語言教學工具的一部分，我們不只可以使用 fChart 流程圖直譯器編輯繪製流程圖；還可以使用動畫來完整顯示流程圖的執行過程和結果，輕鬆驗證演算法是否可行和訓練讀者的程式邏輯。

在這一節筆者只準備說明如何開啓流程圖專案來執行流程圖，以便讀者可以在寫出 Visual Basic 程式碼前，先了解整個程式的執行流程。關於 fChart 流程圖繪製的完整說明，請參閱附錄 A。

開啓 fChart 專案執行流程圖

在書附光碟的 fChart 程式語言教學工具並不需要安裝，只需將相關檔案複製或解壓縮至指定資料夾，就可以在 Windows 作業系統執行 fChart 流程圖直譯器（我們也可以從此工具啓動 fChart 程式碼編輯器），其步驟如下所示：

Step 01：請開啓 fChart 程式語言教學工具解壓縮所在的「\FlowChart4.55v4」資料夾，執行【RunfChart.exe】後，在「使用者帳戶控制」視窗按【是】鈕啓動 fChart 流程圖直譯器。

Step 02：在成功啓動 fChart 流程圖直譯器後，可以進入流程圖編輯的使用介面。

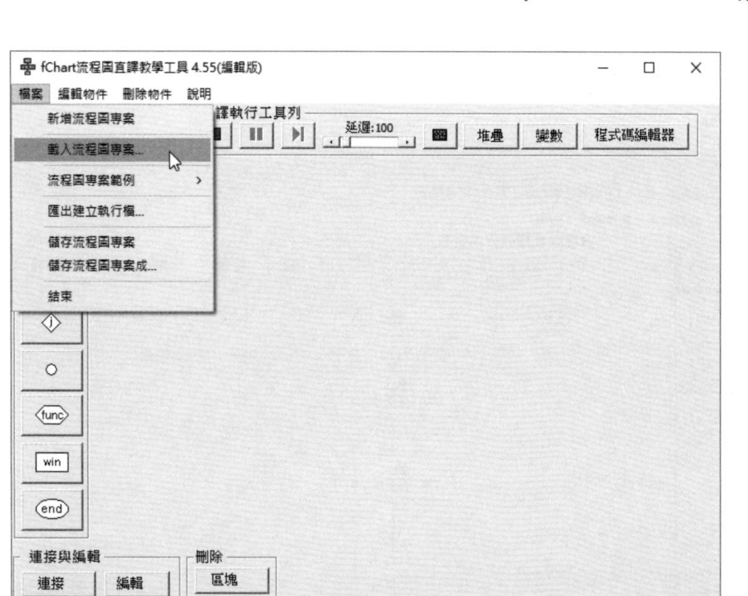

圖 1-5

Step 03：請執行「檔案 > 載入流程圖專案」命令，可以看到「開啟」對話方塊。

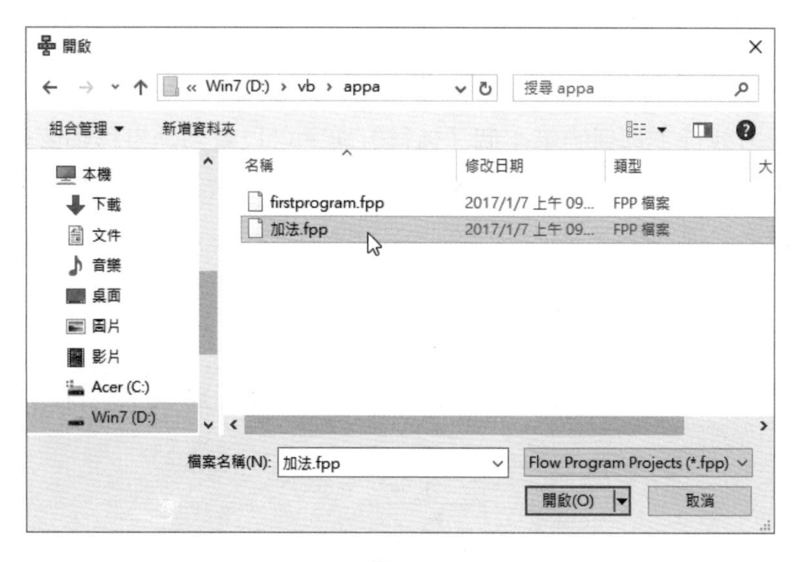

圖 1-6

Step 04：切換至「\vb\appa」路徑，選【加法 .fpp】，按【開啓】鈕，可以看到載入的流程圖。

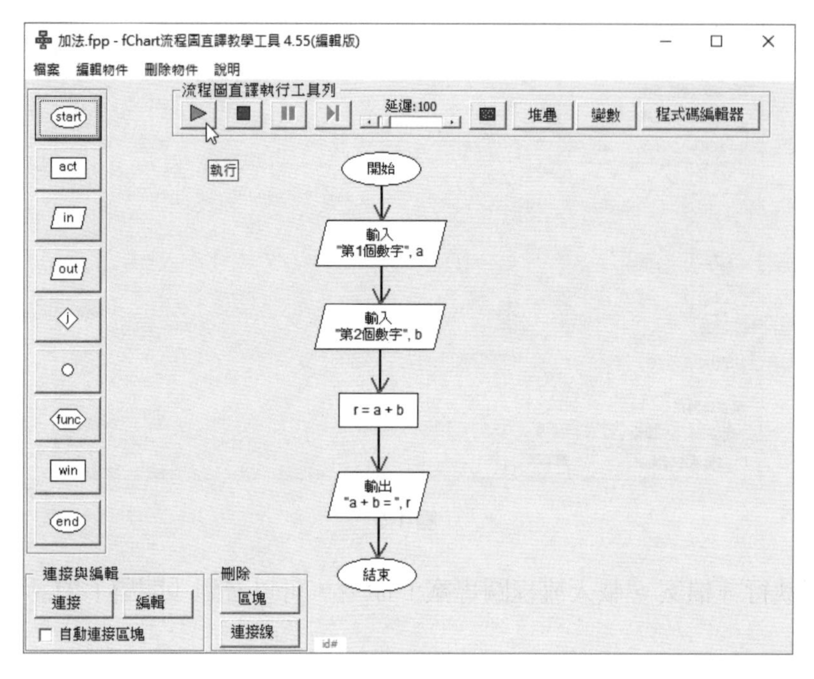

圖 1-7

Step 05：按上方執行工具列的第 1 個【執行】鈕，可以看到動畫移動藍色框來執行流程圖，因爲執行到輸入符號，所以顯示「命令提示字元」視窗，和顯示輸入第 1 個數字的提示文字。

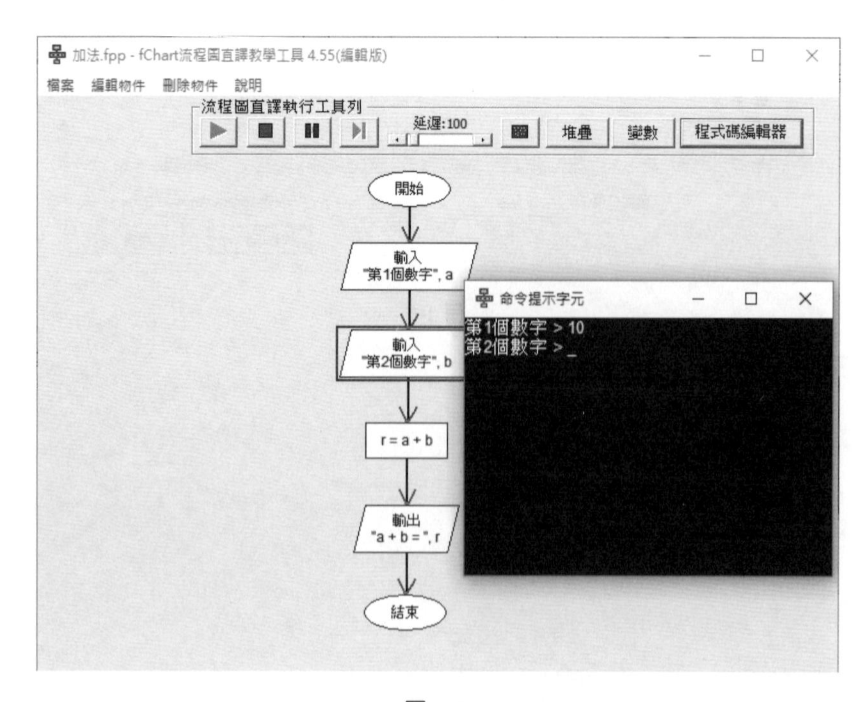

圖 1-8

Step 06：請輸入 10，按 Enter 鍵，可以看到輸入第 2 個數字，請輸入 5，按 Enter 鍵，可以看到流程圖繼續執行，和顯示加法的計算結果 15。

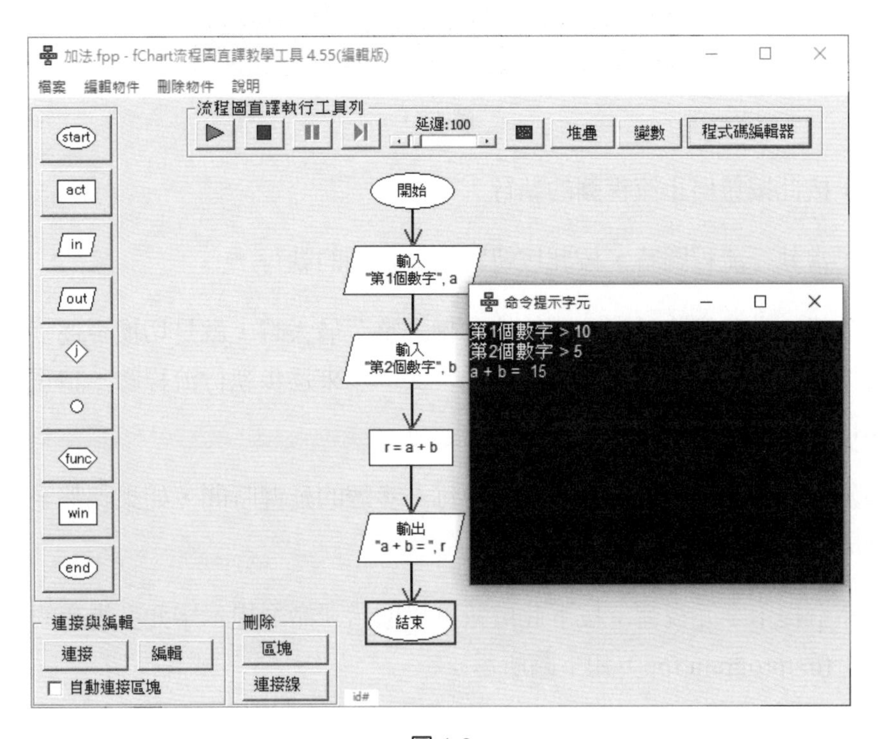

圖 1-9

Step 07：我們可以再次執行流程圖，並且輸入不同值，就可以看到不同的執行結果。

流程圖直譯執行工具列

fChart 流程圖直譯器是使用上方執行工具列按鈕來控制流程圖的執行，我們可以調整執行速度和顯示相關輔助資訊視窗，如下圖所示：

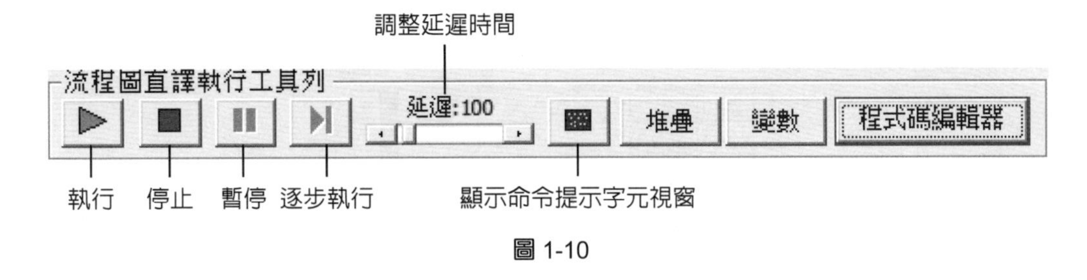

圖 1-10

上述工具列按鈕從左至右的說明，如下所示：

- 執行：按下按鈕開始執行流程圖，它是以延遲時間定義的間隔時間來一步一步自動執行流程圖，如果流程圖需要輸入資料，就會開啓「命令提示字元」視窗讓使用者輸入資料（在輸入資料後，請按 Enter 鍵）例如：【加法 .fpp】，如下圖所示：

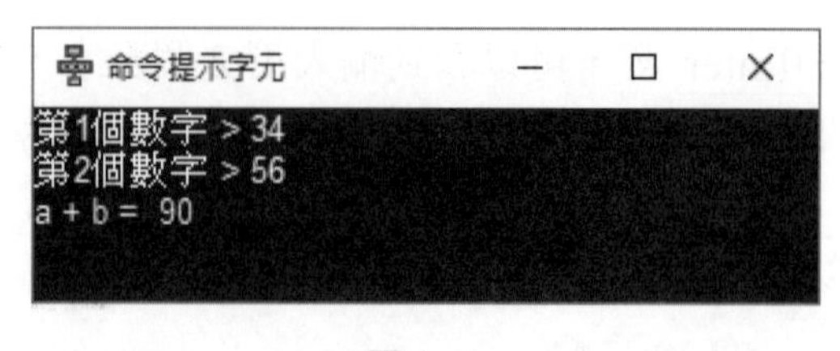

圖 1-11

■ 停止：按此按鈕停止流程圖的執行。

■ 暫停：當執行流程圖時，按此按鈕暫停流程圖的執行。

■ 逐步執行：當我們將延遲時間的捲動軸調整至最大時，就是切換至逐步執行模式，此時按【執行】鈕執行流程圖，就是一次一步來逐步執行流程圖，請重複按此按鈕來執行流程圖的下一步。

■ 調整延遲時間：使用捲動軸調整執行每一步驟的延遲時間，如果調整至最大，就是切換成逐步執行模式。

■ 顯示命令提示字元視窗：按下此按鈕可以顯示「命令提示字元」視窗的執行結果，例如：firstprogram.fpp，如下圖所示：

圖 1-12

■ 顯示堆疊視窗：按此按鈕可以顯示「堆疊」視窗，如果是函數呼叫，就是在此視窗顯示保留的區域變數值，如下圖所示：

堆疊

240		?
241		?
242		?
243		?
244		IP-OS
245		CS-OS
246		RET-OS
247		PAR-OS
248		PARAM
249	SP >	?

圖 1-13

■ 顯示變數視窗：按下此按鈕可以顯示「變數」視窗，其內容是執行過程的各變數值，包含目前和之前步驟的變數值，例如：【加法 .fpp】，如下圖所示：

變數

	RETURN	PARAM	a	b	r	RET-OS
目前變數值:		PARAM	34	56	90	
之前變數值:		PAR-OS				

圖 1-14

■ 程式碼編輯器：啓動 fChart 程式碼編輯器。

隨堂練習

1. 流程圖有 _____ 個起點，和 ______ 個終點，其繪製方向是從 ____ 而 ____；從 ____ 至 _____。
2. 流程圖的 _________ 圖示表示處理過程的動作或執行的操作。

1-3 認識 Visual Basic 語言

BASIC（standing for Beginner's All Purpose Symbolic Instruction Code）是 1964 年由數學教授 John Kemeny 和 Thomas Kurtz 在 Dartmouth 學院開發的程式語言和編譯器。

BASIC 語言是一種非常簡單和容易學習的程式語言，其原來目的是訓練學生或初學者作爲學習程式設計的工具和環境。微軟的 Visual Basic 語言是使用 BASIC 語言的主要語法，並且加強和擴充其功能，所以，目前我們使用的 Visual Basic 語言已經是一種功能非常強大的高階語言，隨著 Visual Studio 開發工具的版本，陸續推出不同版本的 Visual Basic 語言。

Visual Basic 是一種編譯語言

Visual Basic 是一種編譯語言（compiled language），我們建立的程式碼需要使用編譯器（compilers）來檢查程式碼，如果沒有錯誤，就會翻譯成機器語言的目的碼檔案，如下圖所示：

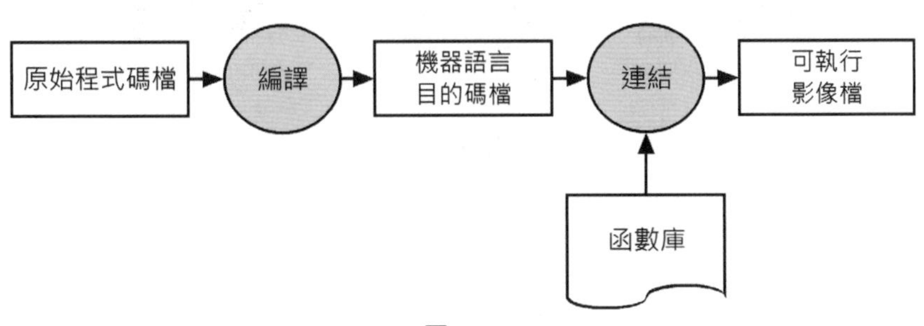

圖 1-15

上述原始程式碼檔案在編譯成機器語言的目的碼檔（object code）後，因爲通常會參考外部程式碼，所以需要使用連結器（linker）將程式使用的外部函數庫連結建立成「可執行影像檔」（executable image），這就是在作業系統可執行的程式檔，以 Windows 作業系統來說，就是副檔名 .exe 的檔案。

Visual Basic 還擁有同一家族的一種 VBScript 語言，這和 JavaScript 一樣是直譯語言（interpreted language），我們撰寫的程式是使用「直譯器」（interpreters）來執行，直譯器並不會輸出可執行檔案，而是一個指令一個動作，一列一列轉換成機器語言後，馬上執行程式碼，如下圖所示：

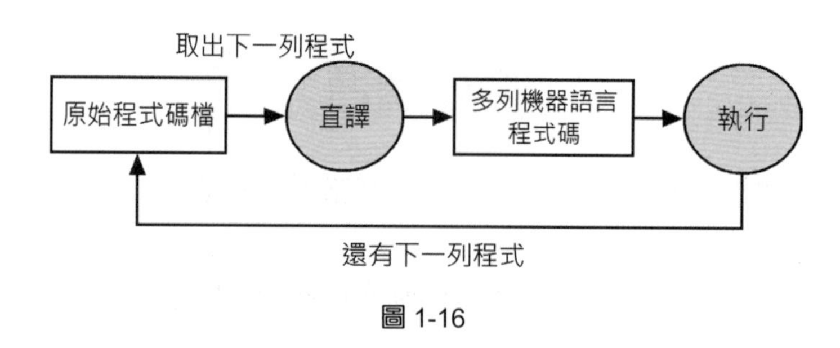

圖 1-16

Visual Basic 是一種 .NET Framewrok 語言

.NET Framework 是微軟程式開發平台，其主要目的是希望「寫一次程式，就可以在不同作業系統的電腦上執行」。當我們使用 .NET Framework 支援的程式語言撰寫程式碼，例如：.NET 的 Visual Basic、C++、C# 和 J# 語言等，不用更改程式碼，只需寫一次，就可以在不同版本的 Windows 作業系統上執行，如下圖所示：

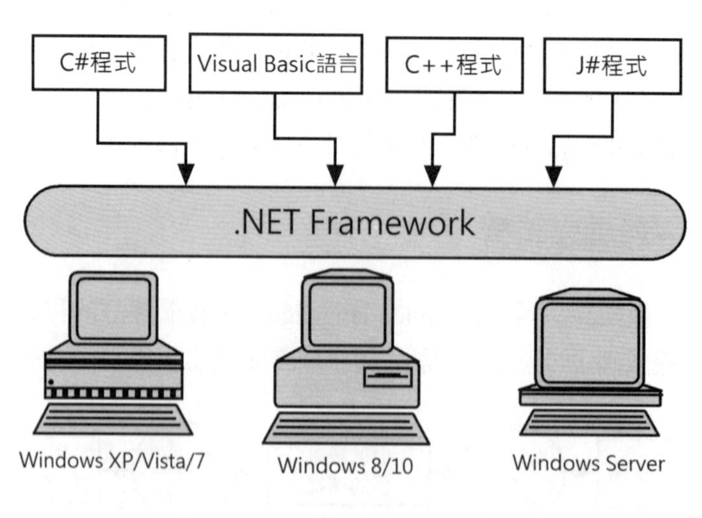

圖 1-17

上述圖例不論是使用 Visual Basic、C++ 或 C# 語言建立的程式，都可以透過 .NET Framework，在不同 Windows 作業系統上執行。我們可以選擇熟悉的程式語言來開發 .NET 應用程式，而且只需撰寫一次程式碼，就可以跨平台在不同的 Windows 作業系統上執行。

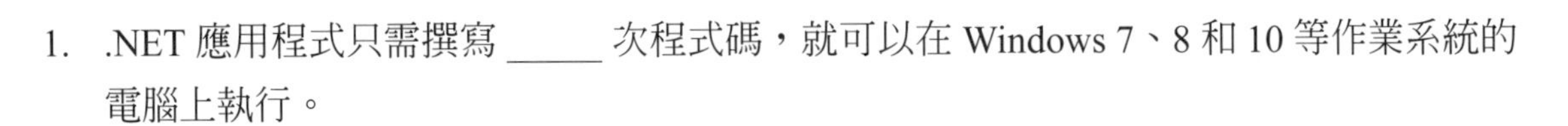

1. .NET 應用程式只需撰寫 _____ 次程式碼，就可以在 Windows 7、8 和 10 等作業系統的電腦上執行。

1-4 Visual Basic 語言的開發環境

程式語言的「開發環境」（development environment）是一組工具程式用來建立、編譯和維護程式語言建立的程式。目前高階語言大都擁有整合開發環境「IDE」（Integrated Development Environment），可以在同一工具編輯、編譯和執行指定語言的程式。

基本上，整合開發環境的主要目的是開發電腦執行的各種應用程式，並不是爲了讓初學者學習程式設計，所以本書第 2~7 章會同時使用筆者開發的 fChart 程式碼編輯器來幫助初學者學習 Visual Basic 基礎程式設計，和微軟官方 Visual Studio 整合開發環境來建立 Visual Basic 應用程式。

fChart 程式碼編輯器

fChart 程式碼編輯器是筆者專爲初學程式設計者量身打造的一套程式設計教學用途的整合開發環境，標準版同時支援 Visual Basic、C、C# 和 Java（自行安裝 JDK）語言的編輯、編譯和執行，可以讓讀者繪製流程圖且驗證正確後，馬上啓動程式碼編輯器來將流程圖符號自行一一轉換成指定語言的程式碼。

爲了減少英文程式碼的輸入錯誤，fChart 程式碼編輯器提供功能表命令來快速插入各種流程圖符號對應的程式碼片段。所以，本書第 2~7 章的 Visual Basic 程式範例，讀者可以先開啓同名流程圖，在執行了解程式的執行流程後，再自行一步一步參考流程圖符號，執行對應的功能表命令來插入程式碼片段，只需小幅修改後，就可以撰寫出完整的 Visual Basic 程式碼，如下圖所示：

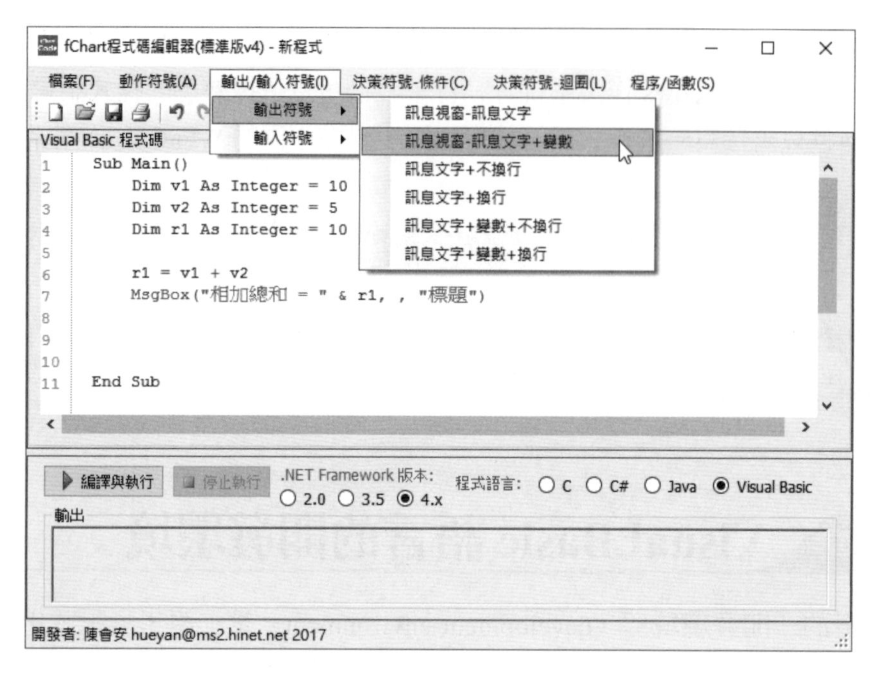

圖 1-18

Visual Studio

Visual Studio 是微軟官方 .NET Framework 的整合開發環境，可以使用 Visual Basic、C#、C++ 和 J# 等語言來開發 Windows、ASP.NET、主控台和 Web Services 等各種不同的應用程式。

在 Visual Studio 整合開發環境建立的應用程式需要在 .NET Framework 平台上執行，如下圖所示：

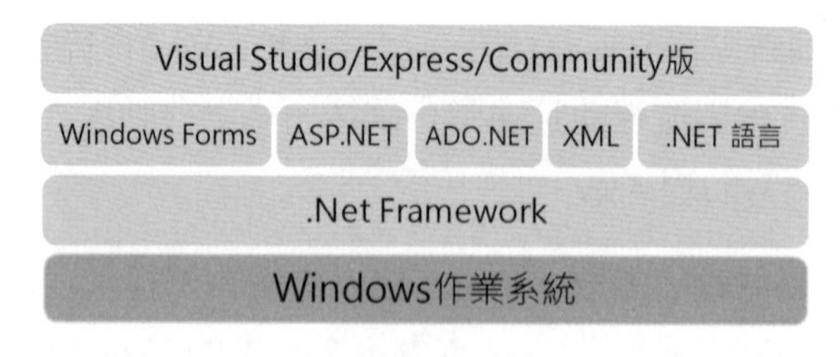

圖 1-19

上述圖例在 Windows 作業系統安裝 .NET Framework 後，就可以使用 Visual Studio，以 .NET 語言建立 Windows Forms、ASP.NET、ADO.NET 和 XML 應用程式。Visual Studio 提供免費的 Express 和 Community 版本，可以讓初學者和學生能夠快速建立 .NET 應用程式。

隨堂練習

1. 微軟官方 Visual Basic 語言的整合開發環境稱爲 ________。

1-5 Visual Studio 的版本說明

Visual Studio 是微軟官方 .NET 平台的整合開發環境，在本書前 7 章讀者可以使用 fChart 工具或 Visual Studio 學習基礎 VB 程式設計，後半部分說明 Windows 視窗程式開發，這部分是使用 Visual Studio 來建立。

Visual Studio Express 與 Community 版

Visual Studio 是微軟公司的整合開發工具產品，針對不同客戶提供多種版本，Express 與 Community 版是 Visual Studio 產品線的免費版本，其主要目的是讓初學程式設計者和學生能夠輕鬆學習 .NET 應用程式開發，其說明如下所示：

- Express 版：在 Visual Studio 2013 之前只有 Express 版（2013/2015 也有 Express 版，但是微軟建議安裝 Community 版），Express 版將桌面應用程式（Desktop）和網頁開發（Web）區分成多個開發工具，如下表所示：

表 1-3

Express 版本	開發工具
2010	Visual Basic Express、Visual C# Express 和 Visual Web Developer（ASP.NET）
2012/2013/2015	Visual Studio Express for Windows Desktop（Visual Basic/Visual C#）和 Visual Studio Express for Web（ASP.NET）

- Community 版：Visual Studio 在 2013 推出整合的 Community 版，整合 Windows 桌面應用程式和網頁開發，換句話說，不論你是使用 Visual Basic 語言開發 Windows 視窗應用程式或 ASP.NET 都是使用同一套 Community 版，目前有 2013、2015 和 2017 版。

Visual Studio 專案與 .NET Framework 版本

Visual Studio 從 2010 之後版本的 .NET Framework 是 4.x 版，各版本對應的 .NET Framework 版本，如下表所示：

表 1-4

Visual Studio 版本	.NET Framework 版本
2010	.NET Framework 4.0
2012	.NET Framework 4.5
2013	.NET Framework 4.5
2015	.NET Framework 4.6
2017	.NET Framework 4.6

1-6 Visual Studio 的使用介面說明

在啓動 Visual Studio 建立或開啓存在專案後，進入的是 Visual Studio 整合開發環境，基本上，從 2010 之後版本的 Visual Studio 使用介面都十分相似，在本節是以 Visual Studio 2017 Community 版爲例，如下圖所示：

圖 1-20

上述 Visual Studio 使用介面的簡單說明，如下所示：

- 功能表列（menu bar）：在 Visual Studio 主視窗的上方是功能表列，功能表列自動會依不同狀況提供所需的選單。
- 主工具列（main toolbar）：在主視窗功能表的下方是主工具列，提供與功能表列相同功能的按鈕，預設提供【標準】工具列，擁有開啓、儲存檔案、剪貼簿、執行和切換顯示各程視窗等功能按鈕。

■ 工具箱視窗：提供表單設計視窗所需的控制項、元件和資料等，如果沒有看到【工具箱】標籤，請執行「檢視 > 工具箱」命令顯示工具箱標籤。點選標籤開啟視窗，可以看到以分類的區段來群組各種控制項或元件，如下圖所示：

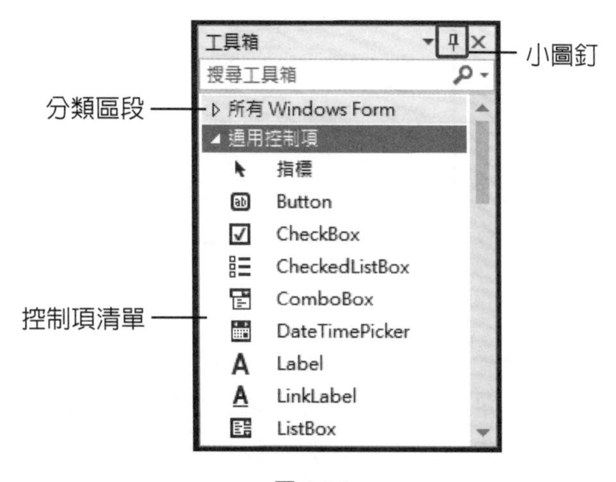

圖 1-21

■ 方案總管視窗：這是應用程式專案的管理視窗，可以顯示目前方案中的專案清單，在專案項目下是相關的檔案清單，如下圖所示：

圖 1-22

■ 屬性視窗：在此視窗檢視表單或控制項物件的相關屬性，在上方欄位顯示選取的物件；下方顯示此物件的屬性清單，如下圖所示：

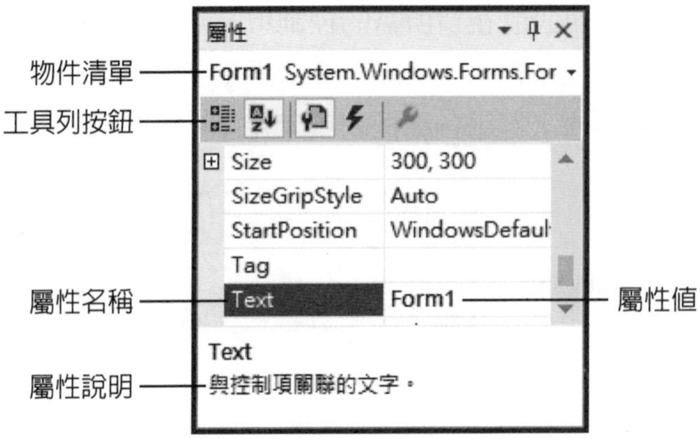

圖 1-23

表單設計或程式碼編輯視窗：在上方名為【Form1.vb[設計]】標籤是表單設計檢視視窗的介面設計工具，我們可以從「工具箱」視窗選取控制項，拖拉至表單就可以新增圖形使用元件。程式碼視窗上方標籤沒有【設計】字樣，例如：執行「檢視 > 程式碼」命令或按 F7 鍵，可以開啟表單 Form1.vb 的程式碼，看到程式碼編輯視窗，如下圖所示：

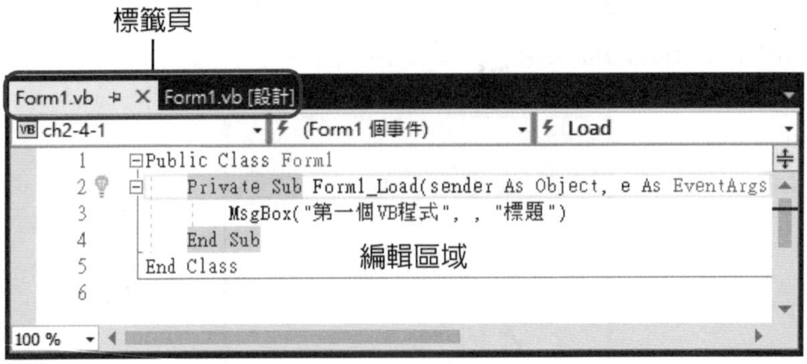

圖 1-24

上述標籤頁下方有 3 個下拉式清單可以分別選擇切換專案中的檔案、控制項和事件，請注意！ 2015 Community 版沒有這 3 個下拉式清單；Express 版只有右邊 2 個，並沒有第 1 個下拉式清單。

學習評量

選擇題

(　) 1. 請指出下列哪一個程式邏輯的說明是不正確的？
A. 程式邏輯和人類使用的邏輯是相同的
B. 程式邏輯不能只有模稜兩可的內容
C. 程式邏輯是一種教導小孩作一件他從沒有作過的事的邏輯
D. 程式邏輯需要寫出詳細的步驟和資訊

(　) 2. 請指出下列哪一個關於演算法的說明是不正確的？
A. 演算法簡單的說是一張食譜
B. 演算法的世界只有標準答案，沒有最適合的答案
C. 我們可以使用流程圖來描述演算法
D. 演算法的步驟有清楚的前後順序

(　) 3. 請指出下列哪一個關於流程圖的說明是不正確的？
A. 流程圖是由 Herman Goldstine 和 John von Neumann 開發與製定
B. 繪出流程圖並不是一種很好的程式邏輯訓練方法
C. 流程圖是使用結構化標準圖形來表示程式邏輯順序的執行過程
D. 就算完全沒寫過程式，我們也可以使用流程圖描述執行過程

(　) 4. 請問下列哪一個是流程圖決策符號的形狀？
A. 長方形　　B. 圓角長方形
C. 菱形　　D. 橢圓形

(　) 5. 請問下列哪一個關於 .NET Framework 的說明是不正確的？
A. 微軟的程式開發平台
B. 寫一次程式，就可以在不同作業系統的電腦上執行
C. 程式檔案可以使用 .NET 編譯程式編譯成 CPU 的機器語言
D. 執行程式是使用 CLR 的 JIT 編譯程式

簡答題

1. 請說明什麼是程式？何謂程式邏輯？
2. 請簡單說明 CPU 執行機器語言指令的方式與步驟？個人電腦使用的英文字母符號的內碼是 __________ 碼，正（繁）體中文是 __________ 碼，一個中文字相當於 ________ 個英文字。

3. 請簡單說明什麼是演算法？什麼是流程圖？
4. 請問什麼是 Visual Basic 語言？ Visual Basic 語言的開發環境是什麼？
5. 請簡單說明什麼是 Visual Studio ？何謂 .NET Framework ？

實作題

1. 請在讀者的電腦安裝 Visual Studio 和 fChart 程式語言教學工具，以便建立本書的 Visual Basic 語言開發環境。
2. 請啟動 fChart 流程圖直譯器，開啟第 3 章的 ch3-2-1.fpp 流程圖，並且試著執行此流程圖，和開啟「變數」視窗來檢視變數值的變化。

VisualBasic

Chapter

2

建立 Visual Basic 程式

本章綱要

2-1 如何設計 VB 程式

學習 Visual Basic 語言的主要目的是撰寫 Visual Basic 程式碼建立 Visual Basic 程式（簡稱 VB 程式），以便讓電腦執行程式來幫助我們解決特定的程式問題。

2-1-1 程式設計的基本步驟

程式設計就是將需要解決的問題轉換成程式碼，程式碼不只能夠在電腦上正確的執行，而且可以驗證程式執行的正確性。基本上，程式設計過程可以分成五個階段，如下圖所示：

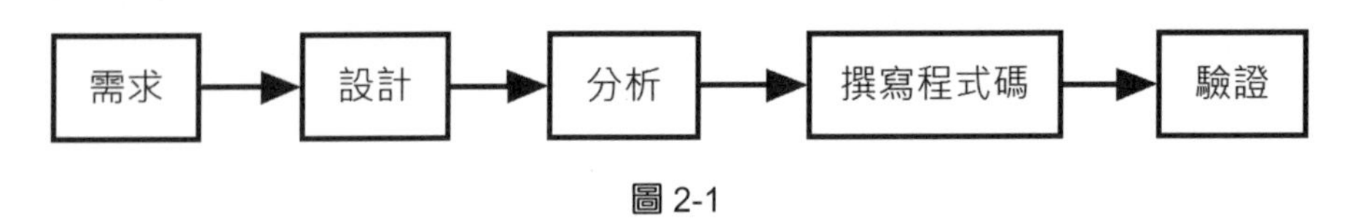

圖 2-1

需求（requirements）

程式設計的需求階段是在了解問題本身，以便確切獲得程式需要輸入的資料和其預期產生的結果，如下圖所示：

圖 2-2

上述圖例顯示程式輸入資料後，執行程式可以輸出執行結果。例如：計算出從 1 加到 100 的總和，程式輸入資料是相加範圍 1 和 100，然後執行程式輸出計算結果 5050。

設計（design）

在了解程式設計的需求後，我們可以開始找尋解決問題的方法和策略，簡單的說，設計階段就是找出解決問題的步驟，如下圖所示：

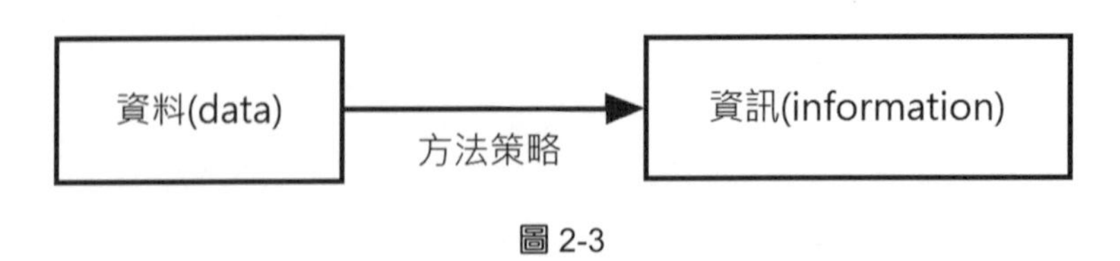

圖 2-3

上述圖例指出輸入資料需要經過處理才能將資料轉換成有用的資訊，也就是輸出結果。例如：1 加到 100 是 1+2+3+4…+100 的結果，程式是使用數學運算的加法來解決問題，因爲需要重複執行加法運算，所以第 6 章的迴圈控制就派上用場。

再來看一個例子，如果需要將華氏溫度轉換成攝氏溫度，輸入資料是華氏溫度，溫度轉換是一個數學公式，在經過運算後，就可得到攝氏溫度，也就是我們所需的資訊。

所以，為了解決需求，程式需要執行資料的運算或比較等操作，請將詳細的執行步驟和順序寫下來，這就是設計解決問題的方法，也就是演算法。

分析（analysis）

在解決需求時只有一種解決方法嗎？例如：如果有 100 個變數，我們可以宣告 100 個變數儲存資料，或是使用陣列（array，一種資料結構）來儲存，在分析階段是將所有可能解決問題的演算法都寫下來，然後分析比較哪一種方法比較好，選擇最好的演算法來撰寫程式。

如果不能分辨出哪一種方法比較好，請直接選擇一種方法繼續下一個階段，因為在撰寫程式碼時，如果發現其實另一種方法比較好，我們可以馬上改為另一種方法來撰寫程式碼。

撰寫程式碼（coding）

現在，我們就可以開始使用程式語言撰寫程式碼，以本書為例是使用 VB 語言，在實際撰寫程式時，可能發現另一種方法比較好，因為設計歸設計，有時在實際撰寫程式時才會發現其優劣，如果這是一個良好的設計方法，就算改為其他方法也不會太困難。

程式設計者有時很難下一個決定，就是考量繼續此方法，或是改為其他方法重新開始，此時需視情況而定。不過每次撰寫程式碼最好只使用一種方法，而不要同時使用多種方法，如此，在發現問題確定需要重新開始時，因為已經擁有撰寫一種方法的經驗，第 2 次將會更加容易。

驗證（verification）

驗證是證明程式執行的結果符合需求的輸出資料，在這個階段可以再細分成三個小階段，如下所示：

- 證明：執行程式時需要證明它的執行結果是正確的，程式符合所有輸入資料的組合，程式規格也都符合演算法的需求。
- 測試：程式需要測試各種可能情況、條件和輸入資料，以測試程式執行無誤，如果有錯誤產生，就需要除錯來解決問題。
- 除錯：如果程式無法輸出正確結果，除錯是在找出錯誤的地方，我們不但需要找出錯誤，還需要找出更正錯誤的方法。

上述五個階段是設計程式和開發應用程式經歷的階段，不論大型應用程式或一個小程式，都可以套用相同流程。首先針對問題定義需求，接著找尋各種解決方法，然後在撰寫程式碼的過程中找出最佳的解決方法，最後經過重複的驗證，就可以建立正確執行的電腦程式。

2-1-2 本書使用的程式設計教學步驟

fChart 程式設計教學工具是針對初學者開發的程式語言教學工具，可以將基礎程式設計轉變成為積木組裝遊戲，我們可以使用 fChart 流程圖直譯器執行流程圖來了解程式的執行流程，這就是組裝程式的執行步驟說明書。

然後啓動 fChart 程式碼編輯器撰寫原始程式碼，這是程式組裝工具，因為 fChart 程式碼編輯器提供流程圖符號分類的功能表命令，可以快速插入所需程式碼，和建立流程圖符號與程式碼片段之間的連接。換言之，初學者可以馬上開始動手作，「真正從實作中學習」，輕鬆使用 VB 語言撰寫出完整 VB 程式碼，其教學步驟如下所示：

步驟一：觀察流程圖 - 觀察流程圖的執行步驟

fChart 流程圖直譯器提供可執行的流程圖，這是程式組裝說明書，讀者可以實際執行流程圖來觀察執行流程，了解程式實際執行的步驟，並且找出和寫下依據流程圖符號分類的執行步驟。

步驟二：實作程式碼 - 依據流程圖步驟的符號來建立程式

fChart 程式碼編輯器提供流程圖符號分類的功能表命令，我們可以透過步驟一找出的流程圖符號與步驟，依據符號分類，找出對應的程式碼片段，然後一一插入來建立完整 VB 程式碼，簡單的說，就是將流程圖程式組裝說明書的符號一一轉換成對應的 VB 程式碼，最後，在小幅修改後，就可以編譯執行 VB 程式，看到程式的執行結果。

步驟三：了解程式碼 - 程式語法說明

當成功建立和執行程式碼後，再來一一了解程式語法，和進一步修改現有程式來學習更多相關的 VB 程式語法。

在本書第 2~6 章的主要範例是使用上述三個教學步驟，使用 fChart 程式設計教學工具幫助初學者學習 VB 語言的基礎程式設計。

隨堂練習

1. 程式設計基本步驟的第一個階段是 ________。
2. 在程式設計的基本步驟中，_______ 階段會使用到流程圖。
3. 在驗證（verification）階段可以再細分成 ______、______ 和 ______ 三個小階段。

2-2 建立第一個 VB 程式

fChart 程式設計教學工具除了提供 fChart 流程圖直譯器，還內建 fChart 程式碼編輯器，可以讓讀者在同一工具來編輯和執行 VB 程式。

步驟一：觀察流程圖

在觀察步驟是使用 fChart 流程圖直譯器來執行流程圖，以便觀察程式的執行流程。請啓動 fChart 執行「檔案 > 載入流程圖專案」命令，開啓「\vb\ch02\ch2-2.fpp」專案的流程圖，如下圖所示：

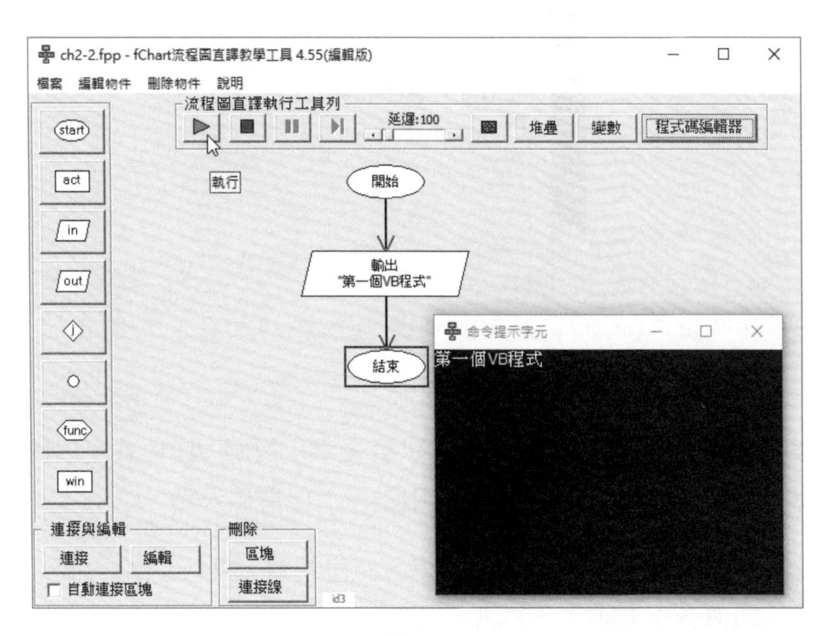

圖 2-4

按上方工具列的【執行】鈕，可以看到流程圖的執行結果顯示一段文字內容，這個流程圖十分簡單，我們可以輕鬆寫出其執行步驟只有 1 個，如下所示：

Step 01：輸出 " 第一個 VB 程式 "（輸出符號）

步驟二：實作程式碼

實作步驟是使用 fChart 程式碼編輯器來輸入對應流程圖符號的 VB 程式碼，在完成程式碼編輯後，就可以馬上編譯執行建立的 VB 程式。

在編輯功能部分，fChart 程式碼編輯器除了可以自行使用鍵盤輸入 VB 程式碼，也可以使用功能表命令來快速插入 VB 程式碼片段後，再進行小部分修改來完成 VB 程式建立，其步驟如下所示：

Step 01：請在 fChart 流程圖直譯器的上方工具列，按最後【程式碼編輯器】鈕啓動 fChart 程式碼編輯器，預設程式語言是 VB 語言（位在右下方的選項按鈕，可以切換使用的程式語言），如下圖所示：

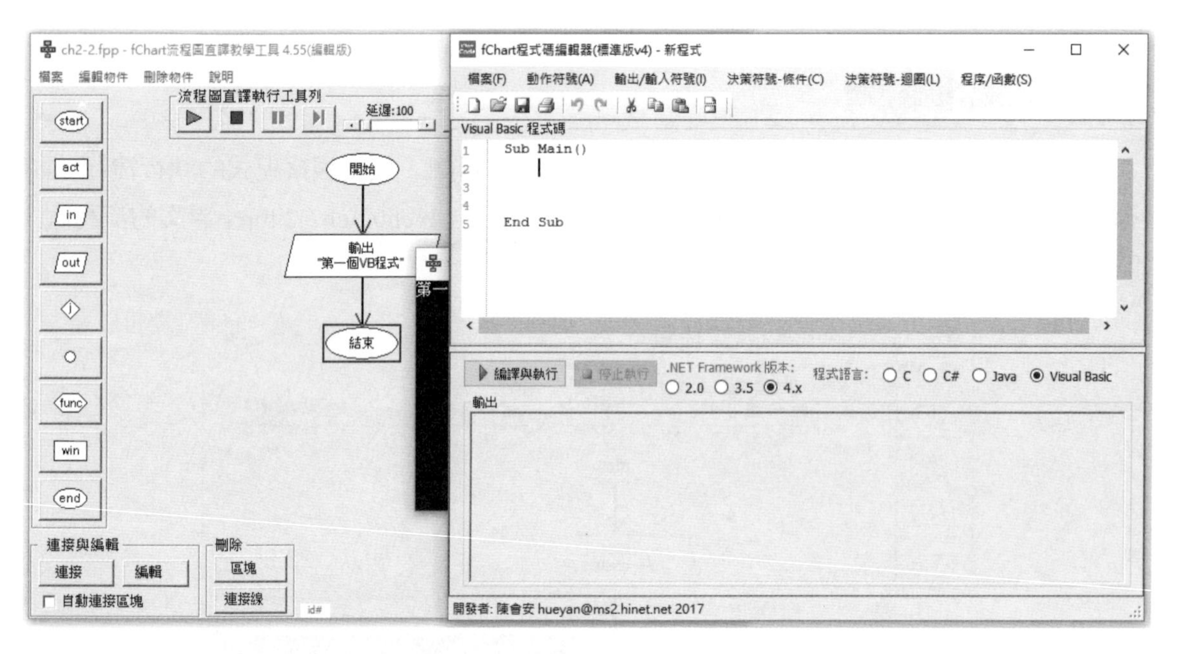

圖 2-5

Step 02：因爲流程圖是使用輸出符號輸出訊息文字，對應 VB 程式可以使用訊息視窗顯示訊息文字，請在 Main() 程序之中點一下作爲插入點。

Step 03：執行「輸出 / 輸入符號 > 輸出符號 > 訊息視窗 - 訊息文字」命令，可以插入 VB 語言 MsgBox() 來顯示一個訊息視窗。

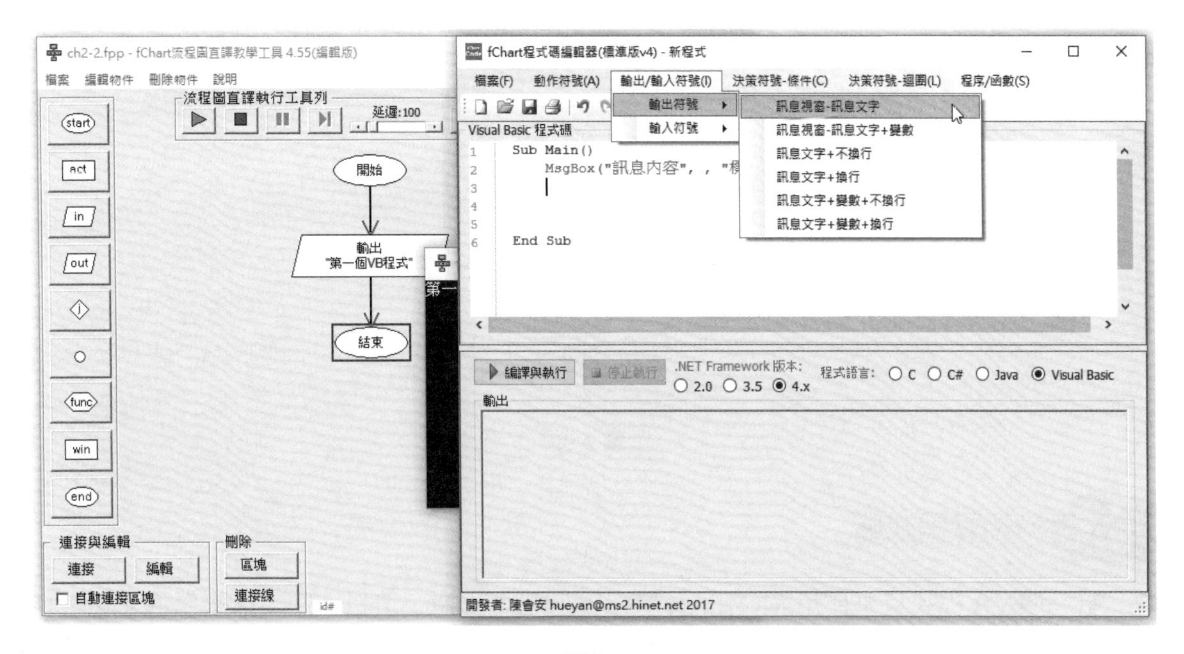

圖 2-6

Step 04：請將第 1 個參數的字串內容「訊息內容」改為「第一個 VB 程式」。

Visual Basic 程式碼

```
1  Sub Main()
2      MsgBox("第一個VB程式", , "標題")
3
4
5
6  End Sub
```

圖 2-7

Step 05：執行「檔案 > 儲存」命令儲存檔案，可以開啓「另存新檔」對話方塊，請切換至「\vb\ch02」目錄後，在【檔案名稱】欄輸入檔名 ch2-2.vb，按【存檔】鈕儲存成 VB 程式檔案（執行「檔案 > 開啓」命令可以開啓存在的 VB 程式檔案）。

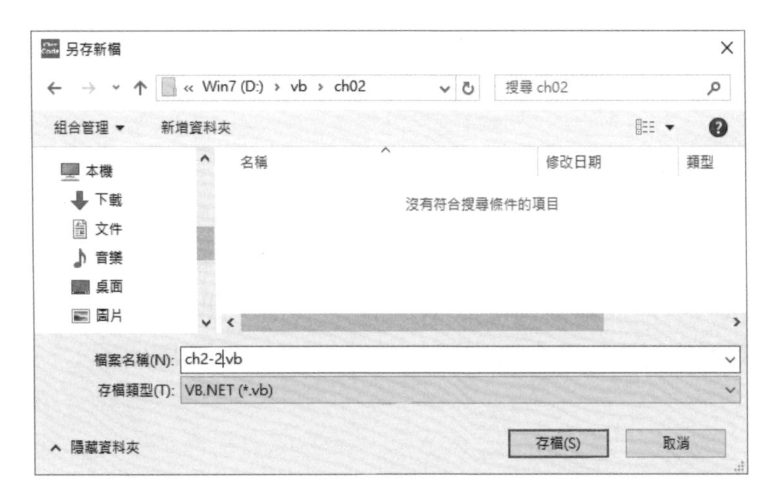

圖 2-8

Step 06：請按下方【編譯與執行】鈕編譯執行 VB 程式，可以看到訊息視窗顯示的訊息文字，請按【確定】鈕繼續。

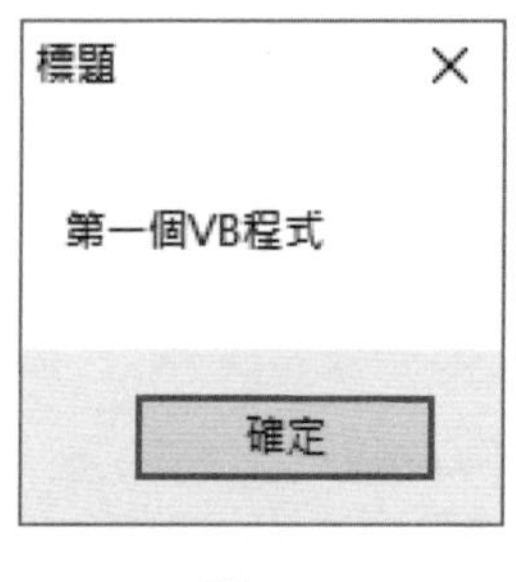

圖 2-9

步驟三：了解程式碼

第一個 VB 程式只是使用 MsgBox() 顯示一個訊息視窗，可以將第 1 個參數的字串（使用「"」符號括起的文字內容）顯示在訊息視窗中，如下所示：

```
MsgBox(" 第一個 VB 程式 ", , " 標題 ")
```

上述 MsgBox() 函數使用「,」逗號分隔多個參數，第 1 個參數的字串是訊息視窗顯示的訊息文字，第 2 個參數是樣式，因為沒有使用，所以是空白字元，第 3 個參數是在訊息視窗上方顯示的標題文字，在第 3 章有進一步的說明。

除了使用訊息視窗，我們也可以使用主控台輸出來輸出文字內容，請在 fChart 程式碼編輯器的 MsgBox() 下方，點一下作為插入點，然後執行「輸出 / 輸入符號 > 輸出符號 > 訊息文字 + 換行」命令插入 VB 程式碼後，然後修改字串成為姓名，就完成修改後的 VB 程式，如下圖所示：

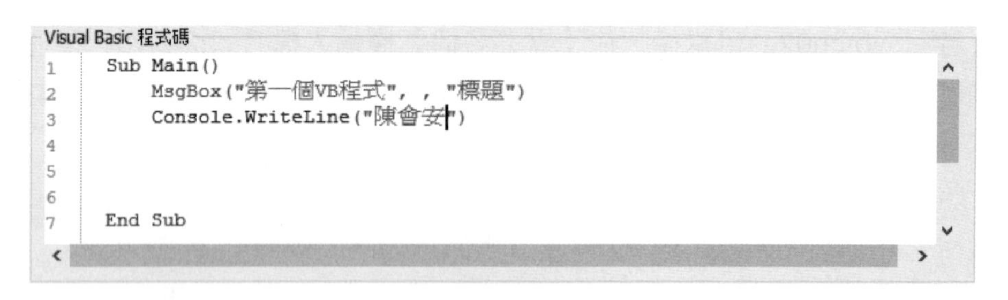

圖 2-10

上述程式碼使用 Console.WriteLine() 輸出參數的文字內容，請執行「檔案 > 另存新檔」命令另存成 ch2-2a.vb，然後編譯和執行 VB 程式，當看到訊息視窗後，按【確定】鈕，可以在 fChart 程式碼編輯視窗的下方看到輸出的文字內容，如下圖所示：

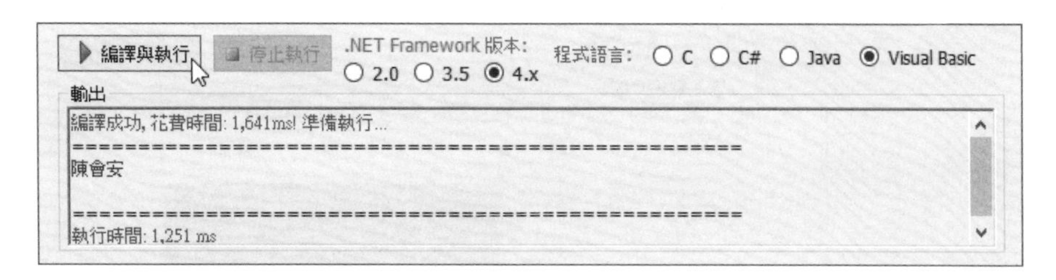

圖 2-11

如果執行「輸出 / 輸入符號 > 輸出符號 > 訊息文字 + 不換行」命令，因爲插入的 Console.Write() 並不會換行，如果新增至最後一行，執行結果可能看不出來，所以，請連續插入 2 個 Console.Write()（VB 程式：ch2-2b.vb），如下所示：

```
MsgBox(" 第一個 VB 程式 ", , " 標題 ")
Console.WriteLine(" 陳會安 ")
Console.Write(" 大家好 !")
Console.Write(" 大家好 !")
```

上述程式碼有 1 個 Console.WriteLine() 和 2 個 Console.Write()。VB 程式：ch2-2b.vb 的執行結果可以看到後二行程式碼輸出的內容是連在一起，因爲沒有換行，如下圖所示：

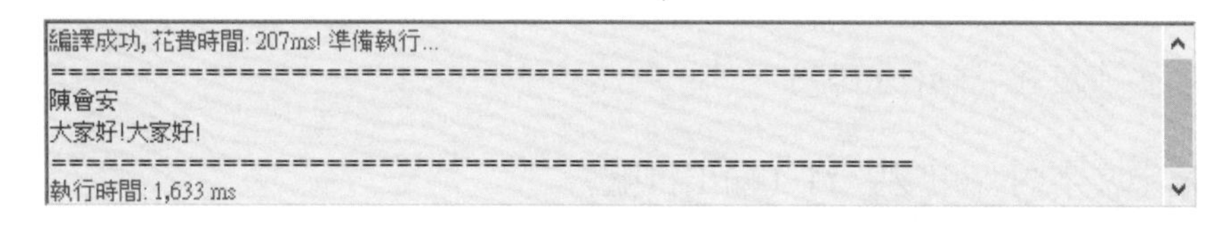

圖 2-12

■ 說明 ■

Console.WriteLine() 和 Console.Write() 稱為主控台輸出，在 Windows 作業系統是輸出至「命令提示字元」視窗的文字內容，實務上，我們可以活用主控台輸出來顯示程式執行過程的狀態，例如；輸出變數值，這是很好的方法來幫助我們進行 VB 程式除錯。

2-3 建立第二個 VB 程式

在第 2-2 節的 VB 程式只是單純輸出文字內容，因爲程式通常都需要進行運算，所以，第二個 VB 程式是一個加法程式，可以將 2 個變數值相加後，輸出運算結果。

步驟一：觀察流程圖

請啓動 fChart 執行「檔案 > 載入流程圖專案」命令，開啓「\vb\ch02\ch2-3.fpp」專案的流程圖，如下圖所示：

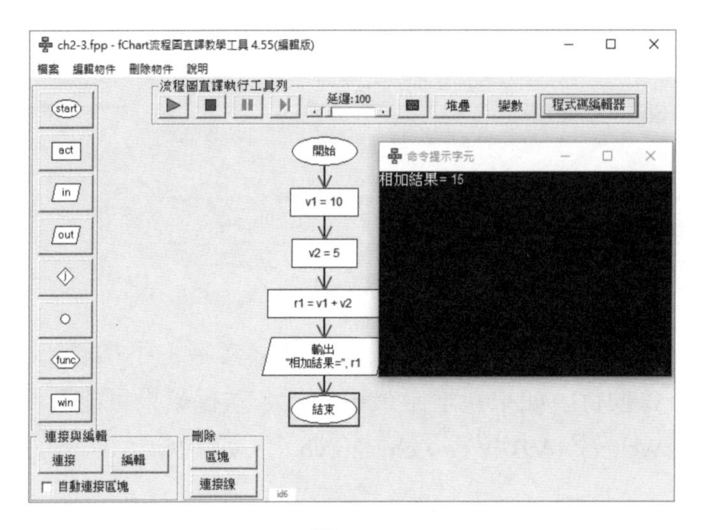

圖 2-13

按上方工具列的【執行】鈕，可以看到流程圖的執行結果顯示加法計算結果是 15，我們可以寫出其執行步驟，如下所示：

Step 01：定義變數 v1（動作符號）

Step 02：定義變數 v2（動作符號）

Step 03：加法運算式（動作符號）

Step 04：輸出文字內容和變數 r1（輸出符號）

在 fChart 流程圖的動作符號可以定義變數或建立算術運算式，定義變數是宣告變數和指定變數值，或是指定成其他變數值，簡單的說，就是建立一個變數來儲存資料，如同數學代數的 X、Y。

步驟二：實作程式碼

接著，我們使用 fChart 程式碼編輯器輸入對應流程圖符號的 VB 程式碼，其步驟如下所示：

Step 01：請啟動 fChart 程式碼編輯器，如果已經啟動，執行「檔案 > 新增」命令建立新程式，然後在 Main() 之中點一下作爲插入點。

Step 02：執行「動作符號 > 定義變數值 > 定義整數變數」命令，插入第 1 個整數變數宣告和指定初值的 VB 程式碼。

Step 03：因爲有 2 個變數，請再執行「動作符號 > 定義變數值 > 定義整數變數」命令，插入第 2 個整數變數宣告和指定初值的 VB 程式碼。

Step 04：接著是加法運算，請執行「動作符號 > 算術運算式 > 加法」命令，插入加法運算式。

Step 05：最後輸出運算結果，請執行「輸出 / 輸入符號 > 輸出符號 > 訊息視窗 - 訊息文字 + 變數」命令，可以插入 MsgBox() 輸出整數變數值，如下圖所示：

Visual Basic 程式碼

```
1    Sub Main()
2        Dim v1 As Integer = 10
3        Dim v1 As Integer = 10
4        r1 = v1 + v2
5        MsgBox("變數值 = " & v1, , "標題")
6
7
8
9    End Sub
```

圖 2-14

Step 06：請將第 3 行的 v1 改為 v2；值 10 改為 5，第 5 行文字內容的「變數值」改為「相加結果」；最後的 v1 改為 r1，如下所示：

```
Dim v1 As Integer = 10
Dim v2 As Integer = 5
r1 = v1 + v2
MsgBox(" 相加結果 = " & r1, , " 標題 ")
```

Step 07：請執行「檔案 > 儲存」命令，儲存成檔名 ch2-3.vb 的 VB 程式檔案。

Step 08：按下方【編譯與執行】鈕執行 VB 程式，發現錯誤！在下方顯示紅色的錯誤訊息文字。

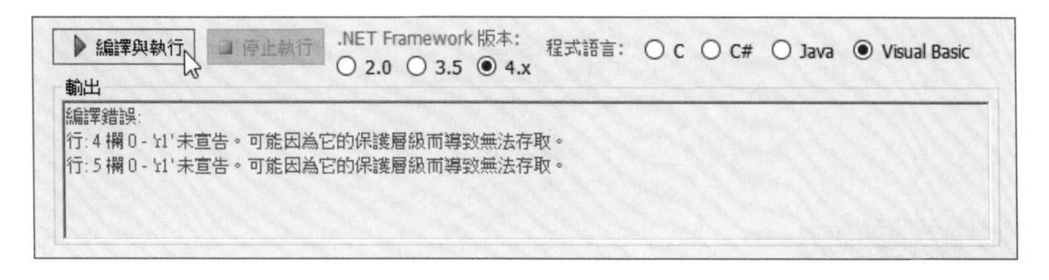

圖 2-15

Step 09：上述訊息指出變數 r1 沒有宣告，因為 fChart 流程圖的變數可以直接使用，但 VB 變數一定需要宣告後才能指定變數值，請在第 3 行的最後按 Enter 鍵插入一新行，如下圖所示：

```
1  Sub Main()
2      Dim v1 As Integer = 10
3      Dim v2 As Integer = 5
4      
5      r1 = v1 + v2
6      MsgBox("相加結果 = " & r1, , "標題")
7  
8  End Sub
```

圖 2-16

Step 10：執行「動作符號 > 定義變數 > 定義整數變數」命令，插入第 3 個宣告變數和指定初值的程式碼後，將變數名稱改爲 r1，如下圖所示：

```
1  Sub Main()
2      Dim v1 As Integer = 10
3      Dim v2 As Integer = 5
4      Dim r1 As Integer = 10
5  
6      r1 = v1 + v2
7      MsgBox("相加結果 = " & r1, , "標題")
8  
9  End Sub
```

圖 2-17

Step 11：在儲存後，按【編譯與執行】鈕編譯執行 VB 程式，可以看到成功在訊息視窗顯示加法的運算結果 15。

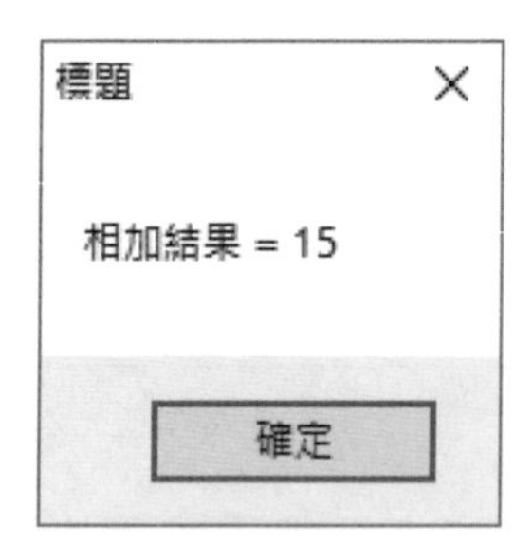

圖 2-18

步驟三：了解程式碼

從建立本節 VB 程式範例的過程中，我們可以學到二件事，如下所示：

■ VB 程式的變數一定需要先宣告後才能使用，如下所示：

```
Dim v1 As Integer = 10
Dim v2 As Integer = 5
Dim r1 As Integer = 10
```

■ VB 語言的算術運算式和數學的加減乘除四則運算並沒有什麼不同，我們可以建立 VB 程式來進行數學計算，如下所示：

```
r1 = v1 + v2
```

更進一步，我們可以修改程式碼，將「+」號改為「-」號，就馬上成為減法運算（VB 程式：ch2-3a.vb），其執行結果是 5，如下圖所示：

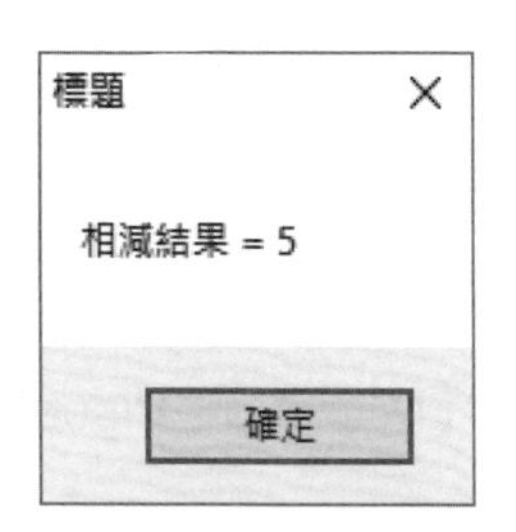

圖 2-19

fChart 流程圖也可以一併修改，請按二下動作符號【r1 = v1 + v2】，可以看到「動作」對話方塊。

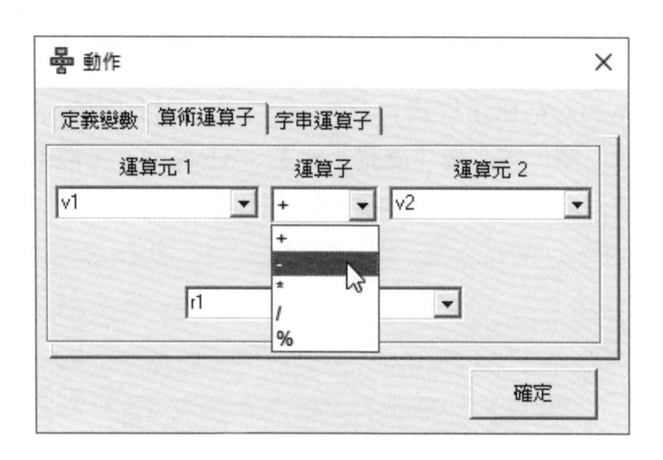

圖 2-20

請將運算子從「+」改為「-」，按【確定】鈕改為減法運算的 fChart 流程圖（ch2-3a.fpp）。

2-4 使用 Visual Studio 建立 VB 程式

除了使用 fChart 程式碼編輯器建立 VB 程式，相同的程式碼一樣可以複製到 Visual Studio 專案來建立 VB 應用程式。

2-4-1　使用 Visual Studio 建立第一個 VB 程式

請啓動 Visual Studio，從新增 Visual Basic 專案開始一步一步建立第一個 VB 程式，程式可以在訊息視窗顯示一段文字內容。

步驟一：新增 Windows Form 應用程式專案

在 Visual Studio 新增 Windows Form 應用程式專案，就是建立 Windows 應用程式，預設新增 From1.vb 表單，其步驟如下所示：

Step 01：請點選左下角圖示，執行【Visual Studio 201?】命令啓動 Visual Studio 整合開發環境（Express 版是【Microsoft Visual Basic 201? Express】命令）。

Step 02：在起始頁選【新增專案】超連接，或執行「檔案 > 新增 > 專案」命令（或「檔案 > 新增專案」命令），可以看到「新增專案」對話方塊。

Step 03：Visual Studio 新增專案依版本不同，有兩種不同的步驟，如下所示：

- 第一種：在左邊選「範本 >Visual Basic>Windows」後，上方選【.NET Framework】版本，例如：4.6.1 版。在中間選【Windows Forms App】或【Windows Form 應用程式】範本，下方【名稱】欄輸入專案名稱【ch2-4-1】，在【位置】欄，按之後【瀏覽】鈕選「\vb\ch02」，取消勾選【為方案建立目錄】，按【確定】鈕建立專案，如下圖所示：

圖 2-21

- 第二種：在左邊選 Visual Basic，然後在中間選【Windows Form 應用程式】範本，請輸入專案名稱【ch2-4-1】後，按【確定】鈕新增專案。

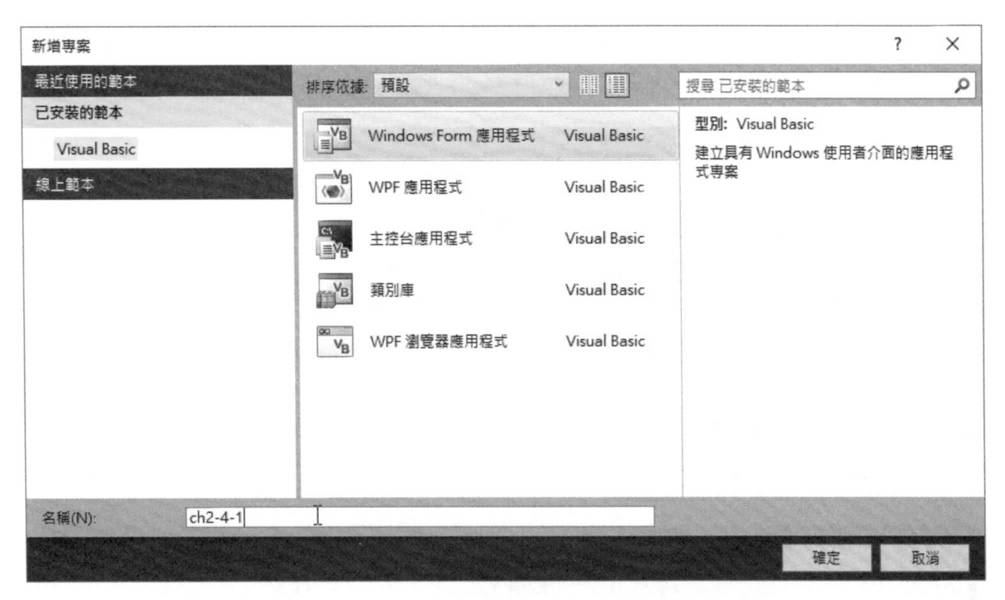

圖 2-22

然後執行「檔案 > 全部儲存」命令，在「儲存專案」對話方塊的【位置】欄選「\vb\ch02」，取消勾選【爲方案建立目錄】後，按【儲存】鈕儲存【ch2-4-1】專案，如下圖所示：

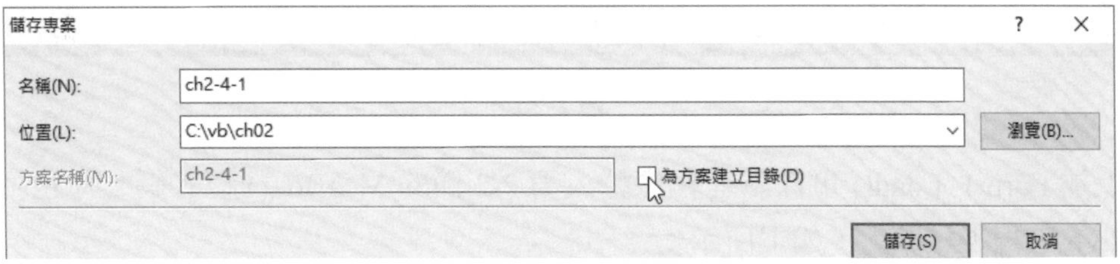

圖 2-23

Step 04：稍等一下，可以在「方案總管」視窗看到建立的【ch2-4-1】專案。

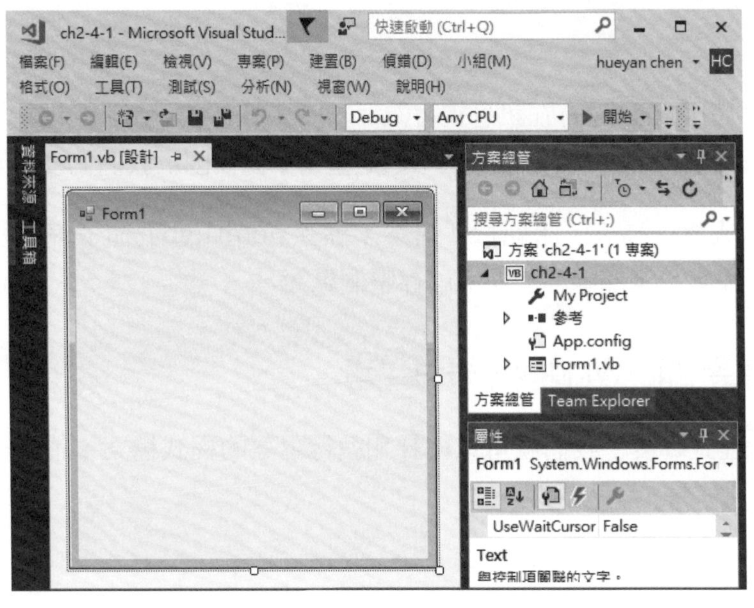

圖 2-24

在「\vb\ch02\ch2-4-1」資料夾會新增方案檔 ch2-4-1.sln 和專案檔 ch2-4-1.vbproj，當執行「檔案 > 開啓 > 專案 / 方案」命令（或「檔案 > 開啓專案」命令），就是選方案檔 ch2-4-1.sln 或專案檔 ch2-4-1.vbproj。

步驟二：建立 Form1 表單的事件處理程序

Windows Form 專案預設新增名爲 Form1.vb 的表單，我們可以建立 Form1_Load 事件處理程序來輸入第 1 個 VB 程式的程式碼，請繼續上面步驟，如下所示：

Step 01：在表單區域之中按二下，可以建立預設的 Load 事件處理程序，並且自動切換到程式碼編輯器來輸入事件處理程序的程式碼，如下圖所示：

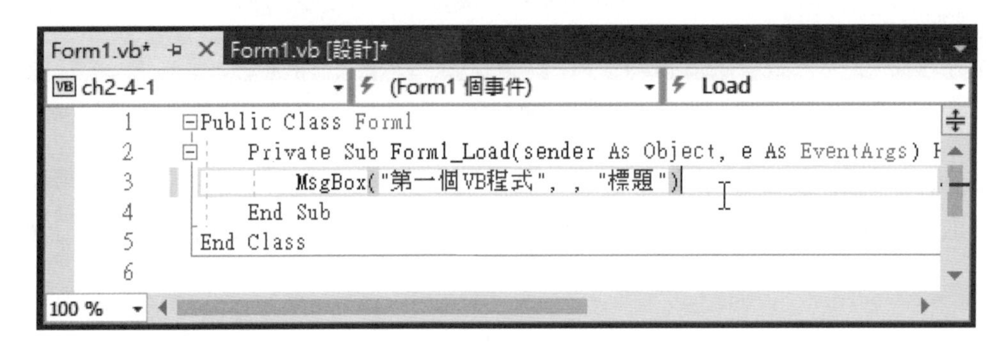

圖 2-25

在上述 Form1_Load() 事件處理程序輸入第 2-2 節的 MsgBox() 程式碼，你也可以直接從 ch2-2.vb 來複製和貼上，如下所示：

```
01: Private Sub Form1_Load(sender As Object,
          e As EventArgs) Handles MyBase.Load
02:     MsgBox("第一個VB程式", , "標題")
03: End Sub
```

- 第 2 行：使用 MsgBox() 在訊息視窗顯示一段文字內容，請注意！輸入時，有 2 個「,」逗號，因爲有 3 個參數，第 2 個參數是空白字元，因爲我們並沒有使用此參數。

Step 02：在輸入程式碼後，請執行「檔案 > 儲存 Form1.vb」命令儲存程式檔案，或執行「檔案 > 全部儲存」命令儲存整個專案。

步驟三：編譯與執行 Windows 應用程式

在完成 VB 程式碼後，我們就可以編譯和執行專案的程式檔案，請繼續上面步驟，如下所示：

Step 01：請執行「偵錯 > 開始偵錯」命令或按 F5 鍵，在編譯和建置專案完成後，如果沒有錯誤，可以看到執行結果的 Windows 應用程式視窗和 1 個訊息視窗。

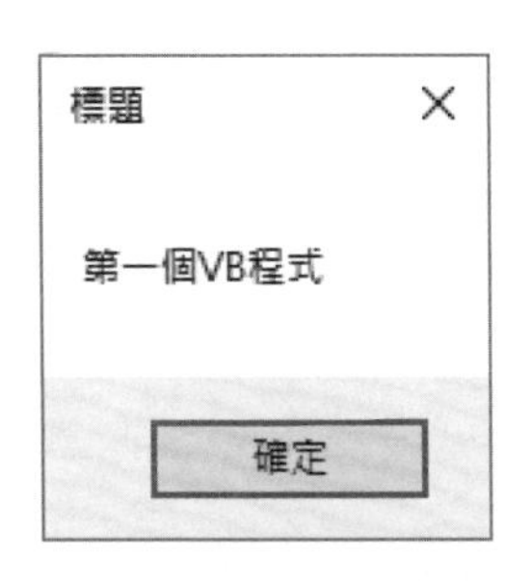

圖 2-26

Step 02：按【確定】鈕，可以看到一個空視窗，請按視窗右上角的【X】鈕結束 Windows 應用程式的執行，如下圖所示：

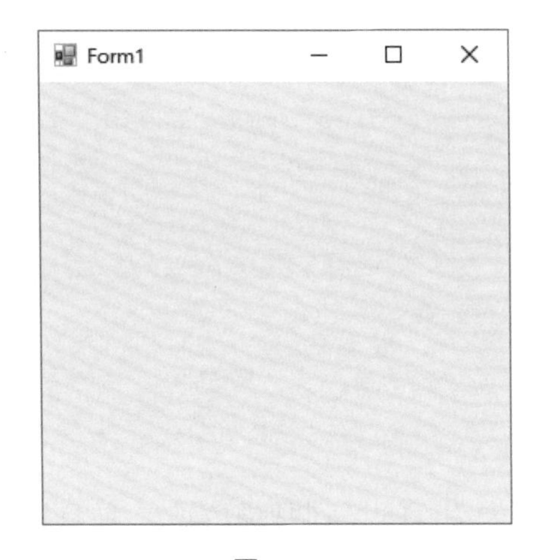

圖 2-27

在 Visual Studio 關閉專案，Community 版請執行「檔案 > 關閉方案」命令；Express 版是「檔案 > 關閉專案」命令。

2-4-2　使用 Visual Basic 建立第二個 VB 程式

在這一節我們準備使用 Visual Studio 建立第 2-3 節的第二個 VB 程式，其步驟如下所示：

Step 01：請啟動 Visual Studio 開啟「新增專案」對話方塊，如果尚未關閉專案，請先執行「檔案 > 關閉方案」命令（Express 版是「檔案 > 關閉專案」命令）。

Step 02：建立名為【ch2-4-2】的專案，【位置】欄是「\vb\ch02」，並且取消勾選【為方案建立目錄】。

Step 03：在表單區域之中按二下，可以建立預設的 Load 事件處理程序，並且自動切換到程式碼編輯器來輸入 VB 程式碼，如下圖所示：

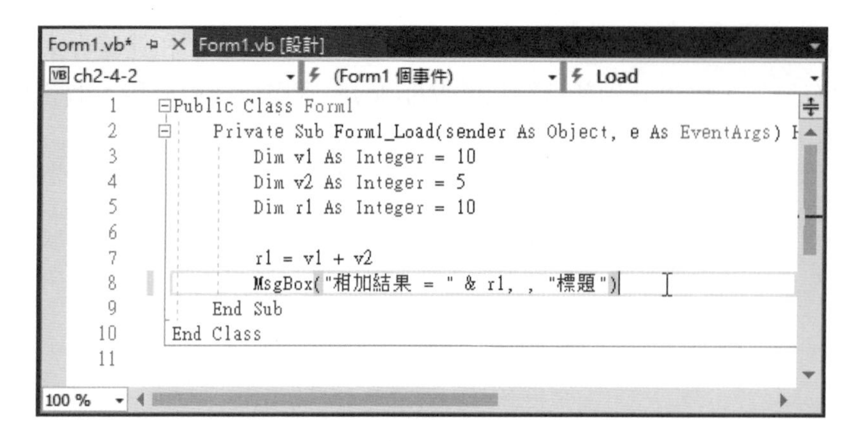

圖 2-28

在上述 Form1_Load() 事件處理程序輸入第 2-3 節的 VB 程式碼，你也可以直接從 ch2-3.vb 來複製和貼上，如下所示：

```
01: Private Sub Form1_Load(sender As Object,
          e As EventArgs) Handles MyBase.Load
02:     Dim v1 As Integer = 10
03:     Dim v2 As Integer = 5
04:     Dim r1 As Integer = 10
05:
06:     r1 = v1 + v2
07:     MsgBox("相加結果 = " & r1, , "標題")
08: End Sub
```

- 第 2~4 行：宣告 v1、v2 和 r1 共三個整數變數，並且指定初值。
- 第 6 行：加法運算式。
- 第 7 行：使用 MsgBox() 在訊息視窗顯示相加結果。

Step 04：在輸入程式碼後，請執行「檔案 > 儲存 Form1.vb」命令儲存程式檔案。

Step 05：請執行「偵錯 > 開始偵錯」命令或按 F5 鍵，在編譯和建置專案完成後，如果沒有錯誤，可以看到執行結果的 Windows 應用程式視窗和 1 個訊息視窗。

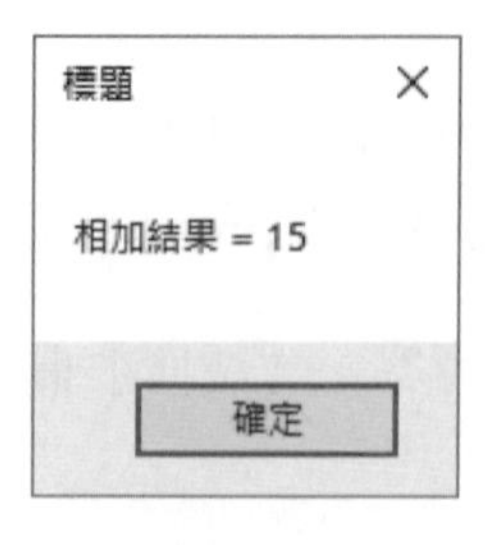

圖 2-29

2-4-3 在 Visual Studio 開啓存在的 VB 專案

Visual Studio 專案 ch2-4-3 的 VB 程式就是第 2-2 節的 ch2-2b.vb，我們準備啓動 Visual Studio 開啓此專案來測試執行，並且說明 Console.Write() 和 Console.WriteLine() 的主控台輸出是輸出至哪裡，其步驟如下所示：

Step 01：請啓動 Visual Studio，執行「檔案 > 開啓 > 專案 / 方案」命令，可以看到「開啓專案」對話方塊。

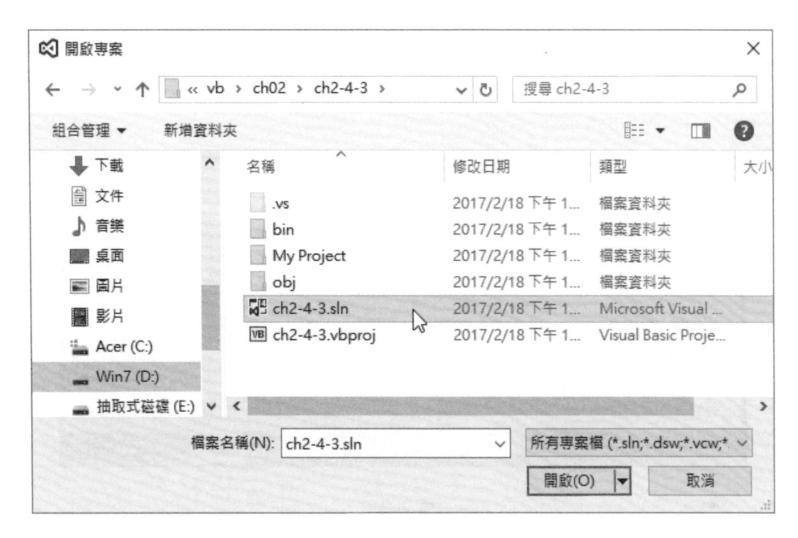

圖 2-30

Step 02：請切換至「\vb\ch02\ch2-4-3」資料夾後，選【ch2-4-3.sln】，按【開啓】鈕開啓專案。

Step 03：如果沒有看到表單，請在「方案總管」視窗按二下【Form1.vb】開啓表單，然後再按二下，可以看到 VB 程式碼，如下圖所示：

Form1.vb　Form1.vb [設計]　ch2-4-3　(Form1 個事件)　Load

```
1  Public Class Form1
2      Private Sub Form1_Load(sender As Object, e As EventArgs) H
3          MsgBox("第一個VB程式", , "標題")
4          Console.WriteLine("陳會安")
5          Console.Write("大家好!")
6          Console.Write("大家好!")
7      End Sub
8  End Class
9
```

100 %

圖 2-31

Step 04：請執行「偵錯 > 開始偵錯」命令或按 F5 鍵，在編譯和建置專案完成後，如果沒有錯誤，可以看到執行結果的 Windows 應用程式視窗和 1 個訊息視窗。

圖 2-32

Step 05：按【確定】鈕（不要關閉「Form1」視窗），可以在 Visual Studio 開發環境主視窗的右下方，選下方【輸出】標籤，看到主控台輸出顯示的字串內容，和 ch2-2b.vb 的執行結果完全相同，如下圖所示：

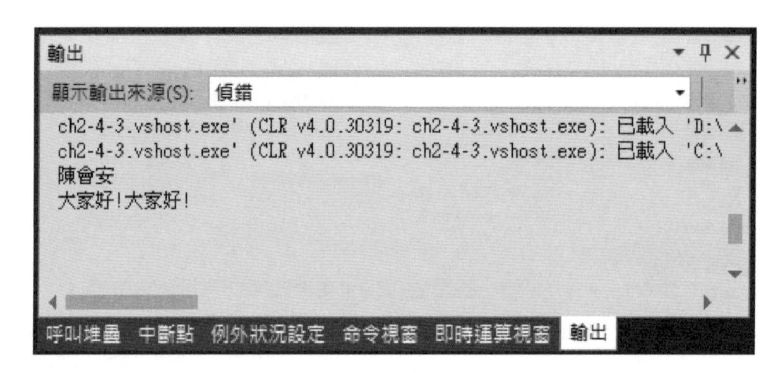

圖 2-33

Express 版請執行「偵錯 > 視窗 > 輸出」命令，可以在下方開啟「輸出」視窗，看到主控台輸出顯示的字串內容，如下圖所示：

圖 2-34

2-5 VB 程式的基本結構

在第 2-2、2-3 和 2-4 節不論是使用 fChart 程式碼編輯器，或 Visual Studio 整合開發環境，我們都是輸入相同的 VB 程式碼，其程式結構和編譯方式的說明，如下所示：

fChart 程式碼編輯器的 VB 程式結構

fChart 程式碼編輯器本身是一個 .NET 應用程式，在編輯視窗可以建立單一類別（Class）的 VB 程式碼，預設執行 Main() 程序（其結構類似 Visual Studio 的主控台應用程式），如下所示：

```
Sub Main()
   …
End Sub
```

上述 Main() 程序是我們撰寫 VB 程式碼的地方，fChart 程式碼編輯器是使用 .NET 執行期功能來編譯和執行 VB 程式檔（副檔名 .vb），這是一種類似直譯方式來執行 VB 程式碼字串，並不會建立執行檔，但是執行快速，非常適合用來學習 .NET 基礎程式設計。

Visual Studio 專案的 VB 程式結構

Visual Basic 專案的程式碼是儲存在副檔名 .vb 的檔案，在 Visual Studio 新增 Visual Basic 專案後，預設建立 Form1.vb 檔案，其基本結構如下所示：

```
Public Class Form1
    Private Sub Form1_Load(sender As Object,
            e As EventArgs) Handles MyBase.Load
        ......
    End Sub
End Class
```

上述 Class/End Class 之間是我們撰寫的 Visual Basic 程式碼，名稱 Form1 是表單名稱，其內容是事件處理程序、程序與函數或全域變數宣告，以此例是 Form1_Load() 事件處理程序，這是載入表單執行的程序，換句話說，當執行 VB 程式顯示表單前，就會執行 Form1_Load() 程序的 VB 程式碼。

2-6 VB 語言的寫作風格

VB 語言的基本撰寫規則是建立 VB 程式碼的一些通用規則，我們需要遵循這些規則來撰寫 VB 程式碼。

VB 程式碼是由程式敘述組成，數個程式敘述（或稱為陳述式）組合成程式區塊，每一個程式區塊擁有數行程式敘述或註解文字，一行程式敘述是一個運算式、變數和關鍵字組成的程式碼。

■ 說明 ■

程式語言的「關鍵字」（keywords，或稱保留字）是程式語言支援的指令，這是一些擁有特殊意義的單字，例如：Visual Basic 語言的 Private、ByVal、Sub、If 和 End 等指令。

程式敘述（statements）

VB 程式碼是由程式敘述組成，一行程式敘述如同英文的一個句子，內含多個運算式、運算子或關鍵字，如下所示：

```
Dim v1 As Integer = 10
r1 = v1 * v2
MsgBox(" 第一個 VB 程式 ", , " 標題 ")
```

上述程式碼是 VB 程式敘述的範例。同一行程式碼可以使用半形冒號「:」分隔成多行程式敘述，如下所示：

```
v1 = 10: v2 = 0.04: r1 = v1 * v2
```

上述程式碼在同一行擁有 3 個程式敘述。

程式區塊（blocks）

程式區塊是由多個程式敘述組成，這是位在 Sub/End Sub、Function/End Function 和 If/End If 等擁有 End 關鍵字之間的一或多行程式碼，如下所示：

```
Sub Main()
  …
End Sub
```

上述程序的程式碼是一個程式區塊，在第 5~7 章說明的條件、迴圈敘述和程序與函數都擁有程式區塊。

程式註解（comments）

程式註解是程式設計上很重要的部分，良好註解不但能夠容易了解程式的目的，在維護上也可以提供更多資訊。VB 程式註解是以 REM 指令或「'」符號開始的行，或程式行此符號後的文字內容，如下所示：

```
REM 變數的宣告
' 第一個 VB 程式
Dim v1 As Integer = 10   ' 變數宣告
```

太長的程式敘述

VB 程式敘述如果太長，並不方便閱讀程式碼，基於程式編排的需要，我們可以將程式敘述分為兩行，請在第 1 行程式碼的最後加上「_」符號，表示下一行和這一行是同一行，如下所示：

```
Dim v1, v2, v3, v4, v5, v6, v7, _
    v8, v9 As Integer
```

Visual Studio 從 2010 版開始支援隱含字串連接（implied line continuation），位在運算子之後、LINQ 關鍵字之後，">"、"("、"."、","、"="、"<%=" 和 ">" 連接符號之後，")" 和 "%>" 連接符號之前，都可以不用加上 "_" 符號，直接分成兩行，如下所示：

```
Dim v1, v2, v3, v4, v5, v6, v7,
    v8, v9 As Integer
```

程式碼縮排

在撰寫程式時記得使用縮排編排程式碼，適當縮排程式碼，可以讓程式更加容易閱讀，因為可以反應出程式碼的邏輯和迴圈架構，例如：在程式區塊的程式碼縮幾格編排，如下所示：

```
Sub Main()
    Dim s As String = "Hello!"
    MsgBox(" 輸入的字串 : " & vbNewLine & s, , " 標題 ")
End Sub
```

上述程式區塊的程式敘述使用數個空白字元來向內縮排，以此例是 4 個空白字元，也可以使用 1 個 Tab 鍵，表示這些程式敘述屬於同一個程式區塊，方便我們清楚分辨哪些程式敘述是屬於同一個程式區塊。

VB 列印和顯示常數

VB 仍然支援舊版 VB6 列印和顯示常數，這些符號常數可以輸出一些顯示所需的控制字元，其說明如下表所示：

表 2-1

符號常數	說明
vbBack	退格鍵（backspace）
vbTab	定位字元（tab）
vbCr	換行字元（carriage return）
vbLf	復行字元（line feed）
vbCrLf	即 vbCr+vbLf
vbNewLine	和 vbCrLf 擁有相同功能
vbNullChar	0 值的字元

例如：當程式碼輸出字串需要換行時，在字串最後可以加上 vbNewLine 或 vbCrLf 常數，如下所示：

```
Dim s As String = "Hello!"
MsgBox(" 輸入的字串 : " & vbNewLine & s, , " 標題 ")
```

上述程式碼因為使用「&」字串連接運算子（詳見第 4 章的說明）加上 vbNewLine 常數，所以輸出內容會換行成為 2 行字串（VB 範例：ch2-6.vb 或 Visual Studio 專案：ch2-6），如下圖所示：

圖 2-35

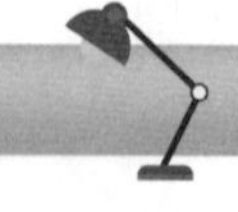

隨堂練習

1. 在同一行 VB 程式碼可以使用 ________ 分隔成多行程式敘述。
2. VB 程式註解是以 ________ 指令或 ________ 符號開始的行，或程式行此符號後的文字內容。
3. VB 程式碼如果太長，基於程式編排的需要，我們可以將程式碼分為兩行，即在第 1 行程式碼最後加上 ________ 符號。
4. VB 常數 ________ 和 ________ 可以顯示換行。

學習評量

選擇題

(　) 1. 請指出程式設計的下列哪一個階段是在了解問題本身，以確切獲得程式需要輸入的資料和其預期產生的結果？

A. 設計　B. 需求
C. 分析　D. 驗證

(　) 2. 請指出程式設計的下列哪一個階段是開始找尋解決問題的方法和策略？

A. 設計　B. 需求
C. 分析　D. 驗證

(　) 3. 請問下列哪一個 VB 函數可以彈出一個視窗來顯示訊息文字？

A. Format()　B. InputBox()
C. MsgBox()　D. Focus()

(　) 4. 請問 VB 程式註解是使用下列哪一個字元開始的列，或程式列上此符號之後的內容？

A. 「"」　B. 「_」
C. 「:」　D. 「'」

(　) 5. 如果 VB 程式在輸出時需要定位字元，在字串中可以加上下列哪一個符號常數？

A. vbNewLine　B. vbTab
C. vbBack　D. vbNullChar

簡答題

1. 請說明程式設計的五個階段？在驗證階段，可以再細分成哪三個階段：__________、__________ 和 ____________。
2. 請簡單說明 VB 程式的基本結構？
3. 請問 VB 程式檔案的副檔名是 ___________；Visual Studio 專案 test 的方案檔名稱是 ______________；專案檔名稱是 _________。
4. 請舉例說明什麼是 VB 語言的程式敘述和程式區塊？

實作題

1. 請使用 fChart 程式碼編輯器建立 VB 程式，可以顯示一個 " 我設計的第一個 VB 程式！ " 的訊息視窗。
2. 第 2-3 節的 VB 程式是一個加法程式，請修改程式碼改為計算 2 個值相乘的結果。
3. 請使用 fChart 程式碼編輯器建立 VB 程式使用 Console.WriteLine() 以星號字元顯示 5x5 的三角形圖形，如下圖所示：

```
*
**
***
****
*****
```

4. 請使用 Visual Studio 建立實作題 1. 和 3. 的 VB 專案。

VisualBasic

Chapter

3

變數、資料型態與輸出輸入

本章綱要

3-1 認識變數與識別字

3-2 變數與常數

3-3 指定敘述

3-4 資料型態

3-5 輸入與輸出

3-1 認識變數與識別字

電腦程式在執行時常常需要記住一些資料，程式語言會提供地方來記得執行時的一些資料，這就是「變數」（variables）。VB 語言的變數名稱就是一個「識別字」（Identifier）。

3-1-1 變數是什麼

我們去商店買東西時，爲了比較價格，我們會記下商品價格，同樣的，程式是使用變數儲存這些執行時需記住的資料，也就是將這些值儲存至變數，當變數擁有儲存值後，就可以在需要的地方取出變數值，例如：執行數學運算和比較等。

變數是儲存在哪裡

問題是，這些需記住的資料是儲存在哪裡，答案就是電腦的「記憶體」（memory），程式語言的變數是一個名稱，用來代表電腦記憶體空間的一個位址，如下圖所示：

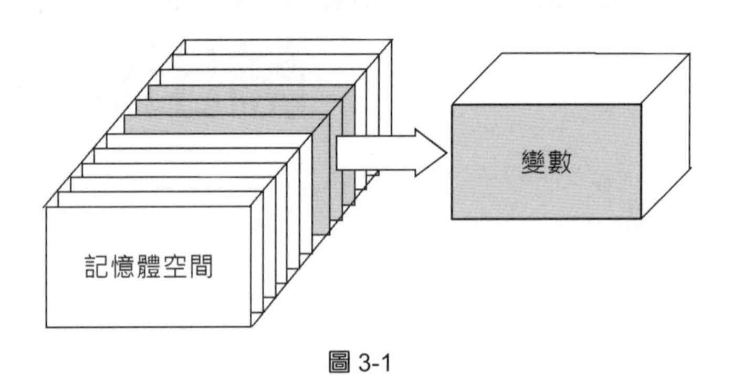

圖 3-1

上述位址如同儲物櫃的儲存格，可以佔用數個儲存格來儲存值，當儲存值後，值不會改變直到下一次存入一個新值爲止。我們可以讀取變數目前的值來執行數學運算，或進行大小比較。

變數的基本操作

對比眞實世界，當我們想將零錢存起來時，可以準備一個盒子來存放這些錢，並且隨時看看已經存了多少錢，這個盒子如同一個變數，我們可以將目前的金額存入變數，或取得變數值來看看已經存了多少錢，如下圖所示：

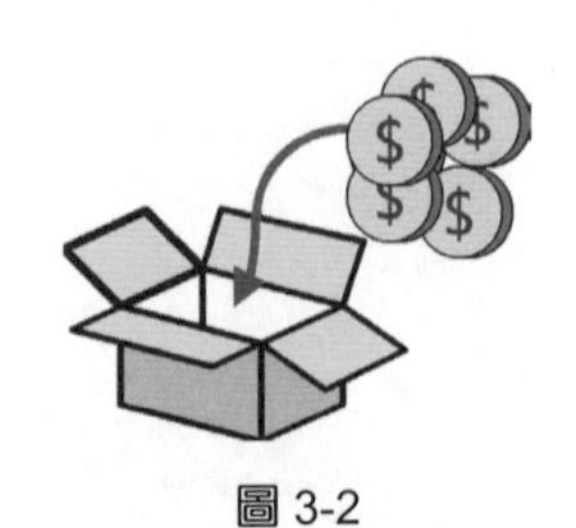

圖 3-2

請注意！眞實世界的盒子和變數仍然有一些不同，我們可以輕鬆將錢幣丟入盒子，或從盒子取出錢幣，但是，變數只有兩種操作，如下所示：

- 在變數存入新值：指定變數成爲一個全新值，我們並不能如同盒子一般，只取出部分金額。因爲變數只能指定成一個新值，如果需要減掉一個值，其操作是先讀取變數值，在減掉後，再將變數指定成最後運算結果的新值。
- 讀取變數值：取得目前變數值，而且讀取變數值，並不會更改變數目前儲存的值。

3-1-2 變數與資料型態

程式語言的變數可以視爲是一個擁有名稱的盒子，能夠暫時儲存程式執行時所需的資料，如下圖所示：

圖 3-3

上述圖例是方形和圓柱形的兩個盒子，盒子名稱分別是變數名稱 name 和 height，在盒子中儲存的資料 "Tom" 和 100 稱爲「字面值」（literals），也就是數值或字元值，如下所示：

```
100
15.3
"Tom"
```

上述常數的前 2 個是數值，最後一個是使用「"」括起的一序列字元值，稱爲字串（strings）。現在回到盒子本身，盒子形狀和尺寸決定儲存資料，對比程式語言來說，形狀和尺寸就是變數的「資料型態」（data types）。

資料型態決定變數能夠儲存什麼值？可以是數值或字串等資料，當變數指定資料型態後，就表示它只能儲存指定型態的資料，如同圓形盒子放不進相同直徑的方形物品，我們只能將它放進方形盒子中。

所以，在 VB 程式使用變數前，我們需要 2 項準備工作，如下所示：

- 替變數命名，例如：上述的 name 和 height 等變數名稱。
- 指定變數儲存資料的型態，例如：上述的整數和字串等型態。

3-1-3 VB 語言的識別字

基本上，程式設計者在程式碼自行命名的元素，稱爲「識別字」（identifier），例如：變數名稱。「關鍵字」（keywords），或稱爲「保留字」（reserved words）是一些對編譯器來說擁有特殊意義的名稱，在命名時，我們需要避開這些名稱。

識別字名稱（identifier names）是指 VB 語言的變數、程序、函數、類別或其他識別字的名稱，程式設計者在撰寫程式時，需要替這些識別字命名。而且元素命名十分重要，因爲一個好名稱如同程式註解，可以讓程式更容易了解。VB 語言的命名原則，如下所示：

- 識別字不可使用 VB 關鍵字或系統的物件名稱。
- 名稱必須是英文字母或底線「_」開頭，如果以底線開頭，至少需要再加上一個其他英文字母或數字。
- 名稱長度不可超過 16383 個字元，不區分英文字母大小寫，name、Name 和 NAME 都代表同一個名稱。
- 名稱中間不能有句點 "."、運算子（例如：+-*/^ 等）或空白，只能是英文字母、數字和底線。
- 在宣告的有效範圍內必須唯一，有效範圍就是指哪些程式碼可以存取此變數，其進一步說明請參閱第 7 章的程序和函數。

一些 VB 元素名稱的範例，如下所示：

```
def, no_123, size1, _123, _abc      ' 合法名稱
Car, count, height, s1, s2          ' 合法名稱
_ , 123abc                          ' 不合法名稱，只有底線或數字開頭
```

3-2 變數與常數

「變數」（variables）是儲存程式執行期間的暫存資料，程式設計者在程式中使用的變數需要替變數命名，和決定儲存什麼樣的資料，即變數的資料型態。

變數名稱可以讓我們在程式碼中取得變數值，變數的資料型態可以讓我們知道變數儲存的是哪一種資料。

3-2-1 宣告變數且指定初值

VB 程式宣告變數就是建立指定資料型態的變數，我們可以在宣告同時指定變數值，也就是建立一個馬上在之後可以取得變數值的變數。

在本節 VB 程式宣告 3 個變數，包含 1 個整數和 2 個浮點數變數，因爲這 3 個變數有初值，所以，我們可以馬上輸出顯示這 3 個變數值。

步驟一：觀察流程圖

請啓動 fChart 執行「檔案 > 載入流程圖專案」命令，開啓「\vb\ch03\ch3-2-1.fpp」專案的流程圖，如下圖所示：

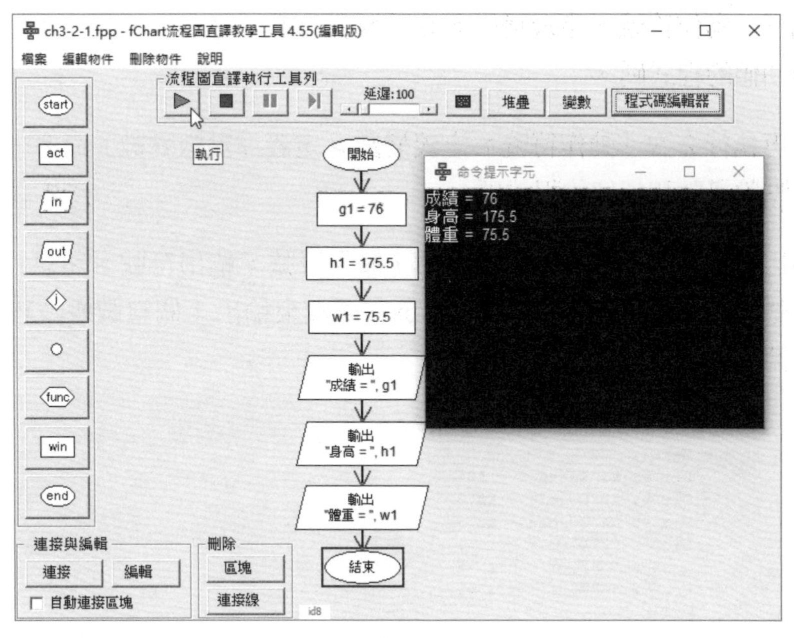

圖 3-4

按上方工具列的【執行】鈕，可以看到流程圖的執行結果依序顯示 3 個變數值，從指定值可以看出，第 1 個 g1 是整數；後 2 個 h1 和 w1 是浮點數，我們可以寫出其執行步驟，如下所示：

Step 01：定義整數變數 g1（動作符號）

Step 02：定義浮點變數 h1（動作符號）

Step 03：定義浮點變數 w1（動作符號）

Step 04：輸出文字內容和變數 g1（輸出符號）

Step 05：輸出文字內容和變數 h1（輸出符號）

Step 06：輸出文字內容和變數 w1（輸出符號）

步驟二：實作程式碼

我們可以使用 fChart 程式碼編輯器或 Visual Studio 來輸入和建立對應流程圖符號的 VB 程式碼。

方法一：使用 fChart 程式碼編輯器

使用 fChart 程式碼編輯器輸入 VB 程式碼的步驟，如下所示：

Step 01：請啓動 fChart 程式碼編輯器，如果已經啓動，請執行「檔案 > 新增」命令建立新程式，然後在 Main() 之中點一下作爲插入點。

Step 02：執行「動作符號 > 定義變數 > 定義整數變數」命令，插入第 1 個宣告整數變數和初值的程式碼。

Step 03：請再執行 2 次「動作符號 > 定義變數 > 定義浮點數變數」命令，插入 2 個宣告浮點數變數和初值的程式碼。

Step 04：輸出變數值，請執行 3 次「輸出 / 輸入符號 > 輸出符號 > 訊息視窗 - 訊息文字 + 變數」命令，插入 3 個 MsgBox() 函數來輸出 1 個整數變數和 2 個浮點數變數值，如下圖所示：

Visual Basic 程式碼

```
1   Sub Main()
2       Dim v1 As Integer = 10
3       Dim v1 As Double = 12.3
4       Dim v1 As Double = 12.3
5       MsgBox("變數值 = " & v1, , "標題")
6       MsgBox("變數值 = " & v1, , "標題")
7       MsgBox("變數值 = " & v1, , "標題")
8
9
10
11  End Sub
```

圖 3-5

Step 05：因爲變數是識別字，我們除了需要修改宣告變數的變數名稱，也需要修改 MsgBox() 函數輸出變數的變數名稱，如下表所示：

表 3-1

行號	原來變數名稱	更改變數名稱
2、5	v1	g1
3、6	v1	h1
4、7	v1	w1

Step 06：接著更改變數值，請將第 2 行的值 10 改爲 76；第 3 行的值 12.3 改爲 175.5；第 3 行的值 12.3 改爲 75.5。

Step 07：更改輸出的文字內容，請將第 5~7 行的文字內容「變數值」依序改爲「成績」、「身高」和「體重」，最後的 VB 程式碼，如下所示：

```
Dim g1 As Integer = 76
Dim h1 As Double = 175.5
Dim w1 As Double = 75.5
MsgBox(" 成績 = " & g1, , " 標題 ")
MsgBox(" 身高 = " & h1, , " 標題 ")
MsgBox(" 體重 = " & w1, , " 標題 ")
```

Step 08：請執行「檔案 > 儲存」命令，儲存成檔名 ch3-2-1.vb 的 VB 程式檔案。

方法二：使用 Visual Studio 整合開發環境

請啓動 Visual Studio 建立名爲 ch3-2-1 的專案，然後在 Form1_Load() 事件處理程序輸入上述 VB 程式碼，如下圖所示：

```
Form1.vb  Form1.vb [設計]
ch3-2-1   (Form1 個事件)   Load
1  Public Class Form1
2      Private Sub Form1_Load(sender As Object, e As EventArgs) H
3          Dim g1 As Integer = 76
4          Dim h1 As Double = 175.5
5          Dim w1 As Double = 75.5
6          MsgBox("成績 = " & g1, , "標題")
7          MsgBox("身高 = " & h1, , "標題")
8          MsgBox("體重 = " & w1, , "標題")
9      End Sub
10 End Class
11
100 %
```

圖 3-6

編譯和執行 VB 程式

fChart 請按【編譯與執行】鈕，Visual Studio 請執行「偵錯 > 開始偵錯」命令或按 F5 鍵，可以依序顯示 3 個訊息視窗來顯示 3 個變數值。

圖 3-7

步驟三：了解程式碼

變數可以儲存程式執行時的暫存資料，VB 變數是使用 Dim 關鍵字進行宣告，而且在宣告同時就可以指定初值，其基本語法如下所示：

```
Dim 變數名稱 As 資料型態 = 初值
```

上述語法宣告名為【變數名稱】的變數，使用 As 關鍵字指定變數的資料型態，在資料型態之後使用「=」等號指定變數初值，例如：175.5 和 76 等字面值。VB 語言宣告和指定變數初值的範例，如下所示：

```
Dim g1 As Integer = 76
Dim h1 As Double = 175.5
Dim w1 As Double = 75.5
```

上述程式碼宣告 3 個變數，As 關鍵字後是資料型態 Integer 整數和 Double 浮點數，並且依序指定初值為 76、175.5 和 75.5，然後我們馬上可以使用 3 個 MsgBox() 函數顯示這 3 個變數值，如下所示：

```
MsgBox(" 成績 = " & g1, , " 標題 ")
MsgBox(" 身高 = " & h1, , " 標題 ")
MsgBox(" 體重 = " & w1, , " 標題 ")
```

VB 語言除了一行宣告一個變數外，我們也可以在同一行宣告多個變數，並且分別指定初值，其語法如下所示：

```
Dim 變數名稱 1 As 資料型態 1= 初值 [, 變數名稱 2 As 資料型態 2= 初值 ]
```

上述語法是在變數之間使用「,」號分隔。請修改 ch3-2-1.vb 成為 ch3-2-1a.vb（Visual Studio 是同名專案），將原來 2 行的變數宣告和指定初值改在同一行，如下所示：

```
Dim h1 As Double = 175.5, w1 As Double = 75.5
```

上述程式碼宣告變數 h1 和 w1，並且指定 2 個變數的初值，如下圖所示：

```
1  Sub Main()
2      Dim g1 As Integer = 76
3      Dim h1 As Double = 175.5, w1 As Double = 75.5
4      MsgBox("成績 = " & g1, , "標題")
5      MsgBox("身高 = " & h1, , "標題")
6      MsgBox("體重 = " & w1, , "標題")
7  End Sub
```

圖 3-8

程式 ch3-2-1a.vb 的執行結果和 ch3-2-1.vb 完全相同。在 VB 語宣告變數也可以不使用 As 指定資料型態，此時編譯器會以初值來自動指定資料型態（VB 程式：ch3-2-1b.vb），如下所示：

```
Dim g1 = 76, h1 = 175.5, w1 = 75.5
```

上述程式碼的變數 g1 是整數，h1 和 w1 是浮點數。目前我們的程式範例是使用 3 個訊息視窗輸出 3 個變數，請參考第 2-6 節修改 ch3-2-1.vb 成為 ch3-2-1c.vb（Visual Studio 是同名專案），使用 1 個 MsgBox() 函數來輸出 3 個變數值，如下所示：

```
MsgBox(" 成績 = " & g1 & vbNewLine &
       " 身高 = " & h1 & vbNewLine &
       " 體重 = " & w1, , " 標題 ")
```

上述程式碼使用字串連接運算子「&」和 vbNewLine 換行常數來分別顯示 3 個變數，換句話說，我們是在同一個訊息視窗顯示這 3 個變數值，如下圖所示：

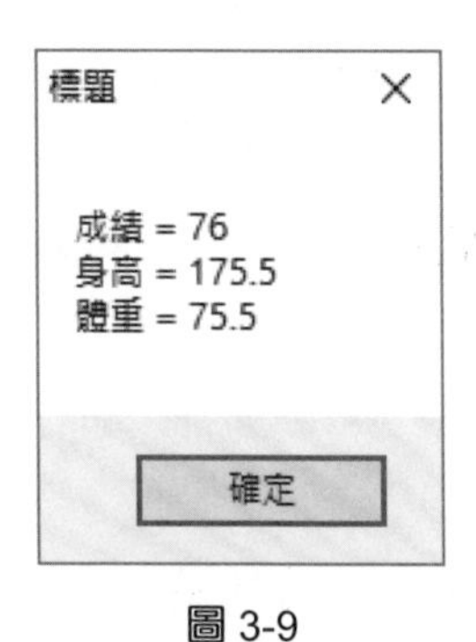

圖 3-9

3-2-2 宣告沒有初值的變數

在第 3-2-1 節的程式範例是在宣告變數的同時指定初值，事實上，我們也可以只宣告變數，但是沒有指定初值，其語法如下所示：

```
Dim 變數名稱 As 資料型態
```

上述語法的變數名稱如果不只一個，請使用「,」逗號分隔。宣告變數的目的是「告訴編譯器建立指定資料型態的變數且配置所需的記憶體空間」。

請修改第 3-2-1 節的 ch3-2-1c.vb 成為 ch3-2-2.vb（Visual Studio 建立名為 ch3-2-2 專案），程式只有宣告 3 個變數，但是並沒有指定這 3 個變數的初值，如下圖所示：

```
1  Sub Main()
2      Dim g1 As Integer
3      Dim h1 As Double
4      Dim w1 As Double
5      MsgBox("成績 = " & g1 & vbNewLine &
6             "身高 = " & h1 & vbNewLine &
7             "體重 = " & w1, , "標題")
8  End Sub
```

圖 3-10

上述程式碼宣告 3 個變數，這 3 個變數單純只告訴編譯器保留所需的記憶體空間，並沒有指定變數值，VB 語言會自動指定初值 0（數值型態），其執行結果如下圖所示：

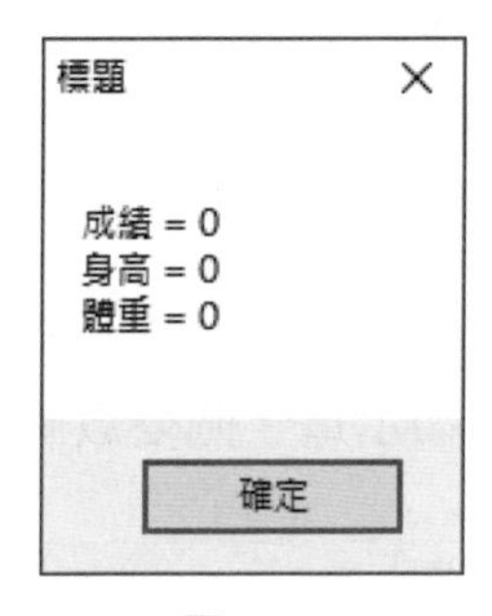

圖 3-11

上述執行結果可以看到顯示的值都是 0。如果沒有指定資料型態（VB 程式：ch3-2-2a.vb），如下所示：

```
Dim g1, h1, w1
```

上述程式碼因為沒有資料型態，也沒有初值，編譯器並無法自動指定資料型態，此時的資料型態是 Object，允許儲存各種資料型態的值，其預設初值是 Nothing（顯示值是空字串），如下圖所示：

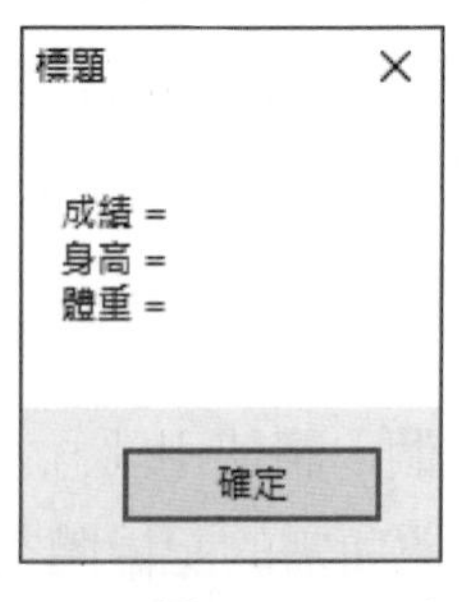

圖 3-12

清楚了嗎！因為變數如果沒有指定初值，VB 雖然會指定成預設值，而且不會產生編譯錯誤（Visual Studio 會有警告），但是有可能產生錯誤的執行結果。很多程式錯誤都是因為忘了指定變數的初值，請注意！儘可能在宣告變數的同時，就指定變數初值是一個撰寫程式的好習慣。

如果在 VB 程式只有宣告變數，沒有同時指定初值，我們只能使用第 3-3 節的指定敘述在之後再來指定或更改變數值。

3-2-3 常數

「常數」（constants）是在程式碼使用名稱取代數值或字串，與其將常數視爲變數，不如說是一種名稱轉換，將一些值使用有意義的名稱來取代。

VB 語言本身擁有一些內建常數，例如：vbTab 和 vbNewLine 等，不過，使用者可以自行使用 Const 關鍵字建立常數，請注意！常數在宣告時一定要指定值，如下所示：

```
Const PI = 3.1415926
```

上述程式碼建立圓周率常數 PI 的值爲 3.1415926。

VB 程式：ch3-2-3.vb

在 VB 程式（Visual Studio 專案：ch3-2-3）計算圓面積，程式宣告常數 PI 的圓周率，可以計算半徑 10 的圓面積，其執行結果如下圖所示：

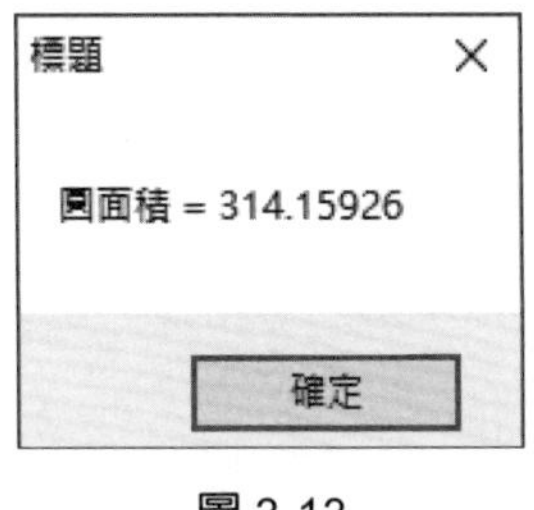

圖 3-13

程式碼編輯

請開啓 fChart 流程圖（ch3-2-3.fpp），如下圖所示：

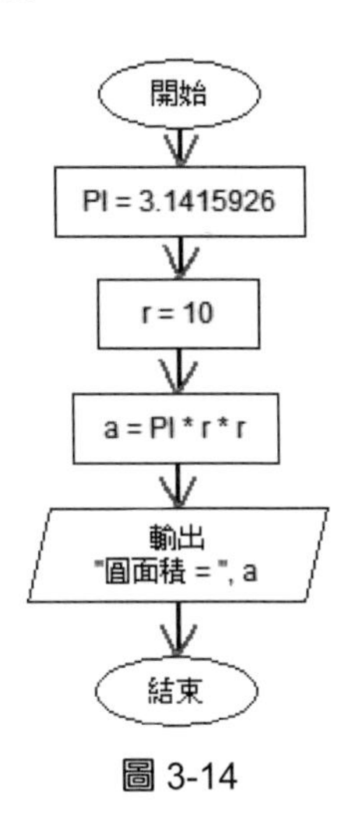

圖 3-14

請執行上述 fChart 流程圖，可以看出指定 PI 和半徑值後，使用數學公式 PI*r*r 計算圓面積（「*」符號是乘法，關於 VB 運算式的說明請參閱第 4 章），其步驟如下所示：

Step 01：定義常數 PI = 3.1415926（動作符號）。

Step 02：指定半徑變數 r 的值 r = 10（動作符號）。

Step 03：計算圓面積 a = PI * r * r（動作符號）。

Step 04：輸出圓面積 a（輸出符號）。

請參考上述步驟來輸入 VB 程式碼，因為 fChart 不支援常數，請先使用「動作符號 > 指定變數值 > 指定成浮點數值」命令建立指定浮點數值後，在前方加上 Const 關鍵字和修改字面值來建立 PI 常數，如下所示：

```
01: Const PI = 3.1415926
02: Dim r As Integer = 10
03: Dim a As Double = 12.3
04: a = PI * r * r
05: MsgBox("圓面積 = " & a, , "標題")
```

程式碼解說

- 第 1 行：宣告常數 PI 且指定值。
- 第 2 行：指定半徑值 r 的值。
- 第 4 行：使用常數計算圓面積。

隨堂練習

1. 請寫出宣告整數變數 T，初值為 100 的程式碼 ________________。
2. 請完成下列程式碼的變數宣告，如下所示：

   __________ value As ________ = 150
3. 請完成下列程式碼的常數宣告，如下所示：

   __________ MAX_LEN = 150

3-3 指定敘述

「指定敘述」（assignment statements）是在程式執行中指定或更改變數值，VB 語言的指定敘述是「=」等號，可以讓我們指定或更改變數值成爲字面值、其他變數或運算結果。

本節 VB 程式分別使用變數初值和指定敘述更改 s1、s2 和 s3 變數值（前三節的籃球得分）後，顯示籃球前三節的得分。

步驟一：觀察流程圖

請啓動 fChart 執行「檔案 > 載入流程圖專案」命令，開啓「\vb\ch03\ch3-3.fpp」專案的流程圖，如下圖所示：

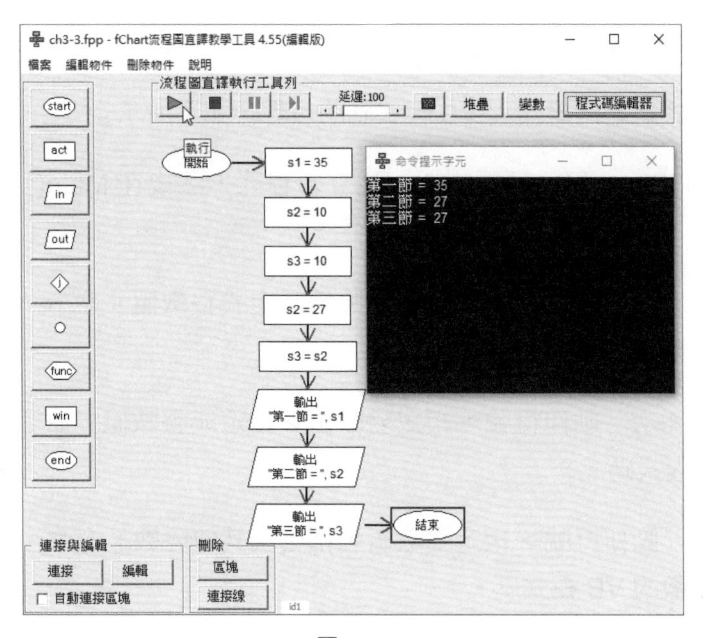

圖 3-15

按【執行】鈕，可以看到流程圖的執行結果依序顯示 3 個變數值，流程圖首先建立 3 個變數 s1~3，其初值分別是 35、10 和 10，然後使用指定敘述指定 s2 變數成爲值 27，和 s3 變數爲變數 s2 的值。

按【變數】鈕，可以看到 3 個變數值的變化，如下圖所示：

變數

	RETURN	PARAM	s1	s2	s3	RET-OS
目前變數值:		PARAM	35	27	27	
之前變數值:		PAR-OS		10	10	

圖 3-16

上述變數初值分別是 35、10、10，最後值是 35、27、27。我們可以寫出其執行步驟，如下所示：

Step 01~03：定義整數變數 s1~3（動作符號）

Step 04：更改變數 s2 值為字面值 27（動作符號）

Step 05：更改變數 s3 值是變數 s2（動作符號）

Step 06~08：輸出文字內容和變數 s1~3（輸出符號）

步驟二：實作程式碼

我們可以使用 fChart 程式碼編輯器或 Visual Studio 來輸入和建立對應流程圖符號的 VB 程式碼。

方法一：使用 fChart 程式碼編輯器

使用 fChart 程式碼編輯器輸入 VB 程式碼的步驟，如下所示：

Step 01：請啟動 fChart 程式碼編輯器，建立新程式，然後在 Main() 之中點一下作為插入點。

Step 02：請執行 3 次「動作符號 > 定義變數值 > 定義整數值」命令，插入宣告 3 個整數變數和指定初值的 VB 程式碼。

Step 03：再執行 1 次「動作符號 > 指定變數值 > 指定成整數值」命令，插入更改變數值的 VB 程式碼。

Step 04：請執行「動作符號 > 指定變數值 > 指定成其他變數」命令，插入更改變數成為其他變數的 VB 程式碼。

Step 05：請執行 3 次「輸出 / 輸入符號 > 輸出符號 > 訊息視窗 - 訊息文字 + 變數」命令，插入 3 個 MsgBox() 來輸出 3 個整數變數值，如下圖所示：

Visual Basic 程式碼

```
1  Sub Main()
2      Dim v1 As Integer = 10
3      Dim v1 As Integer = 10
4      Dim v1 As Integer = 10
5      v2 = 20
6      v2 = v1
7      MsgBox("變數值 = " & v1, , "標題")
8      MsgBox("變數值 = " & v1, , "標題")
9      MsgBox("變數值 = " & v1, , "標題")
10     
11
12
13 End Sub
```

圖 3-17

Step 06：請一一修改變數名稱和變數值，可以完成最後的程式碼，如下所示：

```
Dim s1 As Integer = 35
Dim s2 As Integer = 10
Dim s3 As Integer = 10
s2 = 27
s3 = s2
MsgBox(" 第一節 = " & s1, , " 標題 ")
MsgBox(" 第二節 = " & s2, , " 標題 ")
MsgBox(" 第三節 = " & s3, , " 標題 ")
```

Step 07：請執行「檔案 > 儲存」命令，儲存成檔名 ch3-3.vb 的 VB 程式檔案。

方法二：使用 Visual Studio 整合開發環境

請啓動 Visual Studio 建立名爲 ch3-3 的專案，然後在 Form1_Load() 事件處理程序輸入上述 VB 程式碼，如下圖所示：

```
Public Class Form1
    Private Sub Form1_Load(sender As Object, e As EventArgs) H
        Dim s1 As Integer = 35
        Dim s2 As Integer = 10
        Dim s3 As Integer = 10
        s2 = 27
        s3 = s2
        MsgBox("第一節 = " & s1, , "標題")
        MsgBox("第二節 = " & s2, , "標題")
        MsgBox("第三節 = " & s3, , "標題")
    End Sub
End Class
```

圖 3-18

編譯和執行 VB 程式

fChart 請按【編譯與執行】鈕，Visual Studio 請執行「偵錯 > 開始偵錯」命令或按 F5 鍵，可以依序顯示 3 個訊息視窗來顯示三節得分的 3 個變數值。

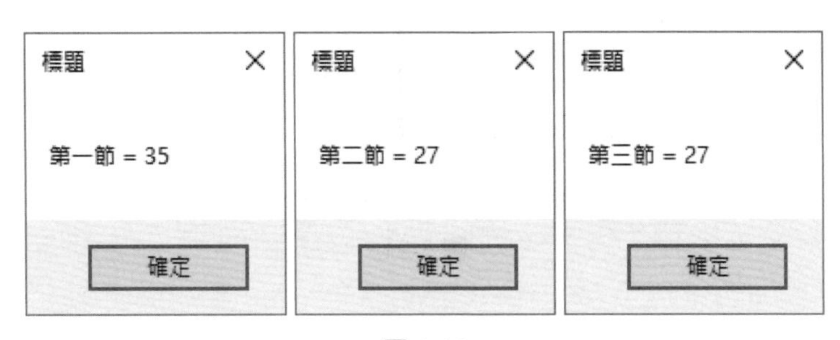

圖 3-19

步驟三：了解程式碼

VB 語言指定敘述的語法，如下所示：

```
變數 = 字面值、其他變數或運算式
```

上述指定敘述的左邊是變數，右邊是字面值、其他變數，或第 4 章的「運算式」（expression），如下所示：

```
s2 = 27
```

上述程式碼將變數 s2 使用指定敘述更改變數值成為 27，目前變數記憶體空間的圖例，如下圖所示：

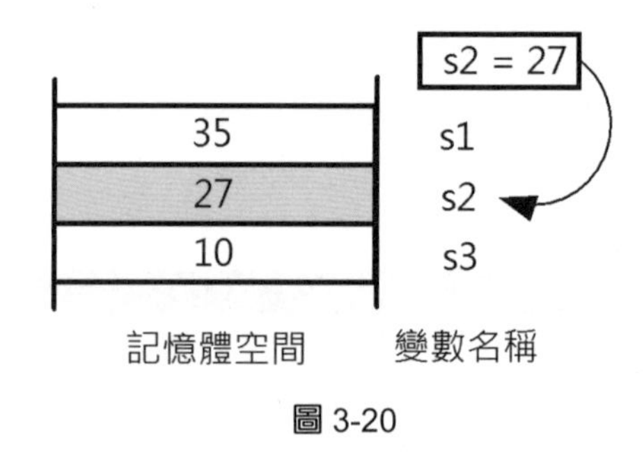

圖 3-20

上述變數 s2 和 s3 的初值是 10，變數 s2 已經使用指定敘述改為 27，可以看到 3 個變數在記憶體空間的變數值。

在指定敘述等號右邊的 27 稱為字面值（literals），也就是直接使用數值來指定變數值，如果在指定敘述右邊是變數，如下所示：

```
s3 = s2
```

上述程式碼的等號左邊是變數 s3，指定敘述是將變數 s2 的值存入變數 s3，換句話說，就是更改變數 s3 的值成為變數 s2 的值，即 27，如下圖所示：

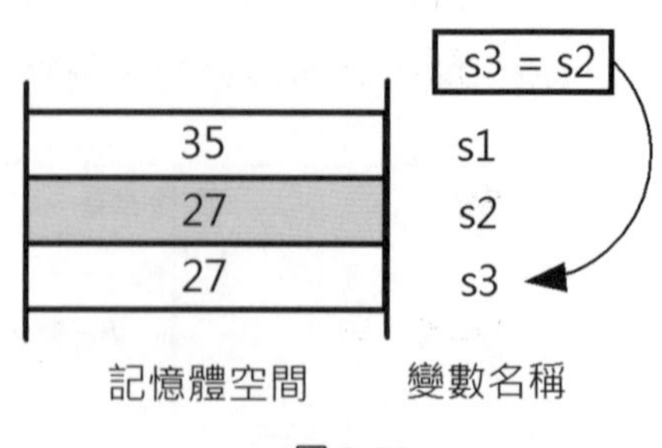

圖 3-21

隨堂練習

1. 請修改本節 VB 程式，新增第四節 s4 的分數 25 分，並且在同一個訊息視窗顯示這 4 節的得分。

3-4 資料型態

VB 語言的資料型態是指變數記憶體位址儲存的資料種類。簡單的說，資料型態定義變數儲存哪一種資料。

3-4-1 數值資料型態

數值資料型態是數學運算的 123、56、45.67 和 123.4 等數值資料，可以分為整數和浮點數資料型態兩種。當宣告數值資料型態的變數沒有指定初值時，其預設初值是 0 或 0.0。

整數資料型態

「整數資料型態」（integral types）是指變數儲存的資料是整數沒有小數點，例如：123、56 和 -17。依整數資料長度的不同（即佔用記憶體的位元組），可以分為多種資料型態，如下表所示：

表 3-2

資料型態	說明	位元組	範圍
Byte	正整數	1	0~255
SByte	整數	1	-128~127
Short	短整數	2	-32,768~32,767
UShort	正短整數	2	0~65,535
Integer	整數	4	-2,147,483,648~2,147,483,647
UInteger	正整數	4	0~4,294,967,295
Long	長整數	8	-9,223,372,036,854,775,808~9,223,372,036,854,775,807
ULong	正長整數	8	0~18,446,744,073,709,551,615

上表 Byte、UShort、UInteger 和 ULong 型態是正整數（即無符號整數），其他可以是正整數或負整數，程式設計者可以依照整數範圍來決定宣告變數的資料型態。

■ 說明 ■

無符號（unsigned）和有符號（signed）是指變數值為了表示數值的正或負，需要保留一個位元來標示，無符號表示沒有使用符號位元，所以一定是正整數，因為多一個位元，所以正值範圍比相同大小的有符號變數來的大。

浮點數資料型態

「浮點數資料型態」（floating point types）是指數值是整數再加上小數，例如：3.1415、102.567 和 2.1 等。浮點數資料型態依長度不同（即佔用記憶體的位元組），可以分爲三種資料型態，如下表所示：

表 3-3

資料型態	說明	位元組	範圍
Single	單精度的浮點數	4	負值範圍為 -3.4028235E+38~-1.401298E-45，正值的範圍為 1.401298E-45~3.4028235E+38
Double	雙精度的浮點數	8	負值範圍為 -1.79769313486231570E+308~-4.94065645841246544E-324，正值範圍為 4.94065645841246544E-324~1.79769313486231570E+308
Decimal	數值	16	0~+/-79,228,162,514,264,337,593,543,950,335 沒有小數，0~+/-7.9228162514264337593543950335 帶 28 位小數，最小的非零值為 +/-0.0000000000000000000000000001(+/-1E-28)

程式設計者可依浮點數值範圍來決定宣告變數的資料型態。

3-4-2 布林資料型態

「布林資料型態」（boolean type）的值只有兩個：True 和 False，對應「眞」或「僞」狀態。Boolean 資料型態的說明，如下表所示：

表 3-4

資料型態	說明	位元組	範圍
Boolean	布林	2	True 和 False

當宣告布林資料型態的變數沒有指定初值時，其預設初值爲 False。

3-4-3 字元與字串資料型態

字元和字串資料型態變數儲存的值都是字元資料，「字元資料型態」（char type）是用來儲存單一字元；「字串資料型態」（string type）是儲存 0 或多個循序的 Char 資料型態的字元。當宣告字串資料型態的變數沒有指定初值時，其預設初值是空字串。

VB 語言支援儲存單一字元和多個字元的 2 種資料型態，如下表所示：

表 3-5

資料型態	說明	位元組	範圍
Char	字元	2	0~65535
String	字串	依平台	0~2 百萬 Unicode 字元

字串資料是使用雙引號括起的文字內容，如下所示：

```
Dim str1 As String = "VB 程式設計 "
Dim str2 As String = "Hello World!"
```

如果在字串中需要使用「"」符號，請重複符號兩次，如下所示：

```
title = " 我的 ""Visual Basic"" 程式 "
```

上述字串的子字串【Visual Basic】是使用「"」括起。字元資料是使用雙引號括起的單一字元，如下所示：

```
Dim a As Char = "A"C
```

上述變數宣告時指定初值爲字元 A，最後的字尾型態字元 "C" 表示它是字元；不是字串。

3-4-4 日期 / 時間資料型態

「日期 / 時間資料型態」（date type）宣告的變數可以儲存日期 / 時間資料。當宣告日期 / 時間資料型態的變數沒有指定初值時，其預設初值是 1/1/0001 上午 12:00:00。

VB 語言的日期 / 時間資料型態是 Date 資料型態，如下表所示：

表 3-6

資料型態	說明	位元組	範圍
Date	日期 / 時間	8	0001 年 1 月 1 日 ~9999 年 12 月 31 日

日期 / 時間資料需要使用「#」符號括起，如下所示：

```
Dim td As Date = #12/30/2017 12:00:00 AM#
Dim td1 As Date = #12/30/2017#
Dim mt As Date = #2:30:15 AM#
Dim mt1 As Date = #14:30:15#
```

上述程式碼指定日期 / 時間值和只有時間值，其中年份有 4 位數，時間部分可以是 12 或 24 小時制，如果沒有 AM（上午）或 PM（下午）就是 24 小時制，忽略分或秒的預設值爲 0。

3-4-5 Object 資料型態

Object 是所有 VB 資料型態的基礎資料型態，換句話說，宣告此資料型態的變數可以儲存本節之前各種資料型態的資料，如下表所示：

表 3-7

資料型態	說明	位元組	範圍
Object	物件	4	可儲存任何資料

當宣告 Object 資料型態的變數沒有指定初值時，其預設初值是 Nothing。Nothing 在 VB 語言是一種特殊值，可以代表各種資料型態的預設值，當轉換成指定資料型態時，就成爲此型態的預設值，例如：字串資料型態是轉換成空字串；數值是 0 或 0.0；布林值是 False。

隨堂練習

1. VB 資料型態 Byte 可儲存的最大數字是 ____________。
2. VB 四種資料型態：Date、Boolean、Single 和 Long 中，__________ 佔用最多的記憶體；__________ 佔用最少的記憶體。
3. 在 VB 程式準備宣告一個數值變數來儲存成績資料的平均值，精確度達小數點下 2 位，請問最佳的變數資料型態是 ____________。
4. VB 的日期 / 時間資料需要使用 ________ 符號括起。

3-5 輸入與輸出

在電腦執行的程式通常都需要與使用者進行互動，程式在取得使用者以電腦周邊裝置輸入的資料後，在處理後，就可以將執行結果輸出至電腦的輸出裝置。

3-5-1 訊息與輸入視窗

VB 語言的 Windows 應用程式可以使用第 8~9 章的控制項取得使用者的輸入資料和輸出資料，在此之前，我們是使用 MsgBox() 訊息視窗輸出訊息和執行結果，Input() 輸入視窗取得使用者的輸入資料。

MsgBox() 訊息視窗

MsgBox() 函數可以顯示一個訊息視窗來顯示程式的輸出結果，例如：運算結果，如下圖所示：

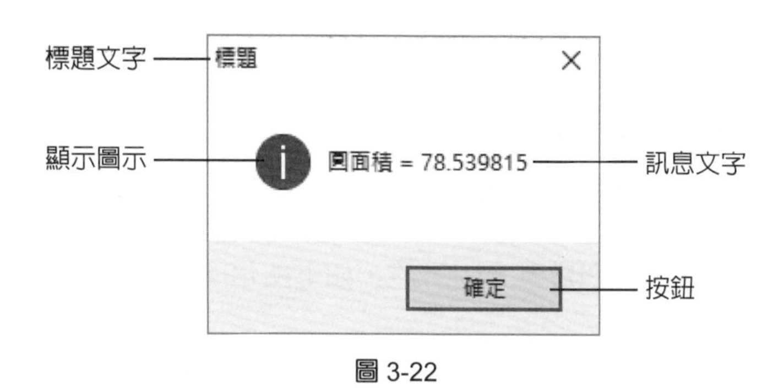

圖 3-22

上述圖例是 Windows 作業系統顯示的訊息視窗。MsgBox() 函數的基本語法，如下所示：

```
MsgBox(提示訊息, [樣式, 視窗標題])
```

上述函數參數的最後 2 個並非必須參數，可以不用指定。各參數的說明，如下所示：

- 提示訊息：顯示在訊息視窗的訊息字串，MsgBox() 函數至少需要提供此參數。
- 樣式：指定訊息視窗的按鈕和圖示等樣式，這些是 MsgBoxStyle 常數值，例如：顯示圖示的常數，其說明如下表所示：

表 3-8

種類	MsgBoxStyle 常數	值	說明
圖示	MsgBoxStyle.Critical	16	在訊息左邊顯示 ✖ 圖示
	MsgBoxStyle.Question	32	在訊息左邊顯示 ? 圖示
	MsgBoxStyle.Exclamation	48	在訊息左邊顯示 ⚠ 圖示
	MsgBoxStyle.Information	64	在訊息左邊顯示 i 圖示

■ 視窗標題：顯示在訊息視窗上方標題列的字串。

例如：使用 MsgBox() 函數顯示計算結果的圓面積，如下所示：

```
MsgBox(" 圓面積 = " & a, 64, " 標題 ")
```

上述程式碼的第 1 個參數是輸出運算結果，第 2 個參數是顯示樣式的整數值 64，即訊息圖示 ，最後 1 個參數是訊息視窗的標題文字。

InputBox() 輸入視窗

InputBox 輸入視窗可以顯示視窗讓使用者輸入資料，其基本語法如下所示：

```
InputBox(提示訊息, [標題文字, 預設值, 位置 x, 位置 y])
```

上述函數的最後 4 個參數並非必須參數，可以不用指定。各參數的說明，如下所示：

■ 提示訊息：顯示在輸入視窗的字串，InputBox() 函數至少需要提供此參數。

■ 標題文字：顯示在標題列的文字內容。

■ 預設值：輸入資料的預設值。

■ 位置 x、位置 y：輸入視窗在螢幕上顯示的位置，沒有指定，預設值是桌面正中央。

例如：使用 InputBox() 函數輸入圓半徑，如下所示：

```
r = InputBox(" 請輸入半徑 ", " 標題 ")
```

上述程式碼的 InputBox() 函數只有前 2 個參數，可以傳回使用者輸入的資料，按「確定」鈕傳回輸入字串；「取消」鈕傳回空字串。

3-5-2 輸入與輸出數值資料

VB 語言可以使用 InputBox() 函數輸入字串資料，因爲輸入的是字串，我們需要使用第 4 章的資料轉換函數轉換成整數或浮點數。在本節的 VB 程式是修改自第 3-2-3 節，可以讓使用者輸入半徑後，顯示計算結果的圓面積。

步驟一：觀察流程圖

請啓動 fChart 執行「檔案 > 載入流程圖專案」命令，開啓「\vb\ch03\ch3-5-2.fpp」專案的流程圖，如下圖所示：

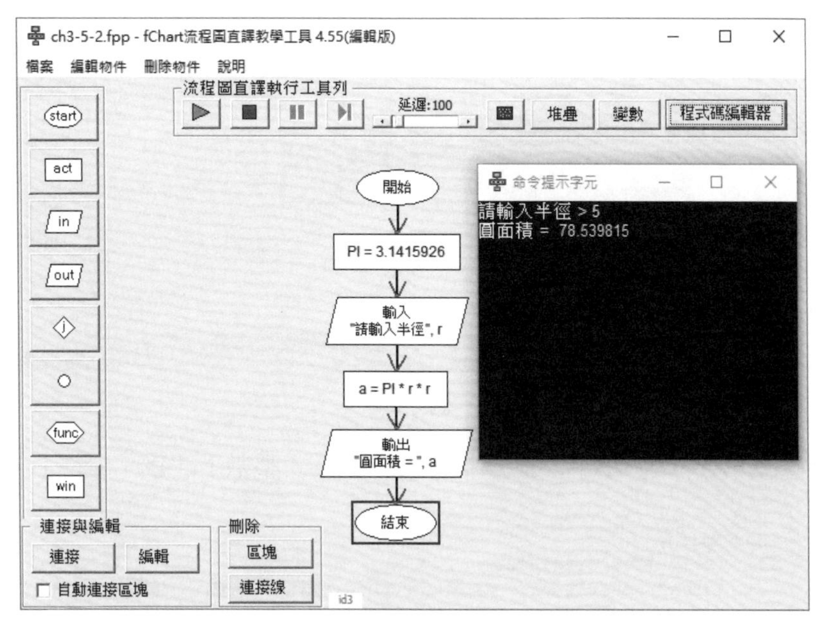

圖 3-23

按【執行】鈕，可以看到提示文字，在輸入半徑整數值 5 後，按 Enter 鍵，可以馬上輸出顯示圓面積的值。其執行步驟如下所示：

Step 01：定義常數 PI = 3.1415926（動作符號）。

Step 02：顯示提示文字輸入半徑變數 r（輸入符號）。

Step 03：計算圓面積 a = PI * r * r（動作符號）。

Step 04：輸出圓面積 a（輸出符號）。

步驟二：實作程式碼

我們可以使用 fChart 程式碼編輯器或 Visual Studio 來輸入和建立對應流程圖符號的 VB 程式碼。

方法一：使用 fChart 程式碼編輯器

使用 fChart 程式碼編輯器輸入 VB 程式碼的步驟，如下所示：

Step 01：請啓動 fChart 程式碼編輯器，執行「檔案 / 開啓」命令開啓 ch3-2-3.vb 程式，然後執行「檔案 > 另存新檔」命令另存成 ch3-5-2.vb。

Step 02：選取第 3 行成反白顯示後，執行「輸出 / 輸入符號 > 輸入符號 > 輸入整數值」命令，取代成輸入整數的 VB 程式碼片段。

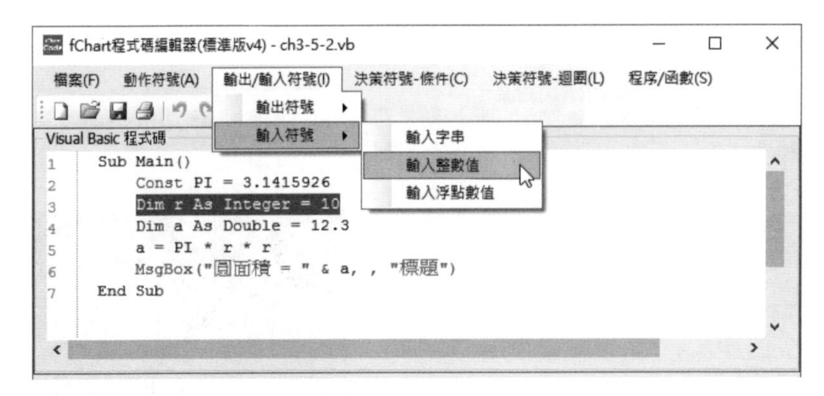

圖 3-24

Step 03：請修改第 3 行的 VB 程式碼，將 v1 改為 r，「整數」改為「半徑」，如下圖所示：

```
1  Sub Main()
2      Const PI = 3.1415926
3      Dim v1 As Integer = CInt(InputBox("請輸入整數", "標題"))
4
5      Dim a As Double = 12.3
6      a = PI * r * r
7      MsgBox("圓面積 = " & a, , "標題")
8  End Sub
```

圖 3-25

Step 04：完成最後的 VB 程式碼，如下所示：

```
Const PI = 3.1415926
Dim r As Integer = CInt(InputBox(" 請輸入半徑 ", " 標題 "))
Dim a As Double = 12.3
a = PI * r * r
MsgBox(" 圓面積 = " & a, , " 標題 ")
```

Step 05：執行「檔案 > 儲存」命令儲存 ch3-5-2.vb 的 VB 程式檔案。

方法二：使用 Visual Studio 整合開發環境

請啓動 Visual Studio 建立名為 ch3-5-2 的專案，然後在 Form1_Load() 事件處理程序輸入上述 VB 程式碼，如下圖所示：

```
Form1.vb  Form1.vb [設計]
ch3-5-2    (Form1 個事件)    Load
1   Public Class Form1
2       Private Sub Form1_Load(sender As Object, e As EventArgs) Handl
3           Const PI = 3.1415926
4           Dim r As Integer = CInt(InputBox("請輸入半徑", "標題"))
5           Dim a As Double = 12.3
6           a = PI * r * r
7           MsgBox("圓面積 = " & a, , "標題")
8       End Sub
9   End Class
10
100 %
```

圖 3-26

編譯和執行 VB 程式

fChart 請按【編譯與執行】鈕，Visual Studio 請執行「偵錯 > 開始偵錯」命令或按 F5 鍵，可以看到輸入半徑的輸入視窗。

圖 3-27

請輸入 5，按【確定】鈕，可以顯示訊息視窗輸出計算結果的圓面積。

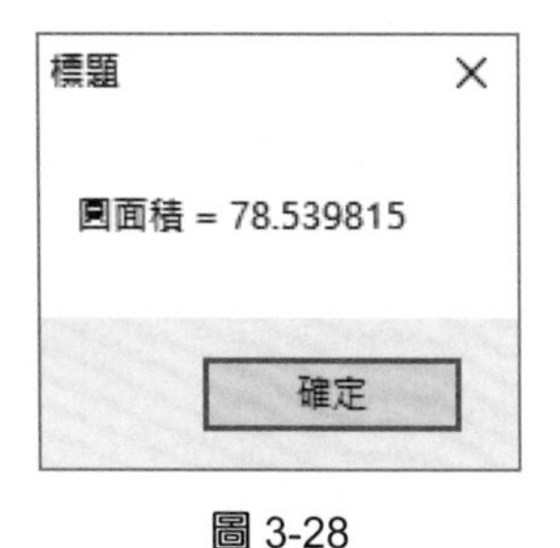

圖 3-28

步驟三：了解程式碼

VB 語言的 MsgBox() 函數可以用來輸出執行結果，我們還可以加上第 2 個參數的圖示值來顯示不同的訊息視窗（VB 程式：ch3-5-2a.vb），如下所示：

```
MsgBox(" 圓面積 = " & a, 64, " 計算結果 ")
```

上述程式碼的 MsgBox() 函數加上第 2 個參數值 64，和更改第 3 個參數標題文字，可以看到不同外觀的訊息視窗。

圖 3-29

VB 語言的 InputBox() 函數是用來輸入資料，只需呼叫此函數，就可以取得使用者以鍵盤輸入的資料，如下所示：

```
r = InputBox(" 請輸入半徑 ", " 標題 ")
```

上述函數的第 1 個參數是提示訊息文字，在 InputBox() 函數輸入資料是字串型態，如果需要整數資料，請呼叫第 4 章的 CInt() 函數轉換成整數（也可以使用 Val() 函數），如下所示：

```
r = CInt(InputBox(" 請輸入半徑 ", " 標題 "))
```

上述程式碼的 InputBox() 函數外加上 CInt() 函數，可以將輸入的字串轉換成整數。因爲 InputBox() 函數輸入的資料是字串型態，如果需要輸入浮點數，請改用 CDbl() 函數進行型態轉換（VB 程式：ch3-5-2b.vb），如下所示：

```
Dim r As Double = CDbl(InputBox(" 請輸入半徑 ", " 標題 "))
```

當執行 VB 程式，可以看到輸入浮點數 10.5，如下圖所示：

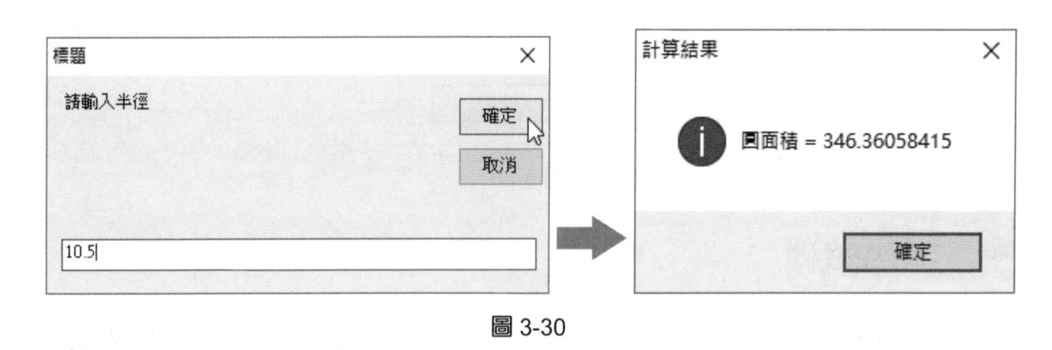

圖 3-30

隨堂練習

1. VB 程式的資料輸入函數是 ＿＿＿＿＿ ；資料輸出是 ＿＿＿＿＿ 函數。

學習評量

選擇題

( ) 1. 請問下列哪一個關於變數的說明是不正確的？
A. 程式是使用變數儲存執行時需記住的資料
B. 變數代表電腦記憶體空間的一個位址
C. 我們可以取得目前變數的值
D. 我們只能指定變數成爲另一個變數

( ) 2. 請問下列哪一個 VB 命名規則是不正確的？
A. 名稱是一個合法識別字
B. 名稱長度不可超過 16383 個字元
C. 名稱區分英文字母大小寫
D. 名稱不能使用 VB 的關鍵字

( ) 3. 請問下列哪一個不是合法的 VB 名稱？
A. hi-world　B. test123　C. count　D. _hight

( ) 4. 請問下列哪一個 VB 資料型態只佔一個位元組？
A. Integer　B. Byte　C. Char　D. String

( ) 5. 如果程式變數可能需要儲存數值或字串，請問需要宣告成下列哪一種型態的變數？
A. Object　B. Boolean　C. Integer　D. String

( ) 6. 如果一行程式碼需宣告多個變數，請問需要使用哪一個符號來分隔？
A.「,」　B.「;」　C.「:」　D.「.」

簡答題

1. 請簡單說明 VB 語言的命名原則？何謂識別字？
2. 請說明什麼是程式中的變數？其基本操作爲何？
3. 請使用圖例說明程式語言的變數和資料型態？如何宣告變數？
4. 請依據下列說明文字決定最佳的變數資料型態，如下所示：

圓半徑
父親的年收入
個人電腦的價格
地球和月球之間的距離
年齡、體重

5. 請指出下列 VB 程式碼的錯誤，如下所示：

```
Const A As Integer = 2
Dim B As Integer
B = 1
A = B
```

實作題

1. 請在 VB 程式建立 2 個整數變數、1 個浮點數變數，在分別指定初值爲 100，200 和 23.45 後，將變數值都顯示出來。
2. 請建立 VB 程式可以讓使用者輸入圓周率的值 3.14159 後，使用訊息視窗顯示使用者輸入的圓周率值。
3. 請建立 VB 程式可以讓使用者依序輸入身高和體重值（使用 2 個 Input() 函數），然後使用 Console.WriteLine() 顯示下列執行結果，如下所示：

```
身高： 175 公分
體重： 78 公斤
```

VisualBasic

Chapter

4

運算子與運算式

本章綱要

4-1 認識運算式

程式語言的運算式（expressions）是一個執行運算的程式敘述，可以產生運算結果，整個運算式可以簡單到只有單一字面值或變數，或複雜到由多個運算子和運算元組成。

4-1-1 關於運算式

到目前爲止，我們已經撰寫過許多 VB 程式，在說明運算式之前，讓我們先回到程式（program）本身，看一看程式到底在作什麼事？在第 2 章是使用 MsgBox() 函數輸出執行結果；第 3 章使用 InputBox() 函數取得輸入資料，事實上，幾乎所有程式都可以簡化成三種基本元素，如下所示：

- 取得輸入資料。
- 處理輸入資料。
- 產生輸出結果。

圖 4-1

當然有些程式可能沒有輸入元素（直接指定變數值來取代輸入值），只有輸出元素的執行結果，但是，對於任何有功能的程式，一定少不了處理元素，我們需要使用本章的運算式，第 5~6 章的條件敘述和迴圈結構來處理輸入資料，以便產生所需的執行結果。

「運算式」（expressions）是由一序列「運算子」（operators）和「運算元」（operands）組成，可以在程式中執行所需的運算任務（即處理資料），如下圖所示：

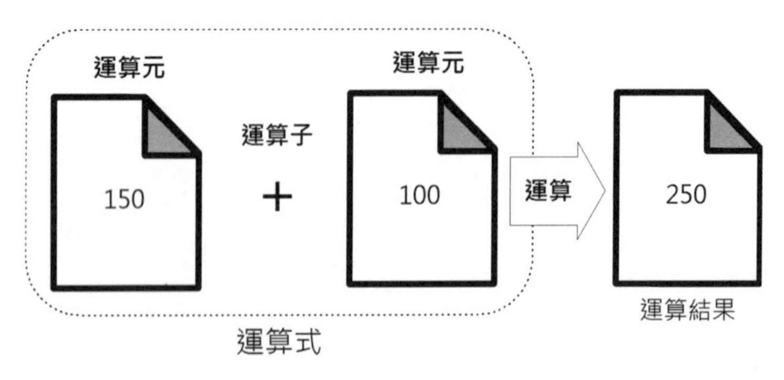

圖 4-2

上述圖例的運算式是「150+100」，「+」加號是運算子；150 和 100 是運算元，在執行運算後，可以得到運算結果 250，其說明如下所示：

- 運算子：執行運算處理的加、減、乘和除等符號。
- 運算元：執行運算的對象，可以是字面值、變數或其他運算式。

4-1-2 運算式的種類

VB 語言的運算式依運算元個數可以分成兩種，如下所示：

單元運算式（unary expressions）

單元運算式只包含一個運算元和「單元運算子」（unary operator），例如：正負號是一種單元運算式，如下所示：

```
-15
+10
```

二元運算式（binary expressions）

二元運算式包含兩個運算元，使用一個二元運算子來分隔運算元。VB 運算式大部分都是二元運算式，如下所示：

```
a * 1
d + e
```

隨堂練習

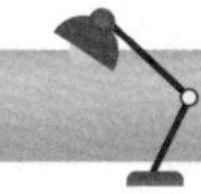

1. 請問單元運算式有 _____ 個運算元；____ 個運算子，二元運算式有 _____ 個運算元；____ 個運算子。

4-2 運算子的優先順序

當同一 VB 運算式擁有多個運算子時，為了得到相同的運算結果，我們需要使用運算子的優先順序來執行運算式的運算。

優先順序（precedence）

VB 語言提供多種運算子，當在同一運算式使用多個運算子時，為了讓運算式能夠得到相同的運算結果，運算式是以運算子預設的優先順序進行運算，也就是我們所熟知的「先乘除後加減」口訣，如下所示：

a + b * 2

上述運算式因爲運算子的優先順序「*」大於「+」，所以先計算 b*2 後才和 a 相加。

■ 說明 ■

程式語言的乘法是使用「*」符號，不是常用的「x」符號，因為「x」符號容易與變數名稱 x 混淆，當運算式有 x 時，編譯器會將它視為變數，而不是運算子。

請注意！運算式可以使用括號來推翻預設的運算子優先順序，例如：改變上述運算式的運算順序，先執行加法運算後，才是乘法，如下所示：

(a + b) * 2

上述加法運算式使用括號括起，表示目前的運算順序是先計算 a+b，然後才乘 2。

VB 運算子的優先順序

VB 運算子預設優先順序筆者已經整理成表格，在表格的同一列表示擁有相同的優先順序，愈前面的列；其優先順序愈高，如下表所示：

表 4-1

運算子	說明
^	指數
+ 、-	正號、負號
* 、/	乘法、除法
\	整數除法
Mod	餘數
+ 、-	加法、減法
&	連接
= 、<> 、< 、<= 、> 、>= 、Is 、IsNot 、Like	等於、不等於、小於、小於等於、大於、大於等於、物件比較、字串範本比較
Not	Not 非運算
And	And 且運算
Or	Or 或運算
Xor	Xor 運算

如果 VB 運算式中的多個運算子擁有相同的優先順序，如下所示：

3 + 4 - 2

上述運算式的「+」和「-」運算子擁有相同的優先順序，此時的運算順序是從左至右依序的進行運算，即先運算 3+4=7，然後再運算 7-2=5，如下圖所示：

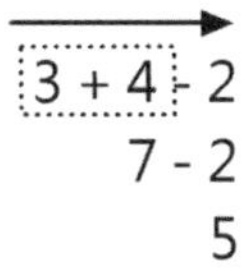

3 + 4 - 2
7 - 2
5

圖 4-3

在這一章筆者準備說明 VB 語言的算術、字串連接和指定運算子，因為關係和邏輯運算子通常是使用在條件敘述，所以在第 5 章的條件敘述再一併說明。

4-3 算術與字串連接運算子

算術運算子就是我們常用的四則運算，即加、減、乘和除法等數學運算子。不只如此，我們還可以使用括號來推翻現有運算子的優先順序，以便得到所需的運算結果。

4-3-1 算術運算子

VB語言的「算術運算子」(arithmetic operators) 可以建立數學的算術運算式 (arithmetic expressions)。在這一節的 VB 程式是修改第 2-3 節範例，可以讓使用者輸入 2 個運算元來計算相乘和相除的結果。

步驟一：觀察流程圖

請啓動 fChart 開啓「\vb\ch04\ch4-3-1.fpp」專案的流程圖，如下圖所示：

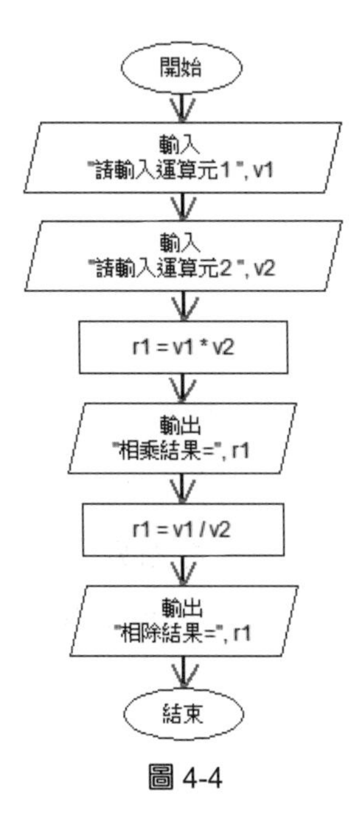

圖 4-4

請執行流程圖依序輸入 10 和 3，就會顯示相乘結果 30，和相除結果 3.333333，依據流程圖的執行順序，我們可以找出執行步驟，如下所示：

Step 01：顯示提示文字輸入整數 v1 值（輸入符號）

Step 02：顯示提示文字輸入整數 v2 值（輸入符號）

Step 03：計算相乘結果儲存至 r1（動作符號）

Step 04：輸出文字內容和 r1 值（輸出符號）

Step 05：計算相除結果儲存至 r1（動作符號）

Step 06：輸出文字內容和 r1 值（輸出符號）

步驟二：實作程式碼

我們可以使用 fChart 程式碼編輯器或 Visual Studio 來輸入和建立對應流程圖符號的 VB 程式碼。

方法一：使用 fChart 程式碼編輯器

請使用 fChart 程式碼編輯器輸入對應流程圖符號的 VB 程式碼，首先執行 2 次「輸出 / 輸入符號 > 輸入符號 > 輸入整數值」命令，然後執行「動作符號 > 算術運算式 > 乘法」命令插入乘法運算式，加上輸出符號後，再重複執行命令來插入除法運算式和輸出運算結果，如下圖所示：

Visual Basic 程式碼

```
1   Sub Main()
2       Dim v1 As Integer = CInt(InputBox("請輸入整數", "標題"))
3       Dim v1 As Integer = CInt(InputBox("請輸入整數", "標題"))
4       r1 = v1 * v2
5       MsgBox("變數值 = " & v1, , "標題")
6       r1 = v1 / v2
7       MsgBox("變數值 = " & v1, , "標題")
8       
9
10
11  End Sub
```

圖 4-5

請注意！上述變數 r1 是計算結果，但是我們並沒有宣告此浮點數變數，所以，請在第 2 行之前執行「動作符號 > 定義變數 > 定義浮點數變數」命令，先新增變數 r1 宣告後，再修改變數名稱、提示文字和訊息文字，就可以建立 VB 程式 ch4-3-1.vb，如下所示：

```
Dim r1 As Double = 12.3
Dim v1 As Integer = CInt(InputBox(" 請輸入運算元 1", " 標題 "))
Dim v2 As Integer = CInt(InputBox(" 請輸入運算元 2", " 標題 "))
r1 = v1 * v2
MsgBox(" 相乘結果 = " & r1, , " 標題 ")
r1 = v1 / v2
MsgBox(" 相除結果 = " & r1, , " 標題 ")
```

方法二：使用 Visual Studio 整合開發環境

請啟動 Visual Studio 建立名為 ch4-3-1 的專案，然後在 Form1_Load() 事件處理程序輸入上述 VB 程式碼，如下圖所示：

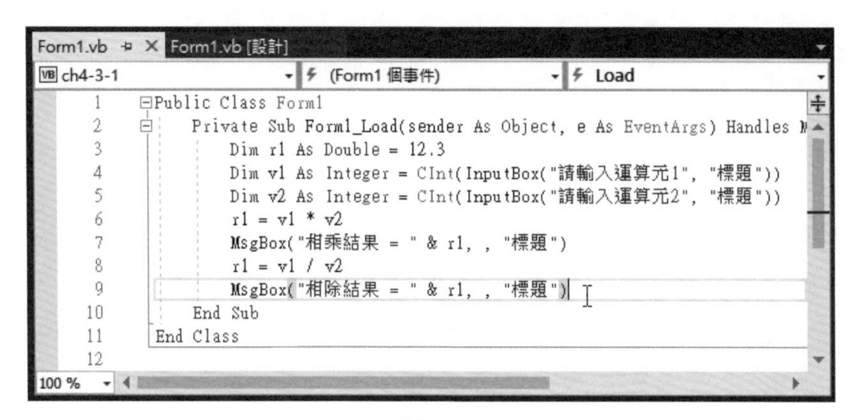

圖 4-6

編譯和執行 VB 程式

fChart 請按【編譯與執行】鈕，Visual Studio 請執行「偵錯 > 開始偵錯」命令或按 F5 鍵，可以依序顯示 2 次輸入視窗輸入 2 個運算元。

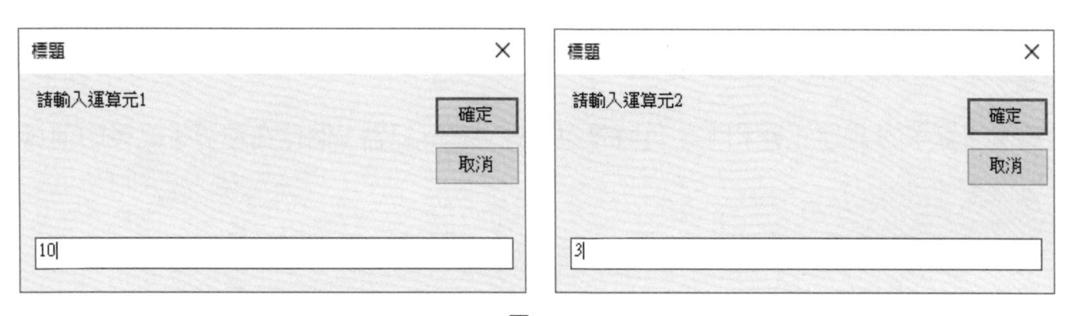

圖 4-7

請輸入 10，按 Enter 鍵，再輸入 3 按 Enter 鍵，可以顯示相乘結果是 30；相除結果是 3.33333333…。

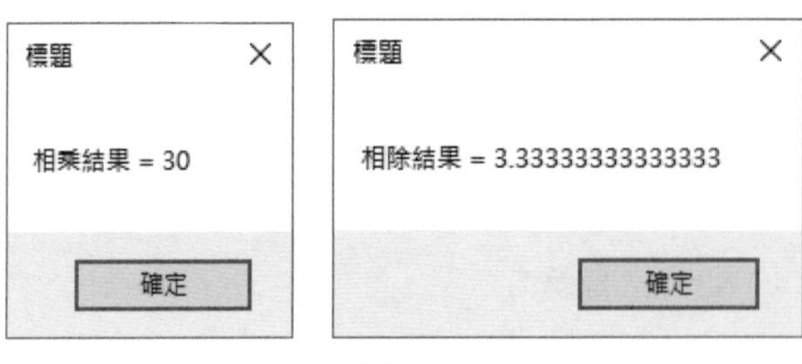

圖 4-8

步驟三：了解程式碼

VB 語言的算術運算和數學運算並沒有什麼不同，其說明如下表所示：

表 4-2

運算子	說明	運算式範例
^	指數	6 ^ 2 = 36
-	負號	-17
+	正號	+17
*	乘法	15 * 6 = 90
/	除法	7 / 2 = 3.5
\	整數除法	7 \ 2 = 3
Mod	餘數	7 Mod 2 = 1
+	加法	14 + 3 = 17
-	減法	14 – 3 = 11

上表算術運算式範例是使用字面值，在本節程式範例是使用變數。算術運算子加、減、乘、除、指數和餘數運算子都是二元運算子（binary operators），需要 2 個運算元。

單元運算子（unary operator）

算術運算子的「+」正號和「-」負號是單元運算子，只需 1 個位在運算子之後的運算元，如下所示：

```
+5          ' 數值正整數
-x          ' 負變數 x 的值
```

上述程式碼使用「+」正、「-」負號表示數值是正數或負數。

加法運算子「+」

加法運算子「+」是將運算子左右 2 個運算元相加，如下所示：

```
a = 6 + 7            ' 計算 6+7 的和 13 後，指定給變數 a
b = c + 5            ' 將變數 c 的值加 5 後，指定給變數 b
total = x + y + z    ' 將變數 x, y, z 的值相加後，指定給變數 total
```

減法運算子「-」

減法運算子「-」是將運算子左右 2 個運算元相減，即將左邊的運算元減去右邊的運算元，如下所示：

```
a = 8 - 2            ' 計算 8-2 的值 6 後，指定給變數 a
b = c - 3            ' 將變數 c 的值減 3 後，指定給變數 b
offset = x - y       ' 將變數 x 值減變數 y 值後，指定給變數 offset
```

乘法運算子「*」

乘法運算子「*」是將運算子左右 2 個運算元相乘，如下所示：

```
a = 5 * 2            ' 計算 5*2 的值 10 後，指定給變數 a
b = c * 5            ' 將變數 c 的值乘 5 後，指定給變數 b
r1 = d * e           ' 將變數 d, e 的值相乘後，指定給變數 r1
```

除法運算子「/」

除法運算子「/」是將運算子左右 2 個運算元相除，也就是將左邊的運算元除以右邊的運算元，如下所示：

```
a = 7 / 2            ' 計算 7/2 的值 3.5 後，指定給變數 a
b = c / 3            ' 將變數 c 的值除以 3 後，指定給變數 b
r1 = x / y           ' 將變數 x, y 的值相除後，指定給變數 r1
```

整數除法運算子「\」

整數除法運算子「\」和「/」除法運算子相同，可以將運算子左右 2 個運算元相除，也就是將左邊的運算元除以右邊的運算元，但是不保留小數，如下所示：

```
a = 10 \ 3           ' 計算 10\3 的值 3 後，指定給變數 a
b = c \ 3            ' 將變數 c 的值除以 3 後，指定給變數 b
r1 = x \ y           ' 將變數 x, y 的值相除後，指定給變數 r1
```

餘數運算子「Mod」

「Mod」運算子是餘數，可以將左邊的運算元除以右邊的運算元來得到餘數，如下所示：

```
a = 9 Mod 2        ' 計算 9 除以 2 的餘數值 1 後，指定給變數 a
b = c Mod 7        ' 計算變數 c 除以 7 的餘數值後，指定給變數 b
r1 = y Mod z       ' 將變數 y, z 值相除取得的餘數後，指定給變數 r1
```

指數運算子「^」

「^」運算子是指數運算，第 1 個運算元是底數，第 2 個運算元是指數，如下所示：

a = 2 ^ 3　　　' 計算 2^3 的指數值 8 後，指定給變數 a
b = 3 ^ 2　　　' 計算 3^2 的指數值 9 後，指定給變數 b

4-3-2 使用算術運算子建立數學公式

VB 程式只需使用算術運算子和變數，就可以建立複雜的數學運算式，例如：華氏（Fahrenheit）和攝氏（Celsius）溫度轉換公式。首先是攝氏轉華氏公式，如下所示：

```
f = (9.0 * c) / 5.0 + 32.0
```

華氏轉攝氏公式，如下所示：

```
c = (5.0 / 9.0 ) * (f - 32.0)
```

數學公式：攝氏轉華氏溫度

首先是攝氏轉華氏的 fChart 流程圖（ch4-3-2.fpp），如下圖所示：

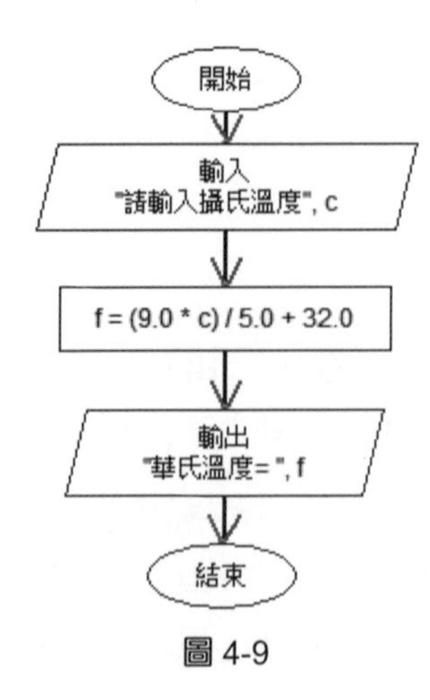

圖 4-9

上述流程圖可以執行溫度轉換公式，將輸入的攝氏溫度轉換成華氏溫度。現在，我們可以建立 VB 程式解決數學問題，配合 VB 語言的數學函數（詳見第 7 章），不論統計或工程上的數學問題，都可以撰寫 VB 程式來進行處理。

VB 程式：ch4-3-2.vb

在 VB 程式（Visual Studio 專案：ch4-3-2）輸入攝氏溫度後，使用算術運算子建立數學公式來進行溫度轉換，其執行結果如下圖所示：

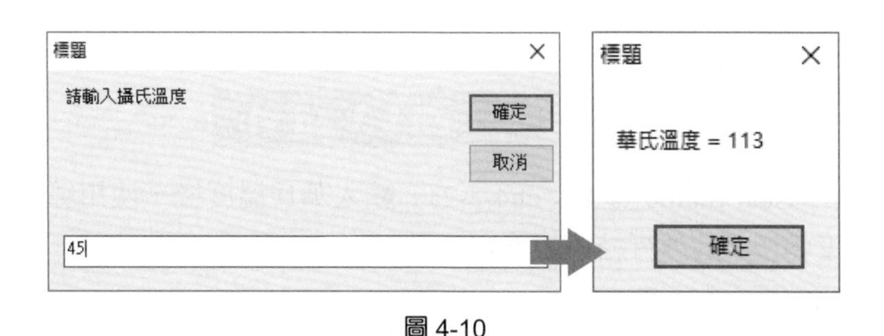

圖 4-10

上述執行結果輸入攝氏溫度 45，可以看到轉換結果是華氏 113 度。

程式碼編輯

```
01: Dim f As Double = 12.3
02: Dim c As Integer = CInt(InputBox("請輸入攝氏溫度", "標題"))
03: f = (9.0 * c) / 5.0 + 32.0
04: MsgBox("華氏溫度 = " & f, , "標題")
```

程式碼解說

- 第 2 行：輸入攝氏溫度。
- 第 3 行：建立數學公式執行溫度轉換。
- 第 4 行：輸出攝氏轉換後的華氏溫度。

數學公式：華氏轉攝氏溫度

同樣方式，我們可以建立華氏轉攝氏的溫度轉換程式，華氏轉攝氏的 fChart 流程圖（ch4-3-2a.fpp），如下圖所示：

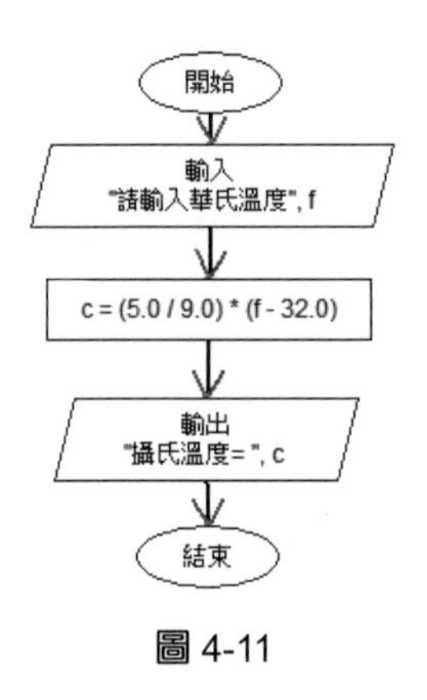

圖 4-11

VB 程式：ch4-3-2a.vb

在 VB 程式（Visual Studio 專案：ch4-3-2a）輸入華氏溫度後，使用算術運算子建立數學公式來進行溫度轉換，其執行結果如下圖所示：

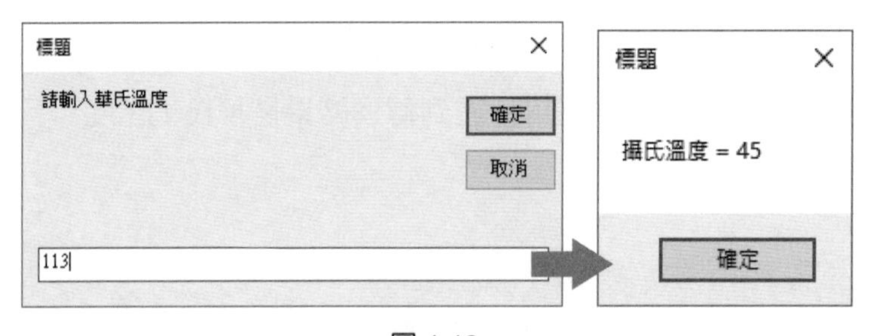

圖 4-12

上述執行結果輸入華氏溫度 113，可以看到轉換結果是攝氏 45 度。

程式碼編輯

```
01: Dim c As Double = 12.3
02: Dim f As Integer = CInt(InputBox("請輸入華氏溫度", "標題"))
03: c = (5.0 / 9.0 ) * (f - 32.0)
04: MsgBox("攝氏溫度 = " & c, , "標題")
```

程式碼解說

- 第 2 行：輸入華氏溫度。
- 第 3 行：建立數學公式執行溫度轉換。
- 第 4 行：輸出華氏轉換後的攝氏溫度。

4-3-3　在算術運算式使用括號

在運算式中使用括號的目的是爲了推翻現有優先順序。對於複雜運算式來說，我們可以使用括號改變運算子的優先順序。

括號運算式（parenthetical expressions）

一般來說，當運算式擁有超過2個運算子時，我們才會使用括號來改變運算順序，例如：一個擁有乘法和加法運算子的算術運算式，如下所示：

```
a = b * c + 10
```

上述運算式的運算順序是先計算 b * c 後，再加上字面值 10，因爲乘法的優先順序大於加法。如果需要先計算 c + 10，我們需要使用括號來改變優先順序，如下所示：

```
a = b * (c + 10)
```

上述運算式的運算順序是先計算 c + 10 後，再乘以 b。

巢狀括號運算式（nested parenthetical expressions）

在運算式的括號中可以擁有其他括號，稱爲巢狀括號，此時位在最內層的括號擁有最高優先順序，然後是其上一層，直到得到最後的運算結果，如下所示：

```
a = (b - 2) * (c - (d + 10))
```

上述運算式的運算順序是先計算最內層 d + 10，然後是其上一層的 (b - 2) 和 (c - (d + 10))，最後才計算相乘的運算結果。

VB 程式：ch4-3-3.vb

在 VB 程式（Visual Studio 專案：ch4-3-3）建立擁有括號的算術運算式，和計算巢狀括號運算式的結果，其執行結果如下圖所示：

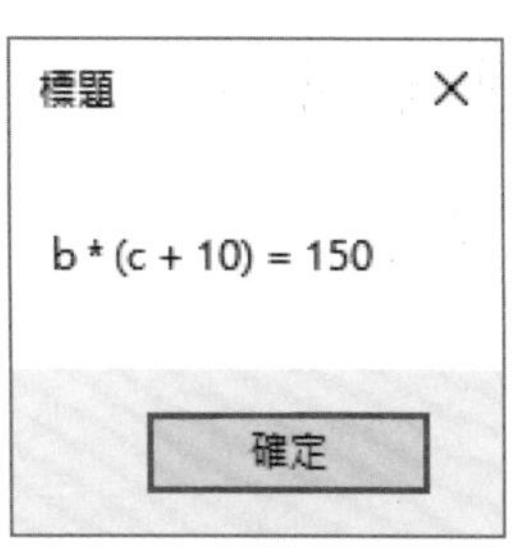

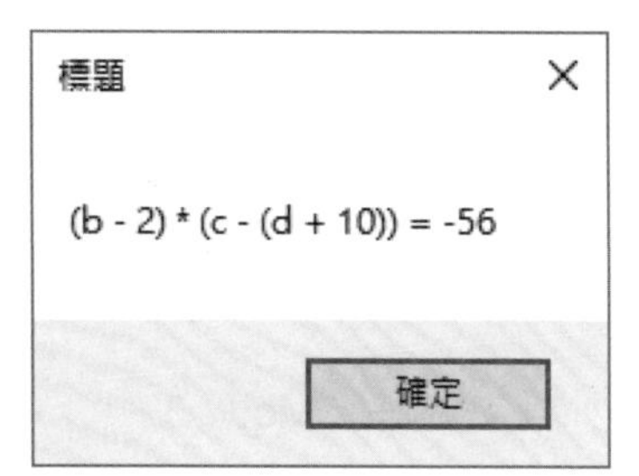

圖 4-13

程式碼編輯

```
01: Dim b As Integer = 10
02: Dim c As Integer = 5
03: Dim a As Integer = 10
04: ' 沒有括號的運算式
05: a = b * c + 10
06: MsgBox("b * c + 10 = " & a, , "標題")
07: ' 有括號的運算式
08: a = b * (c + 10)
09: MsgBox("b * (c + 10) = " & a, , "標題")
10: ' 巢狀括號運算式
11: Dim d As Integer = 2
12: a = (b - 2) * (c - (d + 10))
13: MsgBox("(b - 2) * (c - (d + 10)) = " & a, , "標題")
```

程式碼解說

- 第 5 行和第 8 行：分別是沒有括號和擁有括號的算術運算式。
- 第 12 行：巢狀括號的算術運算式。

4-3-4 字串連接運算子

VB 語言的「&」運算子可以連接字串內容，稱為字串連接運算子，運算子的 2 個運算元是 String 字串資料型態，其說明和範例如下所示：

運算子	說明	運算式範例
&	字串連接	"abc" & "de" = "abcde"

在上表「&」運算子不只可以連接多個字串，如果運算元是不同資料型態的值，運算式也會自動轉換成字串後再進行連接。

隨堂練習

1. 請問執行下列程式片段後，變數 L 的值為何，如下所示：

   ```
   K = 4
   L = ( -K ^ 2 \ -3)*4 + K Mod - 3
   ```

2. 請寫出 VB 運算式：「3*2^2 Mod 3*2+6\4/2」的結果是 ______。

3. 請寫出 VB 運算式：「5\2+2^0」的結果是 ______。
4. 請寫出 VB 運算式：「5/2+5 Mod 2」的結果是 ______。
5. 請寫出 VB 運算式：「3^2*2-10 Mod 4/2」的結果是 ______。
6. 請寫出下列運算式的運算結果，如下所示：

```
5 * 5 Mod 4 + 2
3 - 5 * 2 ^ 2 - 3
-3 ^ 2 + 8 Mod 5
```

4-4 更多的指定運算子

指定運算子建立的指定運算式（assignment expressions）就是第 3 章的指定敘述，我們是使用「=」等號的指定運算子來建立運算式，請注意！這是指定或稱爲指派；並沒有相等的等於意義。

在指定運算子「=」等號的左邊是指定值的變數；右邊可以是變數、字面值或運算式，在本節前已經有很多指定運算子的程式範例，如下所示：

```
a = 1
b = 2
c = b
d = a + b
```

更多的指定運算子

在這一節我們準備說明 VB 指定運算式的簡化寫法，這些寫法都是一種指定運算子，其符合的條件如下所示：

- 在指定運算子「=」等號的右邊是二元運算式，擁有 2 個運算元。
- 在指定運算子「=」等號的左邊的變數和第 1 個運算元相同。

例如：滿足上述條件的指定運算式，如下所示：

```
x = x + y
```

上述「=」等號右邊是加法運算式，擁有 2 個運算元，而且第 1 個運算元 x 和「=」等號左邊的變數相同，我們可以改用「+=」運算子來改寫此運算式，如下所示：

```
x += y
```

上述運算式就是指定運算式的簡化寫法，其語法如下所示：

```
變數名稱 op= 變數或字面值
```

上述 op 代表「+」、「-」、「*」或「/」等運算子，在 op 和「=」之間不能有空白字元，此種寫法展開的指定運算式，如下所示：

```
變數名稱 = 變數名稱 op 變數或字面值
```

上述「=」等號左邊和右邊是同一變數名稱。各種簡潔或稱縮寫表示的指定運算式和運算子說明，如下表所示：

運算子	範例	相當的運算式	說明
=	x = y	N/A	指定敘述
^=	x ^= y	x = x ^ y	指數
+=	x += y	x = x + y	加法
-=	x -= y	x = x - y	減法
*=	x *= y	x = x * y	乘法
/=	x /= y	x = x / y	除法
\=	x \= y	x = x \ y	整數除法
&=	x &= y	x = x & y	字串連接

VB 程式：ch4-4.vb

在 VB 程式（Visual Studio 專案：ch4-4）宣告整數變數 c 的初值是 10，然後分別使用指定運算子和簡潔指定運算子，將變數 c 的值加 1，其執行結果如下圖所示：

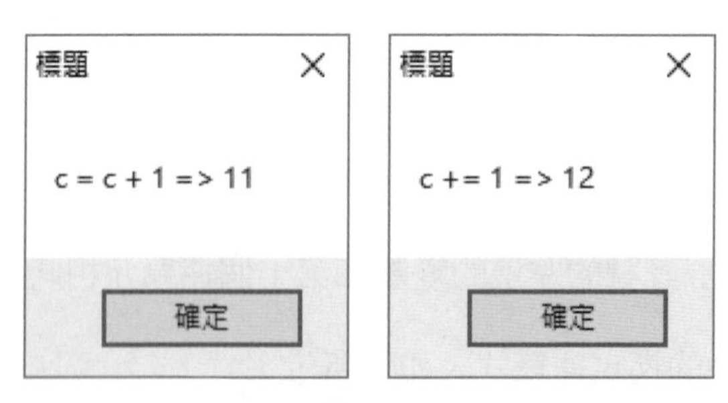

圖 4-14

上述執行結果 c 的初值是 10，然後分別使用 2 種方式將值加 1，所以最後的值是 12。

程式碼編輯

```
01: Dim c As Integer = 10
02: c = c + 1
```

```
03: MsgBox("c = c + 1 => " & c, , "標題")
04: c += 1
05: MsgBox("c += 1 => " & c, , "標題")
```

程式碼解說

- 第 2 行：使用指定運算子將變數 c 的值加 1。
- 第 4 行：使用簡潔指定運算子將變數 c 的值加 1。

4-5 算術運算式的型態轉換

「資料型態轉換」（type conversions）是因爲同一運算式可能有多個不同資料型態的變數或字面值。例如：在運算式擁有整數和浮點數的變數或字面值時，就需要執行型態轉換。

資料型態轉換是指轉換變數儲存的資料，而不是變數本身的資料型態，因爲不同型態佔用的位元組數不同，在進行資料型態轉換時。例如：Double 轉換成 Single，變數資料就有可能損失資料或精確度。

4-5-1 隱含型態轉換

「隱含型態轉換」（implicit conversions）並不需要特別語法，在運算式的運算元或指定敘述兩端，如果有不同型態的變數，就會將資料自動轉換成相同的資料型態。

算術運算子的運算元分別是字串和整數

在加法算術運算式的 2 個運算元分別是字串和整數，如下所示：

```
r1 = "250" + 125
```

上述算術運算子加法的字串運算元會轉換成數值（注意！字串內容需要是數字字元），相當於是計算 250+125，其值是 375（VB 程式：ch4-5-1.vb），如下所示：

```
Dim r1 As Integer = 10
' 隱含型態轉換
r1 = "250" + 125
MsgBox("""250"" + 125 = " & r1, , "標題")
```

上述 VB 程式的執行結果，如下圖所示：

圖 4-15

字串連接運算子的運算元分別是字串和整數

在字串連接運算式的 2 個運算元分別是字串和整數，如下所示：

```
r1 = "250" & 125
```

上述字串連接運算子的數值會轉換成字串，相當於是計算 "250" & "125"，其值是 "250125"（VB 程式：ch4-5-1a.vb），如下所示：

```
Dim r1 As String = "Hello!"
' 隱含型態轉換
r1 = "250" & "125"
MsgBox("""250"" & ""125"" = " & r1, , " 標題 ")
```

上述 VB 程式的執行結果，如下圖所示：

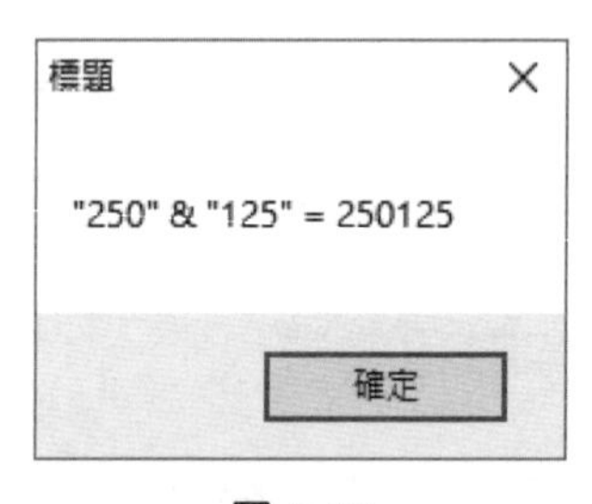

圖 4-16

加法運算子的 2 個運算元都是字串

在加法算術運算式的 2 個運算元都是字串，如下所示：

```
r1 = "250" + "125"
```

上述算術運算子加法因為 2 個運算元都是字串，此時的加法就是字串連接運算子，相當於是計算 "250" & "125"，其值是 "250125"（VB 程式：ch4-5-1b.vb），如下所示：

```
Dim r1
' 隱含型態轉換
```

```
r1 = "250" + "125"
MsgBox("""250"" + ""125"" = " & r1, , " 標題 ")
```

上述 VB 程式變數 r1 沒有指定資料型態，預設是 Object，可以儲存各種資料型態的值，其執行結果如下圖所示：

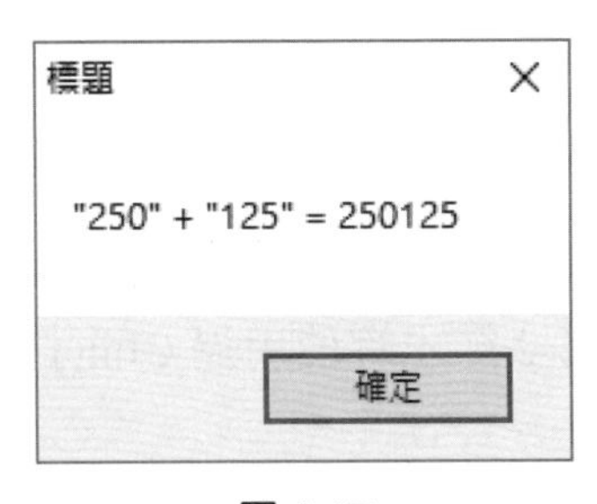

圖 4-17

指定敘述的隱含型態轉換

在指定敘述右邊運算式的結果，也會自動轉換成與左邊變數相同的資料型態（VB程式：ch4-5-1c.vb），如下所示：

```
Dim iv As Integer = 456
Dim lv As Long
Dim sv As String
' 隱含型態轉換
lv = iv
sv = iv
MsgBox("lv = " & lv & vbNewLine &
        "sv = " & sv, , " 標題 ")
```

上述指定敘述 lv = iv 的右邊變數是整數，左邊是長整數，右邊變數值的型態，就會自動轉換成左邊的長整數型態，同理，sv = iv 的右邊變數是整數，左邊是字串，右邊變數值的型態，就會自動轉換成左邊的字串型態，其執行結果如下圖所示：

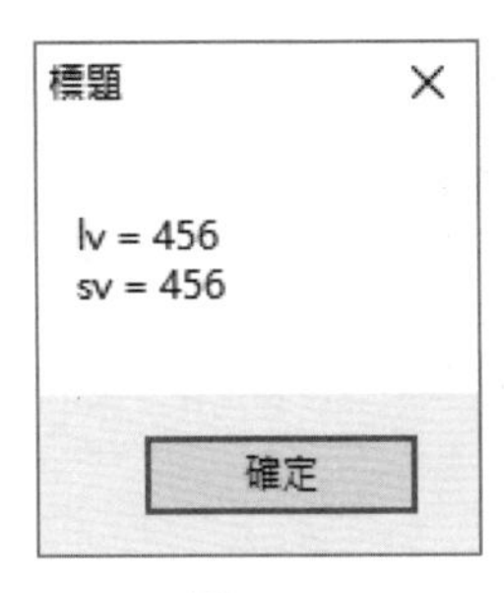

圖 4-18

4-5-2 明顯型態轉換

隱含型態轉換對於程式設計者來說，並不需要任何額外處理。不過，因為是自動轉換，有時可能造成未知的型態轉換錯誤。例如：上一節程式範例，如果準備將字串轉換成整數後再相加，運算式 r1 = "250" + "125" 的值應該是 375，而不是 250125。

VB 的型態轉換函數

「明顯型態轉換」（explicit conversions）是在進行運算前，我們自行使用型態轉換函數轉換成相同資料型態（在第 3-5-2 節已經使用過 CInt() 和 CDbl() 函數），其說明如下表所示：

表 4-3

函數名稱	傳回型態	範例	結果
CBool(stmt)	Boolean	CBool(5 = 5)	True
CByte(stmt)	Byte	CByte(125.89)	126
CChar(stmt)	Char	CChar("BCED")	B
CDate(stmt)	Date	CDate("2017/12/31") CDate("4:35:47 PM")	2017/12/31 下午 04:35:47
CDbl(stmt)	Double	CDbl(234.56789D)	234.56789
CDec(stmt)	Decimal	CDec(1234567.0587)	1234567.0587
CInt(stmt)	Integer	CInt(2345.678)	2346
CLng(stmt)	Long	Clng(15427.45) Clng(15427.55)	15427 15428
CShort(stmt)	Short	CShort(100)	100
CSng(stmt)	Single	CSng(85.3421105) CSng(85.3421567)	85.34211 85.34216
CStr(stmt)	String	CStr(537.324) CStr(#2015/12/31#) CStr(#12/31/2015 12:00:01 AM#)	537.324 2015/12/31 2015/12/31 上午 12:00:01
Val(stmt)	數值型態	Val("1234")	123
Str(exp)	String	Str(123.45)	"123.45"

當運算式或指定敘述兩端的資料型態不相同時，我們可以使用上表函數自行轉換成相同的資料型態，如下所示：

```
Dim s1 As String = "250"
Dim s2 As String = "125"
r1 = s1 + s2
```

上述 s1 和 s2 是字串，s1 + s2 的值是 "250125"，我們可以先使用 CInt() 函數進行轉換，就可以計算 250 + 125 的和是 375，如下所示：

```
r2 =  CInt(s1) + CInt(s2)
```

上述算式的結果是整數，我們已經先將 s1 和 s2 使用 CInt() 轉換成整數。

VB 程式：ch4-5-2.vb

在 VB 程式（Visual Studio 專案：ch4-5-2）使用明顯型態轉換來執行整數加法，而不是變成字串連接運算子，其執行結果如下圖所示：

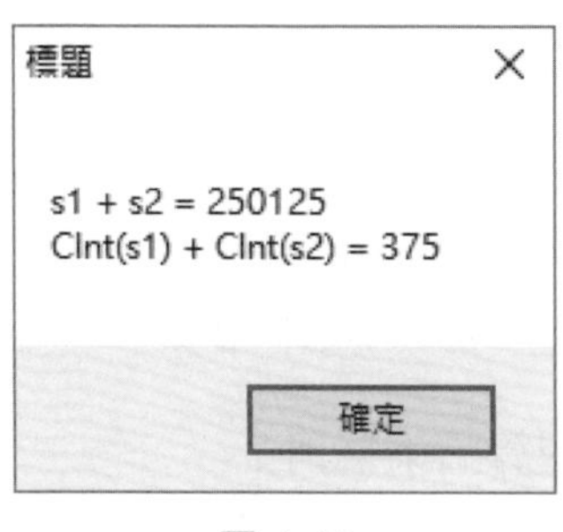

圖 4-19

程式碼編輯

```
01: Dim r1, r2
02: Dim s1 As String = "250"
03: Dim s2 As String = "125"
04: r1 = s1 + s2
05: ' 明顯型態轉換
06: r2 =  CInt(s1) + CInt(s2)
07: MsgBox("s1 + s2 = " & r1 & vbNewLine &
08:        "CInt(s1) + CInt(s2) = " & r2, , "標題")
```

程式碼解說

- 第 2~3 行：宣告字串變數和指定初值。
- 第 4 行：使用隱含型態轉換，所以是字串連接運算式。
- 第 6 行：使用明確型態轉換，先呼叫 CInt() 函數轉換成整數後，再執行加法運算。
- 第 7~8 行：呼叫 MsgBox() 函數分別顯示隱含型態轉換，和明確型態轉換的執行結果。

學習評量

選擇題

( ) 1. 請問運算式「150 + 100」中，哪一個是運算子？
A.「+」 B.「150」 C.「0+1」 D.「100」

( ) 2. 請問下列哪一個是 VB 乘法運算子的符號？
A.「x」 B.「*」 C.「X」 D.「$」

( ) 3. 請問哪一種不可以是 VB 加法運算式中 2 個運算元的組合？
A. 變數 + 變數 B. 變數 + 常數值 C. 常數值 + 常數值 D. 以上皆是

( ) 4. 請問下列哪一個並不是 VB 的算術運算子？
A.「=」 B.「-」 C.「*」 D.「+」

( ) 5. 請問下列 VB 運算式的運算結果爲何？
10 ^ 2 * 5 Mod -2 ^ 3
A. 0 B. -4 C. 100 D. 4

( ) 6. 請問下列 VB 運算式的運算結果爲何？
17 Mod 2 * 3 + 2 ^ (-1)
A.「4.5」 B.「5.5」 C.「5」 D.「6」

( ) 7. 請問下列 VB 運算式的運算結果爲何？
(-2) ^ 2 + 13 Mod 4
A. 4 B. 5 C. -4 D. -3

( ) 8. 請問下列哪一個 VB 運算子的優先順序最高？
A.「\」 B.「*」 C.「^」 D.「=」

簡答題

1. 請簡單說明什麼是運算式？如果同一運算式擁有多個運算子，請問如何決定其運算順序。
2. 請舉例說明運算子優先順序（precedence）？爲什麼在運算式需要使用括號？
3. 請寫出下列 VB 運算式的值，如下所示：
   (1) 1 * 2 + 4
   (2) 7 / 5
   (3) 10 Mod 3 * 2 * (2 + 5)

(4) 1 + 2 * 3

(5) (1 + 2) * 3

(6) 16 +7 * 6 + 9

(7) (13 - 6) / 7 + 8

(8) 12 - 4 Mod 6 / 4

4. VB 語言的整數除法運算子是 _______，餘數運算子是 ________，指數運算子是 _________。

5. 請舉例說明 VB 指定運算式的簡化寫法？需要滿足什麼條件的指定運算式才能改寫成簡化寫法的指定運算子？

實作題

1. 請建立 VB 程式輸入圓半徑，可以使用 MsgBox() 函數顯示圓周長，公式為：2*PI*r。
2. 請建立 VB 程式輸入圓半徑，就可以使用 MsgBox() 函數顯示球的表面積，公式為：4*PI*r*r。
3. 現在有 200 個蛋，一打是 12 個，請建立 VB 程式計算 200 個蛋是幾打，還剩下幾個蛋。
4. 計算體脂肪 BMI 值的公式是 W/(H*H)，H 是身高（公尺），W 是體重（公斤），請建立 VB 程式輸入身高和體重後，計算和顯示 BMI 值。
5. 變數 a 是 5，b 是 10，請建立 VB 程式計算數學運算式 (a + b) * (a – b) 的值。

NOTE

Visual Basic

Chapter

5

條件敘述

本章綱要

5-1 結構化程式設計
5-2 關係與邏輯運算子
5-3 單選與二選一條件敘述
5-4 多選一條件敘述
5-5 巢狀條件敘述

5-1 結構化程式設計

結構化程式設計是軟體開發方法，一種用來組織和撰寫程式碼的技術，可以幫助我們建立良好品質的程式碼。

5-1-1 結構化程式設計

「結構化程式設計」（structured programming）是使用由上而下設計方法（top-down design）來找出解決問題的方法，在進行程式設計時，首先將程式分解成數個主功能，然後一一從各主功能出發，找出下一層的子功能，每一個子功能是由 1 至多個控制結構組成的程式碼，這些控制結構都只有單一進入點和離開點。

基本上，流程控制結構共有三種：循序結構（sequential）、選擇結構（selection）和重複結構（iteration），我們就是使用這三種結構來組合建立出程式碼（如同三種不同種類的積木），如下圖所示：

圖 5-1

簡單的說，每一個子功能的程式碼是由三種流程控制結構連接的程式碼，也就是從一個控制結構的離開點，連接至另一個控制結構的進入點，結合多個不同的流程控制結構來撰寫程式碼。如同小朋友在玩堆積木遊戲，三種控制結構是積木方塊，進入點和離開點是積木方塊上的連接點，透過這些連接點組合出成品。例如：一個循序結構連接 1 個選擇結構的程式碼，如右圖所示：

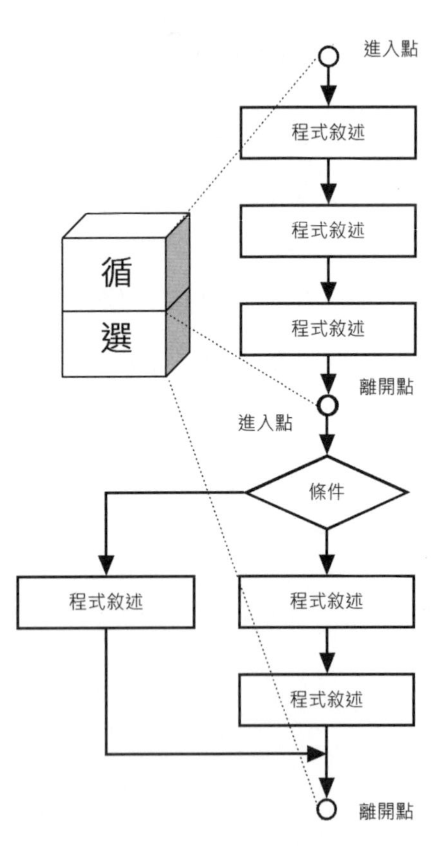

圖 5-2

我們除了可以使用進入點和離開點連接積木外，還可以使用巢狀結構連接流程控制結構，積木如同是一個大盒子，可以在盒子中放入其他積木（例如：巢狀迴圈），如下圖所示：

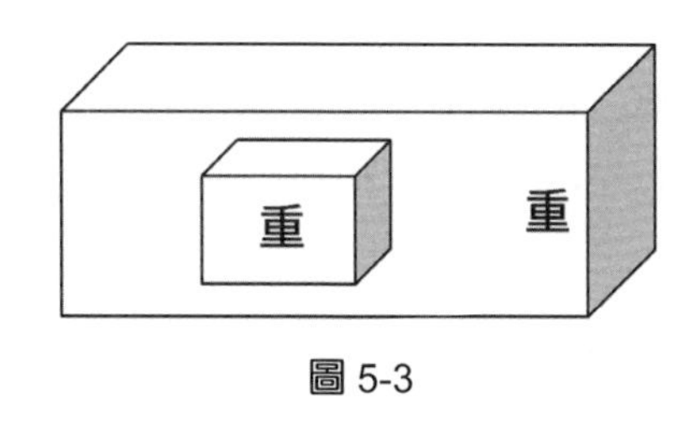

圖 5-3

總之，結構化程式設計的主要觀念有三項，如下所示：

- 由上而下設計方法（前述）。
- 流程控制結構（第 5 章和第 6 章）。
- 模組：其最基本單位就是第 7 章的程序與函數。

5-1-2 流程控制結構

程式語言撰寫的程式碼大部分是一行指令接著一行指令循序的執行，但是對於複雜的工作，為了達成預期的執行結果，我們需要使用「流程控制結構」（control structures）來改變執行順序。

循序結構（sequential）

循序結構是程式預設的執行方式，也就是一個敘述接著一個敘述依序的執行（在流程圖上方和下方的連接符號是控制結構的單一進入點和離開點，循序結構只有一種積木），如下圖所示：

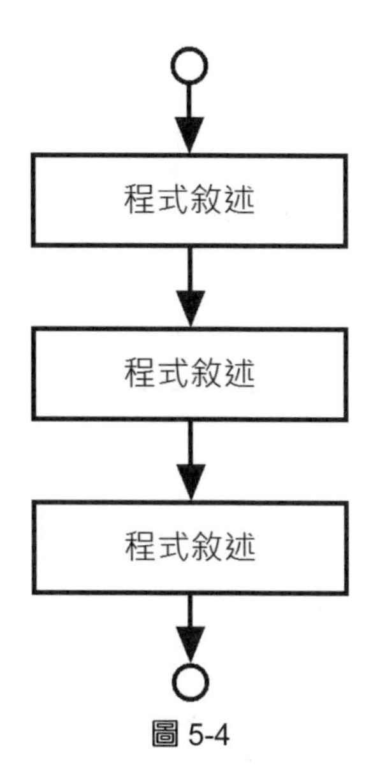

圖 5-4

選擇結構（selection）

選擇結構是一種條件判斷，這是一個選擇題，分為單選、二選一或多選一三種。程式執行順序是依照關係或比較運算式的條件，決定執行哪一個區塊的程式碼（在流程圖上方和下方的連接符號是控制結構的單一進入點和離開點，從左至右依序為單選、二選一或多選一三種積木），如下圖所示：

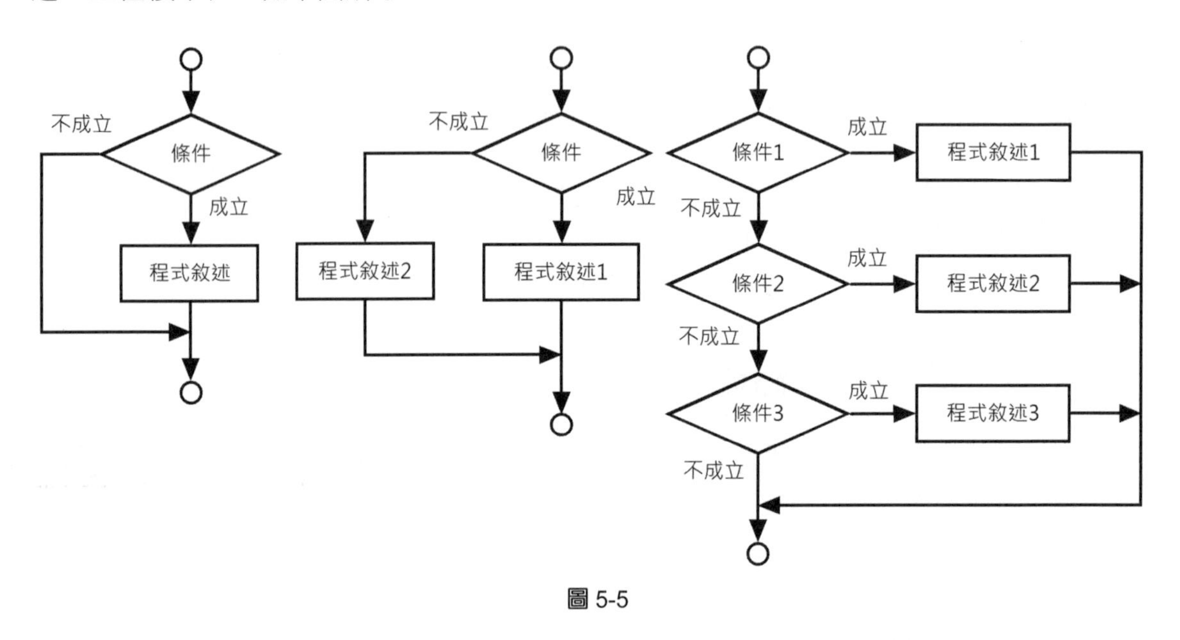

圖 5-5

選擇結構如同從公司走路回家，因為回家的路不只一條，當走到十字路口時，可以決定向左、向右或直走，雖然最終都可以到家，但是經過的路徑並不相同，也稱為「決策判斷敘述」（decision making statements）。

重複結構（iteration）

重複結構就是迴圈，可以重複執行一個程式區塊的程式碼，提供結束條件結束迴圈的執行，依結束條件測試的位置不同分為兩種：前測式重複結構（左圖）和後測式重複結構（右圖），如右圖所示：

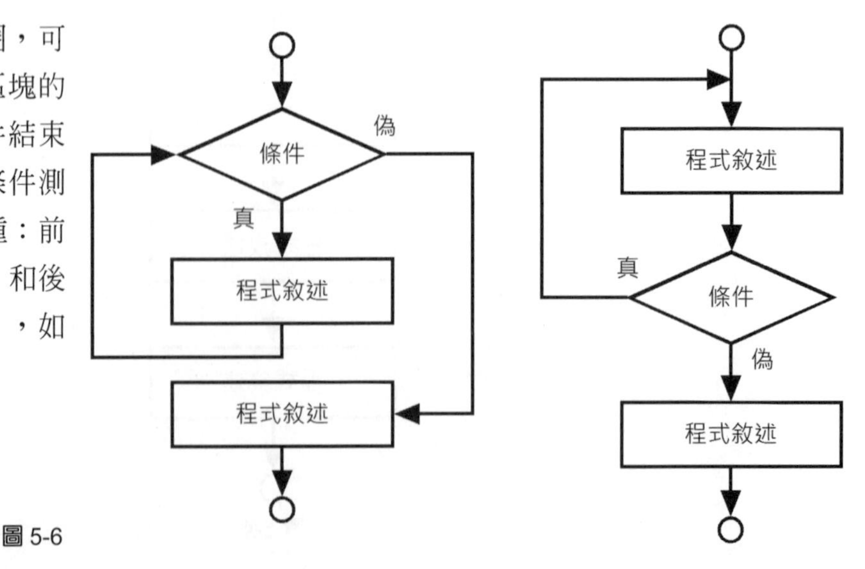

圖 5-6

重複結構有如搭乘環狀的捷運系統回家，因為捷運系統一直環繞著軌道行走，上車後可依不同情況來決定蹺幾圈才下車，上車是進入迴圈；下車是離開迴圈回家。

隨堂練習

1. 結構化程式設計是使用三種流程控制結構：________、________ 和 ________ 來組合建立出程式碼。
2. 結構化程式設計的控制結構有 ___ 個進入點和 ___ 個離開點。

5-2 關係與邏輯運算子

條件運算式（conditional expressions）是一種複合運算式，每一個運算元使用關係運算子（relational operators）連接建立成關係運算式，多個關係運算式以邏輯運算子（logical operators）來連接，如下所示：

```
a > b And a > 1
```

上述條件運算式是從左至右進行運算，先執行 a > b 的運算，然後才是 a > 1。

條件運算式通常是使用在本章的條件和第 6 章迴圈敘述的判斷條件，可以比較 2 個運算元的關係，例如：「=」是判斷前後 2 個運算元是否相等。

關係運算子（relational operators）

關係運算子也稱為比較運算子，在各運算子之間並沒有優先順序的分別，通常都是使用在迴圈和條件判斷作為條件，運算結果是布林值 True 或 False，其說明與範例如下表所示：

表 5-1

運算子	說明	運算式範例	結果
=	等於	36 = 33	False
<>	不等於	36 <> 33	True
<	小於	36 < 33	False
>	大於	36 > 33	True
<=	小於等於	36 <= 33	False
>=	大於等於	36 >= 33	True

上表的運算式範例是數值比較，關係運算子也可以比較字串，其比較方式是從 2 個字串的第 1 個字元開始比較，相等就比較第 2 個字元，直到比出大小爲止，如下所示：

"Word" > "World"

上述字串比較先比較第 1 個字母 W，相等，然後比較第 2 和第 3 個也相等，接著第 4 個是 d 和 l，因爲 l > d，所以 World > Word，關係運算式的值是 False。

如果字串內容有多種字元，中文字大於小寫英文字母，再大於大寫英文，最後是數字，如下所示：

```
中文字 > a-z > A-Z > 0-9
```

當比較的字串中有大小寫英文和數字混合時，就是使用上述字元種類的大小來進行每一個字元的比較。

邏輯運算子（logical operators）

在迴圈和條件敘述的判斷條件如果不只一個，我們需要使用邏輯運算子連接多個關係運算式來建立複合條件，其說明如下表所示：

表 5-2

運算子	說明
Not	非，傳回運算元相反的值，通常是配合運算式的布林值來取得相反值
And	且，連接的 2 個運算元都為 True，則運算式為 True
Or	或，連接的 2 個運算元中，任一個為 True，則運算式為 True；否則為 False
Xor	連接的 2 個運算元中，只有一個運算元為 True，而且 2 個運算元不同時為 True，則運算式為 True；否則為 False

對於複雜的關係運算式，我們可以使用邏輯運算子來連接。一些邏輯運算式範例，如下表所示：

表 5-3

邏輯運算子	運算式範例	結果
Not A	Not (35 > 33)	False
Not B	Not (24 <= 22)	True
A And B	35 > 33 And 24 <= 22	False（True And False）
A Or B	35 > 33 Or 24 <= 22	True（True Or False）
A Xor B	35 > 33 Xor 24 <= 22	True（True Xor False）

如果關係和邏輯運算式同時包含算術、字串連接、關係和邏輯多種運算，這些運算式的優先順序，如下所示：

算術運算 ＞ 字串連接運算 ＞ 關係運算 ＞ 邏輯運算

簡單的說，如果有算術運算式，需要先運算後，才和關係運算子進行比較，最後使用邏輯運算子連接起來，如下所示：

範例一	範例二
8 + 5 > 10 Mod 3 = 13 > 1 = True	((9 Mod 4) > 2) And (8 >= 3) = (1 > 2) And (8 >= 3) = False And True = False

VB 程式：ch5-2.vb

在 VB 程式（Visual Studio 專案：ch5-2）測試上表條件運算式的運算結果依序是 True 和 False，其執行結果如下圖所示：

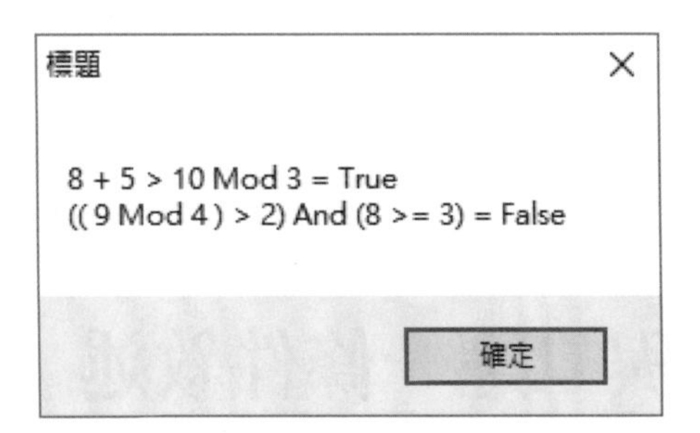

程式碼編輯

```
01: Dim a, b As Boolean
02: a = 8 + 5 > 10 Mod 3
03: b = (( 9 Mod 4 ) > 2) And (8 >= 3)
04: MsgBox("8 + 5 > 10 Mod 3 = " & a & vbNewLine &
05:        "(( 9 Mod 4 ) > 2) And (8 >= 3) = " & b, , "標題")
```

程式碼解說

- 第 1 行：宣告布林變數 a 和 b，因爲資料型態相同，所以使用「,」逗號分隔 2 個變數。
- 第 2~3 行：2 個測試的條件運算式。
- 第 4~5 行：輸出條件運算式的運算結果。

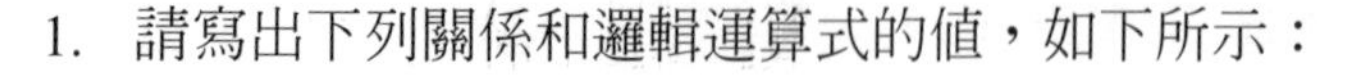

隨堂練習

1. 請寫出下列關係和邏輯運算式的值，如下所示：

   "abcd" > "string"

   (2 > 9) Or (3 < 8)

   ((9 Mod 4) > 2) And (8 < 3)

   Not ((1 <> 2) Or (5 - 4))

2. 如果 A=-1: B=0: C=1，請寫出下列關係和邏輯運算式的值，如下所示：

   A > B And C > B

   A < B Or C < B

   (B - C) = (B - A)

   (A - B) <> (B - C)

3. 請寫出下列關係和邏輯運算式的值，如下所示：

   "kitty" > "kitty"

   "XYZ" > "abc"

   Not 50 > 60 And 10 > 5

   5 * 3 > 40 Xor "abc" > "ABC"

5-3 單選與二選一條件敘述

VB 語言的條件控制敘述是使用條件運算式，配合程式區塊建立的決策敘述，分為單選（If）、二選一（If/Else）或多選一（If/ElseIf 和 Select Case）幾種方式。

5-3-1 If 單選條件敘述

If 條件敘述是一種是否執行的單選題，只是決定是否執行程式區塊內的程式碼，如果條件運算式的結果為 True，就執行程式區塊的程式碼，VB 語言的程式區塊是從 If Then 開始至 End If 之間的多列程式碼。

在日常生活中，是否選的情況十分常見，我們常常需要判斷氣溫是否有些涼，需要加件衣服；如果下雨需要拿把傘。本節 VB 程式可以判斷今天氣溫，如果低於 20 度，就顯示需加件外套的訊息文字。

步驟一：觀察流程圖

請啓動 fChart 開啓「\vb\ch05\ch5-3-1.fpp」專案的流程圖，如下圖所示：

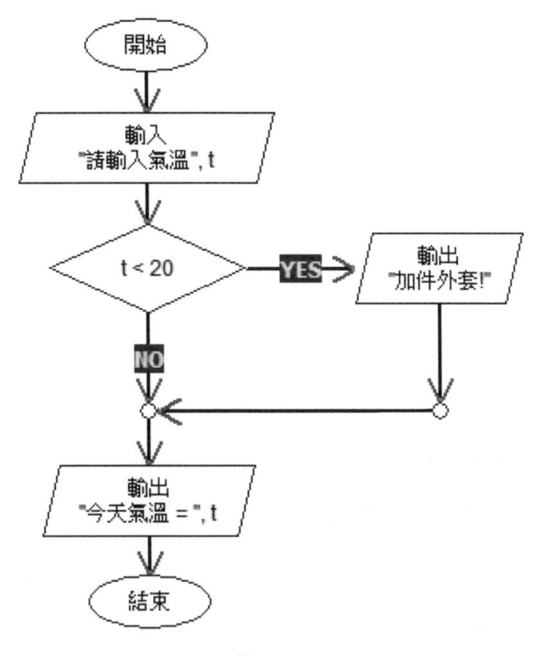

圖 5-7

請執行流程圖，如果輸入 20，就會顯示今天氣溫爲 20 度，如果輸入 15，就會多顯示「加件外套！」訊息文字，不論決策符合的條件是否成立，一定都會顯示今天氣溫，而顯示「加件外套！」訊息文字是條件成立才顯示；不成立就不顯示，這個決策符號是一種單選條件敘述。

在確認流程圖的決策符號是單選條件敘述後，我們可以找出執行步驟，如下所示：

Step 01：顯示提示文字輸入整數變數 t 值（輸入符號）

Step 02：如果氣溫小於 20 度（決策符號）

　Step 02.1：輸出加件外套！（輸出符號）

Step 03：輸出文字內容和變數 t 值（輸出符號）

步驟二：實作程式碼

我們可以使用 fChart 程式碼編輯器或 Visual Studio 來輸入和建立對應流程圖符號的 VB 程式碼。

方法一：使用 fChart 程式碼編輯器

請使用 fChart 程式碼編輯器輸入對應流程圖符號的 VB 程式碼，首先執行「輸出 / 輸入符號 > 輸入符號 > 輸入整數值」命令，然後執行「決策符號 - 條件 >If 單選條件」命令插入單選條件敘述，最後是一個輸出符號，如下圖所示：

Visual Basic 程式碼

```
1   Sub Main()
2       Dim v1 As Integer = CInt(InputBox("請輸入整數", "標題"))
3       If v1 >= 10 Then
4           ' 條件成立!
5       End If
6       MsgBox("變數值 = " & v1, , "標題")
7
8   End Sub
```

圖 5-8

上述 If/End If 的程式區塊是一段註解文字，請選取註解文字後，執行「輸出 / 輸入符號 > 訊息視窗 - 訊息文字」命令，取代成 MsgBox() 函數，如下圖所示：

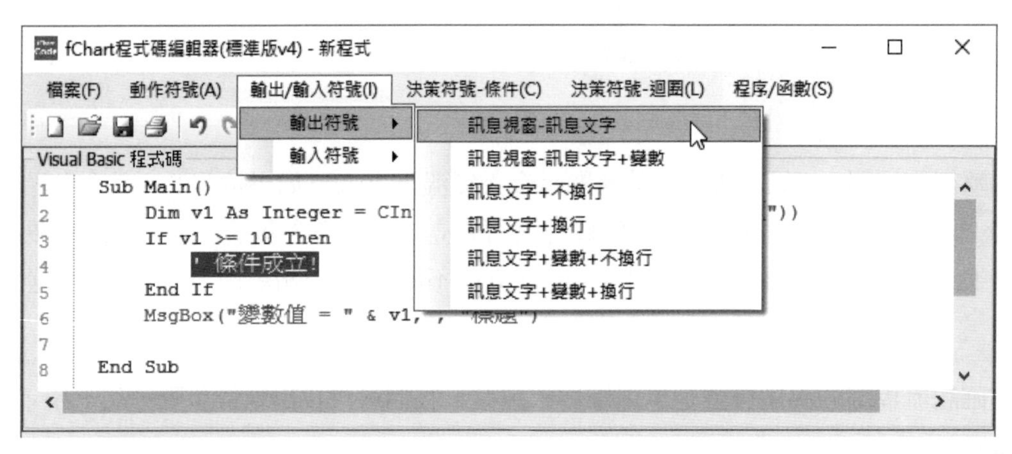

圖 5-9

接著修改變數名稱、提示文字和訊息文字後，可以建立 VB 程式 ch5-3-1.vb，如下所示：

```
Dim t As Integer = CInt(InputBox(" 請輸入氣溫 ", " 標題 "))
If t < 20 Then
   MsgBox(" 加件外套 !", , " 標題 ")
End If
MsgBox(" 今天氣溫 = " & t, , " 標題 ")
```

方法二：使用 Visual Studio 整合開發環境

請啟動 Visual Studio 建立名為 ch5-3-1 的專案，然後在 Form1_Load() 事件處理程序輸入上述 VB 程式碼。

編譯和執行 VB 程式

fChart 請按【編譯與執行】鈕，Visual Studio 請執行「偵錯 > 開始偵錯」命令或按 F5 鍵，可以看到執行結果的輸入視窗。

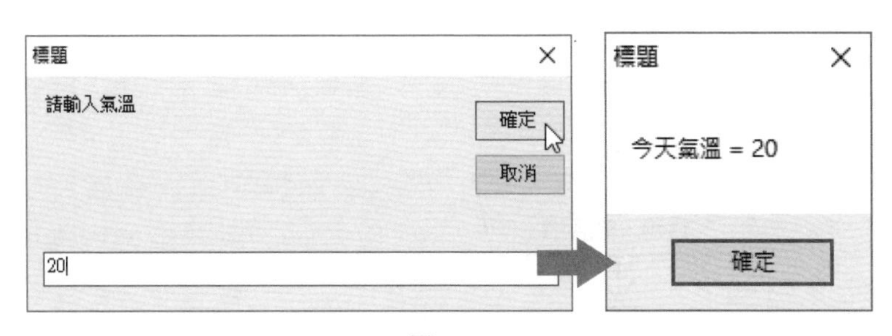

圖 5-10

首先輸入 20，按【確定】鈕，可以顯示今天氣溫為 20。請再執行一次此程式，輸入 15 後，可以看到多顯示「加件外套 !」訊息文字，如下圖所示：

圖 5-11

步驟三：了解程式碼

VB 語言 If 單選條件敘述的基本語法，如下所示：

```
If 條件 Then
    程式敘述 1~n
End If
```

上述「條件」是第 5-2 節的關係與邏輯運算式，如果 If 條件為 True，就執行 Then/End If 之間的程式碼，如果為 False，就不執行程式區塊，例如：判斷氣溫決定是否加件外套的 If 條件敘述，如下所示：

```
If t < 20 Then
   MsgBox(" 加件外套 !", , " 標題 ")
End If
```

上述條件敘述的條件成立，才會執行程式區塊。更進一步，我們可以活用邏輯運算式，當氣溫在 20~22 度之間時，顯示「加一件簿外套！」訊息文字，如下所示：

```
If t >= 20 And t <= 22 Then
   MsgBox(" 加一件簿外套 !", , " 標題 ")
End If
```

上述 If 條件是使用 And 邏輯運算子連接 2 個條件，輸入氣溫需要在 20~22 度之間，條件才會成立（VB 程式：ch5-3-1a.vb），fChart 流程圖 ch5-3-1a.fpp，如下圖所示：

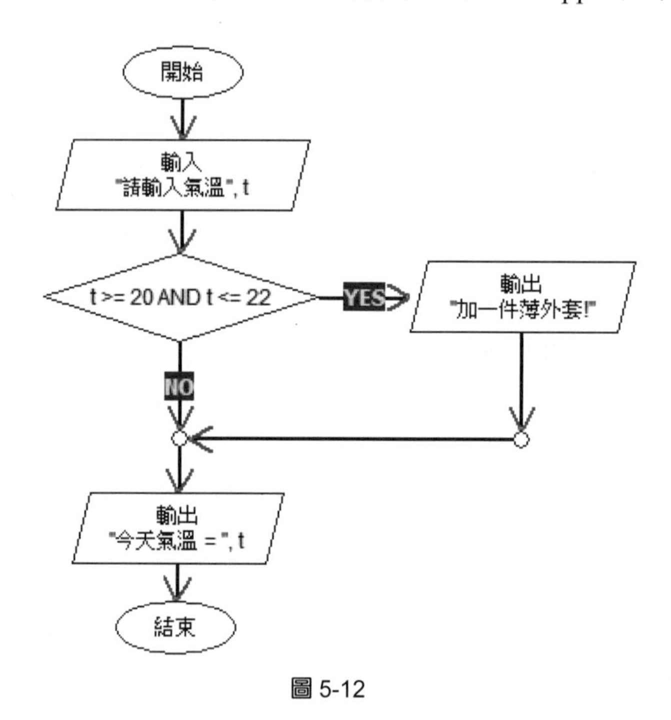

圖 5-12

5-3-2 If/Else 二選一條件敘述

單純 If 條件只能選擇執行或不執行程式區塊的單選題，更進一步，如果是排它情況的兩個執行區塊，只能二選一，我們可以加上 Else 關鍵字，依條件決定執行哪一個程式區塊。

在日常生活的二選一判斷是一種二分法，可以將一個集合分成二種互斥的群組，超過 60 分屬於成績及格群組；反之爲不及格群組，身高超過 120 公分是購買全票的群組；反之是購買半票的群組。本節 VB 程式可以判斷成績，大於等於 60 分是及格；反之是不及格。

步驟一：觀察流程圖

請啟動 fChart 開啟「\vb\ch05\ch5-3-2.fpp」專案的流程圖，如下圖所示：

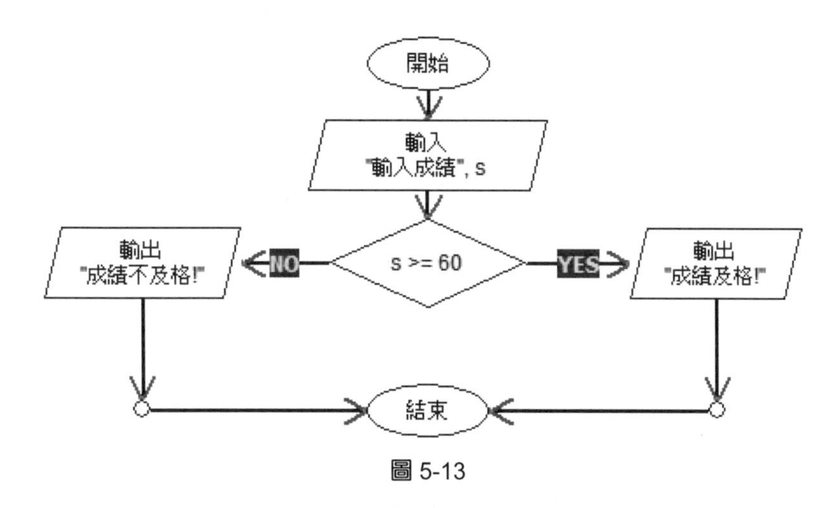

圖 5-13

請執行流程圖且輸入成績 65，因為條件成立往右走，顯示成績及格，如果輸入 55，條件不成立往左走，顯示成績不及格，很明顯的！當輸入成績後，流程圖的路徑就只有往左走;或往右走的2種選擇，而且一定只會走其中一條路徑，這個決策符號是二選一條件敘述。

在確認流程圖的決策符號是二選一條件敘述後，我們可以找出執行步驟，如下所示：

Step 01：顯示提示文字輸入整數變數 s 值（輸入符號）

Step 02：如果成績大於等於 60（決策符號）

　　Step 02.1：輸出成績及格（輸出符號）

Step 03：否則：

　　Step 03.1：輸出成績不及格（輸出符號）

步驟二：實作程式碼

我們可以使用 fChart 程式碼編輯器或 Visual Studio 來輸入和建立對應流程圖符號的 VB 程式碼。

方法一：使用 fChart 程式碼編輯器

請使用 fChart 程式碼編輯器輸入對應流程圖符號的 VB 程式碼，首先執行「輸出 / 輸入符號 > 輸入符號 > 輸入整數值」命令，然後執行「決策符號 - 條件 >If/Else 二選一條件」命令插入二選一條件敘述，如下圖所示：

Visual Basic 程式碼

```
1   Sub Main()
2       Dim v1 As Integer = CInt(InputBox("請輸入整數", "標題"))
3       If v1 >= 10 Then
4           ' 條件成立!
5       Else
6           ' 條件不成立!
7       End If
8       
9
10  End Sub
```

圖 5-14

上述 If/Else 條件敘述的 2 個程式區塊都是註解文字，請分別選取 2 個註解文字後，執行「輸出 / 輸入符號 > 訊息視窗 - 訊息文字」命令，都取代成 MsgBox() 函數，如下圖所示：

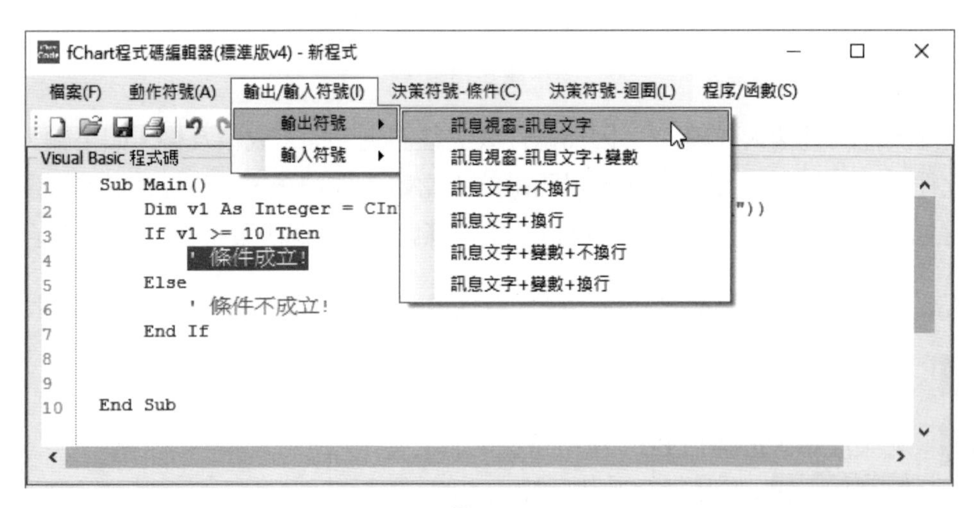

圖 5-15

在修改變數名稱、提示文字和訊息文字後，可以建立 VB 程式 ch5-3-2.vb，如下所示：

```
Dim s As Integer = CInt(InputBox(" 請輸入成績 ", " 標題 "))
If s >= 60 Then
   MsgBox(" 成績及格 !", , " 標題 ")
Else
   MsgBox(" 成績不及格 !", , " 標題 ")
End If
```

方法二：使用 Visual Studio 整合開發環境

請啓動 Visual Studio 建立名爲 ch5-3-2 的專案，然後在 Form1_Load() 事件處理程序輸入上述 VB 程式碼。

編譯和執行 VB 程式

fChart 請按【編譯與執行】鈕，Visual Studio 請執行「偵錯 > 開始偵錯」命令或按 F5 鍵，可以看到執行結果的輸入視窗。

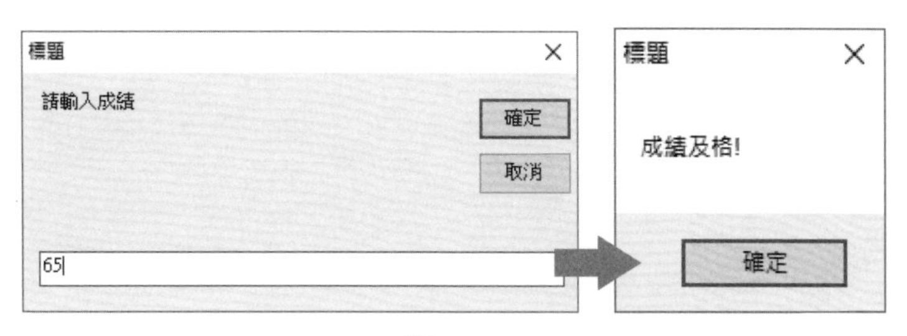

圖 5-16

首先輸入 65，按【確定】鈕，可以顯示成績及格。請再執行此程式，輸入 55，可以看到顯示成績不及格，如下圖所示：

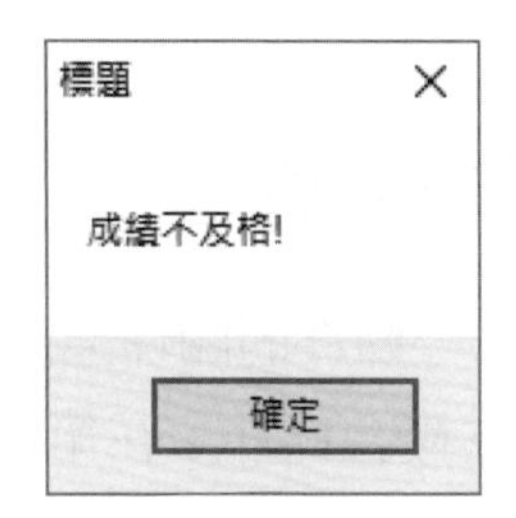

圖 5-17

步驟三：了解程式碼

VB 語言 If/Else 二選一條件敘述的基本語法，如下所示：

```
If 條件 Then
    程式敘述 1
Else
    程式敘述 2
End If
```

上述 If/Else 條件敘述的條件是條件運算式，如果 If 條件為 True，就執行 Then/Else 之間的程式碼；False 執行 Else/End If 之間的程式碼。例如：學生成績以 60 分區分是否及格的 If/Else 條件敘述，如下所示：

```
If s >= 60 Then
    MsgBox(" 成績及格 !", , " 標題 ")
Else
    MsgBox(" 成績不及格 !", , " 標題 ")
End If
```

上述程式碼因爲成績有排它性，60 分以上爲及格分數，60 分以下爲不及格。

請比較程式範例 ch5-3-1.vb 和 ch5-3-2.vb，讀者可以看出 If/Else 條件敘述是一種二選一條件，一個 If/Else 條件可以使用 2 個互補的 If 條件來取代（VB 程式：ch5-3-2a.vb），如下所示：

```
If s >= 60 Then
   MsgBox(" 成績及格 !", , " 標題 ")
End If
If s < 60 Then
   MsgBox(" 成績不及格 !", , " 標題 ")
End If
```

上述 2 個 If 條件敘述的條件運算式是互補條件，所以 2 個 If 條件的判斷功能和本節 VB 程式完全相同。

5-3-3 條件判斷的複合條件

一般來說，條件敘述大都使用單一條件的關係運算式，如果條件比較複雜，我們需要使用邏輯運算子連接多個條件來建立複合條件。在第 5-3-1 節已經有簡單的說明，這一節筆者準備說明更多的範例。

判斷數值範圍（And 運算子）

如果數值範圍規定是在 -100~100 之間的整數，我們可以使用 And 運算子建立複合條件來判斷數值的範圍，如下表所示：

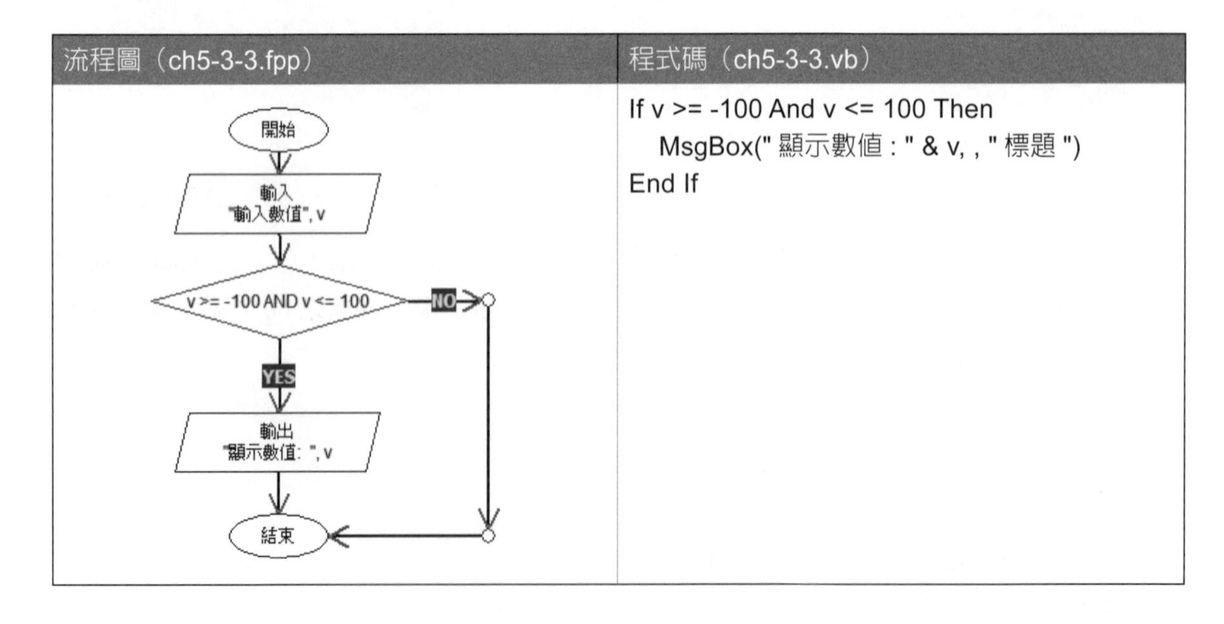

流程圖（ch5-3-3.fpp）	程式碼（ch5-3-3.vb）

	If v >= -100 And v <= 100 Then
	   MsgBox(" 顯示數值 : " & v, , " 標題 ")
	End If

判斷身高不符合範圍（Or 運算子）

如果身高小於 50，或身高大於 200 就不符合身高條件，我們可以使用 Or 運算子建立複合條件來判斷身高是否不符，如下表所示：

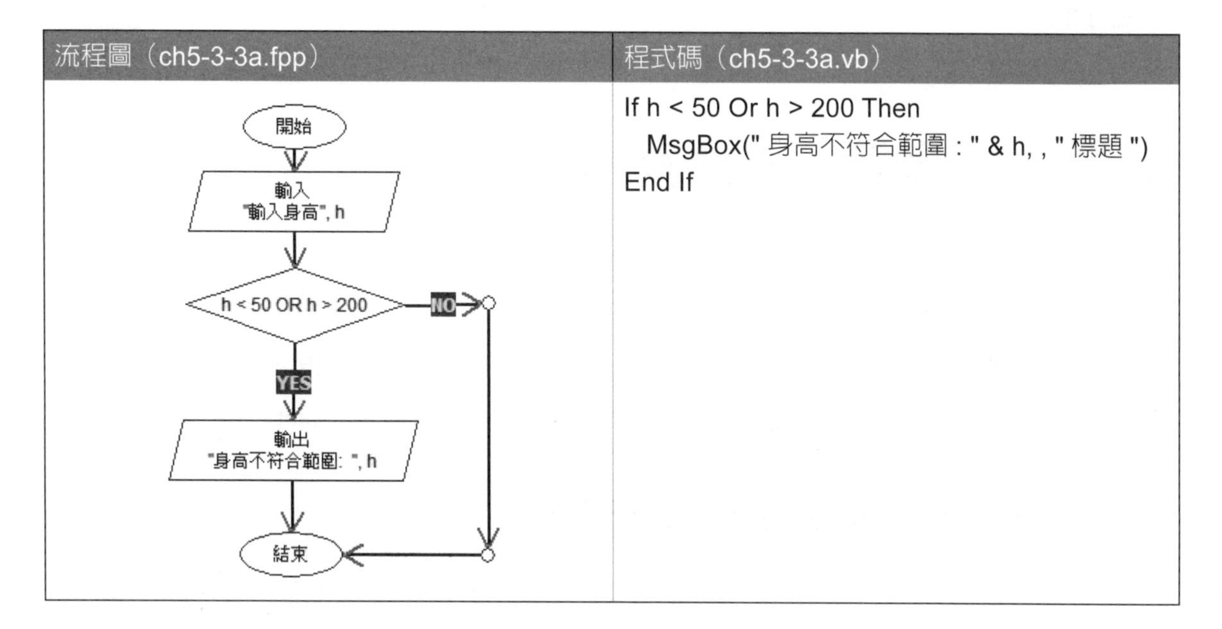

流程圖（ch5-3-3a.fpp）｜程式碼（ch5-3-3a.vb）

```
If h < 50 Or h > 200 Then
  MsgBox(" 身高不符合範圍 : " & h, , " 標題 ")
End If
```

隨堂練習

1. 請完成判斷是否成年的 VB 程式碼，年齡大於等於 18 爲成年，如下所示：

```
If __________ Then
  MsgBox("_________", , " 標題 ")
End If
```

2. 如果年齡大於等於 20，顯示 " 擁有投票權 "；小於 20 顯示 " 沒有投票權 "，請完成下列 VB 程式碼，下所示：

```
If _____ Then
  MsgBox(" 擁有投票權 ", , " 標題 ")
____
  MsgBox(" 沒有投票權 ", , " 標題 ")
End If
```

3. 便利商店每小時薪水超過 110 元是高時薪，請寫出條件判斷的 VB 程式碼，當超過時，顯示 " 高時薪 " 訊息文字；否則顯示 " 低時薪 "。
4. 請寫出下列程式碼執行結果顯示的字元是 _____，如下所示：

```
If ( 6 > 5 Or 4 > 5 ) Then
  MsgBox("A", , " 標題 ")
Else
  MsgBox("B", , " 標題 ")
End If
```

5-4 多選一條件敘述

在日常生活中的多選一條件判斷也十分常見，我們常常需要決定牛排需幾分熟、中午準備享用哪一種便當和去超商購買哪一種茶飲料等。

程式語言的多選一條件判斷可以依照條件判斷執行不同區塊的程式碼，VB 語言的多選一條件敘述共有兩種寫法：一是 If 條件的延伸 If/ElseIf，另一種是 Select Case 多條件判斷。

5-4-1 If/ElseIf 多選一條件敘述

If/ElseIf 條件敘述是 If/Else 條件敘述的延伸，使用 ElseIf 重複建立多選一條件敘述，其結構類似第 5-5 節的巢狀條件敘述。

在本節的 VB 程式可以判斷輸入的年齡，小於 13 歲是兒童；小於 20 歲是青少年；大於等於 20 歲是成年人，因為條件不只一個，所以需要使用多選一條件敘述。

步驟一：觀察流程圖

請啓動 fChart 開啓「\vb\ch05\ch5-4-1.fpp」專案的流程圖，如下圖所示：

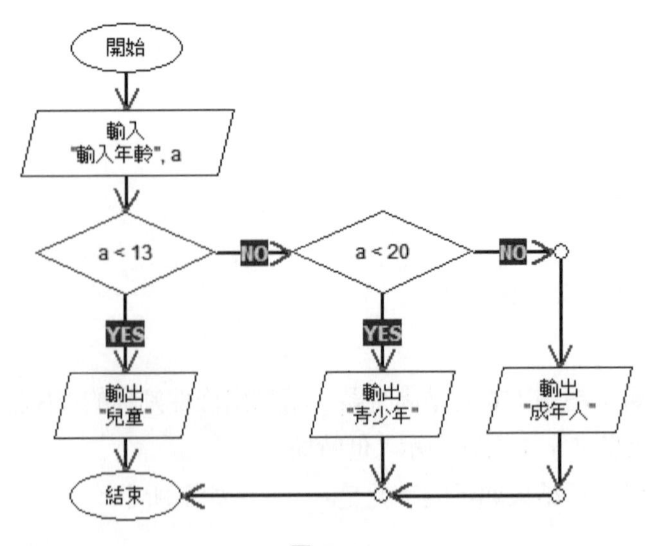

圖 5-18

請執行流程圖且輸入年齡 10，因爲第 1 個決策符號成立，所以顯示兒童，如果輸入 15，第 1 個條件不成立，繼續判斷第 2 個條件，成立，所以顯示青少年，如果輸入 22，第 1 和 2 個條件都不成立，所以顯示成年人。很明顯！ 2 個條件共有 3 個可能，請注意！雖然路徑有很多條，我們仍然只能走其中一條路徑，因爲擁有多個決策符號，所以知道是多選一條件敘述。

在確認流程圖決策符號是多選一條件敘述後，我們可以找出執行步驟，如下所示：

Step 01：顯示提示文字輸入整數變數 a 值（輸入符號）

Step 02：如果年齡小於 13（決策符號）

　　Step 02.1：輸出兒童（輸出符號）

Step 03：否則，如果年齡小於 20（決策符號）

　　Step 03.1：輸出青少年（輸出符號）

Step 04：否則

　　Step 04.1：輸出成年人（輸出符號）

步驟二：實作程式碼

我們可以使用 fChart 程式碼編輯器或 Visual Studio 來輸入和建立對應流程圖符號的 VB 程式碼。

方法一：使用 fChart 程式碼編輯器

請使用 fChart 程式碼編輯器輸入對應流程圖符號的 VB 程式碼，首先執行「輸出 / 輸入符號 > 輸入符號 / 輸入整數值」命令，然後執行「決策符號 - 條件 > 多選一條件 >If/Else/If」命令插入多選一條件敘述。

然後將 3 個程式區塊的註解文字都取代成 MsgBox() 函數後，修改變數名稱、提示文字和訊息文字後，可以建立 VB 程式 ch5-4-1.vb，如下所示：

```
Dim a As Integer = CInt(InputBox(" 請輸入年齡 ", " 標題 "))
If a < 13 Then
   MsgBox(" 兒童 ", , " 標題 ")
ElseIf a < 20 Then
   MsgBox(" 青少年 ", , " 標題 ")
Else
   MsgBox(" 成年人 ", , " 標題 ")
End If
```

請注意！上述程式碼是使用 ElseIf 判斷第 2 個條件，並不是 Else If，不過，如果在之間空一格也不會產生錯誤（因為是巢狀條件）。

方法二：使用 Visual Studio 整合開發環境

請啟動 Visual Studio 建立名為 ch5-4-1 的專案，然後在 Form1_Load() 事件處理程序輸入上述 VB 程式碼。

編譯和執行 VB 程式

fChart 請按【編譯與執行】鈕，Visual Studio 請執行「偵錯 > 開始偵錯」命令或按 F5 鍵，可以看到執行結果的輸入視窗。

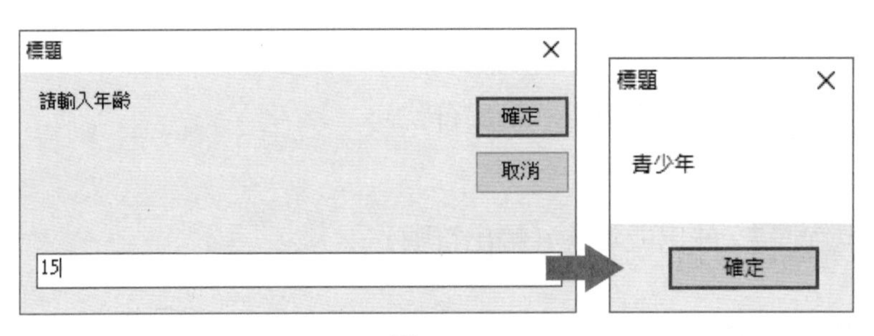

圖 5-19

請輸入年齡 15，按【確定】鈕，可以看到顯示青少年，請再執行】鈕執行此程式，試著輸入其他年齡，可以顯示不同的結果。

步驟三：了解程式碼

VB 語言的 If/ElseIf 多選一條件敘述類似巢狀條件，可以在第二個程式區塊使用 ElseIf 建立另一個條件敘述，如下所示：

```
If a < 13 Then
   MsgBox(" 兒童 ", , " 標題 ")
ElseIf a < 20 Then
   MsgBox(" 青少年 ", , " 標題 ")
Else
   MsgBox(" 成年人 ", , " 標題 ")
End If
```

上述 If/ElseIf 多選一條件敘述從上而下如同階梯一般，一次判斷一個 If 條件，如果為 True，就執行程式區塊，並且結束整個多選一條件敘述；如果為 False，就進行下一次判斷。

同樣的，如果 If/ElseIf/Else 多選一條件敘述的多個條件是互補的，我們一樣可以改為互補條件的數個 If 條件來取代（VB 程式：ch5-4-1a.vb），如下所示：

```
If a < 13 Then
   MsgBox(" 兒童 ", , " 標題 ")
End If
If a >= 13 And a < 20 Then
   MsgBox(" 青少年 ", , " 標題 ")
End If
If a >= 20 Then
   MsgBox(" 成年人 ", , " 標題 ")
End If
```

上述 3 個 If 條件敘述的條件運算式是互補的，第 1 個是小於 13；第 2 個是 13~19；最後是大於等於 20，其功能和本節 VB 程式完全相同。

5-4-2 Select Case 多選一條件敘述

If/ElseIf 多選一條件敘述擁有多個條件判斷，問題是當擁有 4、5 個或更多條件時，If/ElseIf 條件很容易產生混淆且很難閱讀。所以 VB 語言提供 Select Case 多選一條件敘述來簡化 If/ElseIf 多選一條件敘述。

一般來說，如果條件是多個固定值的等於比較，或是不同範圍，我們就可以改用 Select Case 多選一條件敘述，例如：判斷輸入選項值是 1、2 或 3。

步驟一：觀察流程圖

請啓動 fChart 開啓「\vb\ch05\ch5-4-2.fpp」專案的流程圖，如下圖所示：

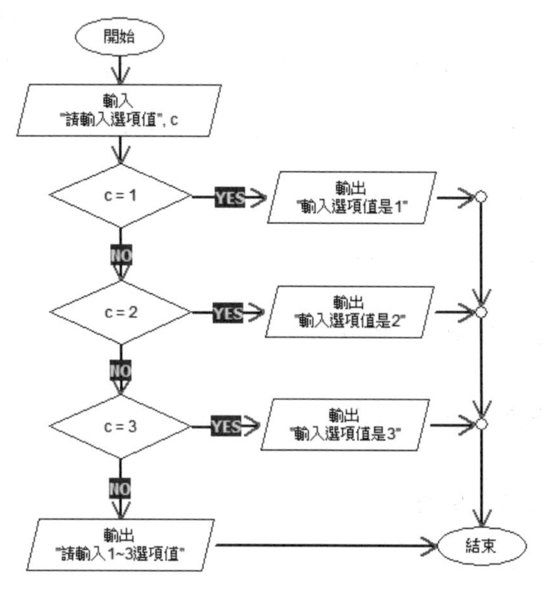

圖 5-20

請執行流程圖分別輸入選項 1~3，可以看到第 1~3 的決策符號成立，所以分別顯示輸入選項值 1~3，因為有多個決策符號，所以是多選一條件敘述。我們可以找出執行步驟，如下所示：

Step 01：顯示提示文字輸入整數變數 c 值（輸入符號）

Step 02：如果是 1（決策符號）

- **Step 02.1**：輸出輸入選項值是 1（輸出符號）

Step 03：否則，如果是 2（決策符號）

- **Step 03.1**：輸入選項值是 2（輸出符號）

Step 04：否則，如果是 3（決策符號）

- **Step 04.1**：輸入選項值是 3（輸出符號）

Step 05：否則

- **Step 05.1**：輸出請輸入選項值 1~3（輸出符號）

步驟二：實作程式碼

我們可以使用 fChart 程式碼編輯器或 Visual Studio 來輸入和建立對應流程圖符號的 VB 程式碼。

方法一：使用 fChart 程式碼編輯器

請使用 fChart 程式碼編輯器輸入對應流程圖符號的 VB 程式碼，首先執行「輸出 / 輸入符號 > 輸入符號 > 輸入整數值」命令，然後執行「決策符號 - 條件 > 多選一條件 >Select/Switch」命令插入多選一條件敘述。

接著，請使用複製方式新增 Case 3，然後將註解文字取代成 MsgBox() 函數，即可修改變數名稱、字面值和訊息文字後，建立 VB 程式 ch5-4-2.vb，如下所示：

```
Dim c As Integer = CInt(InputBox(" 請輸入選項值 ", " 標題 "))
Select Case c
Case 1
  MsgBox(" 輸入選項值是 1!", , " 標題 ")
Case 2
  MsgBox(" 輸入選項值是 2!", , " 標題 ")
Case 3
  MsgBox(" 輸入選項值是 3!", , " 標題 ")
Case Else
  MsgBox(" 請輸入 1~3 選項值 !", , " 標題 ")
End Select
```

方法二：使用 Visual Studio 整合開發環境

請啓動 Visual Studio 建立名爲 ch5-4-2 的專案，然後在 Form1_Load() 事件處理程序輸入上述 VB 程式碼。

編譯和執行 VB 程式

fChart 請按【編譯與執行】鈕，Visual Studio 請執行「偵錯 > 開始偵錯」命令或按 F5 鍵，可以看到執行結果的輸入視窗。

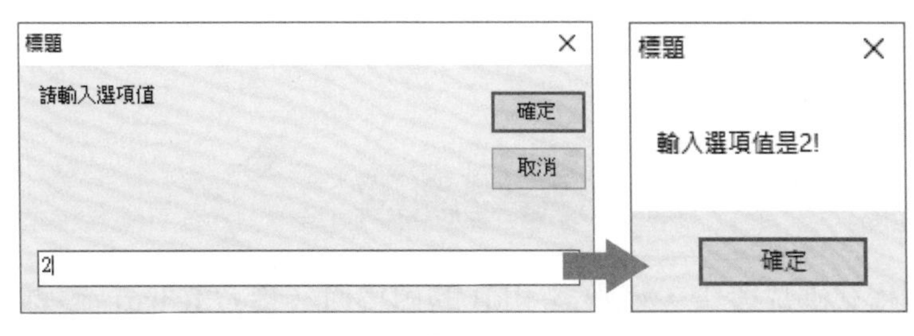

圖 5-21

請輸入年齡 2，按【確定】鈕，可以看到顯示輸入選項值是 2，請再執行此程式，試著輸入其他值，就可以顯示不同的結果。

步驟三：了解程式碼

VB 語言的 Select Case 條件判斷可以依照符合條件來執行不同區塊的程式碼，其基本語法如下所示：

```
Select Case 運算式
    Case 值 1
        程式敘述 1
    Case 值 2:
        程式敘述 2
    ......
    Case Else
        程式敘述 N
End Case
```

上述【運算式】值是用來和 Case 值比較，每一個 Case 是一個條件，如果 True，就執行之後的程式敘述，若有例外情況執行 Case Else 後的程式敘述。Case 條件的程式碼範例與說明，如下表所示：

表 5-4

Case 範例	說明
Case 1	只有運算式或值，此時條件值相當是等於，即測試值等於 1
Case 2	測試值是否是等於 2
Case “Mail"	測試值為字串值 Mail
Case 1000 To 4999	測試值在 1000~4999 之間
Case 2, 3, 4 To 6	測試值是否為 2、3 和介於 4~6
Case Is < 1000	測試值是否小於 1000

隨堂練習

1. 請問執行下列程式碼片段後，變數 A 和 B 的值爲何（參考 fChart 流程圖專案：ch5-4-2a.fpp），如下所示：

```
A = 5 : B = 10
If (A Mod 2 = 0) Then
  A = A + 1
ElseIf (B Mod 2 = 0) Then
  B = B + 2
Else
  A = A + 2
  B = B + 1
End If
```

2. 請問執行下列程式碼片段後，變數 A 和 B 的值爲何（參考 fChart 流程圖專案：ch5-4-2b.fpp），如下所示：

```
A = 3

Select Case A
  Case 1 : B = A ^ 1
  Case 3 : B = A ^ 2
  Case 5 : B = A ^ 3
End Select
```

5-5 巢狀條件敘述

在 If/Else 條件敘述中可以擁有其他 If/Else 條件敘述，稱爲「巢狀條件敘述」。例如：我們可以使用巢狀條件敘述判斷 3 個變數中，哪一個變數値最大，如下所示：

```
If a > b And a > c Then
   MsgBox(" 變數 a 最大 !", , " 標題 ")
Else
   If b > c Then
      MsgBox(" 變數 b 最大 !", , " 標題 ")
   Else
      MsgBox(" 變數 c 最大 !", , " 標題 ")
   End If
End If
```

上述 If/Else 條件敘述的 Else 程式區塊擁有另一個 If/Else 條件敘述，首先判斷變數 a 是否是最大，如果不是，再判斷變數 b 和 c 中哪一個值最大，其流程圖（ch5-5.fpp）如下圖所示：

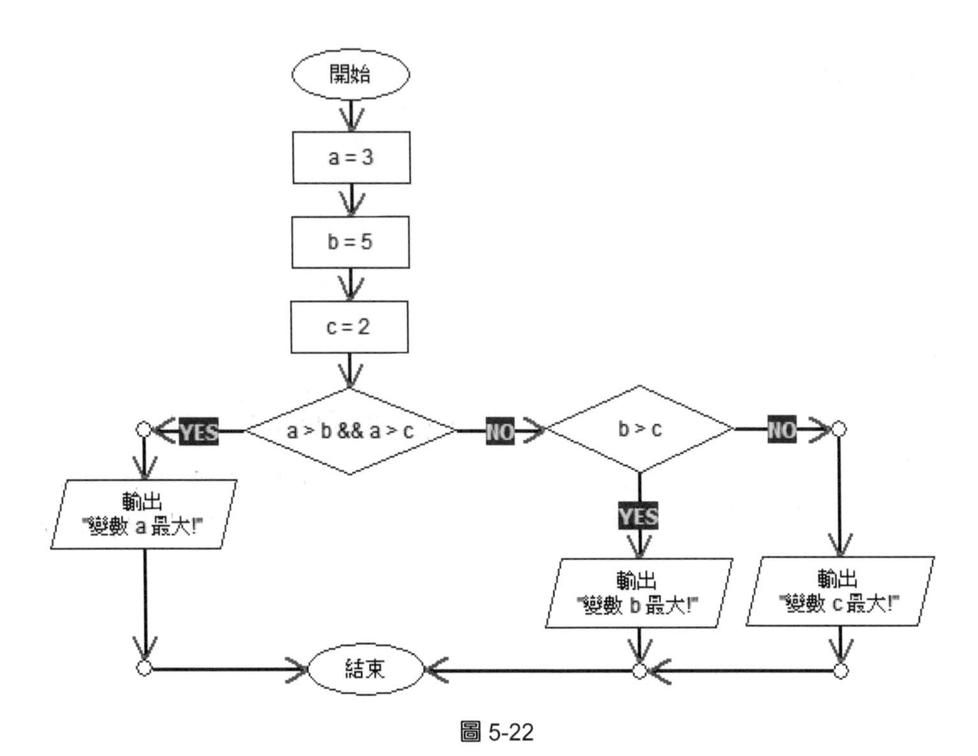

圖 5-22

VB 程式：ch5-5.vb

在 VB 程式（Visual Studio 專案：ch5-5）使用巢狀條件敘述判斷 3 個變數值 a、b 和 c 中，哪一個變數值是最大值，如下圖所示：

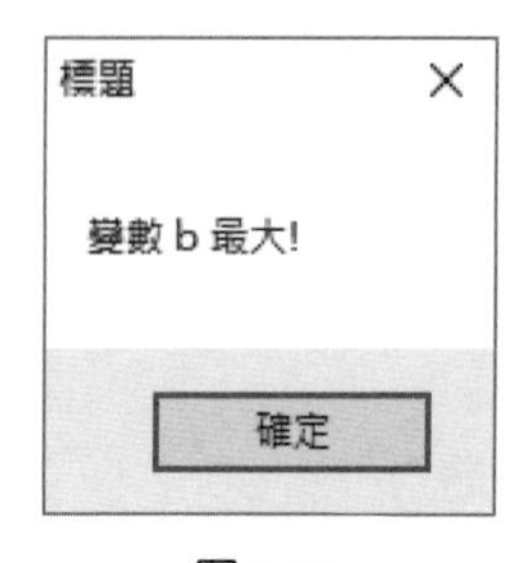

圖 5-23

程式碼編輯

```
01: Dim a As Integer = 3
02: Dim b As Integer = 5
03: Dim c As Integer = 2
04: If a > b And a > c Then
05:     MsgBox("變數 a 最大!", , "標題")
06: Else
07:     If b > c Then
08:         MsgBox("變數 b 最大!", , "標題")
09:     Else
10:         MsgBox("變數 c 最大!", , "標題")
11:     End If
12: End If
```

程式碼解說

- 第 1~3 行：宣告整數變數 a、b 和 c，和分別指定初值爲 3、5 和 2。
- 第 4~12 行：使用 If/Else 巢狀條件敘述判斷變數 a、b 和 c 的值，可以判斷哪一個變數值最大，在第 4~12 行是外層 If/Else 條件敘述，第 7~11 行是內層 If/Else 條件敘述。

隨堂練習

1. 請修改第 5-4-1 節的 VB 程式碼，改為 If/Else 巢狀條件敘述，如下所示：

```
If a < ______ Then
   MsgBox("____", , " 標題 ")
Else
   If __________ Then
      MsgBox(" 青少年 ", , " 標題 ")
   Else
      MsgBox("____", , " 標題 ")
   End If
End If
```

學習評量

選擇題

(　　) 1. 如果我們需要建立條件敘述判斷身高來決定購買半票或全票，請問下列哪一種是最佳的條件敘述？

A . If Then/Else　B. If Then/ElseIf

C. Select Case　D. If Then

(　　) 2. 請問下列 VB 程式碼的執行結果顯示的值依序爲何，如下所示：

```
x = 7 : y = 5 : z = 4
If x > y Then
   If y > z Then MsgBox(x, , " 標題 ")
Else
  MsgBox(y, , " 標題 ")
End If
MsgBox(z, , " 標題 ")
```

A. 2 4　B. 7 4　C. 4　D. 7

(　　) 3. 請問下列 VB 程式碼執行結果的變數 x 的值爲何，如下所示：

```
x = 0 : y = 2
If x > y Then
  x = x + 2
Else
  x = x + 1
End If
x = x + y
```

A. 1　B. 2　C. 4　D. 3

(　　) 4. 請問下列 VB 程式碼的執行結果顯示的值爲何，如下所示：

```
x = 15 : y = 0
If x < 10 Then
   y = 1
ElseIf x < 20 Then
  y = 2
ElseIf x > 30 Then
```

```
  y = 3
Else
  y = 4
End If
MsgBox(y, , " 標題 ")
```

A. 1　B. 2　C. 3　D. 4

(　) 5. 如果我們需要建立條件敘述判斷成績是及格或不及格，請問下列哪一種條件敘述是最佳的選擇？

A. Select Case　B. If Then/ElseIf

C. If Then/Else　D. If Then

(　) 6. 如果依重量判斷的運費費率有 4 種，請問下列哪一種是最佳的條件敘述？

A. Select Case　B. Do While/Loop

C. If Then/Else　D. If Then

簡答題

1. 請簡單說明什麼是結構化程式設計？程式語言提供哪些流程控制結構？
2. 如果變數 x = 5、y = 6 和 z = 2，請問下列哪些 If 條件為 True；哪些為 False，如下所示：

```
If x = 4 Then
If y >= 5 Then
If x <> y - z Then
If z = 1 Then
```

4. 請寫出 If 條件敘述當 x 值的範圍是在 18~65 之間時，將變數 x 的值指定給變數 y，否則 y 的值為 150。
5. 請將下列巢狀 If 條件敘述改為單一的 If 條件敘述，其條件是使用邏輯運算子連接的多個條件，如下所示：

```
If height > 20 Then
  If width >= 50 Then
    MsgBox( "尺寸不合 !" , , " 標題 ")
  End If
End If
```

6. 請問 VB 語言的多選一條件判斷有哪兩種寫法？

實作題

1. 請建立 VB 程式輸入糖果和小朋友數來分糖果，例如：有 13 顆糖分給 5 位小朋友，每一位小朋友可以分幾顆糖？多出的糖，有多少位小朋友可以多分一顆糖（提示：使用整數除法 13 \ 5 和餘數 13 Mod 5）？
2. 請建立 VB 程式輸入月份天數來判斷是大月或小月，天數等於 31 天是大月；反之是小月。
3. 請建立百貨公司打折的 VB 程式，消費超過 2000 元打 7 折，超過 5000 元打 6 折，超過 10000 元打 55 折，程式輸入消費金額，可以顯示打折後的金額。
4. 請建立 VB 程式查詢火車區間列車的票價，輸入起站和終站的代碼（括號中的數字）後，可以顯示票價。區間列車的票價表，如下表所示：

表 5-5

	基隆（1）	台北（2）	板橋（3）	桃園（4）
基隆	N/A	41	52	84
台北	41	N/A	15	42
板橋	52	15	N/A	32
桃園	84	42	32	N/A

5. 請建立 VB 程式計算網路購物的運費，基本物流處理費 199，1~5 公斤，每公斤 50 元，超過 5 公斤，每一公斤為 30 元，在輸入購物重量為 3.5、10、25 公斤，計算和顯示購物所需的運費 + 物流處理費？
6. 請建立 VB 程式計算計程車車資，只需輸入里程數後，就可以計算車資，里程數在 1500 公尺內是 80 元，每多跑 500 公尺加 5 元，如果不足 500 公尺以 500 公尺計？
7. 請建立 VB 程式使用多選一條件敘述檢查動物園的門票，120 公分下免費，120~150 半價，150 以上為全票？
8. 請建立 VB 程式輸入月份（1~12），可以判斷月份所屬的季節（3-5 月是春季，6-8 月是夏季，9-11 月是秋季，12-2 月是冬季）。

VisualBasic

Chapter

6

迴圈結構

本章綱要

6-1 計數迴圈

VB 語言的 For 迴圈可以建立「計數迴圈」（counting loop），讓我們使用 For 迴圈來重複執行固定次數的程式區塊。

6-1-1 遞增的 For 計數迴圈

在 For 迴圈的程式敘述中擁有計數器變數，計數器可以每次增加或減少一個值，直到迴圈結束條件成立為止。基本上，如果已經知道需重複執行幾次，就可以使用 For 計數迴圈來重複執行程式區塊。

本節 VB 程式在輸入最大值後，可以計算出 1 加至最大值的總和。

步驟一：觀察流程圖

請啓動 fChart 開啓「\vb\ch06\ch6-1-1.fpp」專案的流程圖，如下圖所示：

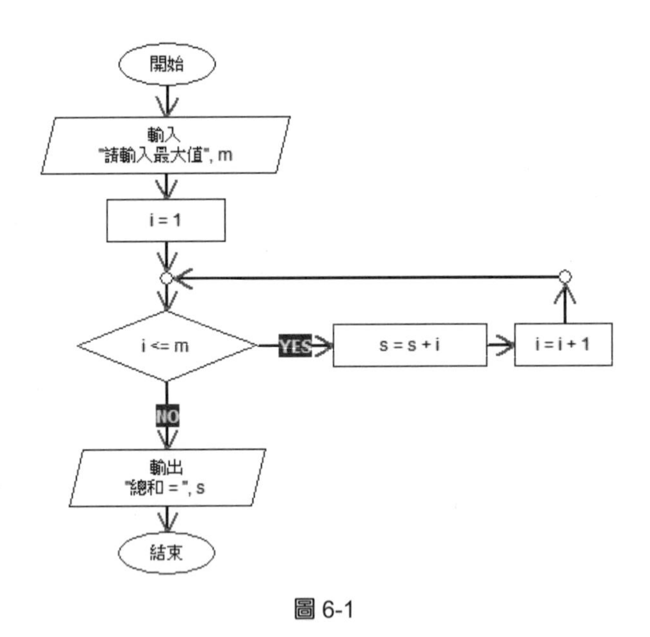

圖 6-1

請執行流程圖且輸入 10，可以看到重複執行橫向的流程圖符號，決策符號共判斷 11 次，繞 10 圈。當我們開啓「變數」視窗，可以看到計數器變數 i 值的變化從 1~11，如下圖所示：

變數 x

	RETURN	PARAM	m	i	s	RET-OS
目前變數值:		PARAM	10	11	55	
之前變數值:		PAR-OS		10	45	

圖 6-2

上述變數 i 的最後值是 11，因為最後 1 次的決策符號條件不成立，所以停止繞圈子，很明顯！這個決策符號是一個迴圈。在確認流程圖的決策符號是迴圈後，我們可以找出執行步驟，如下所示：

Step 01：顯示提示文字輸入整數變數 m 值（輸入符號）

Step 02：重複執行直到變數 i > m（決策符號）

- **Step 02.1**：將總和變數 s 加上變數 i（動作符號）
- **Step 02.2**：將計數器變數 i 加 1（動作符號）

Step 03：輸出文字內容和變數 s 值（輸出符號）

上述 **Step 02** 重複執行下一層的步驟，這是一個迴圈。

步驟二：實作程式碼

我們可以使用 fChart 程式碼編輯器或 Visual Studio 來輸入和建立對應流程圖符號的 VB 程式碼。

方法一：使用 fChart 程式碼編輯器

請使用 fChart 程式碼編輯器輸入對應流程圖符號的 VB 程式碼，首先執行「輸出 / 輸入符號 > 輸入符號 > 輸入整數值」命令，然後執行「決策符號 - 迴圈 > 前測式迴圈 >For 迴圈」命令插入 For 迴圈敘述，最後是輸出符號，如下圖所示：

Visual Basic 程式碼

```
1   Sub Main()
2       Dim v1 As Integer = CInt(InputBox("請輸入整數", "標題"))
3       For i As Integer = 1 To 10
4           ' 迴圈的程式碼
5       Next i
6       MsgBox("變數值 = " & v1, , "標題")
7       |
8       英
9
10  End Sub
```

圖 6-3

在新增整數變數 s 和初值 0 後，在 For 迴圈插入加法運算式，然後修改變數名稱、提示文字與訊息文字後（請注意！輸入變數是英文字母 i，並不是數字 1），可以建立 VB 程式 ch6-1-1.vb，如下所示：

```
Dim m As Integer = CInt(InputBox(« 請輸入最大值 ", " 標題 "))
Dim s As Integer = 0
For i As Integer = 1 To m
   s = s + i
```

```
Next i
MsgBox(« 總和 = " & s, , " 標題 ")
```

上述 For 計數迴圈是從 1 計數至變數 m，這就是我們輸入的最大值。

方法二：使用 Visual Studio 整合開發環境

請啓動 Visual Studio 建立名爲 ch6-1-1 的專案，然後在 Form1_Load() 事件處理程序輸入上述 VB 程式碼。

編譯和執行 VB 程式

fChart 請按【編譯與執行】鈕，Visual Studio 請執行「偵錯 > 開始偵錯」命令或按 F5 鍵，可以看到執行結果的輸入視窗。

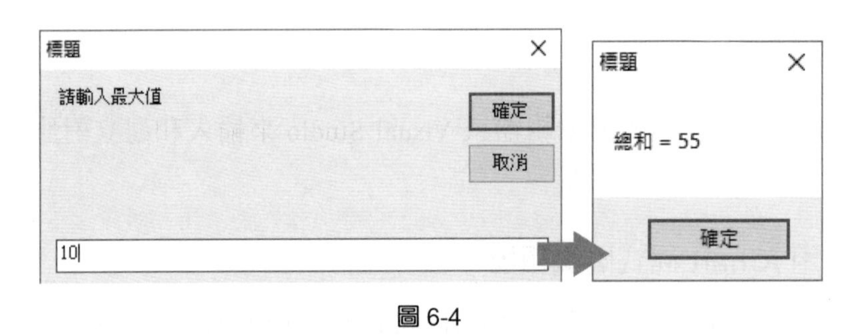

圖 6-4

請輸入 10，按【確定】鈕，可以顯示計算出的總和是 55。

步驟三：了解程式碼

For 計數迴圈的基本語法，如下所示：

```
For 變數 = 起始值 To 終止值 Step 增量
    程式敘述 1~n
Next 變數
```

上述迴圈的【變數】是計數器變數，其範圍是從【起始值】到【終止值】，每次增加【增量】值，沒有 Step 關鍵字預設就是增加 1，迴圈執行次數以增量值 1 來說是：(終止值 - 起始值 +1)，在 Next 關鍵字後的【變數】對應 For 關鍵字之後的變數，此變數可以省略。

這一節的 For 迴圈是遞增的計數迴圈，因爲計數器變數 i 是從 1 逐次增加到終止值 m 爲止，如下所示：

```
For i As Integer = 1 To m
  s = s + i
Next i
```

上述迴圈是從 1 加到 m 計算其總和。本節 For 迴圈只有計算總和的加法運算式，如果想進一步顯示執行過程，我們可以修改 VB 程式，加上顯示計數器變數的程式碼（VB 程式：ch6-1-1a.vb），如下所示：

```
For i As Integer = 1 To m
   s = s + i
   Console.WriteLine("i = " & i)
Next i
```

上述For迴圈是使用Console.WriteLine()將計數器變數值的變化顯示出來，如下圖所示：

```
編譯成功, 花費時間: 2,832ms! 準備執行...
==================================================
i = 1
i = 2
i = 3
i = 4
i = 5
i = 6
i = 7
i = 8
i = 9
i = 10

==================================================
```

圖 6-5

Visual Studio 是在「輸出」視窗顯示計數值的變化，如下圖所示：

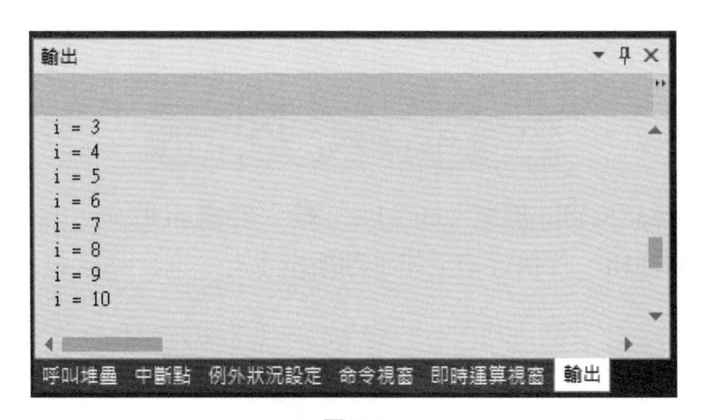

圖 6-6

6-1-2　遞減的 For 計數迴圈

遞減的 For 計數迴圈和遞增的 For 計數迴圈相反，For 迴圈是從 m 到 1，計數器每次遞減 1，也就是加上 Step -1，其流程圖（ch6-1-2.fpp）如下圖所示：

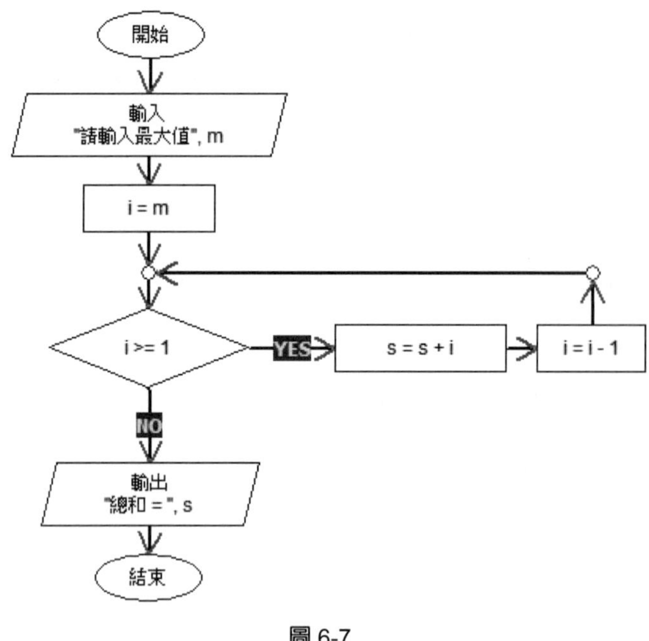

圖 6-7

上述流程圖轉換成的 For 計數迴圈敘述，如下所示：

```
For i As Integer = m To 1 Step -1
   s = s + i
Next i
```

上述 For 迴圈之所以是遞減，因爲計數值是從最大值 m 到 1，Step -1，表示每一次迴圈就減 1。

VB 程式：ch6-1-2.vb

在 VB 程式（Visual Studio 專案：ch6-1-2）輸入變數 m 的值，然後使用遞減 For 計數迴圈計算 m 加到 1 的總和，其執行結果如下圖所示：

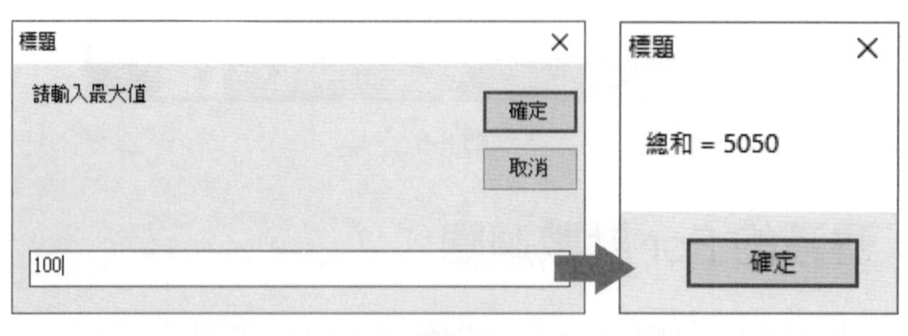

圖 6-8

程式碼編輯

```
01: Dim m As Integer = CInt(InputBox("請輸入最大值", "標題"))
02: Dim s As Integer = 0
03: For i As Integer = m To 1 Step -1
04:     s = s + i
05: Next i
06: MsgBox("總和 = " & s, , "標題")
```

程式碼解說

- 第 3~5 行：For 迴圈計算從 m 加到 1，因為 Step -1，所以是一個遞減的 For 計數迴圈。

6-1-3 For 計數迴圈的範例

實務上，我們可以使用 For 迴圈計算累加、階層函數值，和 1 萬元 5 年複利 12% 的本利和等，常使用在需重複固定次數的數學運算。

階層函數 N!

數學階層函數 N! 的定義，如下所示：

$$N! = \begin{cases} 1 & N=0 \\ N*(N-1)*(N-2)*...*1 & N>0 \end{cases}$$

上述是階層函數 N! 的定義，如果 N = 0 時是 1；否則計算 N*(N-1)*(N-2)*…*1 的值。現在我們準備計算 4! 的值，從上述階層函數 N! 的定義，因為 N>0，所以使用 N! 定義的第二條計算階層函數 4! 的值，如下所示：

4! = 4*3*2*1 = 24

上述運算式的數值是從 4 到 1 依序縮小，依序計算 1!、2!、3! 和 4! 共計算四次，所以使用 For 迴圈計算階層函數的值，如下所示：

1! = 1
2! = 2*1! = 2*1
3! = 3*2! = 3*2*1
4! = 4*3! = 4*3*2*1

依據上述運算過程，我們可以繪出計算最大階層數 m 的流程圖和撰寫 For 計數迴圈的 VB 程式碼，如下表所示：

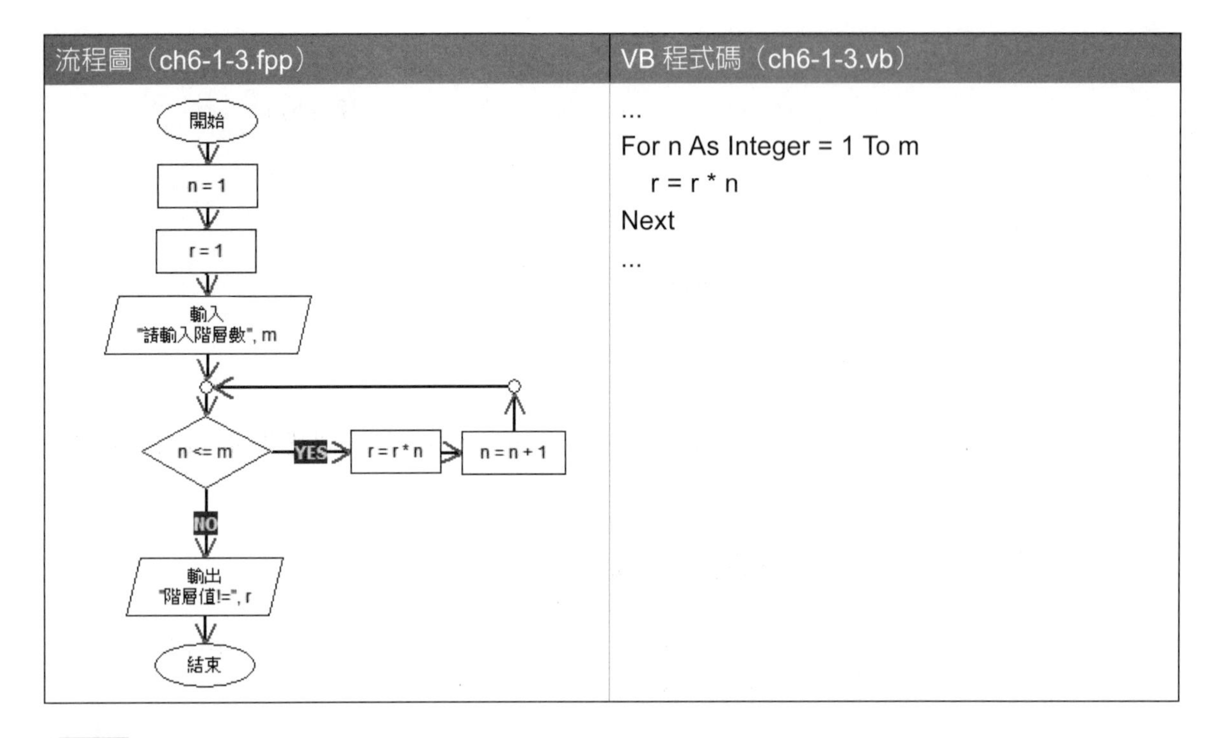

流程圖（ch6-1-3.fpp）	VB 程式碼（ch6-1-3.vb）


```
...
For n As Integer = 1 To m
   r = r * n
Next
...
```

本利和計算程式

程式可以計算 1 萬元 5 年複利 12% 的本利和，因為固定 5 年，所以使用 For 迴圈計算複利的本利和，每一年利息的計算公式，如下所示：

年息 (i) = 本金 (a) * 年利率 (0.12)

依據上述公式（括號之中的變數名稱和字面值），我們可以繪出流程圖和撰寫 For 計數迴圈的 VB 程式碼，如下表所示：

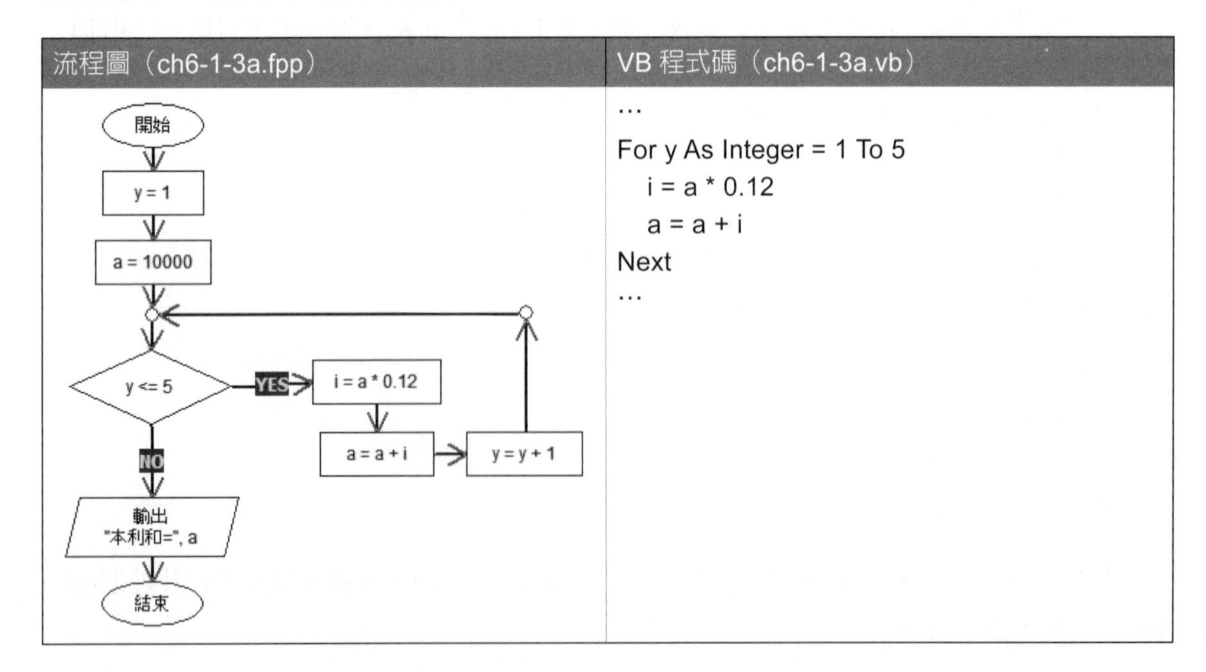

流程圖（ch6-1-3a.fpp）	VB 程式碼（ch6-1-3a.vb）


```
...
For y As Integer = 1 To 5
   i = a * 0.12
   a = a + i
Next
...
```

 6-1-4 Step 關鍵字的增量

For 迴圈如果沒有 Step 關鍵字，預設增量為 1，只需指定 Step 關鍵字的增量，我們可以建立更多變化的 For 迴圈，如下表所示：

表 6-1

範例	說明
For i = 100 To 1 Step -1 ... Next	增量是 -1，計數器變數值是從 100 到 1 的遞減迴圈，即 100、99、98、....、3、2、1
For i = 2 To 100 Step 2 s = s + i Next	從 2 加到 100 的偶數和，即 2+4+6+8+...+98+100
For i = 3 To 20 Step -2 ... Next	增量是 -2，並不會進入計數迴圈，因為第 1 次判斷的計數器變數就小於 20
For i = 2 To 17 Step 3 ... Next	增量是 3，計數器變數值是從 2 到 17 的遞增迴圈，即 2、5、8、11、14、17
For i = 17 To 2 Step 3 ... Next	增量是 3，並不會進入計數迴圈，因為第 1 次判斷的計數器變數就大於 2
For i = 44 To 11 Step -11 ... Next	增量是 -11，計數器變數值是從 44 到 11 的遞減迴圈，即 44、33、22、11

隨堂練習

1. 請問執行下列 VB 程式碼片段後，變數 b 的值是 ________（fChart 流程圖專案：ch6-1-4.fpp），如下所示：

```
sum = 0 : a = 20
For i = 1 To 5
   sum = sum * i
Next i
b = a + sum
```

2. 請問執行下列 VB 程式碼片段後，變數 T 的值是 ________（fChart 流程圖專案：ch6-1-4a.fpp），如下所示：

```
T = 0
For i = 1 To 100
  If i Mod 9 = 0 Then
    T = T + i
  End If
Next i
```

3. 請完成下列 For/Next 程式碼，如下所示：

   (a) 計算 1/2+1/4+...+1/10 的總和，如下所示：

```
For i = ______ To ______ Step ______
  sum = sum + ________
Next i
```

   (b) 計算 32+62+92+...+302 的總和，如下所示：

```
For i = 3 To ______ Step ______
  sum = sum + ________
Next i
```

   (c) 計算 1*2*3+3*4*5+5*6*7+...+13*14*15 的總和，如下所示：

```
For i = 1 To ______ Step ______
  sum = sum + i * (______)*(______)
Next i
```

4. 請問執行下列 VB 程式碼片段後，變數 i 的值是 ________（fChart 流程圖專案：ch6-1-4b.fpp），如下所示：

```
For i = 13 To 6 Step -2
  p = p + i
Next i
```

6-2 條件迴圈

VB 語言的條件迴圈是 Do/Loop 迴圈，我們可以使用 While 或 Until 條件判斷是否繼續或跳出迴圈，也可以將條件判斷置於迴圈開頭或結尾，讓我們建立出各種需求的條件迴圈。

6-2-1 Do While/Loop 前測式條件迴圈

Do While/Loop 前測式條件迴圈需要在程式區塊自行處理計數器變數的增減，迴圈是在程式區塊開頭檢查條件，當 While 條件成立才允許進入迴圈執行。

在本節 VB 程式是使用 Do While/Loop 迴圈計算每月存 3000 元購買 iPhone，我們需要花幾個月才能存夠錢來購買 25000 元的 iPhone。

步驟一：觀察流程圖

請啓動 fChart 開啓「\vb\ch06\ch6-2-1.fpp」專案的流程圖，如下圖所示：

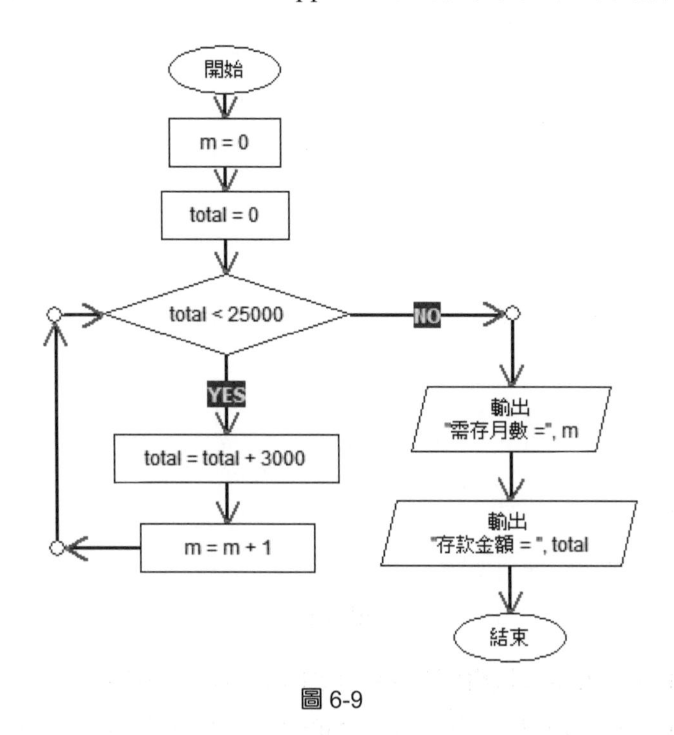

圖 6-9

請執行流程圖，可以看到重複執行直向的流程圖符號，直到決策符號的條件不成立才會結束，因爲繞圈子次數未定，所以是一種條件迴圈，而且是先判斷後才進入迴圈，這是一個前測式迴圈。

在確認流程圖的決策符號是前測式迴圈後，我們可以找出執行步驟，如下所示：

Step 01：初始存款金額的整數變數 total 值（動作符號）

Step 02：重複執行直到變數 total >= 25000（決策符號）

- **Step 02.1**：將變數 total 加上 3000（動作符號）
- **Step 02.2**：將計數器變數 m 加 1（動作符號）

Step 03：輸出文字內容和變數 m 值（輸出符號）

Step 04：輸出文字內容和變數 total 值（輸出符號）

步驟二：實作程式碼

我們可以使用 fChart 程式碼編輯器或 Visual Studio 來輸入和建立對應流程圖符號的 VB 程式碼。

方法一：使用 fChart 程式碼編輯器

請使用 fChart 程式碼編輯器輸入對應流程圖符號的 VB 程式碼，首先執行「動作符號 > 定義變數 > 定義整數變數」命令，然後執行「決策符號 - 迴圈 > 前測式迴圈 >Do While 迴圈」命令插入 Do While/Loop 迴圈敘述，最後是 2 個輸出符號，如下圖所示：

Visual Basic 程式碼

```
1   Sub Main()
2       Dim v1 As Integer = 10
3       Dim i As Integer = 1
4       Do While i <= 10
5           ' 迴圈的程式碼
6           i = i + 1
7       Loop
8       MsgBox("變數值 = " & v1, , "標題")
9       MsgBox("變數值 = " & v1, , "標題")
10      
11
12  End Sub
```

圖 6-10

在更改變數 v1 成為 total 且初值是 0，接著將計數器變數從 i 改為 m 且初值改為 0，然後在 Do While/Loop 迴圈修改條件為 total < 25000，並且在之中插入加法運算式 total = total + 3000 和修改輸出的變數名稱與訊息文字，可以儲存和建立 VB 程式 ch6-2-1.vb，如下所示：

```
Dim total As Integer = 0
Dim m As Integer = 0
Do While total < 25000
   total = total + 3000
   m = m + 1
Loop
MsgBox(" 需存月數 = " & m & vbNewLine &
          " 存款金額 = " & total, , " 標題 ")
```

方法二：使用 Visual Studio 整合開發環境

請啟動 Visual Studio 建立名為 ch6-2-1 的專案，然後在 Form1_Load() 事件處理程序輸入上述 VB 程式碼。

編譯和執行 VB 程式

fChart 請按【編譯與執行】鈕，Visual Studio 請執行「偵錯 > 開始偵錯」命令或按 F5 鍵，可以看到執行結果需要 9 個月，共存了 27000 元，如下圖所示：

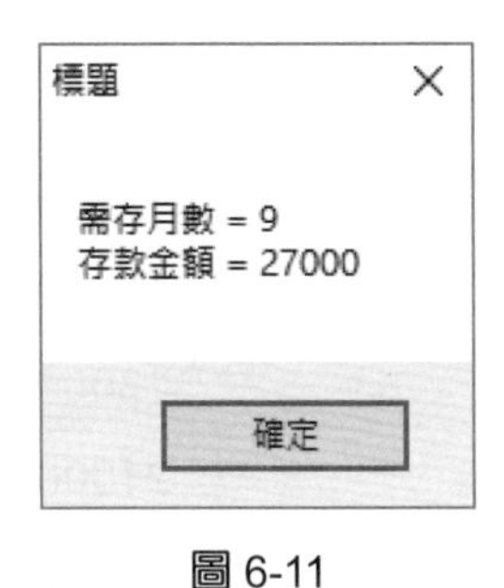

圖 6-11

步驟三：了解程式碼

VB 語言的 Do While/Loop 迴圈是在程式區塊的開頭檢查條件，條件為 True 才允許進入迴圈執行，如果一直為 True，就持續重複執行迴圈，直到條件 False 為止，其語法如下所示：

```
Do While 條件
    程式敘述 1~n
Loop
```

上述語法是使用 Do While 敘述開始，之後是條件，接著是至 Loop 之間的程式區塊，Do While 迴圈的執行次數是直到條件為 False 為止，請注意！程式區塊之中一定有程式敘述可以更改條件值到達結束條件，以便結束迴圈的執行，不然，就會造成無窮迴圈，迴圈永遠不會結束。

例如：本節 VB 程式的 Do While/Loop 迴圈是直到存入金額大於 25000 元才結束，因為迴圈執行次數需視運算結果而定，迴圈執行次數未定，我們需要使用條件迴圈，而不是 For 迴圈，如下所示：

```
Do While total < 25000
   total = total + 3000
   m = m + 1
Loop
```

上述變數 total 和 m 的初值都是 0，Do While/Loop 迴圈的變數 m 值從 1、2、3、4.... 相加計算存款金額是否大於等於 25000，等到條件「total < 25000」不成立結束迴圈，就可以計算出所需月數的變數 m 值。其計算過程如下表所示：

表 6-2

m 值	total 值	m=m+1 後的 m 值	total=total+3000 的 total 值
0	0	1	3000
1	3000	2	6000
2	6000	3	9000
3	9000	4	12000
4	12000	5	15000
5	15000	6	18000
6	18000	7	21000
7	21000	8	24000
8	24000	9	27000

迴圈結束後的 m 值是第 3 欄 m = m + 1 後的值，所以變數 m 的值是 9，total 的值是 27000。

VB 語言的 While/End While 迴圈和 Do While/Loop 迴圈的功能完全相同（VB 程式：ch6-2-1a.vb），如下所示：

```
While total < 25000
   total = total + 3000
   m = m + 1
End While
```

■ 說明 ■

While/End While、Do While/Loop 迴圈和第 6-2-2 節的 Do/Loop While 迴圈因為沒有預設計數器變數，如果在程式區塊沒有任何程式敘述可以將條件變成 False，就會持續 True 造成無窮迴圈，永遠不會停止（詳見第 6-4-3 節的說明），讀者在使用時請務必再次確認不會發生此情況！

6-2-2 Do/Loop While 後測式條件迴圈

後測式 Do/Loop While 和前測式 Do While/Loop 迴圈的主要差異是在迴圈結尾檢查條件，因為先執行程式區塊的程式碼後才測試條件，所以 Do/Loop While 迴圈的程式區塊至少會執行「1」次。

在本節 VB 程式是使用 Do/Loop While 迴圈輸入密碼，所以至少需要輸入 1 次密碼，迴圈會重複執行直到輸入正確的密碼為止。

步驟一：觀察流程圖

請啓動 fChart 開啓「\vb\ch06\ch6-2-2.fpp」專案的流程圖，如下圖所示：

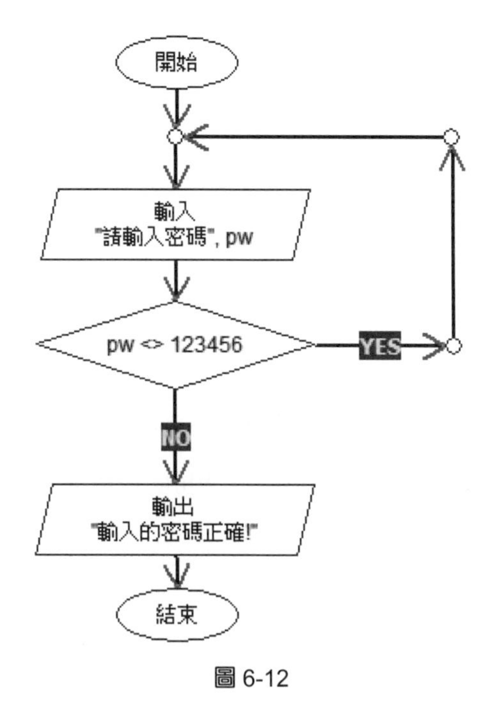

圖 6-12

請執行流程圖，可以看到重複執行直向流程圖符號，第 1 次需要執行到決策符號才會進行判斷，結束條件是輸入正確密碼 123456，如此決策符號的條件不成立，所以停止繞圈子，很明顯！迴圈執行次數需視輸入值而定，迴圈的執行次數不定，所以是條件迴圈，和上一節的最大差異，就是流程圖是在迴圈結尾測試條件。

在確認流程圖的決策符號是後測式迴圈後，我們可以找出執行步驟，如下所示：

Step 01：顯示提示文字輸入整數變數 pw 值（輸入符號）

Step 02：重複執行 **Step 01** 直到變數 pw == 123456（決策符號）

Step 03：輸出文字內容（輸出符號）

步驟二：實作程式碼

我們可以使用 fChart 程式碼編輯器或 Visual Studio 來輸入和建立對應流程圖符號的 VB 程式碼。

方法一：使用 fChart 程式碼編輯器

請使用 fChart 程式碼編輯器輸入對應流程圖符號的 VB 程式碼，首先執行「決策符號 - 迴圈 > 後測式迴圈 >Do/While 迴圈」命令插入 Do/Loop While 迴圈敘述，然後在迴圈中執行「輸出 / 輸入符號 > 輸入符號 > 輸入整數值」命令插入輸入整數值，最後是輸出符號，如下圖所示：

Visual Basic 程式碼

```
1   Sub Main()
2       Dim i As Integer = 1
3       Do
4           Dim v1 As Integer = CInt(InputBox("請輸入整數", "標題"))
5
6           i = i + 1
7       Loop While i <= 10
8       MsgBox("訊息內容", , "標題")
9
10
11
12  End Sub
```

圖 6-13

接著刪除第 2、5 和 6 行後，更改 Do/Loop While 迴圈中的變數名稱與訊息文字，可以儲存和建立 VB 程式 ch6-2-2.vb，如下所示：

```
Do
   Dim pw As Integer = CInt(InputBox(" 請輸入密碼 ", " 標題 "))
Loop While pw <> 123456
MsgBox(" 輸入的密碼正確 !", , " 標題 ")
```

請編譯和執行 ch6-2-2.vb 程式，發現一個編譯錯誤，如下圖所示：

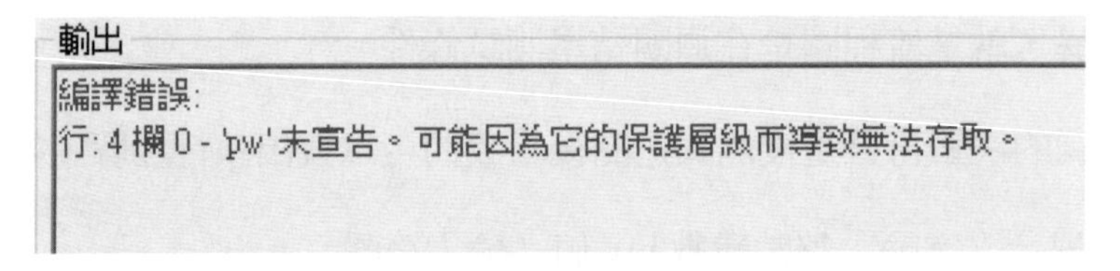

圖 6-14

因為變數 pw 是在 Do/Loop While 程式區塊之中宣告，While 條件的 pw 變數並不屬於程式區塊，所以變數 pw 變成沒有宣告，請改在迴圈外宣告 pw 變數，如下所示：

```
Dim pw As Integer = 10
Do
   pw = CInt(InputBox(" 請輸入密碼 ", " 標題 "))
Loop While pw <> 123456
MsgBox(" 輸入的密碼正確 !", , " 標題 ")
```

上述變數 pw 宣告的位置是位在 Do/Loop While 程式區塊之外，所以程式區塊之中和 While 條件都可以存取此變數，關於變數範圍的進一步說明，請參閱第 7 章。

方法二：使用 Visual Studio 整合開發環境

請啓動 Visual Studio 建立名爲 ch6-2-2 的專案，然後在 Form1_Load() 事件處理程序輸入上述 VB 程式碼。

編譯和執行 VB 程式

fChart 請按【編譯與執行】鈕，Visual Studio 請執行「偵錯 > 開始偵錯」命令或按 F5 鍵執行程式，在輸入整數密碼後，按【確定】鈕，可以看到直到輸入 123456，才會顯示密碼正確的訊息文字，如下圖所示：

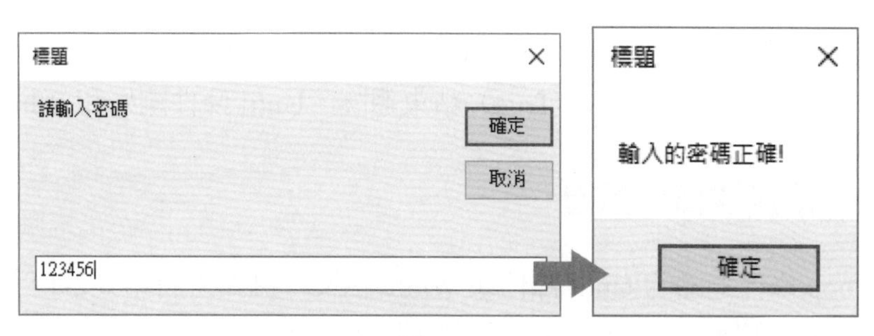

圖 6-15

步驟三：了解程式碼

VB 語言的 Do/Loop While 迴圈類似 Do While/Loop 迴圈是一種條件迴圈，只是 While 條件是在迴圈程式區塊的最後，其語法如下所示：

```
Do
    程式敘述 1~n
Loop While 條件
```

上述語法使用 Do 敘述開始，之後是程式區塊，然後接著 Loop While 的條件。Do/Loop While 和 Do While/Loop 條件迴圈的主要差異是在迴圈結尾檢查條件，其差異如下所示：

- Do While/Loop 迴圈在程式區塊開頭先檢查條件，條件爲 True 時，才執行之後程式區塊的程式碼，重複執行直到條件爲 False 爲止。
- Do/Loop While 迴圈會先執行程式區塊的程式碼後才在程式區塊後測試條件，然後持續執行直到條件爲 False 爲止。

所以，Do While/Loop 迴圈如果一開始的條件爲 False，則一次迴圈都不會執行；Do/Loop While 迴圈是在之後才測試條件，所以 Do/Loop While 迴圈的程式區塊至少會執行一次。例如：本節 VB 程式至少需要輸入一次密碼，而且有可能輸入錯誤很多次，所以使用後測式迴圈，如下所示：

```
Dim pw As Integer = 10
Do
   pw = CInt(InputBox(" 請輸入密碼 ", " 標題 "))
Loop While pw <> 123456
```

上述 Do/Loop While 迴圈的第 1 次執行是直到迴圈結尾才檢查 While 條件是否為 True，輸入錯誤為 True，就繼續執行下一次迴圈；正確是 False，所以結束迴圈執行。

6-2-3　Until 條件迴圈

VB 語言的條件迴圈除了使用 Do While 條件外，還提供 Do Until 條件，當 Until 條件不成立（False）就進入迴圈；成立（True）結束迴圈，Until 條件剛好和 While 條件相反。

Do Until/Loop 前測式條件迴圈

Do Until/Loop 條件迴圈的 Until 條件和 While 相反，例如：將第 6-2-1 節流程圖修改成 Until 條件（fChart 流程圖：ch6-2-3.fpp），如下圖所示：

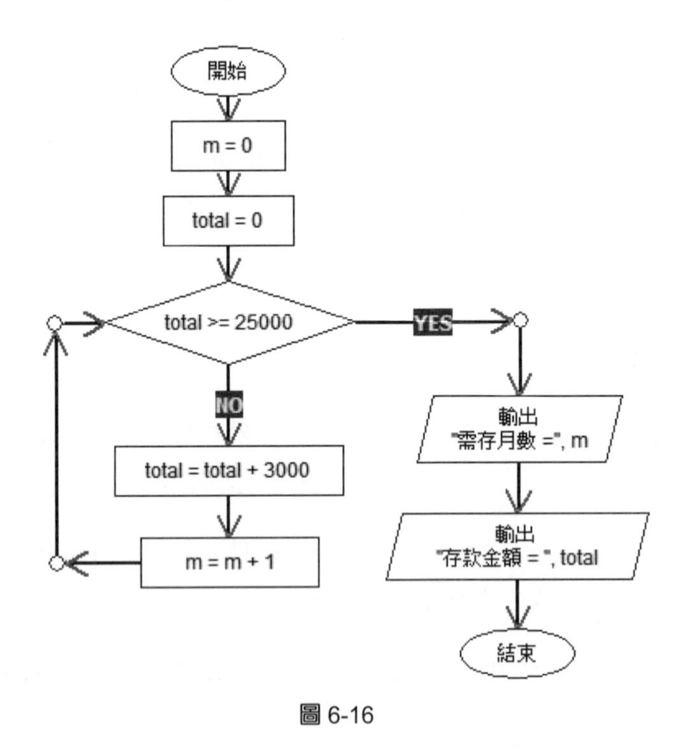

圖 6-16

上述流程圖的條件是 total >= 2500（While 條件是 total < 2500），決策符號的 NO 是繼續迴圈；YES 是離開迴圈。VB 程式需要使用 Do Until/Loop 條件迴圈來實作（VB 程式：ch6-2-3.vb），如下所示：

```
Dim pw As Integer = 10
Do Until total >= 25000
   total = total + 3000
   m = m + 1
Loop
```

VB 程式 ch6-2-3.vb 的執行結果和第 6-2-1 節完全相同。

Do/Loop Until 後測式條件迴圈

Do/Loop Until 條件迴圈的 Until 條件和 While 相反，例如：將第 6-2-2 節流程圖修改成 Until 條件（fChart 流程圖：ch6-2-3a.fpp），如下圖所示：

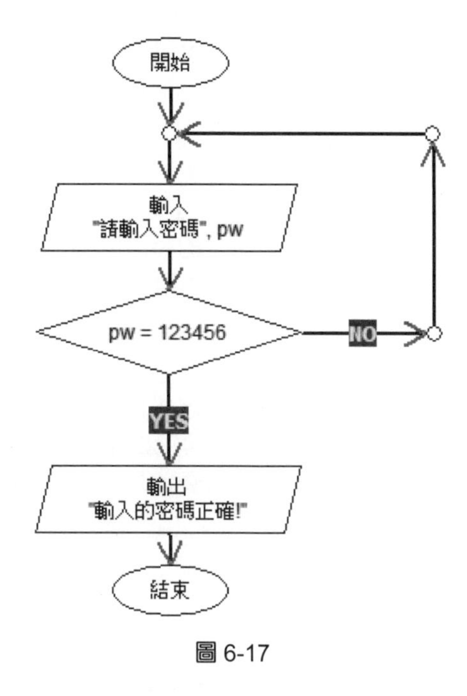

圖 6-17

上述流程圖的條件是 pwl = 123456（While 條件是 pw <> 123456），決策符號的 NO 是繼續迴圈；YES 是離開迴圈。VB 程式需要使用 Do/Loop Until 條件迴圈來實作（VB 程式：ch6-2-3a.vb），如下所示：

```
Dim pw As Integer = 10
Do
   pw = CInt(InputBox(" 請輸入密碼 ", " 標題 "))
Loop Until pw = 123456
```

VB 程式 ch6-2-3a.vb 的執行結果和第 6-2-2 節完全相同。

6-2-4 Do/Loop 計數迴圈範例

Do/Loop 迴圈只需初始計數器變數和在迴圈程式敘述中自行維護計數器變數的增減，我們一樣可以用來實作計數迴圈，如下表所示：

表 6-3

範例	說明

sum = 0 : i = 1
Do While i < 10
  sum += i
  i = i + 1
Loop
	計數器變數 i 的初值是 1；增量是 1（i = i + 1），可以計算 1+2+3+...+9 的值，因為條件是 < 10，所以只到 9

sum = 0 : i = 3
Do Until i > 12
  sum += i
  i = i + 3
Loop
	計數器變數 i 的初值是 3；增量是 3，可以計算 3+6+9+12 的值，當 i 值為 15 時結束迴圈

sum = 0 : i = 2
Do
  sum += i
  i = i + 2
Loop While i > 6
	計數器變數 i 的初值是 2；增量是 2，因為第 1 次執行的條件就不成立，但是因為是後測式迴圈，所以仍會執行 1 次，sum 的值為 2

sum = 0 : i = 2
Do
  sum += i
  i = i + 2
Loop Until i > 6
	計數器變數 i 的初值是 2；增量是 2，條件是直到 i > 6，可以計算 2+4+6+8 的值，因為是後測式迴圈，所以直到 i = 8 時才結束迴圈

隨堂練習

1. 請問執行下列 VB 程式碼片段後，變數 SUM 的值是 ________；A 的值是 ________（fChart 流程圖專案：ch6-2-4.fpp），如下所示：

```
SUM = 0 : A = 1
Do While A < 10
   SUM = SUM + A
   A = SUM
Loop
```

2. 請完成下列 Do While/Loop 程式碼計算 1/2+1/4+...+1/10 的總和，如下所示：

```
i = ______
Do While ______
   sum = sum + ________
   i = i + _______
Loop
```

3. 請問執行下列 VB 程式碼片段後，變數 a 和 b 的值是 ________（fChart 流程圖專案：ch6-2-4a.fpp），如下所示：

```
a = 15 : b = 27
Do Until a = b
   If a > b Then a = a - b
   If a < b Then b = b - a
Loop
```

4. 請完成下列 Do/Loop Until 程式碼計算 1+2+3+...+10 的總和，如下所示：

```
i = ______
Do
   sum = sum + ________
   i = i + _______
Loop Until ________
```

6-3 巢狀迴圈

巢狀迴圈是在迴圈之中擁有其他迴圈，例如：在 For 迴圈擁有 For 或 Do While/Loop 迴圈，同樣的，在 Do While/Loop 迴圈之中也可以有 For 或 Do While/Loop 迴圈。

在 VB 語言的巢狀迴圈可以有二或二層以上，例如：在 For 迴圈之中有 Do While/Loop 迴圈，如下所示：

```
For i As Integer = 1 To 9
   Dim j As Integer = 1
   Do While j <= 9
      …
      j = j + 1
   Loop
Next i
```

上述迴圈有兩層，第一層 For 迴圈執行 9 次，第二層 Do While/Loop 迴圈也是執行 9 次，兩層迴圈共執行 81 次，如下表所示：

表 6-4

第一層迴圈的 i 值	第二層迴圈的 j 值									離開迴圈的 i 值
1	1	2	3	4	5	6	7	8	9	1
2	1	2	3	4	5	6	7	8	9	2
3	1	2	3	4	5	6	7	8	9	3

…………

9	1	2	3	4	5	6	7	8	9	9

上述表格的每一列代表第一層迴圈執行一次，共有 9 次。第一次迴圈的計數器變數 i 為 1，第二層迴圈的每個儲存格代表執行一次迴圈，共 9 次，j 的值為 1~9，離開第二層迴圈後的變數 i 仍然為 1，依序執行第一層迴圈，i 的值為 2~9，而每次 j 都會執行 9 次，所以共執行 81 次。其流程圖（ch6-3.fpp）如下圖所示：

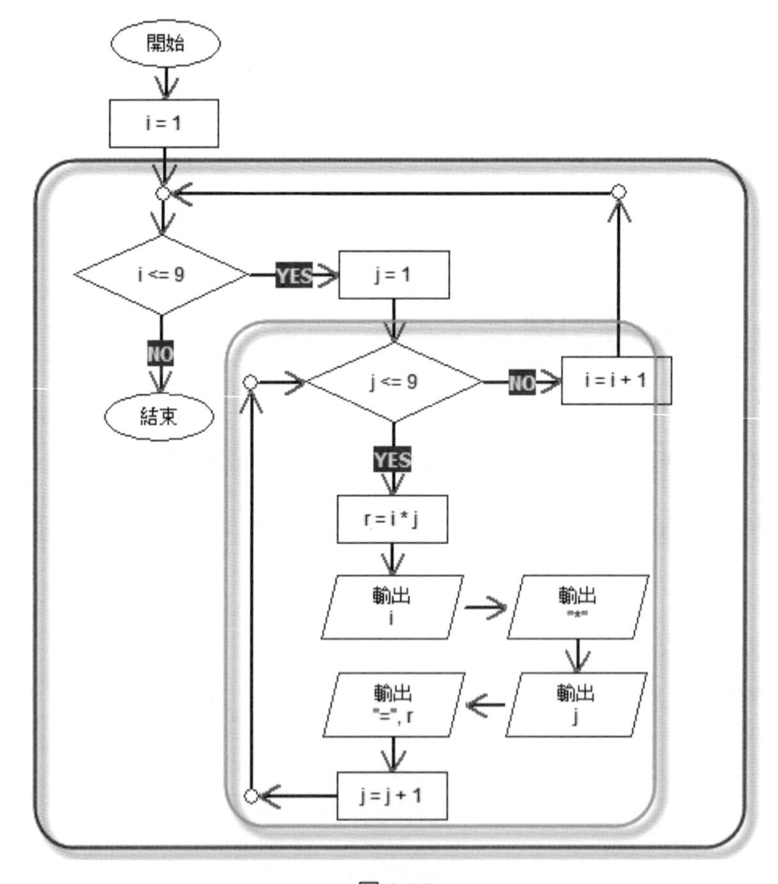

圖 6-18

上述流程圖 i <= 9 決策符號建立的是外層迴圈的結束條件；j <= 9 決策符號建立的是內層迴圈的結束條件。

VB 程式：ch6-3.vb

在 VB 程式（Visual Studio 專案：ch6-3）使用 For 和 Do While/Loop 兩層巢狀迴圈來顯示九九乘法表，如下圖所示：

```
輸出
編譯成功, 花費時間: 435ms! 準備執行...
==================================================
1*1=1 1*2=2 1*3=3 1*4=4 1*5=5 1*6=6 1*7=7 1*8=8 1*9=9
2*1=2 2*2=4 2*3=6 2*4=8 2*5=10 2*6=12 2*7=14 2*8=16 2*9=18
3*1=3 3*2=6 3*3=9 3*4=12 3*5=15 3*6=18 3*7=21 3*8=24 3*9=27
4*1=4 4*2=8 4*3=12 4*4=16 4*5=20 4*6=24 4*7=28 4*8=32 4*9=36
5*1=5 5*2=10 5*3=15 5*4=20 5*5=25 5*6=30 5*7=35 5*8=40 5*9=45
6*1=6 6*2=12 6*3=18 6*4=24 6*5=30 6*6=36 6*7=42 6*8=48 6*9=54
7*1=7 7*2=14 7*3=21 7*4=28 7*5=35 7*6=42 7*7=49 7*8=56 7*9=63
8*1=8 8*2=16 8*3=24 8*4=32 8*5=40 8*6=48 8*7=56 8*8=64 8*9=72
9*1=9 9*2=18 9*3=27 9*4=36 9*5=45 9*6=54 9*7=63 9*8=72 9*9=81

==================================================
執行時間: 0 ms
```

圖 6-19

程式碼編輯

```
01: For i As Integer = 1 To 9
02:     Dim j As Integer = 1
03:     Do While j <= 9
04:         Console.Write(i & "*" & j & "=" &(i*j) & " ")
05:         j = j + 1
06:     Loop
07:     Console.WriteLine("")
08: Next i
```

程式碼解說

- 第 1~8 行：兩層巢狀迴圈的第一層 For 迴圈。
- 第 3~6 行：第二層 Do While/Loop 迴圈，在第 4 行使用 Console.Write() 主控台輸出（不換行），以第一層的 i 和第二層的 j 變數值顯示和計算九九乘法表的值。

在上述程式第一層迴圈的計數器變數 i 值為 1 時，第二層迴圈的變數 j 為 1 到 9，可以顯示執行結果，如下所示：

```
1*1=1
1*2=2
…
1*9=9
```

當第一層迴圈執行第二次時，i 值為 2，第二層迴圈仍然為 1 到 9，此時顯示的執行結果，如下所示：

```
2*1=2
2*2=4
…
2*9=18
```

繼續第一層迴圈，i 值依序為 3 到 9，就可以建立完整的九九乘法表。

隨堂練習

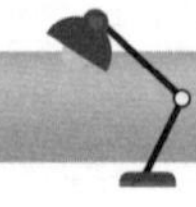

1. 請完成下列程式碼計算 1!+2!+3!+...+10! 的總和，如下所示：

```
sum = 0
For i = 1 To ______ Step ______
  n = 1
  For j = 1 To _____  '計算階層值
    n = n * ____
  Next j
  sum = sum + ______  '計算階層和
Next i
```

2. 請完成下列程式碼計算 (1+2)+(1+2+3)+....+(1+2+3+...+99+100) 的總和，如下所示：

```
sum = 0
For i = 2 To ______
  t = 0
  For j = 1 To _____ '計算 (1+2)、(1+2+3) 的單項和
    t = t + ____
  Next j
  sum = sum + ______ '計算各單項和的總和
Next i
```

3. 請問執行下列 VB 程式碼片段後，變數 K 值是 ________（fChart 流程圖專案：ch6-3a.fpp），如下所示：

```
I = 16 : K = 0
Do While I > 0
  For J = 1 To I
    K = K + J Mod 5
  Next J
  I = I - 3
Loop
```

6-4 跳出與繼續迴圈

在迴圈重複執行的過程中，我們有時需要馬上中斷迴圈執行，或繼續執行下一次迴圈，在 VB 語言是使用 Exit For/Do 跳出迴圈；Continue 馬上執行下一次迴圈。

6-4-1 跳出迴圈

For 迴圈如果尚來到達結束條件，我們可以使用 Exit For 跳出 For 迴圈；Exit Do 跳出 Do/Loop 迴圈，馬上結束迴圈的執行，如下所示：

```
Dim i As Integer = 1
Do While True
   Console.WriteLine("i = " & i)
   i = i + 1
   If i > 5 Then
      Exit Do
   End If
Loop
```

上述 Do While/Loop 迴圈是一個無窮迴圈，因為條件一定成立是 True，在迴圈之中使用 If 條件進行判斷，當 i > 5 成立時，就執行 Exit Do 跳出迴圈（For 迴圈是使用 Exit For），可以顯示數字 1 到 5。其流程圖（ch6-4-1.fpp）如下圖所示：

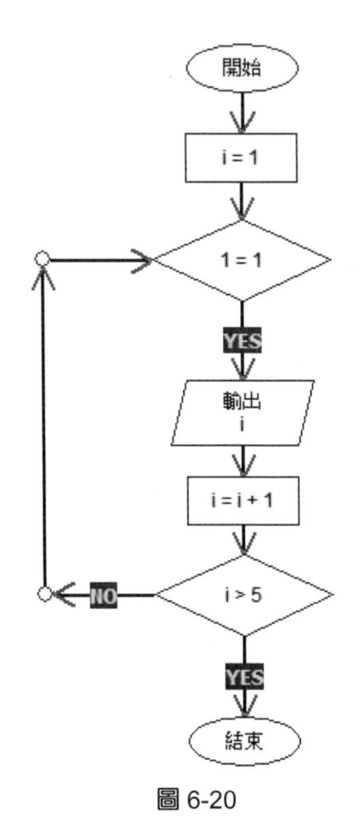

圖 6-20

上述流程圖的 1 = 1 決策符號條件一定是 True，所以是無窮迴圈，迴圈是使用 i > 5 決策符號來跳出迴圈，即 VB 語言的 Do While/Loop 迴圈是 Exit Do，VB 程式 ch6-4-1a.vb 的 For 迴圈是使用 Exit For。

VB 程式：ch6-4-1.vb

在 VB 程式（Visual Studio 專案：ch6-4-1）使用 Do While/Loop 無窮迴圈來顯示數字，我們是使用 If 條件判斷配合 Exit Do 來跳出迴圈，所以只會顯示數字 1 到 5，如下圖所示：

```
輸出
編譯成功, 花費時間: 7,503ms! 準備執行...
==================================================
i = 1
i = 2
i = 3
i = 4
i = 5

==================================================
執行時間: 536 ms
```

圖 6-21

程式碼編輯

```
01: Dim i As Integer = 1
02: Do While True
03:     Console.WriteLine("i = " & i)
04:     i = i + 1
05:     If i > 5 Then
06:         Exit Do
07:     End If
08: Loop
```

程式碼解說

- 第 2~8 行：Do While/Loop 迴圈是一個無窮迴圈，在第 3 行使用 Console.WriteLine() 主控台輸出，可以換行輸出計數器變數 i 的值。
- 第 5~7 行：If 條件判斷是否大於 5，成立就使用 Exit Do 跳出迴圈。

6-4-2 繼續迴圈

Continue For 不用執行完迴圈，就可以馬上執行下一次 For 迴圈；Continue Do 是繼續執行下一次 Do While/Loop 迴圈，因為是馬上繼續下一次迴圈的執行，所以不會執行程式區塊位在 Continue 之後的程式碼，如下所示：

```
For i As Integer = 1 To 6
  If i Mod 2 = 1 Then
    Continue For
  End If
  Console.WriteLine("i = " & i)
Next i
```

上述程式碼是當計數器爲奇數時，就繼續迴圈執行，換句話說，Console.WriteLine() 只會顯示 1 到 6 之間的偶數。其流程圖（ch6-4-2.fpp）如下圖所示：

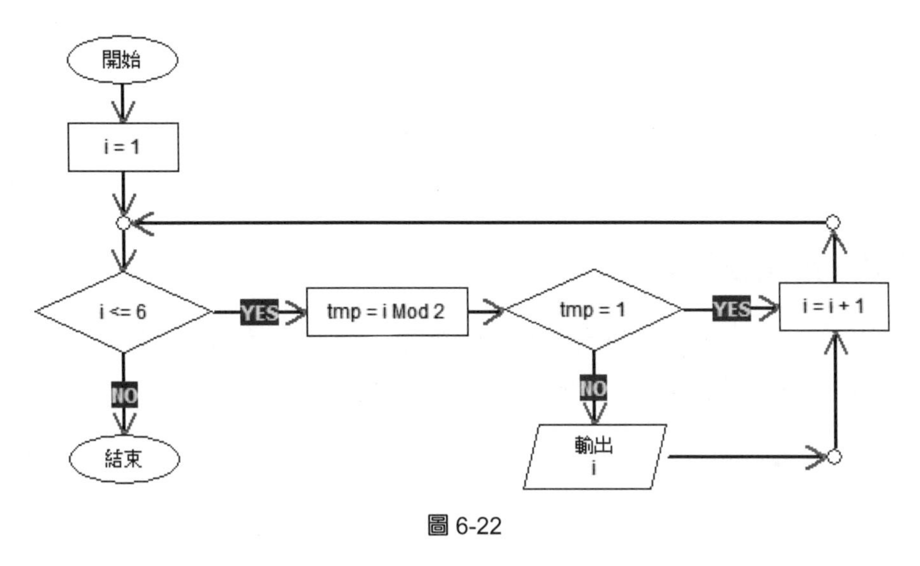

圖 6-22

VB 程式 ch6-4-2a.vb 改用 Do While/Loop 迴圈和 Continue Do 來顯示 1 到 6 之間的偶數。

VB 程式：ch6-4-2.vb

在 VB 程式（Visual Studio 專案：ch6-4-2）使用 For 迴圈配合 Continue For，可以顯示 1 到 6 之中的偶數，而不顯示奇數，如下圖所示：

```
輸出
編譯成功, 花費時間: 290ms! 準備執行...
==========================================================
i = 2
i = 4
i = 6

==========================================================
執行時間: 0 ms
```

圖 6-23

程式碼編輯

```
01: For i As Integer = 1 To 6
02:     If i Mod 2 = 1 Then
03:         Continue For
04:     End If
05:     Console.WriteLine("i = " & i)
06: Next i
```

程式碼解說

- 第 1~6 行：For 迴圈是從 1 到 6。
- 第 2~4 行：If 條件使用餘數運算檢查是否是偶數，如果是，就使用 Continue For 來馬上執行下一次迴圈。

6-4-3 無窮迴圈

無窮迴圈（endless loops）是指迴圈不會結束，它會無止境的一直重複執行迴圈的程式區塊。例如：沒有條件的 Do/Loop 迴圈是一個無窮迴圈，如下所示：

```
Do
  ......
Loop
```

上述 Do/Loop 迴圈沒有條件，預設值 True 進入迴圈，所以是一個無窮迴圈。一般來說，無窮迴圈通常都是因為計數器變數或結束條件出了問題。例如：ch6-4-3.vb 是修改自 ch6-4-2a.vb 的 Do While/Loop 迴圈，如下所示：

```
Dim i As Integer = 1
Do While i <= 6
   If i Mod 2 = 1 Then
      Continue Do
   End If
   Console.WriteLine( "i =  " & i)
   i = i + 1
Loop
```

上述迴圈的 If 程式區塊少了 i = i + 1 將計數器變數加 1，當第 1 次條件成立，變數 i 值是 2，因為變數 i 值永遠為 2，永遠不會大於 6，所以造成無窮迴圈。fChart 請按【停止執行】鈕，Visual Studio 執行「偵錯 > 停止偵測」命令，或 Ctrl+Alt+Break 鍵來中斷無窮迴圈的執行。

隨堂練習

1. VB 語言跳出 For/Next 迴圈的指令是 ________；跳出 Do/Loop 迴圈的指令是 ________。
2. VB 語言的 ____________ 指令不用執行完迴圈，就可以馬上執行下一次 For/Next 迴圈；____________ 指令是繼續執行下一次的 Do While/Loop 迴圈。

6-5 迴圈結構與條件敘述

在 VB 語言的 For 和 Do While/Loop 迴圈之中，一樣可以搭配使用 If/Else 或 Select Case 條件敘述來執行條件判斷。例如：使用 Do While/Loop 迴圈建立猜數字遊戲，在之中使用 If/Else 條件判斷是否猜中，如下所示：

```
Do While True
  Dim g As Integer=CInt(InputBox(" 請輸入猜測的數字 (1~100)"," 標題 "))
  If g = t Then
     Exit Do  ' 跳出迴圈
  End If
  If g >= t Then
     MsgBox(" 數字太大 !", , " 標題 ")
  Else
     MsgBox(" 數字太小 !", , " 標題 ")
  End If
Loop
```

上述 VB 程式碼的流程圖（ch6-5.fpp），如下圖所示：

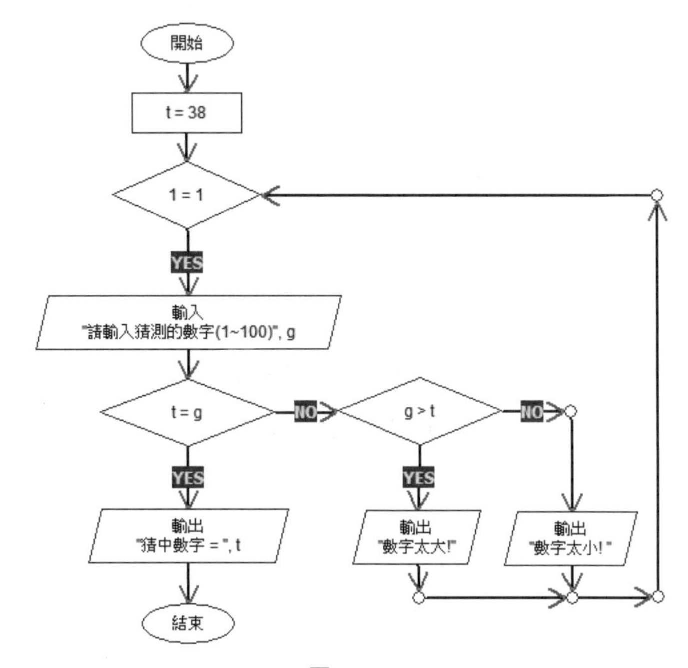

圖 6-24

VB 程式：ch6-5.vb

在 VB 程式（Visual Studio 專案：ch6-5）使用 Do While/Loop 無窮迴圈和 Exit Do 控制猜數字遊戲的進行，內含 If/Else 條件敘述判斷是否猜中數字，如下圖所示：

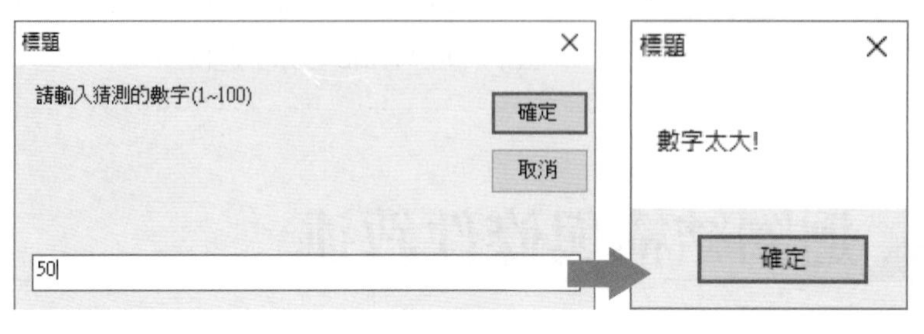

圖 6-25

上述執行結果輸入數字後，顯示太大或太小，請重複輸入數字，直到最後猜中數字爲 38。

程式碼編輯

```
01: Dim t As Integer = 38
02: Do While True
03:   Dim g As Integer=CInt(InputBox("請輸入猜測的數字 (1~100)","標題"))
04:   If g = t Then
05:       Exit Do  ' 跳出迴圈
06:   End If
07:   If g >= t Then
08:       MsgBox("數字太大 !", , "標題")
09:   Else
10:       MsgBox("數字太小 !", , "標題")
11:   End If
12: Loop
13: MsgBox("猜中數字 = " & t, , "標題")
```

程式碼解說

- 第 2~12 行：Do While/Loop 無窮迴圈是使用第 4~6 行的 If 條件加上 Exit Do 來控制猜數字遊戲的進行，直到使用者輸入正確的數字爲止。
- 第 7~11 行：使用 If/Else 條件敘述判斷輸入數字太大或太小。

學習評量

選擇題

(　) 1. 請問 For i = 1 To 10 Step 2: total+=i: Next 迴圈計算結果的 total 值爲何？
A. 25　B. 35　C. 55　D. 10

(　) 2. 請問下列哪一種組合是 VB 語言的巢狀迴圈？
A. 在 For/Next 迴圈內擁有 For/Next 迴圈
B. 在 For/Next 迴圈內擁有 Do/Loop 迴圈
C. 在 While/End While 迴圈內擁有 For/Next 和 Do/Loop 迴圈
D. 全部皆是

(　) 3. 請問 For i = 1 To 10 Step 3 迴圈共會執行幾次？
A. 4　B. 3　C. 2　D. 5

(　) 4. 請問 VB 語言的 Do/Loop Until 迴圈保證可以執行幾次？
A. 0　B. 10　C. 2　D. 1

(　) 5. 請問下列 VB 程式碼執行結果的變數 t 的值爲何，如下所示：

```
t = 0 : i = 1
Do While i < = 50
   t = t + i
   i = i + 1
Loop
t = t + i
```

A. 1326　B. 1275　C. 55　D. 5151

(　) 6. 請指出下列哪一種迴圈是在迴圈結尾進行條件檢查？
A. Do While/Loop　B. For/Next
C. Do Until/Loop　D. Do/Loop While

簡答題

1. 請問計數迴圈和條件迴圈的差異爲何？
2. 請問 VB 語言的條件迴圈有哪幾種？
3. 請說明 Do While/Loop 和 Do/Loop Until 迴圈的主要差異爲何？
4. 請舉例說明什麼是巢狀迴圈？

實作題

1. 請建立 VB 程式顯示費氏數列：1、1、2、3、5、8、13，除第 1 和第 2 個數字為 1 外，每一個數字都是前 2 個數字的和。
2. 請建立 VB 程式解雞兔同籠的問題，目前只知道在籠子中共有 40 隻雞或兔，總共有 100 隻腳，請問雞兔各有多少隻？
3. 請撰寫 VB 程式執行從 1 到 100 的迴圈，但只顯示 40~67 之間的奇數，並且計算其總和。
4. 請建立 VB 程式輸入繩索長度，例如：100 後，使用條件迴圈計算繩索需要對折幾次才會小於 20 公分？
5. 請建立 VB 程式使用 For/Next 迴圈從 3 到 120 顯示 3 的倍數，例如：3、6、9、12、15、18、21…..。
6. 請建立 VB 程式使用迴圈來輸入 4 個整數值，可以計算輸入值的乘積，如果輸入值是 0，就跳過此數字，只乘輸入值不為 0 的值。

Chapter

7

程序與函數

本章綱要

7-1 認識程序與函數

程式語言的「程序」(subroutines 或 procedures)是一個擁有特定功能的獨立程式單元,程序如果有傳回值,稱爲函數(functions)。

7-1-1 程序與函數的結構

不論是日常生活,或實際撰寫程式碼時,有些工作可能會重複出現,而且這些工作不是單一程式敘述,而是完整的工作單元,例如:我們常常在自動販賣機購買茶飲,此工作的完整步驟,如下所示:

Step 01:將硬幣投入投幣口。

Step 02:按下按鈕,選擇購買的茶飲。

Step 03:在下方取出購買的茶飲。

上述步驟如果只有一次到無所謂,如果幫 3 位同學購買果汁、茶飲和汽水三種飲料,這些步驟就需重複 3 次,如下所示:

Step 1:將硬幣投入投幣口
Step 2:按下按鈕,選擇購買的果汁　} 購買果汁
Step 3:在下方取出購買的果汁
Step 1:將硬幣投入投幣口
Step 2:按下按鈕,選擇購買的茶飲　} 購買茶飲
Step 3:在下方取出購買的茶飲
Step 1:將硬幣投入投幣口
Step 2:按下按鈕,選擇購買的汽水　} 購買汽水
Step 3:在下方取出購買的汽水

圖 7-1

想信沒有同學請你幫忙買飲料時,每一次都說出左邊 3 個步驟,而會很自然的簡化成 3 個工作,直接說:

購買果汁
購買茶飲
購買汽水

上述簡化的工作描述就是函數(functions)的原型,因爲我們會很自然的將一些工作整合成更明確且簡單的描述「購買 ??」。程式語言也是使用想同觀念,可以將整個自動販賣機購買飲料的步驟使用一個整合名稱來代表,即【購買 ()】函數,如下所示:

購買 (果汁)
購買 (茶飲)
購買 (汽水)

上述程式碼是函數呼叫，在括號中是傳入購買函數的資料，即引數（arguments），以便 3 個操作步驟知道購買哪一種飲料，執行此函數的結果是拿到飲料，這就是函數的傳回值。

7-1-2 VB 語言的程序與函數種類

VB 語言的程序與函數主要分為兩種，其說明如下所示：

- 使用者自訂函數（user-defined functions）：使用者自行建立的 VB 程序與函數，本章內容主要是說明如何建立使用者自訂函數。
- 內建函數（build-in functions）：VB 語言內建提供的函數。

使用者自訂函數

VB 語言可以使用程序與函數整合重複程式碼成為特定功能的獨立程式單元，例如：計算平均、找出最大值和計算次方等功能，建立程序與函數的主要工作有兩項，如下所示：

Step 01：定義程序與函數：定義程序與函數內容，也就是撰寫函數執行特定功能的程式碼，稱為「實作」（implementation）。

Step 02：使用程序與函數：使用程序與函數就是「程序呼叫」（procedure call）或「函數呼叫」（function call），可以將執行步驟轉移到程序與函數來執行程序與函數定義的程式碼。

當我們建立 VB 程序與函數後，因為這是一個擁有特定功能的程式單元，例如：找出最大值，所以，在撰寫程式碼時，如果需要找出最大值，就不用再重複撰寫此功能的程式碼，直接呼叫【找出最大值】函數，如果有 2 個地方需要使用到，只需呼叫 2 次【找出最大值】函數。

內建函數

VB 語言預設提供一些內建函數，這是一些現成函數，我們可以直接呼叫它，而不用自行撰寫使用者自訂函數，詳見第 7-5 節的說明。

7-1-3　程序與函數是一個黑盒子

程序與函數是一個獨立功能的程式區塊，如同是一個「黑盒子」（black box），我們根本不需要了解程序與函數定義的程式碼內容，只要告訴我們如何使用此黑盒子的「介面」（interface），就可以呼叫程序與函數來使用程序與函數的功能，如下圖所示：

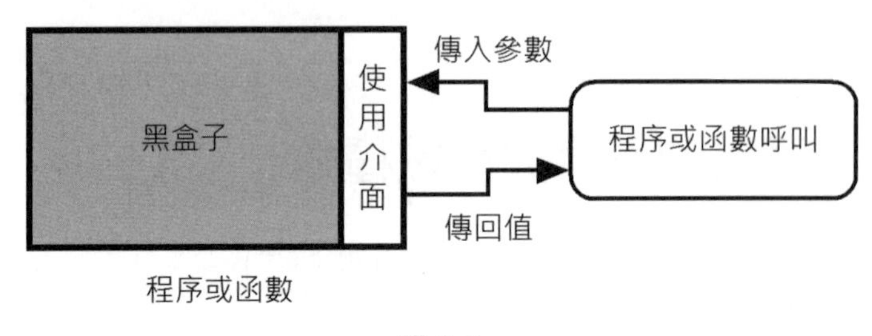

圖 7-2

上述介面是呼叫程序與函數的對口單位，可以傳入參數和取得傳回值（函數有傳回值；程序沒有）。介面就是程序與函數和外部溝通的管道，一個對外的邊界，將實際程序與函數的程式碼隱藏在介面之後，讓我們不用了解實際的程式碼，也一樣可以使用程序與函數。

7-2　建立程序與函數

VB 語言的程序與函數是一個獨立程式單元，可以將大工作分割成一個個小型工作，我們可以重複使用之前建立的程序與函數或直接呼叫 VB 語言的內建函數。

7-2-1　建立程序

在 VB 程式建立程序是使用 Sub/End Sub 建立程式區塊，其基本語法如下所示：

```
Sub 程序名稱 ( 參數列 )
    程式敘述 1~n
End Sub
```

上述名稱的命名和變數名稱相同，在括號中是傳入程序的參數列，如果沒有，就是空括號，如果不只一個，請使用「,」號分隔。

請注意！程序名稱是一個識別字，其命名方式和變數相同，程式設計者需要自行命名，程序的參數列（parameters）是程序的使用介面，在呼叫時，我們需要傳入對應的引數列（arguments）。

定義程序

在 VB 程式建立名為 sum2ten() 程序，可以計算和顯示 1 加到 10 的和，如下所示：

```
Sub sum2ten()
   Dim s As Integer = 0
   For i As Integer = 1 To 10
      s = s + i
   Next i
   MsgBox(" 從 1 加到 10 = " & s, , " 標題 ")
End Sub
```

上述程序名稱是 sum2ten，在名稱後的括號中可以定義傳入的參數列，沒有參數，就是空括號

程序呼叫

在 VB 程式碼呼叫程序是使用程序名稱加上括號中的引數列，其語法如下所示：

```
程序名稱 ( 引數列 )
```

上述語法的程序如果有參數，在呼叫時需要加上傳入的參數值，稱為「引數」（arguments）。因為 sum2ten() 程序沒有參數列，所以呼叫程序只需使用名稱加上空括號，如下所示：

```
sum2ten()
```

fChart 流程圖的函數

fChart 流程圖支援程序與函數（都稱為函數），在插入函數符號的函數呼叫後，就是呼叫與函數同名的 .fpp 流程圖專案檔，換句話說，本節程式是在 ch7-2-1.fpp 的函數符號呼叫名為 sum2ten.fpp 的函數，可以看到執行流程圖時，當呼叫函數就會開啟 sum2ten.fpp 來繼續執行，等到執行完後，就返回 ch7-2-1.fpp，如下圖所示：

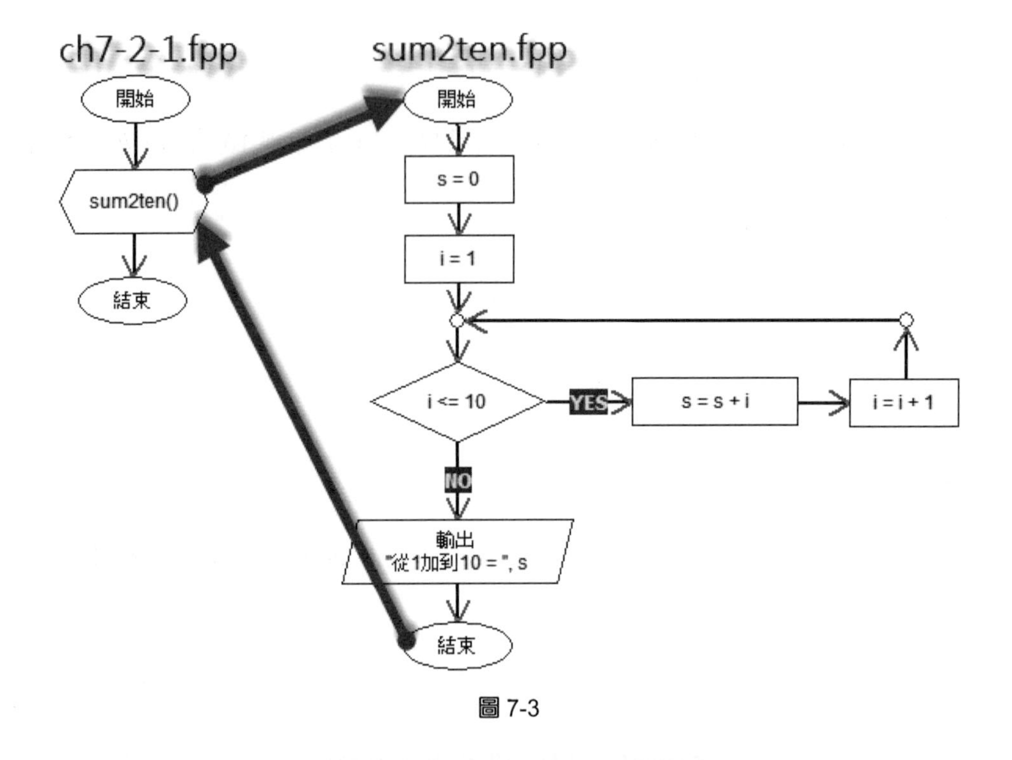

圖 7-3

VB 程式：ch7-2-1.vb

在 VB 程式（Visual Studio 專案：ch7-2-1）建立 sum2ten() 程序，這是修改自第 5 章 For 迴圈範例的程式區塊，其執行結果 1 加到 10 的總和 55，如右圖所示：

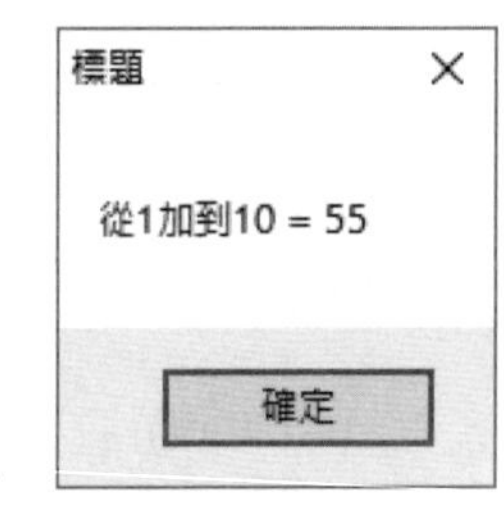

圖 7-4

Visual Studio 專案 ch7-2-1 是在 Form1_Load() 事件處理程序呼叫 sum2ten() 程序，如下圖所示：

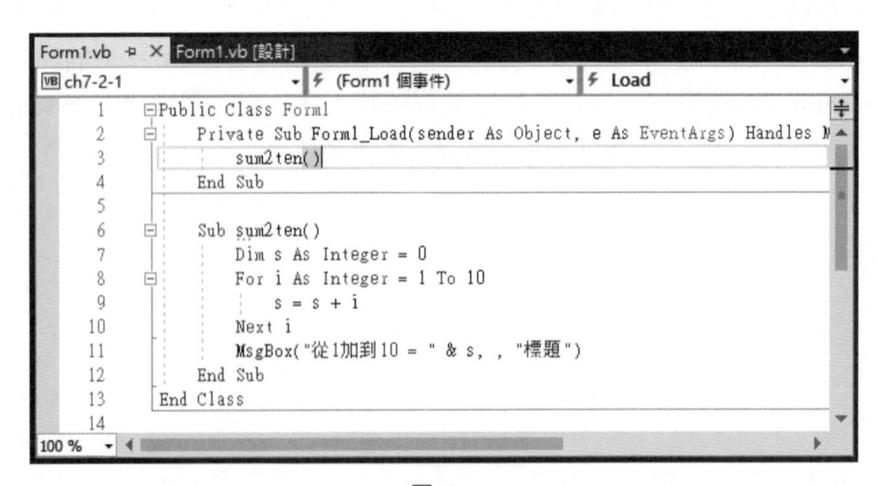

圖 7-5

程式碼編輯

```
01: Sub Main()
02:     sum2ten()
03: End Sub
04:
05: Sub sum2ten()
06:     Dim s As Integer = 0
07:     For i As Integer = 1 To 10
08:         s = s + i
09:     Next i
10:     MsgBox("從1加到10 = " & s, , "標題")
11: End Sub
```

程式碼解說

- 第 2 行：呼叫 sum2ten() 程序。
- 第 5~11 行：sum2ten() 程序使用 For 迴圈計算 1 加到 10，此程序只是將 For 迴圈程式區塊改頭換面成爲程序。

程序的執行過程

現在，讓我們來看一看函數呼叫的實際執行過程，VB 程式是在第 2 行呼叫 sum2ten() 程序，所以更改程式碼的執行順序，跳到執行第 5~11 行程序的程式區塊，在執行完後，就會返回主程式繼續執行其他程式碼，因爲已經沒有下一行，所以結束程式執行，如下圖所示：

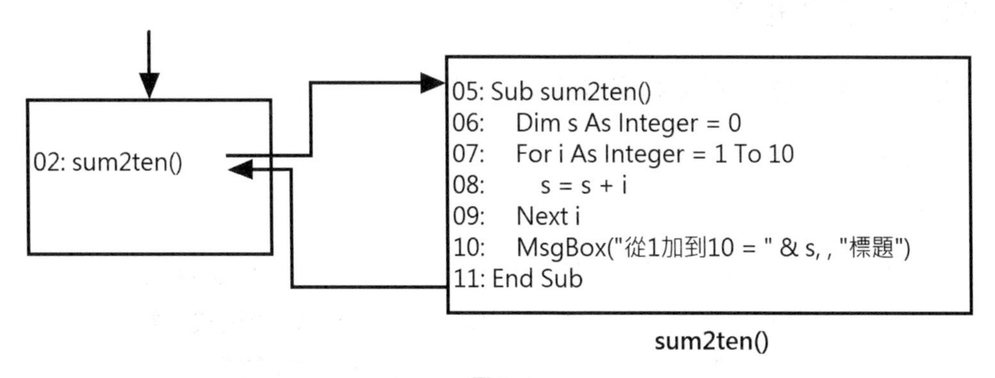

圖 7-6

7-2-2 程序與函數的參數列

程序與函數的參數列是函數的資訊傳遞機制，可以從外面將資訊送入函數的黑盒子，這是程序與函數的使用介面，即呼叫和程序與函數之間的溝通管道。

建立擁有參數列的程序

程序如果有參數列，呼叫程序時可以傳入不同參數值來產生不同的執行結果。擁有參數列的 VB 程序需要在括號內宣告參數列，例如：計算指定範圍總和的 sum2n() 程序，如下所示：

```
Sub sum2n(s1 As Integer, s2 As Integer)
   Dim s As Integer = 0
   For i As Integer = s1 To s2
      s = s + i
   Next i
   MsgBox(" 從 n 加到 n = " & s, , " 標題 ")
End Sub
```

上述程式碼是 sum2n() 程序，在括號中有 2 個使用「,」逗號分隔的參數 s1 和 s2，在 As 後是參數的資料型態，以此例都是整數 Integer。

在程序定義的參數稱爲「正式參數」（formal parameters）或「假參數」（dummy parameters），參數列的正式參數是識別字，其角色如同變數，可以在程序的程式碼區塊中使用。

呼叫擁有參數列的程序

當程序擁有參數列時，呼叫程序需要加上引數列，如下所示：

```
sum2n(1, 5)
sum2n(2, m + 2)
```

上述呼叫程序的引數稱爲「實際參數」（actual parameters），引數可以是常數值，例如：1、5 和 2，變數或運算式，例如：m + 2，其運算結果的值需要和正式參數宣告的資料型態相同，程序的每一個正式參數都需要對應一個相同資料型態的實際參數。

fChart 流程圖的參數列

fChart 流程圖的函數最多可以傳遞名為 PARAM 和 PARAM1 的 2 個參數（參數名稱並不能更改），本節程式範例是在 ch7-2-2.fpp 呼叫 2 次名為 sum2n.fpp 的函數，並且傳遞 2 個參數，如下圖所示：

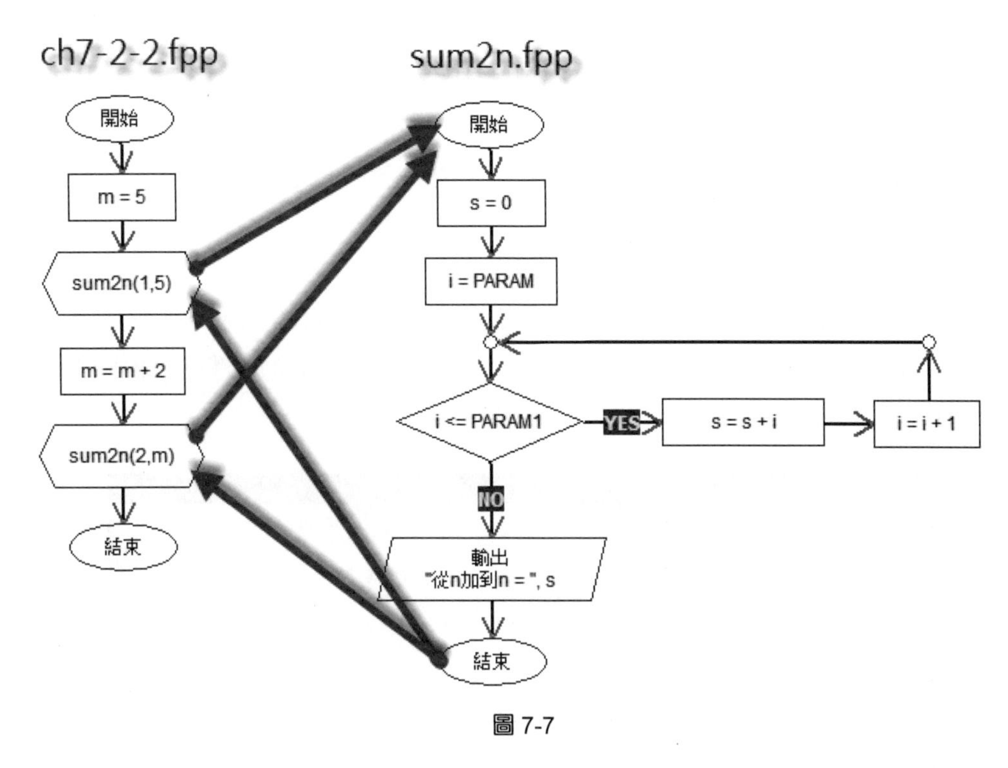

圖 7-7

上述圖例可以看到共呼叫 2 次程序，所以執行流程會轉移至 sum2n.fpp 共 2 次。點選流程圖的函數符號，可以看到「函數」對話方塊指定的函數名稱和參數，如下圖所示：

函數

函數名稱: sum2n

參數1: 1

參數2: 5

儲存至變數:

確定

圖 7-8

VB 程式：ch7-2-2.vb

在 VB 程式（Visual Studio 專案：ch7-2-2）建立擁有參數列的程序，可以計算 2 個參數範圍的總和，其執行結果如下圖所示：

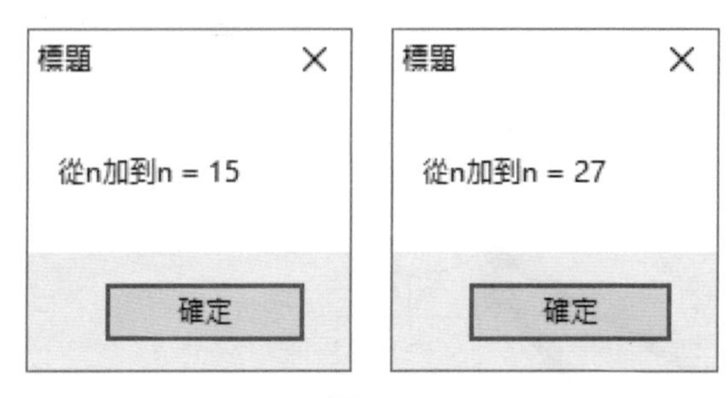

圖 7-9

上述執行結果因為呼叫 2 次，所以顯示 2 個不同範圍的總和，第 1 個是 1 加至 5，第 2 個是 2 加到 7。Visual Studio 專案 ch7-2-2 是在 Form1_Load() 事件處理程序呼叫 2 次 sum2n() 程序，如下圖所示：

```
Form1.vb  Form1.vb [設計]
ch7-2-2    Form1    sum2n
1  Public Class Form1
2      Private Sub Form1_Load(sender As Object, e As EventArgs) Handles M
3          Dim m As Integer = 5
4          sum2n(1, 5)  ' 函數呼叫
5          sum2n(2, m + 2)
6      End Sub
7
8      Sub sum2n(s1 As Integer, s2 As Integer)
9          Dim s As Integer = 0
10         For i As Integer = s1 To s2
11             s = s + i
12         Next i
13         MsgBox("從n加到n = " & s, , "標題")
14     End Sub
15 End Class
16
100 %
```

圖 7-10

程式碼編輯

```
01: Sub Main()
02:     Dim m As Integer = 5
03:     sum2n(1, 5)   ' 函數呼叫
04:     sum2n(2, m + 2)
05: End Sub
06:
07: Sub sum2n(s1 As Integer, s2 As Integer)
08:     Dim s As Integer = 0
09:     For i As Integer = s1 To s2
```

```
10:            s = s + i
11:        Next i
12:        MsgBox("從 n 加到 n = " & s, , "標題")
13: End Sub
```

程式碼解說

- 第 3~4 行：使用不同參數值來呼叫 2 次 sum2n() 程序，可以計算和顯示不同範圍的總和。
- 第 7~13 行：sum2n() 程序擁有 2 個參數，可以指定計算範圍，程序是依參數值使用 For 迴圈來計算總和。

7-2-3 函數的傳回值

VB 語言有傳回值的程序稱爲函數，函數依照傳回值的不同分爲三種，其說明如下所示：

- 沒有傳回值：函數沒有傳回值稱爲程序（procedures），可以執行特定工作，例如：前述 sum2ten() 程序是計算 1 加至 10 的值。
- 傳回值爲 True 或 False：函數的傳回值只是指出函數執行是否成功，通常是使用在一個需要了解執行是否成功的工作，或傳回一個測試狀態，例如：本節 checknum() 函數檢查溫度是否在範圍內。
- 傳回運算結果：函數主要目的是執行特定運算，傳回值是運算結果，例如：本節 convert2f() 函數可以傳回溫度轉換的結果。

VB 函數的語法

VB 函數類似 Sub 程序只是改用 Function 和 End Function 關鍵字包圍，其主要差異是函數有傳回值，其基本語法如下所示：

```
Function 函數名稱(參數列) [As 資料型態]
    程式敘述 1~n
    Return 字面值或運算式
End Function
```

上述 Function 函數和 Sub 程序十分相似，As 之後是傳回值的資料型態（可省略）。函數傳回值是使用 Return 關鍵字，其基本語法如下所示：

```
Return 字面值或運算式
```

上述程式碼需要位在函數的程式區塊中，我們可以重複多個 Return 關鍵字來傳回不同值。

建立擁有傳回值的函數

VB 函數需要使用 Return 關鍵字來傳回值。例如：判斷參數值是否在指定範圍的 checknum() 函數，如下所示：

```
Function checknum(no As Integer) As Boolean
   If no >= 0 And no <= 200 Then
      Return True  ' 合法
   Else
      Return False ' 不合法
   End If
End Function
```

上述函數使用 2 個 Return 關鍵字來傳回值，傳回 True 表示合法；False 爲不合法。再來看一個執行運算的 convert2f() 函數，如下所示：

```
Function convert2f(c As Integer) As Double
   Dim f As Double = 12.3
   f = (9.0 * c) / 5.0 + 32.0
   Return f
End Function
```

上述函數使用 Return 關鍵字傳回函數的執行結果，即運算式的運算結果。

呼叫擁有傳回值的函數

函數如果擁有傳回值，在呼叫時可以使用指定敘述來取得傳回值，如下所示：

```
f = convert2f(c)
```

上述程式碼的變數 f 可以取得 convert2f() 函數的傳回值。如果函數傳回值爲 True 或 False，例如：checknum() 函數，我們可以在 If/Else 條件敘述呼叫函數作爲判斷條件，如下所示：

```
If checknum(c) Then
   MsgBox(" 合法 !", , " 標題 ")
Else
   MsgBox(" 不合法 !", , " 標題 ")
End If
```

上述 If/Else 條件使用函數傳回值作爲判斷條件，可以顯示數值是否合法。fChart 流程圖 ch7-2-3.fpp 呼叫 convert2f.fpp 執行溫度轉換，函數如果有傳回值，就是指定 RETURN 的值，如下圖所示：

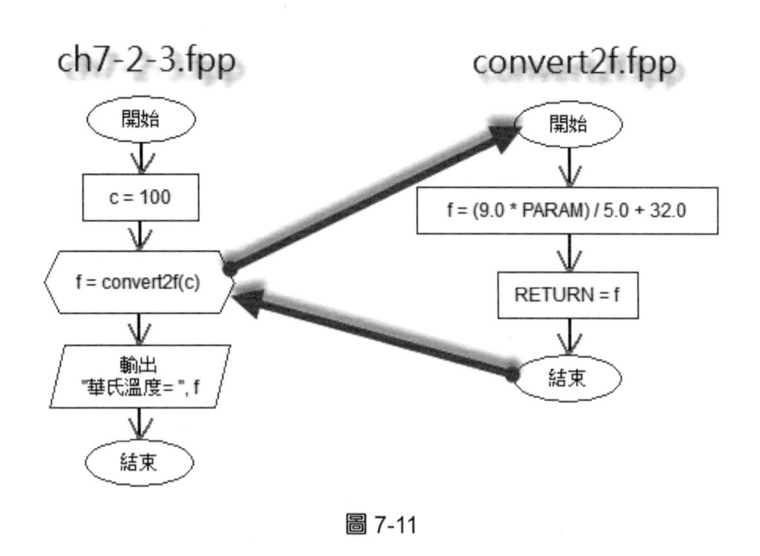

圖 7-11

VB 程式：ch7-2-3.vb

在 VB 程式（Visual Studio 專案：ch7-2-3）建立 checknum() 和 convert2f() 函數，然後使用 Return 關鍵字傳回參數的數值是否合法，和溫度轉換的結果，如下圖所示：

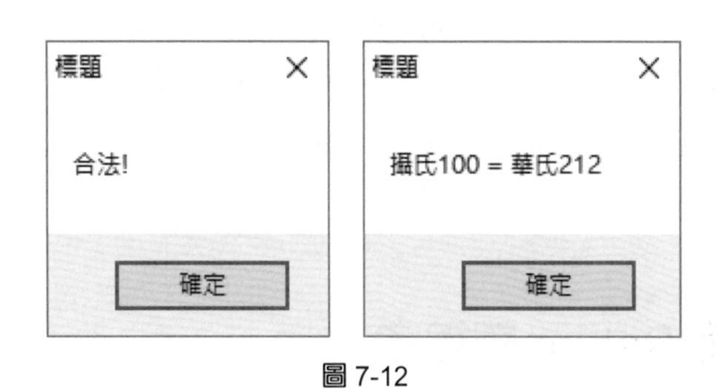

圖 7-12

程式碼編輯

```
01: Sub Main()
02:     Dim c As Integer = 100
03:     Dim f As Double = 12.3
04:     ' 有傳回值的函數呼叫
05:     If checknum(c) Then
06:         MsgBox("合法!", , "標題")
07:     Else
08:         MsgBox("不合法!", , "標題")
09:     End If
```

```
10:     f = convert2f(c)
11:     MsgBox("攝氏" & c & " = 華氏" & f, , "標題")
12: End Sub
13: ' 函數：檢查數值是否合法
14: Function checknum(no As Integer) As Boolean
15:     If no >= 0 And no <= 200 Then
16:         Return True   ' 合法
17:     Else
18:         Return False ' 不合法
19:     End If
20: End Function
21: ' 函數：攝氏轉華氏溫度
22: Function convert2f(c As Integer) As Double
23:     Dim f As Double = 12.3
24:     f = (9.0 * c) / 5.0 + 32.0
25:     Return f
26: End Function
```

程式碼解說

- 第 5 行和第 10 行：分別呼叫 2 個函數，在第 5~9 行是在 If/Else 條件呼叫 checknum() 函數，第 10 行是在指定敘述呼叫擁有傳回值的 convert2f() 函數。
- 第 14~20 行：checknum() 函數判斷參數是否在指定範圍內，使用 2 個 Return 關鍵字傳回 True 或 False，請注意！只有一個 Return 關鍵字會執行。
- 第 22~26 行：convert2f() 函數將參數的攝氏溫度轉換成華氏溫度，在第 25 行的 Return 關鍵字傳回函數的運算結果。

7-2-4 活用 Return 關鍵字

Return 關鍵字的用途有兩種：第一種是在函數傳回值，第二種是馬上終止程序或函數的執行，例如：我們可以使用 Return 關鍵字馬上終止 printage() 程序的執行，如下所示：

```
Sub printage(a As Integer)
  If a <= 18 Then
    MsgBox("年齡太小!", , "標題")
    Return '終止函數執行
  End If
  MsgBox("年齡 = " & a, , "標題")
End Sub
```

上述程序使用If條件判斷年齡，如果太小，就馬上使用Return關鍵字終止程序的執行。

VB 程式：ch7-2-4.vb

在 VB 程式（Visual Studio 專案：ch7-2-4）建立 printage() 程序，可以判斷參數的年齡是否太小，並且使用 Return 關鍵字馬上終止程序的執行，超過 18 才會顯示參數的年齡，其執行結果如下圖所示：

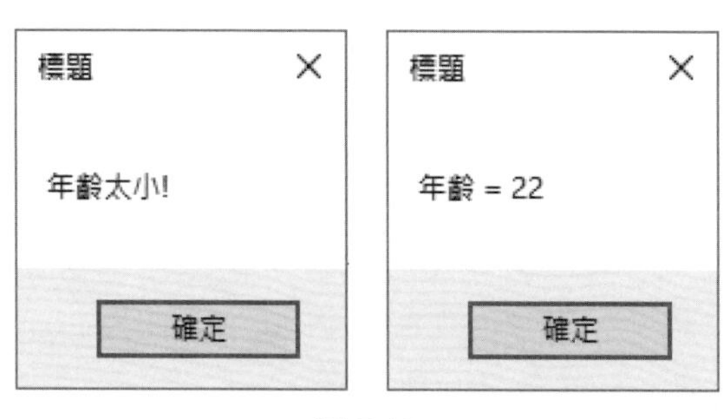

圖 7-13

程式碼編輯

```
01: Sub Main()
02:     printage(15)   ' 函數呼叫
03:     printage(22)
04: End Sub
05: ' 程序：顯示年齡
06: Sub printage(a As Integer)
07:     If a <= 18 Then
08:         MsgBox("年齡太小!", , "標題")
09:         Return   ' 終止程序執行
10:     End If
11:     MsgBox("年齡 = " & a, , "標題")
12: End Sub
```

程式碼解說

- 第 2~3 行：使用不同的參數值來呼叫 printage() 程序。
- 第 6~12 行：printage() 程序是在第 7~10 行使用 If 條件判斷年齡，如果太小，就顯示訊息和在第 9 行使用 Return 關鍵字馬上終止程序的執行。

隨堂練習

1. VB 程序是使用 ________ 和 ________ 包圍的多個程式敘述。
2. 當我們使用 VB 語言建立名為 test() 的程序，程序擁有 1 個參數，呼叫 test() 程序傳入參數值 10 的程式碼為 ____________。
3. 請問下列 VB 程序是在計算什麼，如下所示：

```
Sub cal(x As Integer)
  Dim sum As Long = 0
  Dim i As Integer
  For i = 1 to x
    sum = sum + i ^ 2
  Next i
  MsgBox(sum, , " 標題 ")
End Sub
```

4. VB 函數是使用 ________ 和 ________ 包圍的多個程式敘述。函數傳回值是使用 __________ 關鍵字。
5. 當我們使用 VB 語言建立名為 add() 函數，函數擁有 2 個參數，呼叫 add() 函數參入參數值 10 和 20 且指定給變數 tmp 的程式碼為 ____________。
6. 呼叫函數 H(2, 1) 和 H(2, H(2, 1)) 的結果分別是 __________。

```
Function H(a As Integer, b As Integer)
  H = a ^ 2 + b ^ 3
End Function
```

7-3 傳值或傳址呼叫

程序與函數不只能夠傳遞參數，不同的參數傳遞方式更影響傳入參數的變數值。VB 語言提供兩種參數傳遞方式：傳值呼叫和傳址呼叫。

7-3-1 傳值呼叫

傳值呼叫（call by value）是將變數的值傳入程序或函數，並不會變更原變數值，程序呼叫會建立新變數來複製傳入的參數值，在程序與函數中使用的參數是此新變數，不是原來的變數，屬於不同的記憶體空間，如下圖所示：

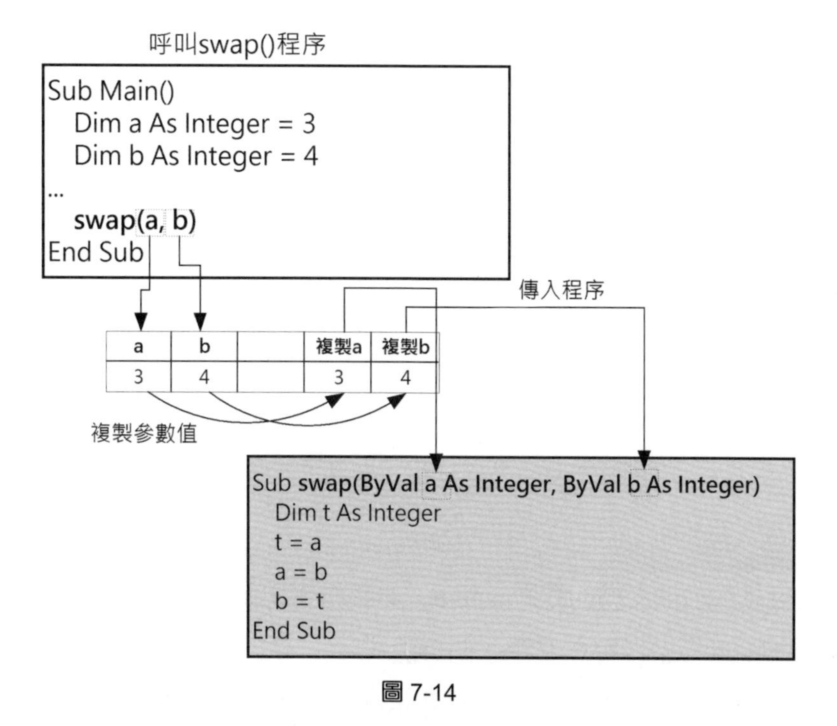

圖 7-14

VB 程序與函數預設使用傳值呼叫，我們也可以加上 ByVal 指明是傳值，如下所示：

```
Sub swap(ByVal a As Integer, ByVal b As Integer)
   …
End Sub
```

VB 程式：ch7-3-1.vb

在 VB 程式（Visual Studio 專案：ch7-3-1）建立 swap() 程序可以交換 2 個參數 a 和 b，因為是傳值呼叫，所以執行結果的值並沒有交換，如下圖所示：

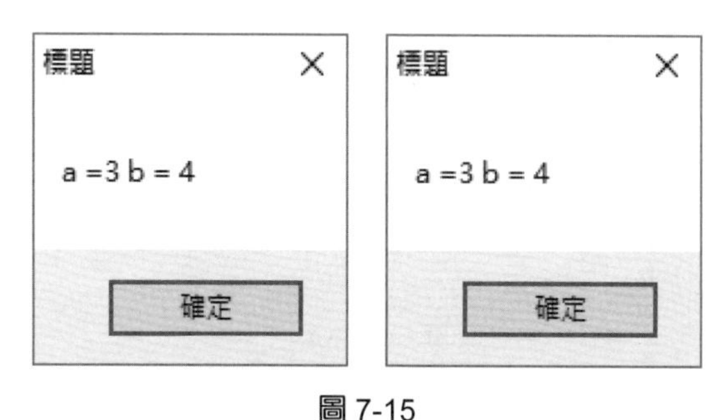

圖 7-15

程式碼編輯

```
01: Sub Main()
02:     Dim a As Integer = 3
03:     Dim b As Integer = 4
```

```
04:     MsgBox("a =" & a & " b = " & b, , "標題")
05:     swap(a, b)
06:     MsgBox("a =" & a & " b = " & b, , "標題")
07: End Sub
08: ' 程序： 交換 2 個參數值
09: Sub swap(ByVal a As Integer, ByVal b As Integer)
10:     Dim t As Integer
11:     t = a
12:     a = b
13:     b = t
14: End Sub
```

程式碼解說

- 第 2~3 行：宣告欲交換的變數 a 和 b，並且指定初值是 3 和 4。
- 第 5 行：呼叫 swap() 程序交換 2 個參數。
- 第 9~14 行：swap() 程序的參數是使用 ByVal 宣告，在第 11~13 行交換 2 個參數值。

7-3-2 傳址呼叫

傳址呼叫（call by reference）是將變數實際記憶體儲存的位址傳入，所以在程序與函數變更參數的變數值，也會同時更改原變數值，因爲它們是使用同一個記憶體空間的變數，如下圖所示：

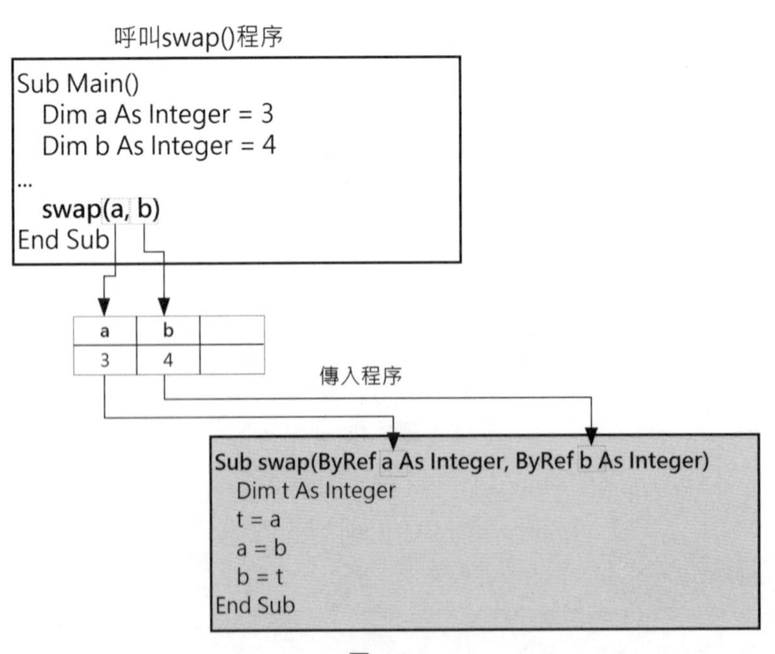

圖 7-16

在 VB 程序與函數的傳址參數，我們需要指名是 ByRef（不能省略），如下所示：

```
Sub swap(ByRef a As Integer, ByRef b As Integer)
  …
End Sub
```

VB 程式：ch7-3-2.vb

在 VB 程式（Visual Studio 專案：ch7-3-2）建立 swap() 程序可以交換 2 個參數 a 和 b，因為是傳址呼叫，所以執行結果可以看到值已經交換，如下圖所示：

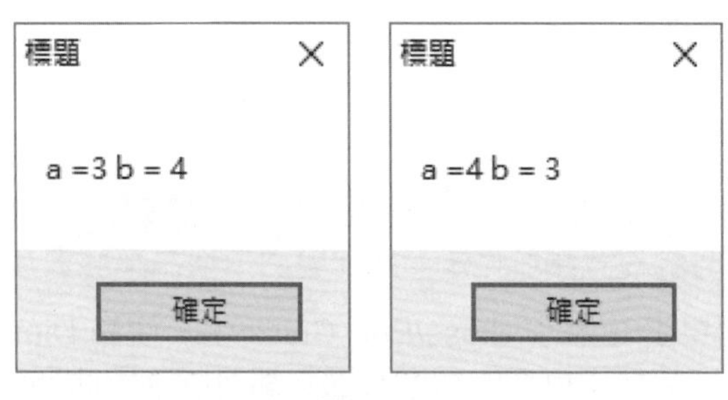

圖 7-17

程式碼編輯

```
01: Sub Main()
02:     Dim a As Integer = 3
03:     Dim b As Integer = 4
04:     MsgBox("a =" & a & " b = " & b, , "標題")
05:     swap(a, b)
06:     MsgBox("a =" & a & " b = " & b, , "標題")
07: End Sub
08: ' 程序 : 交換 2 個參數值
09: Sub swap(ByRef a As Integer, ByRef b As Integer)
10:     Dim t As Integer
11:     t = a
12:     a = b
13:     b = t
14: End Sub
```

程式碼解說

- 第 2~3 行：宣告欲交換的變數 a 和 b，並且指定初值是 3 和 4。
- 第 5 行：呼叫 swap() 程序交換 2 個參數。
- 第 9~14 行：swap() 程序的參數是使用 ByRef 宣告，在第 11~13 行交換 2 個參數值。

7-4 變數的有效範圍

在 VB 程式可以同時建立多個程序或函數，不同位置宣告的變數擁有不同的有效範圍，也就是在程式檔案的哪些程式碼可以存取這些變數。

「變數範圍」（scope）是當程式執行時，變數可以讓程序與函數內或其他程式區塊存取的範圍。VB 變數依宣告位置擁有三種範圍，如下表所示：

表 7-1

範圍種類	說明
區塊範圍	在 If/End If、Select Case/End Case 和 Do While/Loop 等程式區塊內使用 Dim 宣告的變數，變數只能在區塊之內使用，區塊之外的程式碼並無法存取這些變數
區域範圍	在程序與函數內使用 Dim 宣告的變數，變數只能在程序或函數內使用，程序或函數外的程式碼並無法存取此變數，稱為區域變數（local variables）
全域範圍	變數如果是在類別 Class/End Class 中，使用 Dim 或 Private 宣告在程序和函數外，該類別檔案的程序和函數都可以存取此變數，稱為全域變數（global variables）

筆者已經將上表變數範圍整理成圖例，如下圖所示：

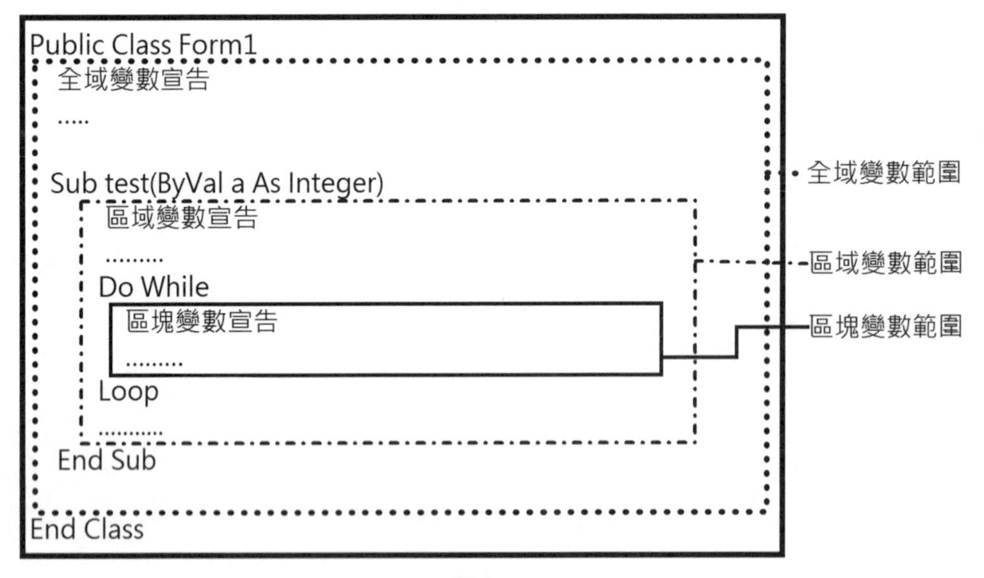

圖 7-18

上述圖例是 Visual Studio 程式檔案的變數範圍，fChart 程式碼編輯器的 VB 範本程式隱藏 Class/End Class 類別宣告，所以位在 Main() 或其他程序與函數之外宣告的變數，就是全域變數。

VB 程式：ch7-4.vb

在 VB 程式（Visual Studio 專案：ch7-4）建立 addone() 和 addten() 程序，分別將全域變數 g 的值加 1 和加 10，最後的全域變數值是初值 10+1+10，等於 21，如下圖所示：

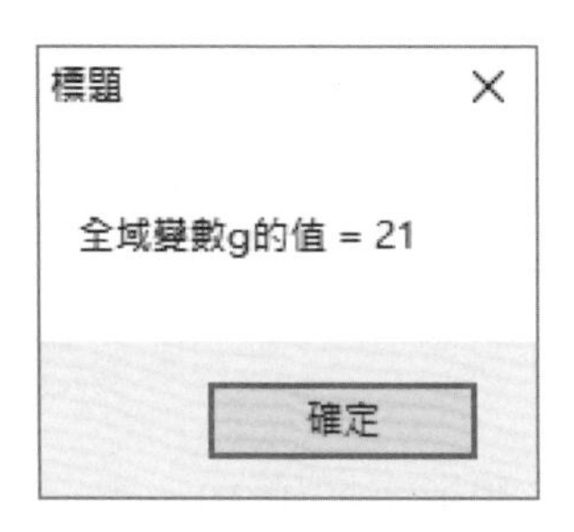

圖 7-19

Visual Studio 專案 ch7-4 是在 Form1_Load() 事件處理程序呼叫 addone() 和 addten() 程序，全域變數宣告是位在這些程序之外，如下圖所示：

```
Form1.vb    Form1.vb [設計]
ch7-4    Form1    addten
1  Public Class Form1
2      ' 全域變數
3      Dim g As Integer = 10
4
5      Private Sub Form1_Load(sender As Object, e As EventArgs) Handles M
6          addone()
7          addten()
8          MsgBox("全域變數g的值 = " & g, , "標題")
9      End Sub
10     ' 程序：加1
11     Sub addone()
12         g = g + 1
13     End Sub
14     ' 程序：加10
15     Sub addten()
16         g = g + 10
17     End Sub
18 End Class
19
100 %
```

圖 7-20

程式碼編輯

```
01: ' 全域變數
02: Dim g As Integer = 10
03:
04: Sub Main()
05:     addone()
06:     addten()
07:     MsgBox("全域變數 g 的值 = " & g, , "標題")
08: End Sub
```

```
09: ' 程序 : 加1
10: Sub addone()
11:     g = g + 1
12: End Sub
13: ' 程序 : 加10
14: Sub addten()
15:     g = g + 10
16: End Sub
```

程式碼解說

- 第 2 行：宣告全域變數 g，和指定初值 10。
- 第 5~6 行：分別呼叫 addone() 和 addten() 程序。
- 第 10~12 行：addone() 程序是在第 11 行將全域變數 g 的值加 1。
- 第 14~16 行：addten() 程序是在第 15 行將全域變數 g 的值加 10。

隨堂練習

1. 在 Visual Studio 專案宣告的全域變數，其程式碼位置是在 __________ 中；______________ 外。
2. 區域範圍是在 _________ 內使用 Dim 宣告的變數。

7-5 常用的內建函數

VB 語言提供內建函數處理日期 / 時間、字串、數學運算、亂數、四捨五入函數和資料型態檢查，我們不用自己辛苦撰寫程式碼來建立這些函數，直接使用內建函數即可。

日期 / 時間函數

日期 / 時間函數可以處理日期 / 時間格式資料和進行分析。VB 語言內建常用日期 / 時間函數，其說明如下表所示：

表 7-2

函數	說明
Now	傳回現在的日期和時間
Today	傳回現在的日期
TimeOfDay	傳回現在的時間
Year(date)	傳回日期格式的年份
Month(date)	傳回日期格式的月份值 1~12
Day(date)	傳回日期格式的日數 1~31
Hour(time)	傳回時間格式的小時 0~23
Minute(time)	傳回時間格式小時的分 0~59
Second(time)	傳回時間格式分的秒數 0~59
WeekDay(date)	傳回日期格式參數是星期幾，星期日到六的值為 1~7

上表日期 / 時間函數的參數 date 是日期格式的參數：2017/12/31。time 是時間格式的參數：PM 09:10:34。例如：現在的日期、時間和星期幾（VB 程式：ch7-5.vb），如下所示：

```
MsgBox(" 現在的日期時間 : " & Now & vbNewLine &
       " 現在的日期 : " & Today & vbNewLine &
       " 現在的時間 : " & TimeOfDay, , " 標題 ")
Dim dtDay As Date  ' 宣告日期 / 時間變數
dtDay = Today      ' 傳回現在日期
MsgBox(" 星期幾 : " & Weekday(dtDay)-1, , " 標題 ")
```

字串處理函數

VB 語言提供功能強大的字串處理函數，可以處理字串變數的長度、大小寫轉換、搜尋、取代和取出子字串等操作。常用字串處理函數的說明與範例，如下表所示：

表 7-3

函數	說明	範例	結果
Len(str)	傳回字串長度是多少個字元或中文字	Len("abcde")	5
UCase(str)	將參數的英文字母轉換成大寫	UCase("abCd")	"ABCD"
LCase(str)	將參數的英文字母轉換成小寫	LCase("AbcD")	"abcd"
LTrim(str)	刪除字串開頭的空白字元	LTrim(" ab ")	"ab "
RTrim(str)	刪除字串結尾的空白字元	RTrim(" ab ")	" ab"
Trim(str)	刪除頭尾兩端的空白字元	Trim(" ab ")	"ab"
Space(num)	傳回參數個數的空白字元字串	Space(3)	" "

Asc(str)	傳回參數 str 字串第 1 個字元的 ASCII 碼	Asc("A")	65
Chr(num)	傳回參數 ASCII 碼的字元	Chr(65)	"A"C
Mid(str, start[, len])	從參數 str 字串的 start 位置（從 1 開始）取出長 len 的子字串，沒有 len 參數，就從 start 位置到字串結尾的所有字元	Mid("cdabef",3,2)	"ab"
StrReverse(str)	將參數字串反轉	StrReverse("Basic")	"cisaB"
InStr(start, str1, str2)	在參數 str1 字串的 start 位置（從 1 開始）開始找尋 str2 字串，找到就傳回找到位置，沒有找到傳回 0	InStr("abcde","cd")	3
Replace(str, str1, str2)	將參數 str 字串中的字串 str1 取代成 str2	Replace("abcde", "cd","ef")	"abefe"

上表字串函數的參數 str1~2 是字串運算式，start、num 和 len 是整數值。

資料型態檢查函數

資料型態檢查函數能夠檢查 VB 變數的資料型態，其說明如下表所示：

表 7-4

函數	說明
IsDate(stmt)	如果運算式是 Date 型態或能夠轉換成 Date 型態的字串傳回 True；否則傳回 False
IsNumeric(stmt)	如果整個 stmt 都是數字傳回 True；否則傳回 False
IsArray(var)	如果參數的變數是陣列傳回 True；否則傳回 False
IsNothing(stmt)	如果運算式的 Object 變數沒有指派物件傳回 True；否則傳回 False

上表函數的參數 var 爲變數，stmt 爲變數或運算式字串。函數可以配合 If 條件判斷變數或輸入資料的資料型態。例如：判斷輸入的字串變數值是否爲日期/時間型態（VB 程式：ch7-5a.vb），如下所示：

```
Dim s1 As String = InputBox(" 請輸入日期字串 ", " 標題 ")
If IsDate(s1) Then
   MsgBox(" 是日期 !", , " 標題 ")
Else
   MsgBox(" 不是日期 !", , " 標題 ")
End If
```

數字系統轉換函數

VB 提供數字系統轉換函數，可以將十進位值轉換成十六進位和八進位字串，其說明與範例如下表所示：

表 7-5

函數	說明	範例	結果
Hex(exp)	將參數值轉換成十六進位字串	Hex(10)	"A"
Oct(exp)	將參數值轉換成八進位字串	Oct(10)	"12"

數學函數

VB 提供三角函數（trigonometric）、指數（exponential）和對數（logarithmic）的方法，其相關方法的說明，參數 x、x1~2 是 Double 資料型態，如下表所示：

表 7-6

方法	說明
Math.Exp(x)	自然數的指數 e^x
Math.Log(x)	自然對數
Math.Pow(x1, x2)	傳回第 1 個參數為底，第 2 個參數的次方值
Math.Sin(x)	正弦函數
Math.Cos(x)	餘弦函數
Math.Sqrt(x)	傳回參數的平方根
Math.Tan(x)	正切函數

上表函數都是傳回 Double 資料型態。三角函數參數的單位是徑度（radian），如果是角度（degree），請乘以 π/180 將角度轉換成徑度（VB 程式：ch7-5b.vb），如下所示：

```
Dim deg As Double = 60.0              ' 角度
Dim rad As Double = deg*Math.PI/180.0  ' 徑度
MsgBox("sin(60) = " & Math.Sin(rad) & vbNewLine &
    "cos(60) = " & Math.Cos(rad) , , " 標題 ")
```

上述程式碼將角度 60 轉換成徑度後，計算 Sin() 和 Cos() 的值。

亂數與四捨五入函數

VB 語言的亂數與四捨五入函數，參數 stmt 爲數值或運算式，其說明如下表所示：

表 7-7

函數	說明
Rnd(stmt)	亂數函數，依 Single 資料型態的參數產生單精浮點數的亂數
Randomize(stmt)	使用參數初始化 Rnd() 函數的亂數產生器，因為每次會給予新的種子值，所以每次都產生不同的亂數序列，如果沒有參數，使用的是系統計時器傳回的值
Int(stmt)	傳回整數的運算結果，無條件捨去數字的小數部份，如果數值為正，傳回整數部分；負數傳回比數值小的負正數
Fix(stmt)	取得數值的整數部分，使用無條件捨去法且不考慮數值為正或負數

亂數是隨機產生的數值序列，每個序列值屬於單精浮點數值，其值介於 0 到 1 之間。爲了每次執行時都能產生不同的亂數序列，需要使用 Randomize() 函數初始亂數產生器，如下所示：

```
Randomize()
```

在使用上述函數初始後，可以使用 Rnd() 函數取得亂數值，如下所示：

```
t = Int(Rnd(10) * 100)
```

上述函數因爲乘以 100，配合 Int() 函數可以取得整數的亂數值，所以值是在 0~100 之間，當 Rnd() 函數的參數值大於 0，表示傳回序列的下一個亂數值。

我們準備修改第 6-5 節的猜數字遊戲，改用亂數來產生欲猜測的值（VB 程式：ch7-5b.vb），如下所示：

```
Randomize()
Dim t As Integer = Int(Rnd(10) * 100)
Do While True
   Dim g As Integer = CInt(InputBox(" 請輸入猜測的數字 (0~100)", " 標題 "))
   If g = t Then
      Exit Do  ' 跳出迴圈
   End If
   If g >= t Then
      MsgBox(" 數字太大 !", , " 標題 ")
   Else
      MsgBox(" 數字太小 !", , " 標題 ")
   End If
Loop
MsgBox(" 猜中數字 = " & t, , " 標題 ")
```

學習評量

選擇題

( ) 1. 在程序和函數內使用 Dim 宣告的變數 x，請問變數 x 屬於下列哪一種範圍的變數？
A. 全域範圍 B. 程式範圍 C. 區塊範圍 D. 區域範圍

( ) 2. 請問執行下列 VB 程式碼顯示的內容爲何，如下所示：

```
Function H(n As Integer)
  Return n ^ (n + 1)
End Function
Private Sub Form1_Load(...)
  Dim x As Integer
  x = 2
  MsgBox(H(x), , " 標題 ")
End Sub
```

A. 2 B. 8 C. 1 D. 0

( ) 3. 請問下列哪一個關鍵字可以從 VB 函數傳回值？
A. ByRef B. ByVal C. Exit D. Return

( ) 4. 請問 VB 語言的函數最多可以傳回幾個值？
A. 「0」 B. 「2」 C. 「1」 D. 「3」

( ) 5. 請問下列哪一個關於程序與函數的說明是不正確的？
A. 程序沒有傳回值；而函數擁有傳回值
B. VB 語言只支援函數
C. 程序與函數是一個執行特定功能的程式區塊
D. 呼叫函數只需傳入參數，就可以取得傳回值

簡答題

1. 請使用圖例說明程序與函數的黑盒子？我們是如何執行程序與函數？
2. 請問 VB 程序與函數的參數傳遞方式有哪兩種？
3. 請使用圖例來說明程序與函數的變數範圍？
4. 請問什麼是區域變數？什麼是全域變數？

實作題

1. 在 VB 程式建立計算三角形面積公式函數 trianglearea()，只需在文字方塊輸入三角形的三個邊長，就可以計算三角形面積。三角形面積的公式（三個邊長是 a、b 和 c），如下所示：

$$Area=\sqrt{p*(p-a)*(p-b)*(p-c)} \quad \text{其中} \quad p=\frac{a+b+c}{2}$$

2. 在 VB 程式建立匯率換算函數 rateexchange()，程式輸入台幣金額和匯率後，呼叫函數，計算兌換成美金的金額，可以顯示換算結果。
3. 請建立 VB 程式新增 min() 和 max() 函數，函數傳入 3 個整數參數，可以分別傳回參數中的最小值和最大值。
4. 請建立 VB 程式新增 bill() 函數，可以計算 Internet 的連線費用，前 50 小時，每分鐘 0.3 元；超過 50 小時，每分鐘 0.2 元。
5. 請建立 VB 程式寫出 2 個函數都擁有 2 個整數參數，第 1 個函數當參數 1 大於參數 2 時，傳回 2 個參數相乘的結果，否則是相加結果；第 2 個函數傳回參數 1 除以參數 2 的相除結果，如果參數 2 為 0，傳回 -1。
6. 計算體脂肪 BMI 值的公式是 W/(H*H)， H 是身高（公尺）和 W 是體重（公斤），請建立 bmi() 函數計算 BMI 值，參數是身高和體重。

Chapter

8

Windows 表單與基本控制項

本章綱要

8-1 建立 Windows 視窗應用程式

Windows 視窗應用程式是使用視窗、功能表、對話方塊、按鈕等圖形控制項組成的應用程式。例如：Office 軟體、記事本、小畫家或 Visual Studio 本身都是一種 Windows 應用程式。

8-1-1 物件、屬性和方法

基本上，VB 語言建立的 Windows 視窗應用程式是一個個物件組成，稱爲控制項，我們可以將物件視爲是一個個組成程式的零件，更改屬性值調整物件狀態，和呼叫物件方法來執行所需功能。

物件

物件（objects）是一個提供特定功能的黑盒子，只需知道它的功能，並不用考慮內部詳細的程式碼，就可以將這些物件組合起來建立 Windows 視窗應用程式。事實上，在日常生活中的實體都是一種物件，例如：人、車和房子等。

我們可以將積木堆砌成的高塔當成應用程式，不同形狀的積木如同是一個個不同功能的物件（控制項），我們並不用了解每一個積木是什麼材質，只需知道其形狀和如何堆砌起來不會倒塌，就可以使用積木堆砌成各種建築物來建立應用程式，如下圖所示：

圖 8-1

屬性

屬性（properties）是物件的性質與狀態，也就是物件的特性，例如：紅色車子、身高 180 和綠色筆，身高和色彩就是屬性；車子、人和筆是物件。在 Visual Studio 可以在「屬性」視窗存取物件的屬性值。

我們也可以使用 VB 程式碼來存取控制項屬性，其語法如下所示：

```
控制項名稱 . 屬性名稱
```

上述語法可以存取控制項物件的屬性，控制項名稱是 Name 屬性值，中間句點「.」是物件運算子，使用句點存取物件屬性值和呼叫物件方法。

例如：文字方塊控制項提供 MaxLength 屬性設定輸入字串的長度；BackColor 屬性指定背景色彩，我們並不用了解需要多少行程式碼來繪出控制項的背景色彩，只需指定屬性值，即可更改背景色彩和指定字串長度，如下所示：

```
TextBox1.BackColor = Color.Red
TextBox1.MaxLength = 20
```

方法

方法（methods）是物件的處理程序或函數，也就是執行物件提供的功能，例如：車子可以發動、停車、加速和換擋等。在 VB 程式碼呼叫控制項方法的語法，如下所示：

```
控制項名稱 . 方法名稱 ()
```

上述語法呼叫控制項物件的方法，控制項名稱是 Name 屬性值。例如：呼叫 Button1 控制項物件的 2 個方法，如下所示：

```
Button1.Update()
Button1.ToString()
```

上述程式碼執行 Button1 物件的方法，在括號指定方法的參數。我們並不需要知道方法內容的程式碼是什麼，只需知道物件提供的方法需要如何使用，在指定參數後，就可以呼叫方法來執行所需的功能。

隨堂練習

1. ____________ 是物件的性質與狀態，也就是物件的特性。
2. ________ 是物件的處理程序或函數，也就是執行物件提供的功能。

8-1-2 建立 Windows 視窗應用程式

現在，我們可以啟動 Visual Studio，從新增 Visual Studio 專案開始一步一步建立第一個 VB 的 Windows 應用程式，使用者只需按下按鈕，就可以在標籤控制項顯示一段文字內容。

使用介面的容器 - 表單

Windows 應用程式的視窗和對話方塊都是「表單」（forms），這是一種容器物件，如同是在一個大盒子中放入控制項的小盒子，可以讓我們在表單之中新增控制項來建立使用介面，如下圖所示：

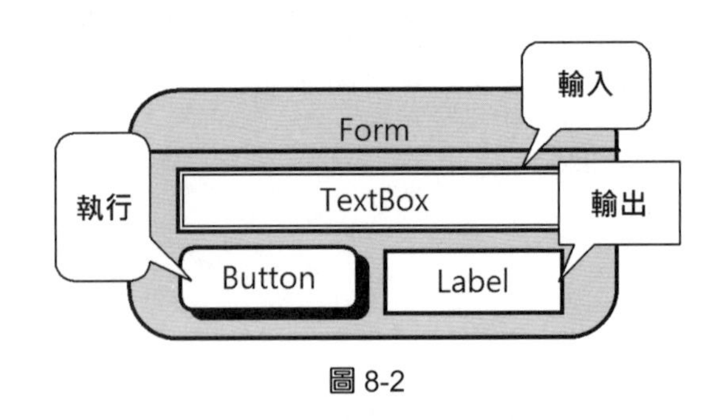

圖 8-2

Visual Studio 專案預設建立 Form1 表單物件，我們可以使用 Me 關鍵字代表 Form1 物件本身，更改 Text 屬性值，就是更改視窗上方的標題文字，如下所示：

```
Me.Text = " 視窗程式 "
```

步驟一：新增 Windows Form 應用程式專案

在 Visual Studio 新增 Windows Form 應用程式專案，就是建立 Windows 應用程式，預設新增 From1.vb 表單，其步驟如下所示：

Step 01：請點選左下角圖示，執行【Visual Studio 201?】命令啟動 Visual Studio 整合開發環境（Express 版是【Microsoft Visual Basic 201? Express】命令），然後執行「檔案 > 新增 > 專案」命令（或「檔案 > 新增專案」命令），可以看到「新增專案」對話方塊。

Step 02：Visual Studio 新增專案依版本不同，有兩種不同的步驟，如下所示：

- 第一種：在左邊選「範本 >Visual Basic>Windows」後，上方選【.NET Framework】版本。在中間選【Windows Forms App】或【Windows Form 應用程式】範本，下方【名稱】欄輸入專案名稱【ch8-1-2】，然後按下方【位置】欄後的【瀏覽】鈕選「\vb\ch08」，取消勾選【爲方案建立目錄】後，按【確定】鈕建立【ch8-1-2】專案。
- 第二種：在左邊選 Visual Basic，然後在中間選【Windows Form 應用程式】範本，請輸入專案名稱【ch8-1-2】後，按【確定】鈕新增專案。

Step 03：如果使用 2010 Express 版，我們需要執行「檔案 > 全部儲存」命令，在「儲存專案」對話方塊的【位置】欄選「\vb\ch08」，取消勾選【爲方案建立目錄】後，按【儲存】鈕儲存【ch8-1-2】專案。

步驟二：建立表單的版面配置

Visual Studio 只需在「工具箱」視窗選取控制項，就可以在表單新增圖形使用介面的控制項。請繼續上面步驟新增 Label 和 Button 控制項，和調整表單尺寸，如下圖所示：

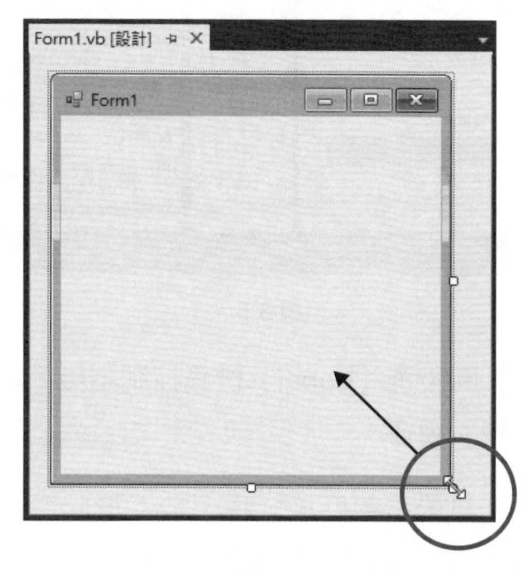

圖 8-3

Step 01：在表單設計工具選取表單後，可以看到右下方 3 個定位點，請移動游標至右下角定位點，可以看到游標成爲雙箭頭。

Step 02：按住滑鼠左鍵後，住左上方拖拉來縮小表單尺寸，可以看到表單尺寸已經縮小，如下圖所示：

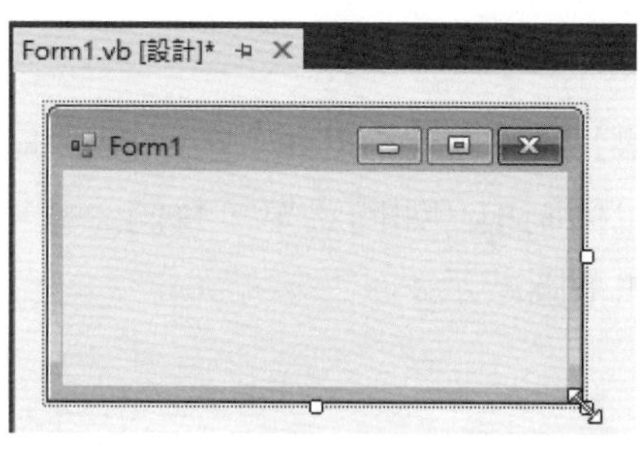

圖 8-4

■ 說明 ■

在 Visual Studio 除了拖拉調整表單尺寸外，我們也可以選取表單後，在「屬性」視窗更改【Size】屬性值，以此例是【260, 140】。

Step 03：點選左邊【工具箱】標籤開啓「工具箱」視窗，可以看到控制項清單，如下圖所示：

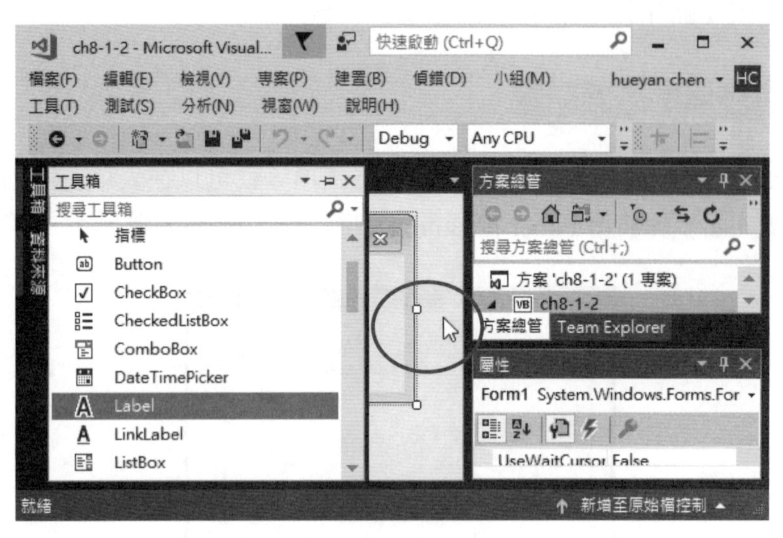

圖 8-5

Step 04：在【通用控制項】區段選【Label】標籤控制項後，在表單編輯範圍外點一下，可以隱藏「工具箱」視窗。

Step 05：然後在表單設計工具的編輯區域，將十字 A 形狀游標移至插入位置後，點一下來新增名爲 Label1 的標籤控制項，如下圖所示：

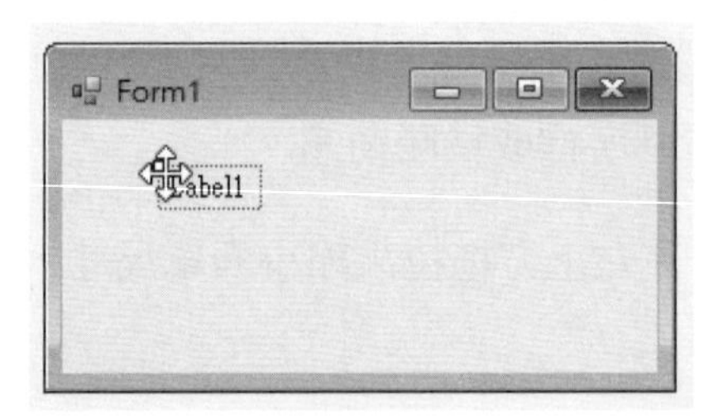

圖 8-6

Step 06：請在【通用控制項】區段選【Button】按鈕控制項後，在表單插入位置點一下，插入 Button1 按鈕控制項（如同表單，我們一樣可以拖拉控制項四周的定位點來調整尺寸），如下圖所示：

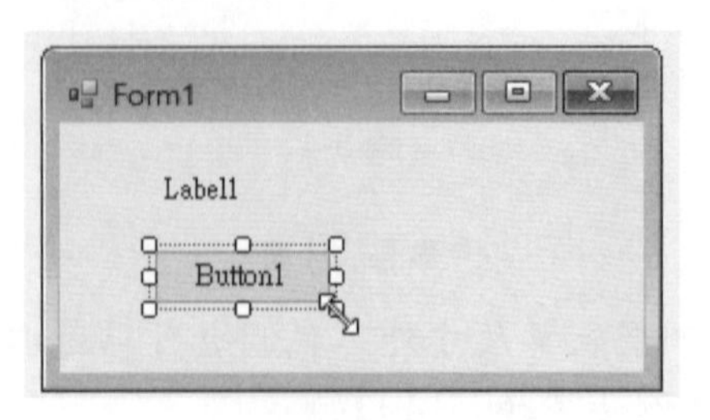

圖 8-7

步驟三：設定控制項屬性

在表單新增控制項後，請選取控制項，在「屬性」視窗設定控制項的相關屬性，控制項名稱是 (Name) 屬性值。請繼續上面步驟更改屬性值，如下所示：

Step 01：選 Form1 表單，在右下方「屬性」視窗顯示表單的屬性清單，請捲動視窗找到【Text】屬性，如下圖所示：

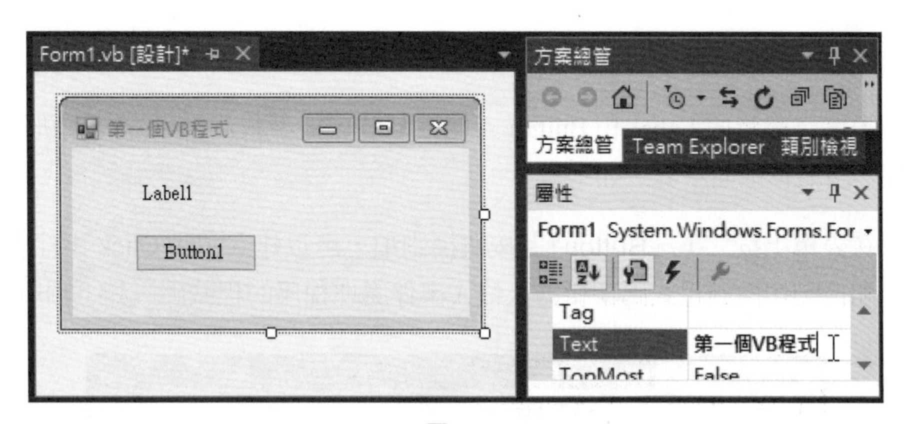

圖 8-8

■ 說明 ■

請注意！在 Visual Studio 編輯視窗的標籤頁名稱後有一個星號【Form1.vb[設計]*】，表示表單內容有更改，但是尚未儲存。

Step 02：點選【Text】屬性後的空白欄位，輸入【第一個 VB 程式】後，可以看到表單標題列改為 Text 屬性值。

Step 03：選【Button1】控制項後，在「屬性」視窗捲動到【Text】屬性，如下圖所示：

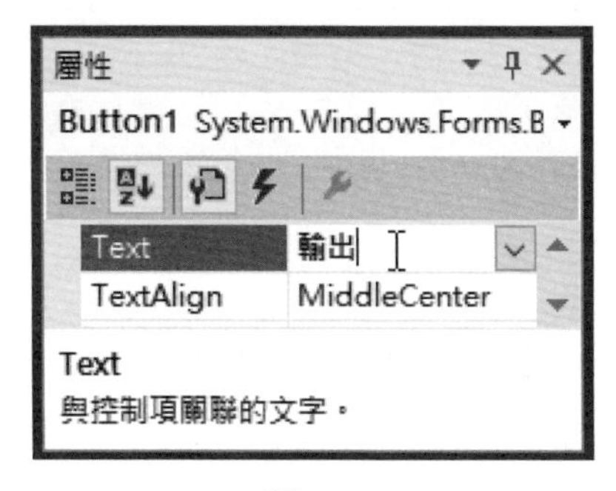

圖 8-9

Step 04：按【Text】屬性後的欄位，輸入按鈕的標題文字【輸出】，可以看到我們建立的表單使用介面，如下圖所示：

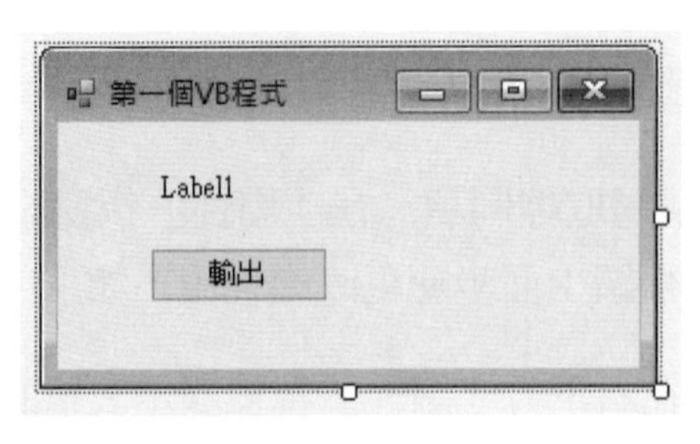

圖 8-10

步驟四：在控制項新增事件處理程序

目前在表單已經新增 Label 和 Button 二個控制項，接著我們準備建立按鈕控制項的事件處理程序，請繼續上面步驟，如下所示：

Step 01：在表單上按二下【Button1】按鈕控制項，可以建立預設 Click 事件處理程序，和自動切換到程式碼編輯器來輸入事件處理程序的程式碼，如下圖所示：

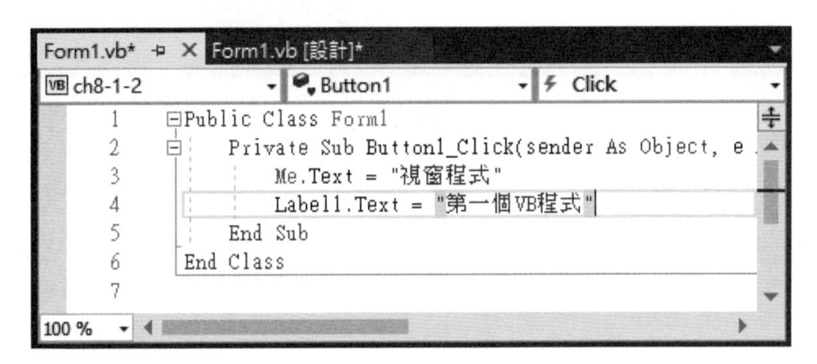

圖 8-11

請在上述 Button1_Click() 事件處理程序輸入處理事件的 VB 程式碼（部分 Community 版並沒有上方 3 個下拉式清單；Express 版沒有第 1 個，只有後面 2 個），如下所示：

```
01: Private Sub Button1_Click(sender As Object,
                  e As EventArgs) Handles Button1.Click
02:      Me.Text = " 視窗程式 "
03:      Label1.Text = " 第一個 VB 程式 "
04: End Sub
```

- 第 2 行：更改 Windows 視窗上方的標題文字。
- 第 3 行：更改標籤控制項的 Text 屬性值，可以在標籤控制項輸出一段文字內容。

Step 02：在輸入完 VB 程式碼後，執行「檔案 > 儲存 Form1.vb」命令儲存程式檔案，或執行「檔案 > 全部儲存」命令儲存整個專案。

步驟五：編譯與執行 Windows 應用程式

在完成表單設計和輸入程式碼後，我們可以編譯和執行專案的程式檔案，請繼續上面步驟，如下所示：

Step 01：請執行「偵錯 > 開始偵錯」命令或按 F5 鍵，在編譯和建置專案完成後，如果沒有錯誤，可以看到執行結果的 Windows 應用程式視窗。

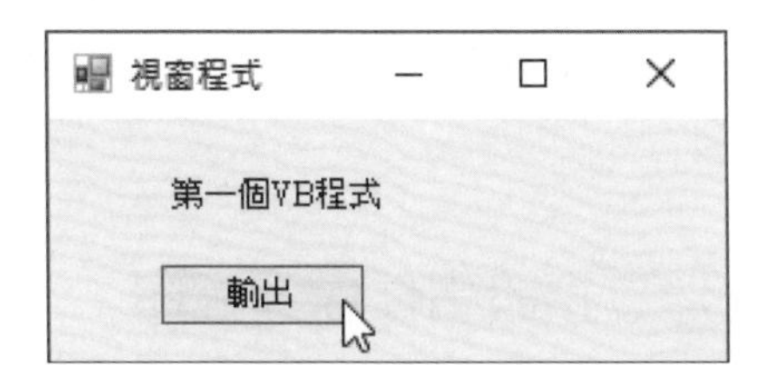

圖 8-12

按【輸出】鈕，可以變更上方標題文字，和在 Label 標籤控制項顯示文字內容，按視窗右上角【X】鈕結束 Windows 應用程式的執行。

隨堂練習

1. 請修改 ch8-1-2 專案，當按下按鈕，可以顯示讀者的姓名。

8-2 與程式互動 - 事件處理

Windows 視窗應用程式是由物件組成，單純的物件集合只是靜態程式，我們需要透過事件處理來啓動程式，讓程式執行所需的工作。

8-2-1 認識事件處理

事件（events）本身是一個物件，代表使用者按下按鈕、滑鼠或鍵盤按鍵等操作後，觸發的動作進而造成控制項狀態的改變，當這些改變發生時，就會觸發對應的事件物件。我們可以針對事件作進一步處理，即執行處理的事件處理程序。

圖 8-13

Windows 應用程式的事件處理如同讓遙控機器人玩具行走，機器人是程式，按下遙控器開關可以產生事件，我們需要按下前進按鈕觸發事件，才能執行事件處理程序讓機器人開始向前走，如右圖所示：

對比 VB 應用程式，Button1 按鈕控制項可以產生 Click 事件，當使用者按下按鈕觸發事件，可以執行 Button1_Click() 事件處理程序來處理此事件，即執行程序的功能。

8-2-2 建立事件處理程序

物件可以建立事件處理程序來處理事件，這種以事件爲中心來設計程式的方法，稱爲「事件驅動程式設計」（event-driven programming）。Visual Studio 建立事件處理程序的方法有三種，如下所示：

方法一：在表單設計工具建立預設事件處理程序

在 Visual Studio 表單設計工具按二下控制項，可以建立控制項預設的事件處理程序，例如：Button1 控制項的預設事件是 Click 事件，按二下建立 Button1_Click() 事件處理程序；Form1 是 Form1_Load()。

方法二：在程式碼編輯視窗建立事件處理程序

如果不是控制項的預設事件，我們可以在程式碼編輯視窗建立指定物件的事件處理程序（請注意！ Community 2015 版不支援此方法）。Community 版的使用介面，如下圖所示：

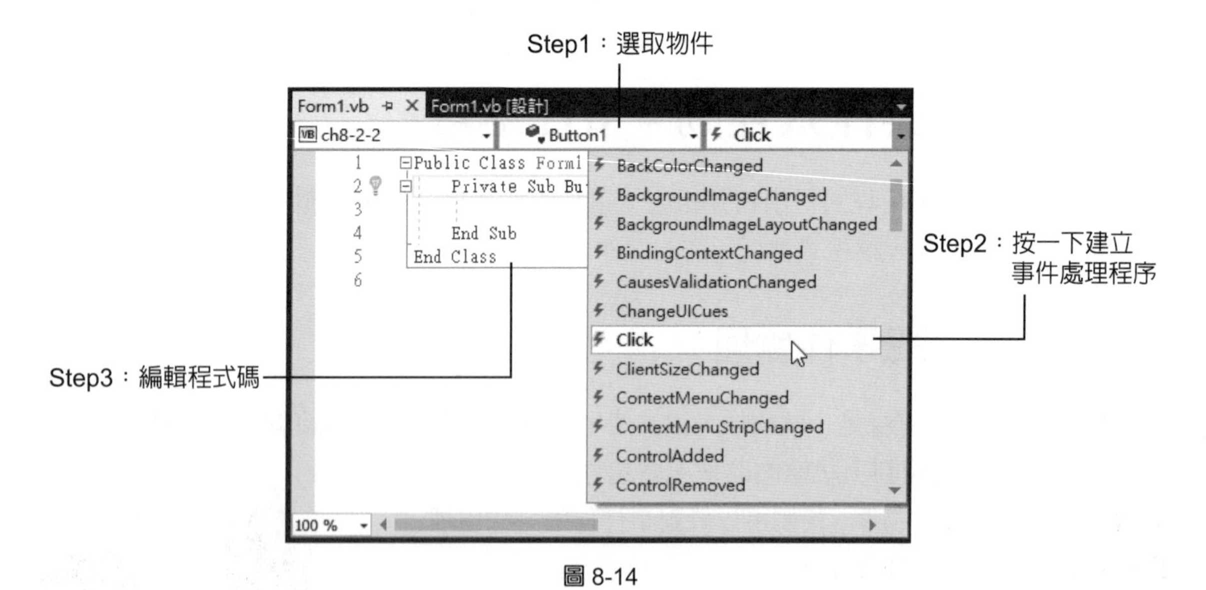

圖 8-14

Express 版的使用介面，如下圖所示：

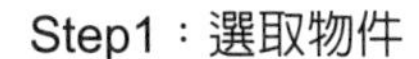

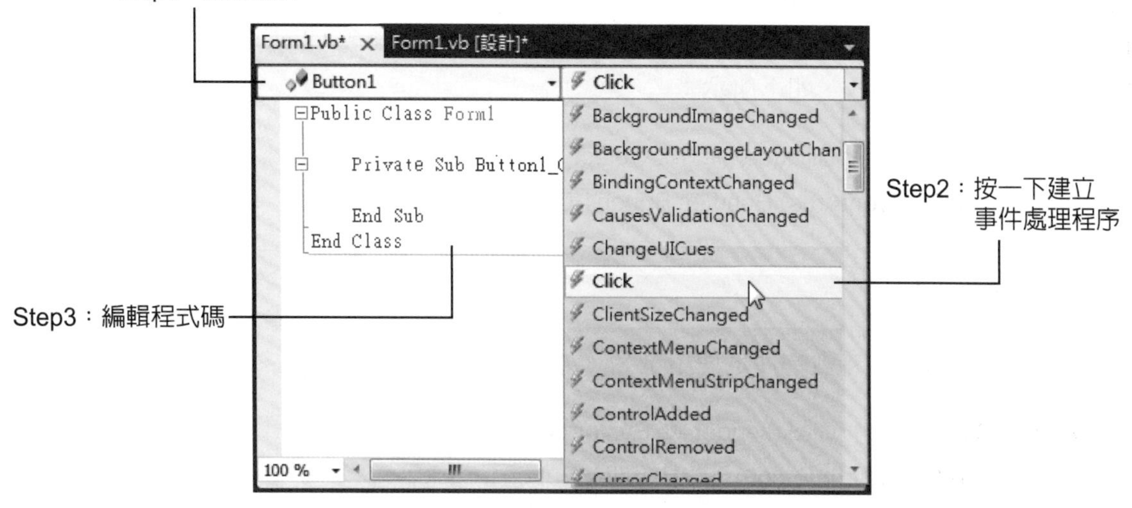

圖 8-15

方法三：在屬性視窗建立事件處理程序

如果不是預設事件，Visual Studio 各版本都可以在「屬性」視窗建立事件處理程序，Community 2015 版只能使用此方法來建立不是控制項的預設事件處理。

例如：Button1 控制項的 Click 事件，請選 Button1 後，在「屬性」視窗上方按第 4 個閃電圖示切換至事件清單，在【Click】欄位後按二下，建立 Button1_Click() 事件處理程序，如下圖所示：

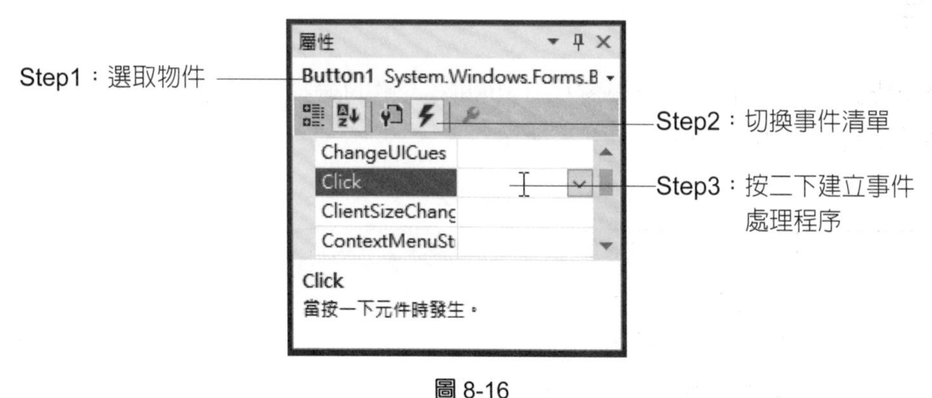

圖 8-16

8-2-3　事件處程程序語法與事件種類

當我們使用 Visual Studio 在控制項建立事件處理程序後，事件處理程序名稱的基本語法，如下所示：

```
控制項名稱 _ 事件名稱
```

上述控制項名稱是 Name 屬性值，底線後是事件名稱，其意義是「此程序是用來處理控制項產生的【事件名稱】事件」。例如：Button1 控制項觸發 Click 事件，其事件處理程序名稱為 Button1_Click，如下所示：

```
Private Sub Button1_Click(sender As Object,
            e As EventArgs) Handles Button1.Click
  …
End Sub
```

Express 版的 2 個參數物件是使用全名，如下所示：

```
Private Sub Button1_Click(sender As System.Object,
            e As System.EventArgs) Handles Button1.Click
  …
End Sub
```

上述程序位在 Handles 關鍵字後的是處理的事件，擁有 2 個參數，其說明如下表所示：

表 8-1

參數物件	說明
Object	觸發事件的來源物件，即哪一個物件產生此事件，全名是 System.Object
Eventargs	事件物件本身，包含事件的相關資訊，全名是 System.Eventargs

表單事件

當應用程式載入表單、調整視窗尺寸和關閉表單的過程，都會觸發一系列事件。Form 表單物件常用的表單事件說明，如下表所示：

表 8-2

事件	說明
Load	在執行應用程式載入表單時，就會觸發此事件，通常我們會在此事件的處理程序，指定控制項的初始狀態
Resize	當調整視窗尺寸時，就會觸發此事件
FormClosing	當使用者按下標題列的【X】鈕時，表單在準備關閉前會觸發此事件
FormClosed	在 FormClosing 事件之後，就會觸發此事件

不只如此，表單預設支援滑鼠事件：MouseEnter、MouseMove、MouseDown、Click、DoubleClick、MouseUp 和 MouseLeave。

滑鼠事件

滑鼠事件是在表單或控制項上操作滑鼠時，移動、按一下和按二下等操作動作所觸發的一系列事件，其說明如下表所示：

表 8-3

事件	說明
MouseEnter	當滑鼠進入控制項時，就會觸發此事件
MouseMove	當滑鼠移動時，就會觸發此事件
MouseDown	當按下滑鼠按鍵時，就會觸發此事件
Click	當按一下滑鼠按鍵，即點選時，就會觸發此事件
DoubleClick	當按二下滑鼠按鍵，即雙擊時，就會觸發此事件
MouseUp	當放開滑鼠按鍵時，就會觸發此事件
MouseLeave	當滑鼠離開控制項時，就會觸發此事件

鍵盤事件

當按下鍵盤按鍵，可以在控制項觸發一系列鍵盤事件，其說明如下表所示：

表 8-4

事件	說明
KeyDown	當使用者在控制項擁有焦點時，按下鍵盤按鍵時產生的事件
KeyPress	當使用者按下和釋放 ANSI 字碼的鍵盤按鍵時產生此事件，可以取得輸入的字元
KeyUp	當使用者在控制項擁有焦點時，放開鍵盤按鍵時產生的事件

隨堂練習

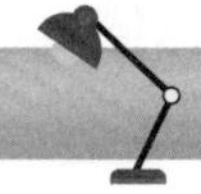

1. ____________ 本身是一個物件，代表使用者按下按鈕、滑鼠或鍵盤按鍵等操作後，觸發的動作進而造成控制項狀態的改變。
2. 事件處理程序預設名稱的語法是 ________________。

8-3 執行功能 - 按鈕控制項

「按鈕」(Button)控制項是表單上十分重要的控制項，這是實際執行功能的圖形使用介面。在日常生活中的按鈕也隨處可見，例如：門鈴和遊戲控制器的按鈕，按一下可以響起門鈴聲，或發射子彈射擊。

Button 按鈕控制項可以觸發 Click 事件執行事件處理程序，例如：在輸入資料後，按下按鈕顯示計算結果、更改屬性或取消等操作。在對話方塊的【確定】按鈕，如下圖所示：

圖 8-17

上述按鈕是使用文字內容顯示按鈕的標題文字。按鈕的操作是使用滑鼠按一下來表示按下按鈕。常用屬性說明，如下表所示：

表 8-5

屬性	說明
Text	按鈕的標題文字
TextAlign	標題文字的對齊方式，共有井字形的 9 個位置可供選擇
FaltStyle	指定按鈕樣式，也就是游標移至按鈕上時的顯示樣式，可以是 Flat（平面按鈕）、Popup（平面按鈕，滑鼠經過時成為立體）、Standard（立體 3D 按鈕，預設值）和 System（使用作業系統的按鈕樣式）

範例專案：猜樸克牌點數大小 -ch8-3\ch8-3.sln

在 Windows 應用程式建立猜樸克牌點數大小的遊戲，使用 2 個按鈕控制項模擬 2 張樸克牌，按下可以顯示點數，我們可以猜測 2 張牌中，哪一張牌的點數比較大，其執行結果如下圖所示：

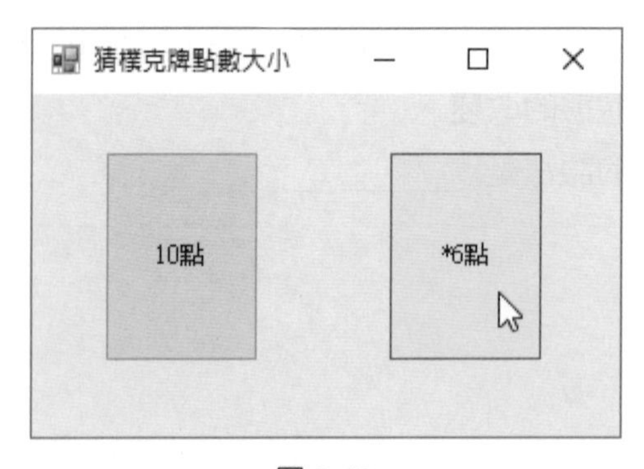

圖 8-18

按【樸克牌 1】鈕或【樸克牌 2】鈕，可以顯示點數，星號表示是使用者按下的哪一個按鈕。

表單的版面配置

Step 01：請參考「ch08\ch8-3」資料夾建立專案，然後拖拉更改表單 Form1 的尺寸為【300, 200】（也可以更改表單的【Size】屬性值）。

Step 02：新增與編排 2 個 Button 控制項，如下圖所示：

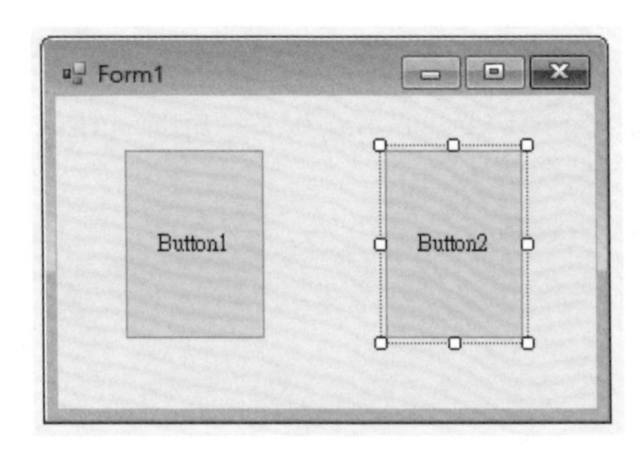

圖 8-19

控制項屬性

Step 03：分別選取各控制項後，更改各控制項的屬性值，如下表所示：

表 8-6

控制項	Text 屬性
Form1	猜樸克牌點數大小
Button1	樸克牌 1
Button2	樸克牌 2

在更改上表屬性值後，可以看到我們建立的表單介面，如下圖所示：

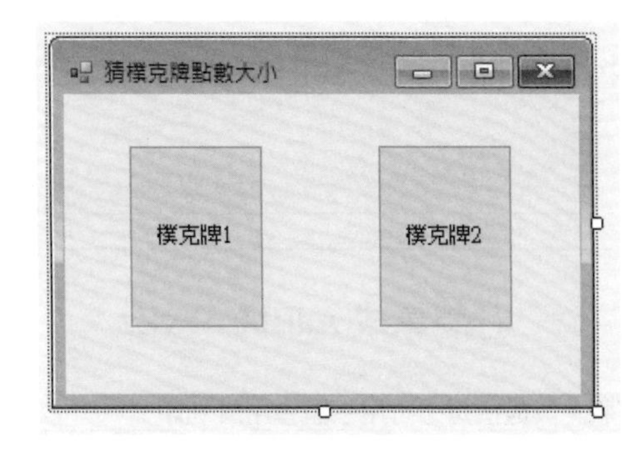

圖 8-20

程式碼編輯

Step 04：請分別按二下標題為【樸克牌 1】和【樸克牌 2】的 Button1、Button2 控制項，可以建立 Button1~2_Click() 事件處理程序。

```
01: Private Sub Button1_Click(sender As Object,
                  e As EventArgs) Handles Button1.Click
02:     Button1.Text = "*10 點"
03:     Button2.Text = "6 點"
04: End Sub
05:
06: Private Sub Button2_Click(sender As Object,
                  e As EventArgs) Handles Button2.Click
07:     Button1.Text = "10 點"
08:     Button2.Text = "*6 點"
09: End Sub
```

程式碼解說

- 第 1~4 行：Button1_Click() 事件處理程序是在第 2~3 行指定顯示的點數，即指定 Text 屬性值（讀者可以自行指定點數值，讓朋友猜猜看哪一個點數比較大）。
- 第 6~9 行：Button2_Click() 事件處理程序是在第 7~8 行指定顯示的點數，即指定 Text 屬性值。

8-4 程式輸出 - 標籤控制項

「標籤」（Label）控制項是一種資料輸出控制項，可以在表單顯示程式的執行結果或說明文字，例如：按下按鈕控制項後，在 Label 標籤控制項顯示數學運算或字串連接的結果。

標籤控制項的使用

在表單新增 Label 標籤控制項除了可以輸出程式的執行結果外，也可以用來建立說明文字，如下圖所示：

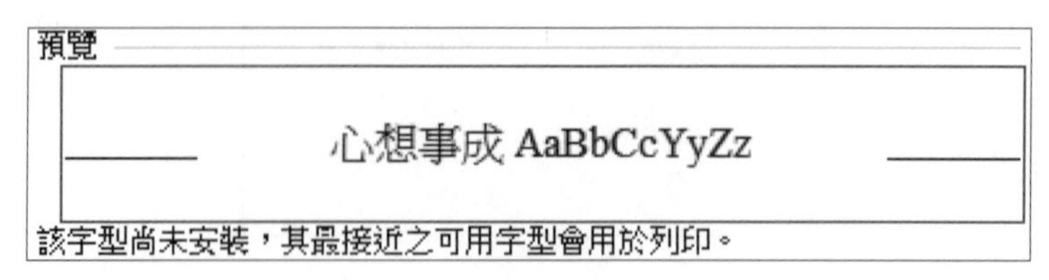

圖 8-21

上述圖例的預覽框是作爲程式輸出用途的 Label 標籤控制項，上方 " 預覽 " 和下方的哪一段文字是使用 Label 標籤控制項建立的說明文字。

■ 說明 ■

在 Visual Studio 表單新增的 Label 標籤控制項，AutoSize 屬性值預設是 True，並不能更改控制項尺寸，設計工具會自動依文字內容調整其大小，如果需要建立如上述圖例的輸出框，請將 AutoSize 屬性改爲 False，即可調整標籤控制項的尺寸。

Label 標籤控制項的一些常用屬性說明，如下表所示：

表 8-7

屬性	說明
Text	標籤控制項顯示的文字內容
TextAlign	文字對齊方式，共有井字形的 9 個位置可供選擇
BorderStyle	框線樣式，可以是 None 沒有框線（預設值）、FixedSingle 單線和 Fixed3D 立體框線

VB 語言的字串連接

對於多個控制項的文字內容，我們可以使用字串連接運算子將它們連接起來，如下所示：

```
Label3.Text = Label1.Text & Label2.Text
```

上述程式碼取得 2 個標籤控制項的 Text 屬性值，字串連接運算子「&」可以將 Label2.Text 的內容加至 Label1.Text 內容的最後，如下所示：

```
"Visual Basic" & " 程式設計 "
```

此時，Label3.Text 的內容是字串連接的結果，如下所示：

```
"Visual Basic 程式設計 "
```

範例專案：輸出連接字串 -ch8-4\ch8-4.sln

在 Windows 應用程式輸出 2 個字串的連接結果，可以將第 2 個標籤控制項 Text 屬性值連接至第 1 個標籤控制項的最後，然後在第 3 個標籤控制項顯示字串連接的結果，其執行結果如下圖所示：

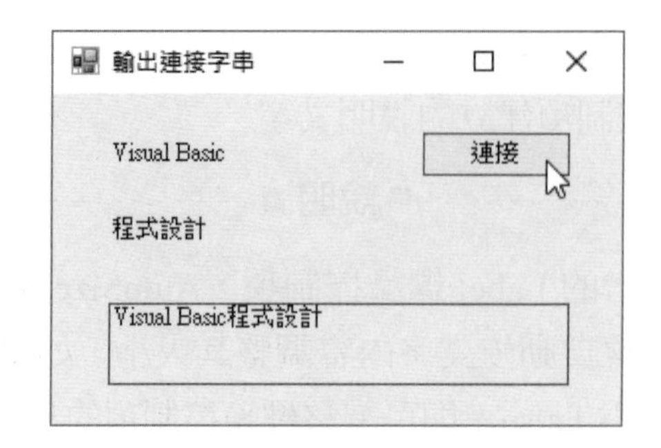

圖 8-22

按【連接】鈕，可以將上方2個標籤控制項的字串內容連接後，顯示在下方標籤控制項，程式是使用最下方標籤控制項輸出執行結果。

表單的版面配置

Step 01：請參考「ch08\ch8-4」資料夾建立專案，然後拖拉更改表單 Form1 的尺寸為【300, 200】（也可以更改表單的【Size】屬性值）。

Step 02：新增與編排 3 個 Label 和 1 個 Button 控制項，如下圖所示：

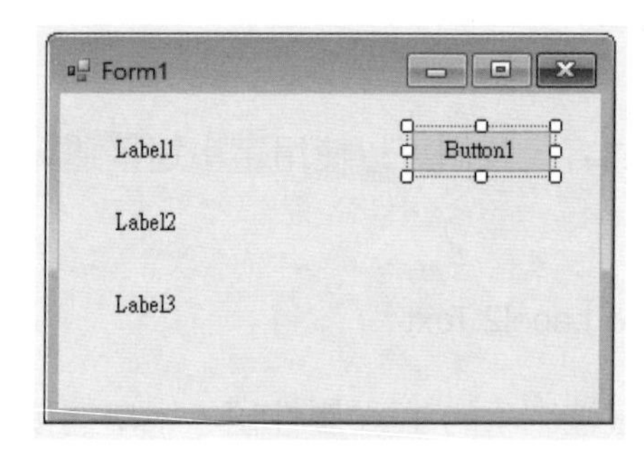

圖 8-23

控制項屬性

Step 03：選取各控制項後，更改各控制項的屬性值，如下表所示：

表 8-8

控制項	Text	AutoSize	BorderStyle	Size
Form1	輸出連接字串	N/A	N/A	N/A
Label1	Visual Basic	True	N/A	N/A
Label2	程式設計	True	N/A	N/A
Label3	< 空白 >	False	FixedSingle	130,30
Buttno1	連接	N/A	N/A	N/A

當更改上表屬性值後，可以看到我們建立的表單介面，如下圖所示：

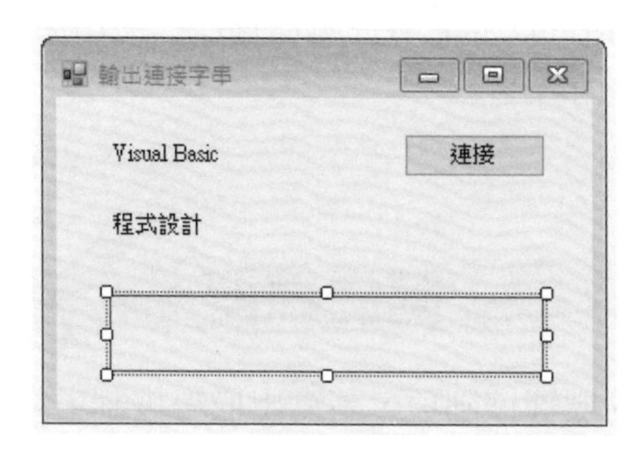

圖 8-24

在上圖選取 Label3 控制項後，我們可以更改 AutoSize、BorderStyle 和 Size 屬性值，其設定步驟如下所示：

Step 04：選 Label3，在「屬性」視窗捲動視窗找到【AutoSize】屬性，如下圖所示：

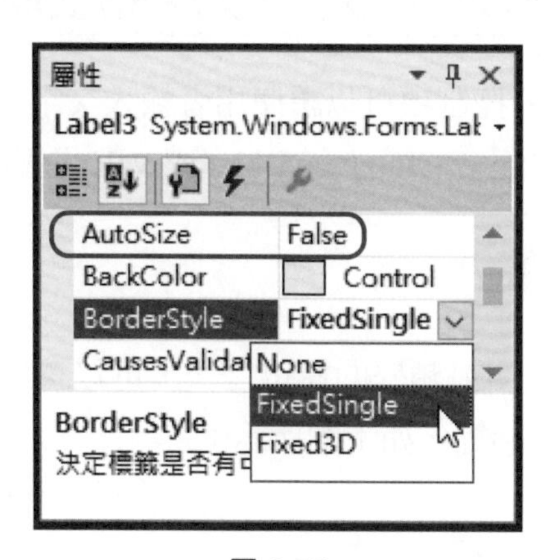

圖 8-25

Step 05：在下拉式選單將屬性值改為【False】後，將下方【BorderStyle】屬性改為【FixedSingle】。

Step 06：在「屬性」視窗捲動視窗找到【Size】屬性，將屬性值改為【230, 40】。

程式碼編輯

Step 07：按二下名為【連接】的 Button 按鈕控制項，可以建立 Button1_Click() 事件處理程序。

```
01: Private Sub Button1_Click(sender As Object,
                 e As EventArgs) Handles Button1.Click
02:     Label3.Text = Label1.Text & Label2.Text
03: End Sub
```

程式碼解說

- 第 1~3 行：按鈕控制項的 Click 事件處理程序，使用字串連接運算子「&」連接 2 個標籤控制項的文字內容。

隨堂練習

1. 現在有一個名爲 Label5 的標籤控制項，請寫出取得控制項內容的程式碼爲 ________。
2. 在 VB 程式是使用 Label 控制項建立長方形輸出框，我們需要將控制項的 AutoSize 屬性改爲 ________ 來建立輸出框。

8-5 程式輸入 - 文字方塊控制項

「文字方塊」（TextBox）控制項可以讓使用者輸入文字內容的單行或多行字串。因爲輸入的資料是字串，我們需要配合 CInt()、CDbl() 或 Val() 函數取得數值型態的資料。

8-5-1 單行文字方塊

單行文字方塊是表單中使用最頻繁的欄位之一，可以讓使用者以鍵盤輸入程式所需的資料。例如：姓名、帳號和電話等，如下圖所示：

高度 (9-24)(H): 9
寬度 (9-30)(W): 9
地雷數目 (10-668)(M): 10

圖 8-26

上述圖例的說明文字是 Label 控制項，後方文字框是 TextBox 單行文字方塊。單行文字方塊控制項的常用屬性說明，如下表所示：

表 8-9

屬性	說明
Text	文字方塊控制項輸入的內容，這是一個字串
MaxLength	設定文字方塊可接受的字元數，預設為 32767
TextAlign	文字方塊的對齊方式，可以是 Left（靠左）、Right（靠右）和 Center（置中）
PasswordChar	密碼欄位，輸入字元由其他符號取代，例如：「*」星號

Val() 函數

VB 語言除了使用 CInt() 函數轉換成整數；CDbl() 函數轉換成浮點數外，我們也可以使用 Val() 函數將參數字串中的數字部分轉換成數值，例如：TextBox 控制項輸入的成績資料是文字內容，我們需要轉換成數值，如下所示：

```
Label3.Text = Val(TextBox1.Text) + Val(TextBox2.Text)
```

上述程式碼呼叫 Val() 函數將 TextBox1.Text 和 TextBox2.Text 文字方塊控制項輸入的內容轉換成數值成績（也可以使用 CInt() 函數）後，使用加法運算子「+」將成績相加。

範例專案：計算二科成績總分 -ch8-5-1\ch8-5-1.sln

在 Windows 應用程式建立成績總分計算程式，可以將輸入的數學與英文成績加總後，顯示在下方標籤控制項，其執行結果如下圖所示：

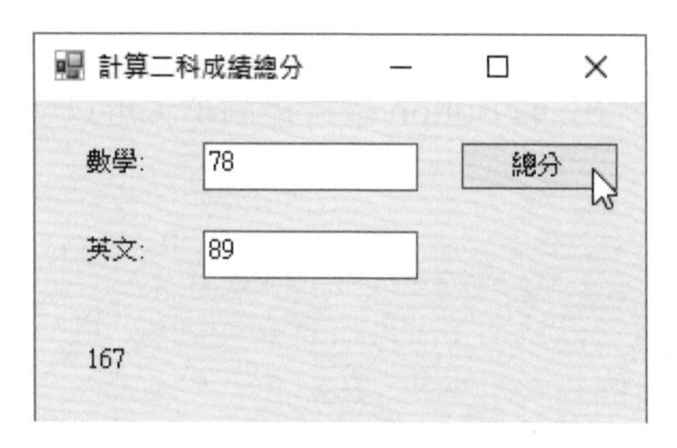

圖 8-27

表單的版面配置

Step 01：請參考「ch08\ch8-5-1」資料夾建立專案，然後拖拉更改表單 Form1 的尺寸為【300, 200】（也可以更改表單的【Size】屬性值）。

Step 02：新增與編排 3 個 Label、2 個 TextBox 和 1 個 Button 控制項，如下圖所示：

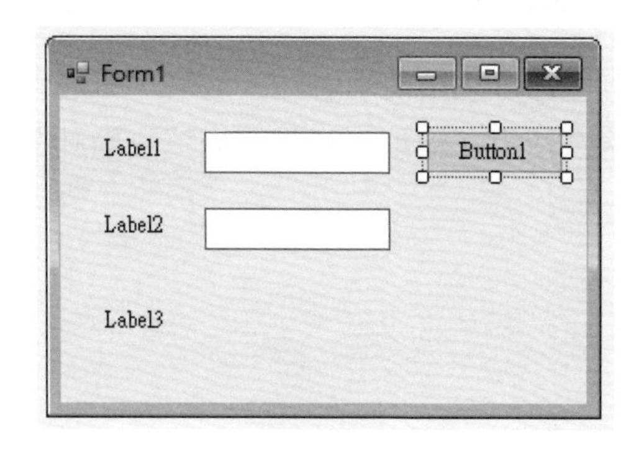

圖 8-28

控制項屬性

Step 03：選取各控制項後，更改各控制項的屬性值，如下表所示：

表 8-10

控制項	Text 屬性
Form1	計算二科成績總分
Label1	數學：
Label2	英文：
Label3	N/A
TextBox1	78
TextBox2	89
Button1	總分

程式碼編輯

Step 04：按二下名為【總分】的 Button 按鈕控制項，可以建立 Button1_Click() 事件處理程序。

```
01: Private Sub Button1_Click(sender As Object,
                   e As EventArgs) Handles Button1.Click
02:     Label3.Text = Val(TextBox1.Text) + Val(TextBox2.Text)
03: End Sub
```

程式碼解說

- 第 2 行：呼叫 Val() 函數將 TextBox1 和 TextBox2 輸入的成績轉換成數值，在相加後輸出到 Label3 標籤控制項顯示。

8-5-2 多行文字方塊

多行文字方塊和文字方塊都可以讓使用者輸入資料，不過，多行文字方塊能夠輸入多行或整篇文字內容，特別適合使用在地址、意見、描述或備註等文字內容的資料輸入，如下圖所示：

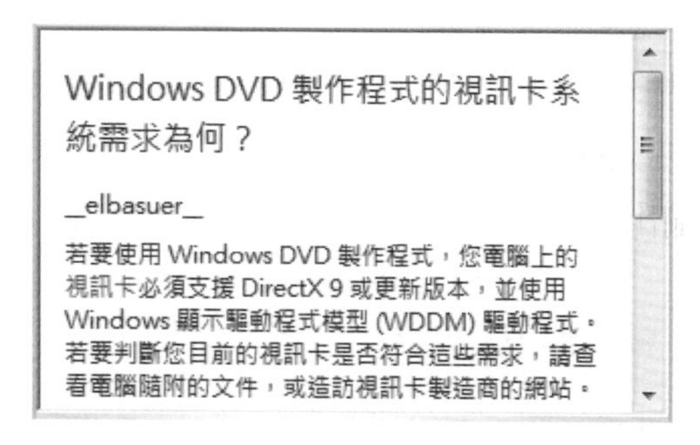

圖 8-29

不只如此，多行文字方塊也可以用來作爲程式輸出控制項，我們可以在唯讀多行文字方塊輸出多行文字內容。關於多行文字方塊的常用屬性說明，如下表所示：

表 8-11

屬性	說明
MultiLine	是否是多行文字方塊，其輸入資料可以超過一行，預設值 False 為單行顯示；True 是多行顯示
ScrollBars	指定多行文字方塊是否顯示捲動軸，None 預設值是沒有、Horizontal 顯示水平捲動軸、Vertical 為垂直捲動軸和 Both 同時顯示水平和垂直捲動軸
WordWrap	設定多行文字方塊的文字內容是否自動換行，預設值 True 表示自動換行；False 為不自動換行
ReadOnly	文字方塊內容是否可以更改，預設為 False 可以更改；True 為不能更改，如為 True，其功能如同標籤控制項

換句話說，除了使用 Label 標籤控制項作爲程式輸出控制項外，我們也可以使用唯讀 TextBox 文字方塊控制項輸出程式的執行結果。

連接多個字串

因爲多行文字方塊可以顯示多行文字內容，所以在指定 Text 屬性值時，可以使用 vbNewLine 常數連接多個字串來正確顯示換行，如下所示：

```
TextBox3.Text = " 國文成績 : " & TextBox1.Text &
    vbNewLine & " 英文成績 : " & TextBox2.Text &
    vbNewLine & " 平均成績 : " &
    (CInt(TextBox1.Text) + CInt(TextBox2.Text)) / 2
```

上述程式碼重複使用「&」運算子連接多個字串，vbNewLine 是換行符號的常數，最後計算成績平均的運算式是使用除法「/」運算，如下所示：

```
(CInt(TextBox1.Text) + CInt(TextBox2.Text)) / 2
```

範例專案：計算二科平均成績 -ch8-5-2\ch8-5-2.sln

在 Windows 應用程式建立成績平均計算程式，可以將國文與英文成績平均後，在唯讀多行文字方塊控制項顯示輸出結果的各科成績和平均，其執行結果如下圖所示：

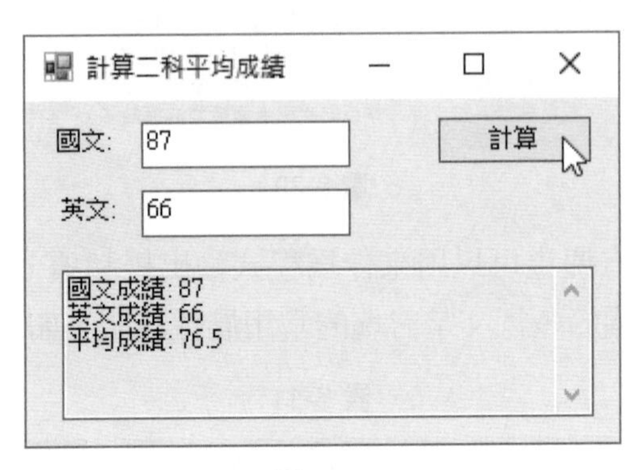

圖 8-30

請輸入國文與英文成績，按【計算】鈕，可以在下方多行文字方塊控制項顯示成績和計算結果的平均成績，其功能如同 Label 標籤控制項。

表單的版面配置

Step 01：請參考「ch08\ch8-5-2」資料夾建立專案，然後拖拉更改表單 Form1 的尺寸為【300, 200】（也可以更改表單的【Size】屬性值）。

Step 02：新增與編排 2 個 Label、3 個 TextBox 和 1 個 Button 控制項，如下圖所示：

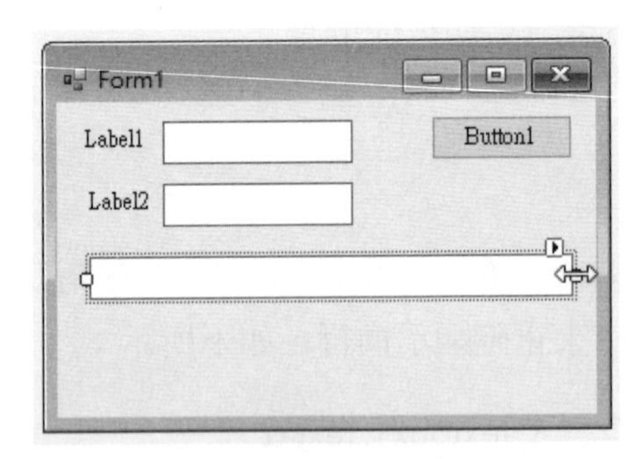

圖 8-31

控制項屬性

Step 03：選取各控制項後，更改各控制項的屬性值，如下表所示：

表 8-12

控制項	屬性	值
Form1	Text	計算二科平均成績
Label1	Text	國文：
Label2	Text	英文：
TextBox1	Text	87
TextBox2	Text	66
TextBox3	Multiline	True
TextBox3	Size	255, 70
TextBox3	ScrollBars	Vertical
TextBox3	ReadOnly	True
Button1	Text	計算

當更改上表屬性值後，可以看到我們建立的表單介面，如下圖所示：

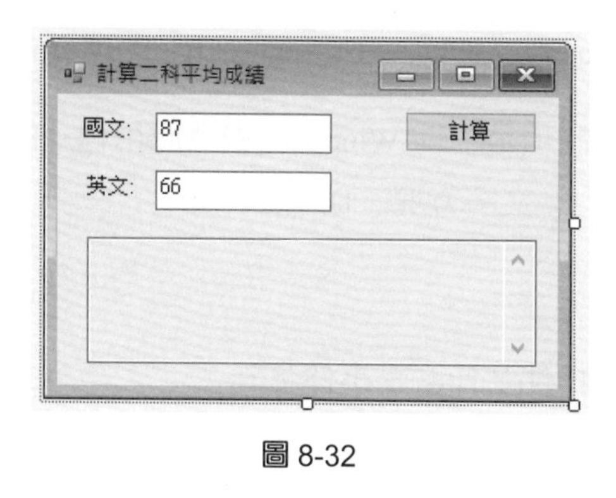

圖 8-32

程式碼編輯

Step 04：按二下名爲【計算】的 Button 按鈕控制項，可以建立 Button1_Click() 事件處理程序。

```
01: Private Sub Button1_Click(sender As Object,
                 e As EventArgs) Handles Button1.Click
02:     TextBox3.Text = "國文成績：" & TextBox1.Text &
03:         vbNewLine & "英文成績：" & TextBox2.Text &
04:         vbNewLine & "平均成績：" &
05:         (CInt(TextBox1.Text) + CInt(TextBox2.Text)) / 2
06: End Sub
```

程式碼解說

- 第 2~5 行：使用字串連接運算子「&」連接各科成績資料後，計算和顯示 2 科成績的平均。

學習評量

選擇題

( ) 1. 請指出下列哪一個是指物件的處理函數，也就是執行物件提供的功能？
A. 物件 B. 方法 C. 事件 D. 屬性

( ) 2. 請問紅色車子、身高 180 和綠色筆的身高和色彩是指物件的什麼？
A. 物件 B. 事件 C. 屬性 D. 方法

( ) 3. 請問下列哪一個選項並不是一種物件？
A. 文字方塊 B. 色彩值 C. 按鈕 D. 車子

( ) 4. 如果 TextBox 文字方塊控制項是多行文字方塊，請問我們需要指定下列哪一個屬性值爲 True ？
A. MultiLine B. PasswordChar C. ReadOnly D. ScrollBars

( ) 5. 請問下列哪一個控制項是一種 Windows 視窗應用程式的資料輸入控制項？
A. 按鈕 B. 表單 C. 文字方塊 D. 標籤

簡答題

1. 請簡單說明什麼是物件？什麼是事件？
2. 請問 Visual Studio 提供幾種方法來建立事件處理程序？
3. 請問表單和按鈕控制項在 VB 應用程式扮演的角色是什麼？
4. 在表單擁有 1 個標籤 Label1 和 2 個文字方塊控制項 TextBox1~2，其中 __________ 控制項是資料輸入；________ 控制項是資料輸出。
5. 唯讀 TextBox 文字方塊控制項需要指定 ________ 屬性值爲 True。

實作題

1. 請建立 VB 程式，在表單上新增 2 個文字方塊控制項、1 個標籤控制項，和 1 個按鈕，按下按鈕，可以交換 2 個文字方塊控制項的內容（提示：使用標籤控制項暫存文字方塊的資料）。
2. 請建立 VB 程式的 BMI 計算機，在表單新增 2 個文字方塊控制項輸入身高和體重，和 Button 按鈕，然後在標籤控制項顯示使用者的 BMI 值。

VisualBasic

Chapter

9

選擇與清單控制項

本章綱要

9-1　選擇控制項

範例專案：披薩店訂購程式

範例專案：牛排要幾分熟

範例專案：早餐店點餐系統

9-2　認識清單控制項

9-3　建立清單控制項

範例專案：MP3 歌曲管理

範例專案：DIY 電腦的配備選擇

範例專案：LINE 好友登錄

9-4　控制項位置的調整

9-1 選擇控制項

選擇控制項有核取方塊、選項按鈕和群組方塊，可以配合第 5 章條件敘述，在表單建立選擇功能的使用介面。

9-1-1 核取方塊控制項

核取方塊是一個開關，可以讓使用者選擇是否開啓功能或設定某些參數。因爲每一個核取方塊都是獨立選項，所以，核取方塊是一種複選的選擇控制項，如下圖所示：

☑ 原味披薩 $250
☐ 牛肉披薩 $275
☑ 海鮮披薩 $350

圖 9-1

上述核取方塊有 2 個狀態，【核取】和【未核取】，如果選取核取方塊，在空心小方塊會顯示勾號。當使用者選取核取方塊後，可以檢查核取方塊的 Checked 屬性判斷是否勾選核取方塊，如下所示：

```
If CheckBox1.Checked Then
   total += 250 * num
End If
```

核取方塊控制項的常用屬性

表 9-1

屬性	說明
Appearance	核取方塊外觀可以是 Normal 正常或 Button 按鈕外觀
Checked	是否已經核取，預設 False 是沒有核取；True 為核取
CheckAlign	指定核取方塊的對齊方式，共有井字形 9 個位置可供選擇

範例專案：披薩店訂購程式 -ch9-1-1\ch9-1-1.sln

在 Windows 應用程式建立披薩店訂購程式，在勾選和輸入數量後可以計算訂購總價，其執行結果如下圖所示：

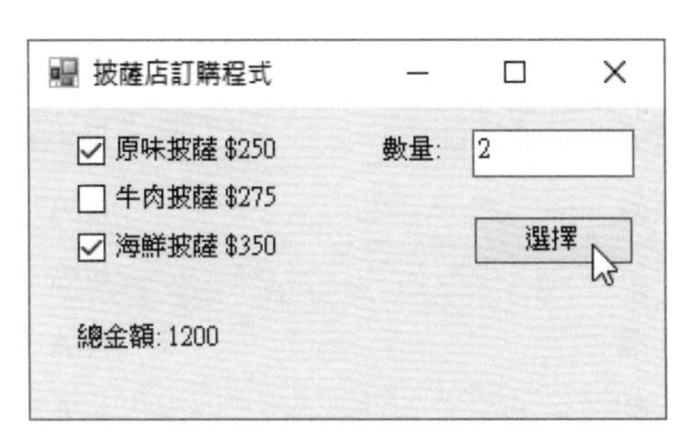

圖 9-2

表單的版面配置

Step 01：請參考「ch09\ch9-1-1」資料夾建立專案，然後拖拉更改表單 Form1 的尺寸為【310, 180】（也可以更改表單的【Size】屬性值）。

Step 02：新增與編排 3 個 CheckBox、1 個 TextBox、2 個 Label 和 1 個 Button 控制項，如下圖所示：

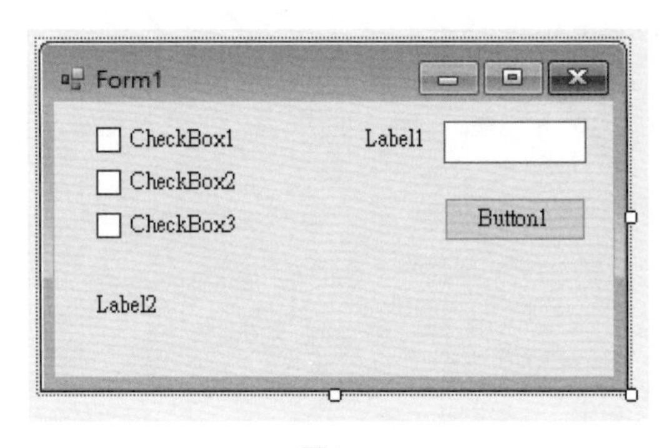

圖 9-3

在「工具箱」視窗按二下【CheckBox】控制項，可以在表單設計視窗新增核取方塊控制項。

控制項屬性

Step 03：選取各控制項後，更改各控制項的屬性值，如下表所示：

表 9-2

控制項	Text 屬性	Checked 屬性
Form1	披薩店訂購程式	N/A
CheckBox1	原味披薩 $250	True
CheckBox2	牛肉披薩 $275	False
CheckBox3	海鮮披薩 $350	False
Label1	數量：	N/A
TextBox1	1	N/A
Button1	選擇	N/A
Label2	<空白>	N/A

程式碼編輯

Step 04：按二下標題爲【選擇】的 Button1 按鈕控制項，可以建立 Button1_Click() 事件處理程序。

```
01: Private Sub Button1_Click(sender As Object,
                e As EventArgs) Handles Button1.Click
02:     Dim total As Integer = 0
03:     Dim num As Integer    ' 數量
04:     num = CInt(TextBox1.Text)
05:     If CheckBox1.Checked Then
06:         total += 250 * num
07:     End If
08:     If CheckBox2.Checked Then
09:         total += 275 * num
10:     End If
11:     If CheckBox3.Checked Then
12:         total += 350 * num
13:     End If
14:     Label2.Text = "總金額： " & total
15: End Sub
```

程式碼解說

- 第 4 行：取得 TextBox 控制項輸入的數量。
- 第 5~13 行：使用 3 個 If 條件檢查 Checked 屬性，判斷是否選取核取方塊，如果選取，就加上該披薩乘以數量的總價。
- 第 14 行：在標籤控制項顯示總價。

9-1-2　選項按鈕控制項

選項按鈕是二選一或多選一的選擇題，使用者可以在一組選項按鈕中選取一個選項，這是一種單選題的選擇控制項，如下圖所示：

圖 9-4

上述選項按鈕的選項是互斥選項，只能選取其中一個選項。如果選取，在空心小圓圈顯示實心圓；沒有選取是空心。當使用者選取選項按鈕後，一樣是檢查 Checked 屬性判斷是否選取選項按鈕，如下所示：

```
If RadioButton1.Checked Then
   MsgBox(" 三分熟 ")
End If
```

RadioButton 選項按鈕控制項的常用屬性和 CheckBox 控制項相同。

範例專案：牛排要幾分熟 -ch9-1-2\ch9-1-2.sln

在 Windows 應用程式使用選項按鈕選擇牛排要幾分熟？在選擇後，可以在 Label 控制項顯示使用者的選擇，其執行結果如下圖所示：

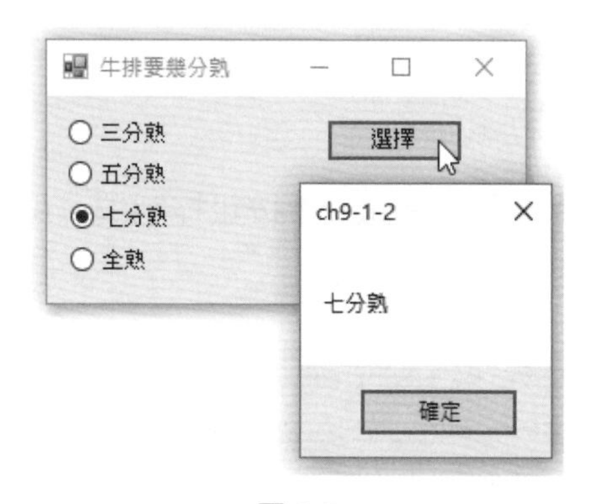

圖 9-5

表單的版面配置

Step 01：請參考「ch09\ch9-1-2」資料夾建立專案，然後拖拉更改表單 Form1 的尺寸為【280, 150】（也可以更改表單的【Size】屬性值）。

Step 02：新增與編排 4 個 RadioButton 和 1 個 Button 控制項，如下圖所示：

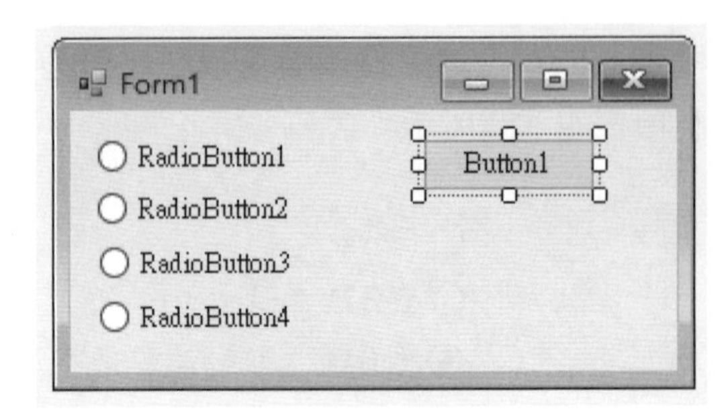

圖 9-6

在「工具箱」視窗按二下【RadioButton】控制項，就可以在表單設計視窗新增選項按鈕控制項。

控制項屬性

Step 03：選取各控制項後，更改各控制項的屬性值，如下表所示：

表 9-3

控制項	Text 屬性	Checked 屬性
Form1	牛排要幾分熟	N/A
RadioButton1	三分熟	False
RadioButton2	五分熟	True
RadioButton3	七分熟	False
RadioButton4	全熟	False
Button1	選擇	N/A

程式碼編輯

Step 04：按二下標題為【選擇】的 Button1 按鈕控制項，可以建立 Button1_Click() 事件處理程序。

```
01: Private Sub Button1_Click(sender As Object,
                  e As EventArgs) Handles Button1.Click
02:     If RadioButton1.Checked Then
03:         MsgBox(" 三分熟 ")
04:     End If
05:     If RadioButton2.Checked Then
06:         MsgBox(" 五分熟 ")
07:     End If
08:     If RadioButton3.Checked Then
```

```
09:         MsgBox(" 七分熟 ")
10:     End If
11:     If RadioButton4.Checked Then
12:         MsgBox(" 全熟 ")
13:     End If
14: End Sub
```

程式碼解說

- 第 2~13 行：使用 4 個 If 條件檢查 Checked 屬性判斷是否選取，如果選取，就在標籤控制項顯示選擇幾分熟的牛排。

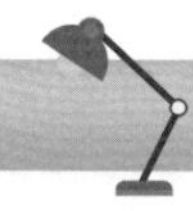

隨堂練習

1. 請建立選擇題程式，可以將學習評量的第 1 題選擇題改為上機測驗題，程式使用 MsgBox() 顯示是否答對（VB 專案：ch9-1-2a），如下圖所示：

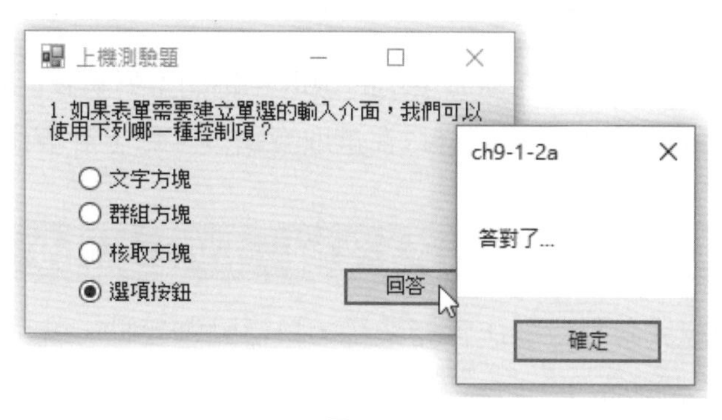

圖 9-7

9-1-3 群組方塊控制項

「群組方塊」（GroupBox）是一種容器控制項，我們可以在控制項中新增其他控制項來建立屬於同一群組的控制項。在功能上，群組方塊除了美化控制項的編排外，還可以組織表單的控制項，如下圖所示：

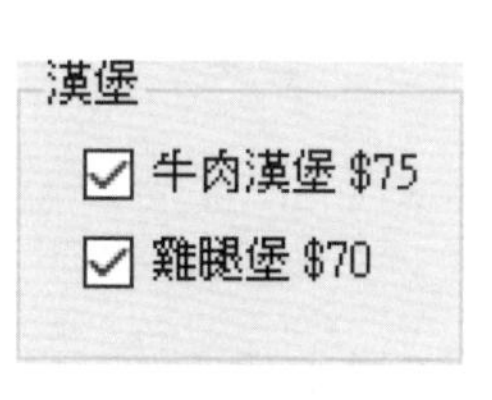

圖 9-8

上述群組方塊方框的左上方是標題名稱，在方框中可以新增其他控制項。例如：使用群組方塊在同一表單建立多組不同的選項按鈕。

群組方塊控制項的常用屬性

表 9-4

屬性	說明
Text	群組標題名稱是位在方框的左上角，如果沒有指定（即空字串），只會顯示方框

核取方塊與選項按鈕的 CheckedChanged 事件

核取方塊與選項按鈕都擁有 CheckedChanged 事件，其說明如下表所示：

表 9-5

事件	說明
CheckedChanged	當 Checked 屬性變更時觸發此事件

CheckedChanged 事件可以建立動態選項的選取，例如：第 9-1-1 節的披薩店訂購程式，如果改用 CheckedChanged 事件，我們可以在選取餐點後，馬上計算出餐點的總金額。

範例專案：早餐店點餐系統 -ch9-1-3\ch9-1-3.sln

在 Windows 應用程式建立早餐店點餐系統，只需點選餐點，就可以馬上計算出消費總金額，其執行結果如下圖所示：

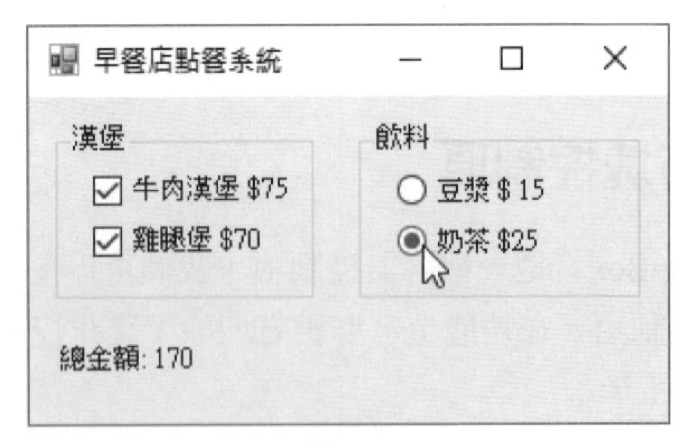

圖 9-9

表單的版面配置

Step 01：請參考「ch09\ch9-1-3」資料夾建立專案，然後拖拉更改表單 Form1 的尺寸爲【300, 180】（也可以更改表單的【Size】屬性値）。

Step 02：新增與編排 2 個 GroupBox 控制項，內含 2 個核取方塊、2 個 RadioButton 和 1 個 Label 控制項，如下圖所示：

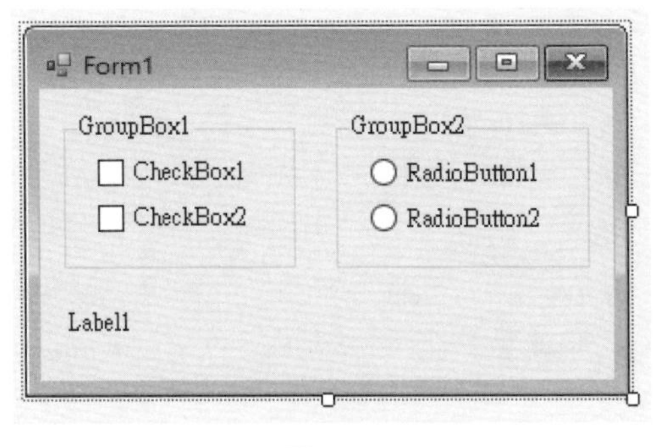

圖 9-10

在「工具箱」視窗的【容器】區段，按二下【GroupBox】控制項，可以在表單設計視窗從左上角拖拉至右上角來新增群組方塊控制項。

控制項屬性

Step 03：選取各控制項後，更改各控制項的屬性值，如下表所示：

表 9-6

控制項	Text 屬性	Checked 屬性
Form1	早餐店點餐系統	N/A
GroupBox1	漢堡	N/A
CheckBox1	牛肉漢堡 $75	True
CheckBox2	雞腿堡 $70	False
GroupBox2	飲料	N/A
RadioButton1	豆漿 $ 15	True
RadioButton2	奶茶 $25	False
Label1	< 空白 >	N/A

程式碼編輯

Step 04：按二下位在 GroupBox1~2 之中的每一個 CheckBox 和 RadioButton 控制項，可以建立 CheckedChanged 事件處理程序和新增 cal() 程序來計算總價。

```
01: Sub cal()
02:     Dim total As Integer = 0
03:     If CheckBox1.Checked Then
04:         total += 75
```

```
05:     End If
06:     If CheckBox2.Checked Then
07:         total += 70
08:     End If
09:     If RadioButton1.Checked Then
10:         total += 15  ' 豆漿
11:     Else
12:         total += 25  ' 奶茶
13:     End If
14:     Label1.Text = "總金額：" & total
15: End Sub
16:
17: Private Sub CheckBox1_CheckedChanged(sender As Object,
           e As EventArgs) Handles CheckBox1.CheckedChanged
18:     cal()
19: End Sub
20:
21: Private Sub CheckBox2_CheckedChanged(sender As Object,
           e As EventArgs) Handles CheckBox2.CheckedChanged
22:     cal()
23: End Sub
24:
25: Private Sub RadioButton1_CheckedChanged(sender As Object,
           e As EventArgs) Handles RadioButton1.CheckedChanged
26:     cal()
27: End Sub
28:
29: Private Sub RadioButton2_CheckedChanged(sender As Object,
           e As EventArgs) Handles RadioButton2.CheckedChanged
30:     cal()
31: End Sub
```

程式碼解說

- 第 1~15 行：cal() 程序可以計算金額，在第 3~8 行的 2 個 If 條件檢查 2 個核取方塊選取的餐點和累加金額，第 9~13 行的 If/Else 條件判斷飲料種類，豆漿加 15 元；如果選取奶茶，加 25 元。
- 第 17~31 行：4 個 CheckedChanged 事件處理程序的程式碼都相同，都是呼叫 cal() 程序來計算金額。

隨堂練習

1. 選擇控制項的選取方式可以是單選和複選，__________ 控制項是單選；___________ 控制項是複選。
2. 選擇控制項是檢查 __________ 屬性判斷是否選取控制項。
3. 請完成下列程式碼判斷是否選取 CheckBox1 核取方塊，如下所示：

```
If _____________ Then
    Label1.Text = " 勾選 CheckBox1 核取方塊 "
End If
```

9-2 認識清單控制項

清單控制項也是一種選擇用途控制項，不過，清單控制項可以動態新增清單項目，輕鬆建立更多樣化的資料選擇方式。清單控制項基本上有三種，即：清單方塊（ListBox）、核取清單方塊（CheckedListBox）和下拉式清單方塊（ComboBox）。

在 Visual Studio 新增清單控制項的項目

在 Visual Studio 表單設計視窗新增清單控制項（例如：ListBox1）後，我們有兩種方法來新增清單控制項的項目。

方法一：在「屬性」視窗新增項目

選取清單控制項後，在「屬性」視窗找到【Items】屬性來新增項目，如下圖所示：

圖 9-11

按欄位後游標所在按鈕，可以看到「字串集合編輯器」對話方塊。

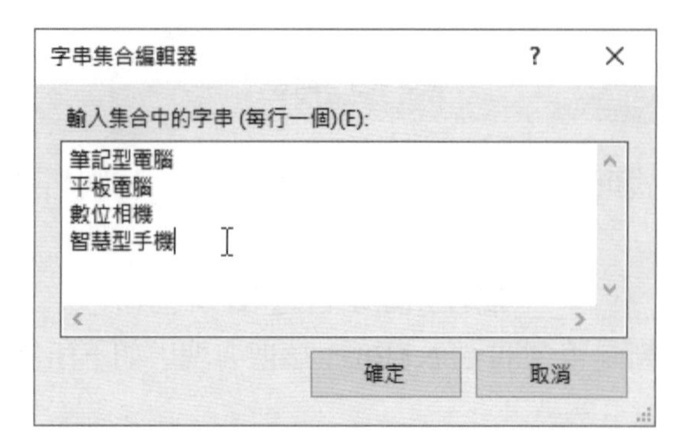

圖 9-12

請輸入項目名稱的字串，一行是一個項目，按【確定】鈕建立清單控制項的項目清單。

方法二：使用工作功能表新增項目

清單控制項除了可以在 Items 屬性編輯項目清單外，也可以使用「ListBox 工作」功能表，請選控制項右上角箭頭的小圖示開啓此功能表，如下圖所示：

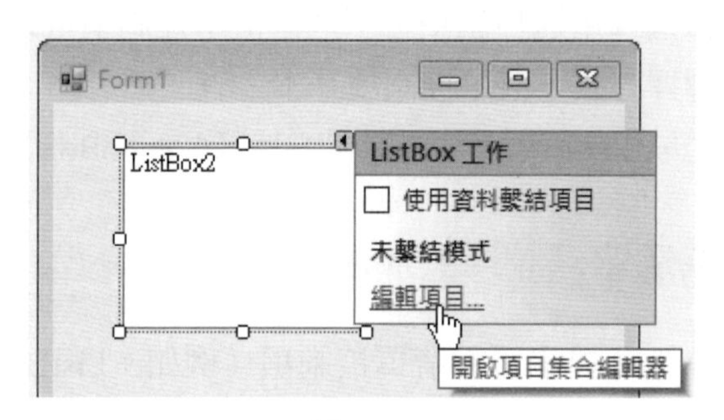

圖 9-13

選【編輯項目】超連結，一樣可以開啓「字串集合編輯器」對話方塊來編輯項目清單。

編輯項目清單的方法

在 VB 程式碼使用 Items 屬性取得項目清單物件後，我們可以使用相關方法來新增或刪除清單項目，其說明如下表所示：

表 9-7

方法	說明	範例
Add(String)	新增參數字串到清單	ListBox1.Items.Add(" 老鼠 ")
Insert(Int, String)	在 Int 索引位置（以 0 開始）插入第 2 個參數的字串到清單	ListBox1.Items.Insert(1, " 行動碟 ")
Remove(String)	從清單刪除參數字串的項目	ListBox1.Items.Remove(" 老鼠 ")
RemoveAt(Int)	從清單刪除參數索引值的項目	ListBox1.Items.RemoveAt(1)
Clear()	清除清單的所有項目	ListBox1.Items.Clear()

取得清單控制項的項目數是使用 Count 屬性，如下所示：

```
ListBox1.Items.Count
```

隨堂練習

1. 清單控制項是在「______________」對話方塊輸入清單的項目。
2. 我們準備在 ListBox1 控制項新增一個名爲 " 老鼠 " 的項目，請寫出新增此項目的程式碼爲 ____________。刪除索引值 3 項目的程式碼是 ______________。
3. 請寫出 ListBox1 控制項共有多少個項目數的程式碼 ____________。

9-3 建立清單控制項

在 VB 應用程式的使用介面除了使用 9-1 節的選擇控制項外，我們還可以使用清單控制項來建立更多樣化選擇功能的使用介面。

9-3-1 清單方塊控制項

清單方塊（ListBox）是一種可單選或複選的控制項，在控制項方塊可以同時顯示多個項目，讓使用者在項目清單中選取 1 至多個選項，如右圖所示：

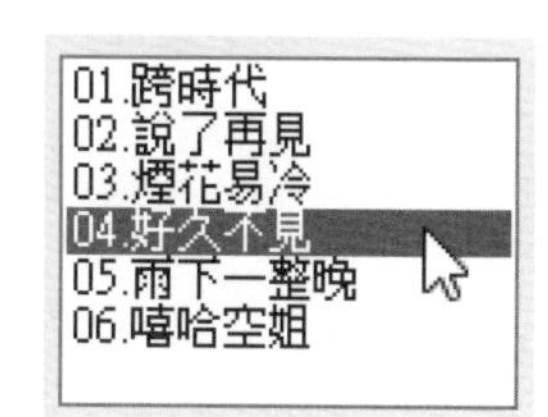

圖 9-14

ListBox 控制項的常用屬性與事件

ListBox 控制項的常用屬性說明，如下表所示：

表 9-8

屬性	說明
Sorted	是否排序項目，預設值 False 是不排序；True 為排序
MultiColumn	是否多欄顯示項目，預設值 False 以單欄顯示；True 為多欄顯示
SelectionMode	清單項目的選取方式，其值是 SelectionMode 常數，None 是不能選取，One 是單選（預設值），MultiSimple 使用簡單方式選取多個項目（按一下選取，再按一下取消），MultiExtended 需要配合 Ctrl 和 Shift 鍵選取多個項目
Items	設定或取得所有的清單項目
SelectedItems	如果是多選，傳回選擇的所有項目
SelectedIndex	傳回目前選擇項目的索引，-1 表示沒有選取；0 是第 1 個項目

ListBox 控制項的常用事件說明，如下表所示：

表 9-9

事件	說明
SelectedIndexChanged	當改變選取選項時觸發此事件

取得使用者選取的項目

在 VB 程式碼取得 ListBox 控制項的選取項目，單選是使用 SelectedIndex 屬性取得索引值後，使用 Items 屬性取得項目名稱，如下所示：

```
idx = ListBox1.SelectedIndex
name = ListBox1.Items(idx)
```

上述程式碼取得使用者選取項目的索引值後，取得項目名稱字串。

範例專案：MP3 歌曲管理 -ch9-3-1\ch9-3-1.sln

在 Windows 應用程式建立 MP3 歌曲管理程式，可以將選擇欲播放的歌曲新增至播放清單，其執行結果如下圖所示：

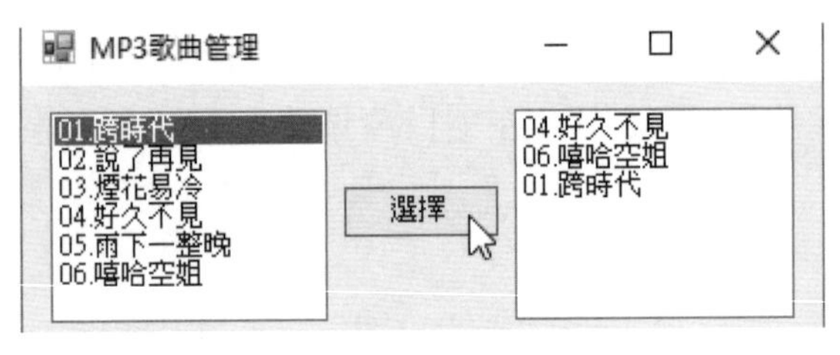

圖 9-15

表單的版面配置

Step 01：請參考「ch09\ch9-3-1」資料夾建立專案，然後拖拉更改表單 Form1 的尺寸爲【360, 150】（也可以更改表單的【Size】屬性值）。

Step 02：新增與編排 2 個 ListBox 和 1 個 Button 控制項，如下圖所示：

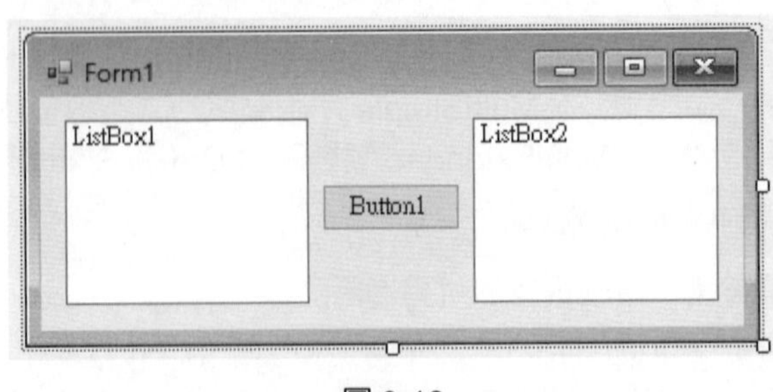

圖 9-16

控制項屬性

Step 03：選取各控制項後，更改各控制項的屬性值，如下表所示：

表 9-10

控制項	Text 屬性
Form1	MP3 歌曲管理
Button1	選擇

Step 04：選 ListBox1 控制項後，在「屬性」視窗按【Items】屬性後的小按鈕，可以看到「字串集合編輯器」對話方塊。

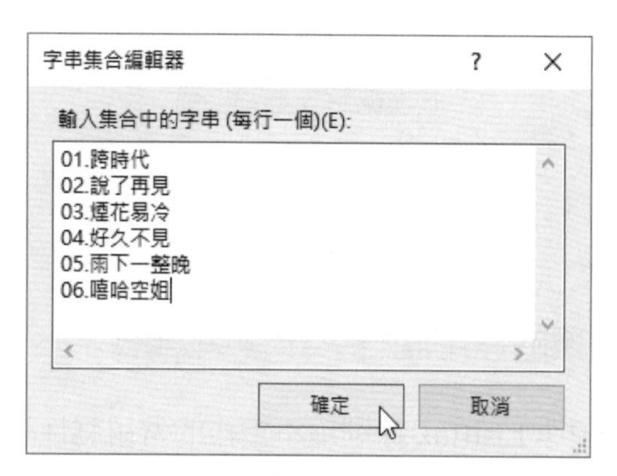

圖 9-17

Step 05：請輸入項目名稱的字串，一行是一個項目，按【確定】鈕建立清單控制項的項目清單。

程式碼編輯

Step 06：按二下標題為【選擇】的 Button1 按鈕控制項，可以建立 Button1_Click() 事件處理程序。

```
01: Private Sub Button1_Click(sender As Object,
                e As EventArgs) Handles Button1.Click
02:     Dim idx As Integer
03:     Dim name As String
04:     idx = ListBox1.SelectedIndex    ' 索引
05:     If idx <> -1 Then
06:         name = ListBox1.Items(idx) ' 名稱
07:         ListBox2.Items.Add(name) ' 新增
08:     End If
09: End Sub
```

程式碼解說

- 第 1~9 行：Button1_Click() 事件處理程序是將選擇項目從 ListBox 控制項複製到另一個 ListBox 控制項，在第 5~8 行的 If 條件判斷是否有選擇，如果有，在第 6~7 行新增項目。

9-3-2 核取清單方塊控制項

核取清單方塊（CheckedListBox）是一種清單方塊的擴充，每一個項目都是一個核取方塊，如下圖所示：

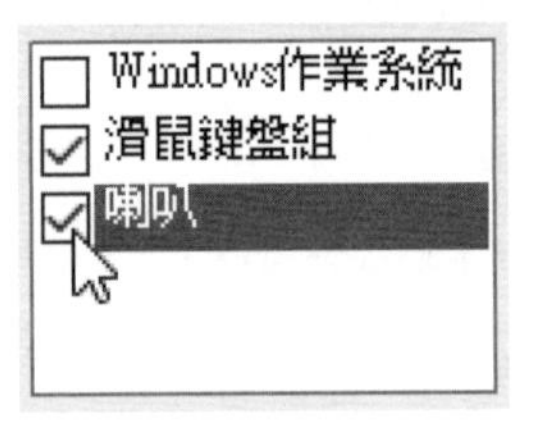

圖 9-18

CheckedListBox 控制項的常用屬性、事件與方法

CheckedListBox 控制項與 ListBox 控制項不重複的常用屬性說明，如下表所示：

表 9-11

屬性	說明
CheckOnClick	設定項目選取方式，預設值 False 是按二下選取；True 是按一下即可選取
CheckedItems	取得選取的所有項目，其功能類似 SelectedItems

CheckedListBox 控制項的 ItemCheck 事件是勾選選項時觸發的事件。控制項常用方法的說明，如下表所示：

表 9-12

方法	說明
SetItemChecked(Int, Boolean)	將索引 Int 的選項設為第 2 個參數的布林值，True 是勾選；False 為沒有勾選
GetItemChecked(Int)	傳回參數索引項目是否勾選，True 是勾選；False 為沒有勾選

取得使用者選取的項目

因爲 CheckedListBox 控制項勾選的項目可能不只一個，我們需要使用 For 迴圈，配合 CheckedItems 屬性取得所有勾選項目（存取方式類似第 10 章的陣列），Count 屬性可以取得項目數，如下所示：

```
For i = 0 To CheckedListBox1.CheckedItems.Count - 1
  ListBox.Items.Add(CheckedListBox1.CheckedItems(i))
Next
```

範例專案：DIY 電腦的配備選擇 -ch9-3-2\ch9-3-2.sln

在 Windows 應用程式建立 DIY 電腦的配備選購程式，可以在 ListBox 和 CheckedListBox 控制項之間交換選取項目，其執行結果如下圖所示：

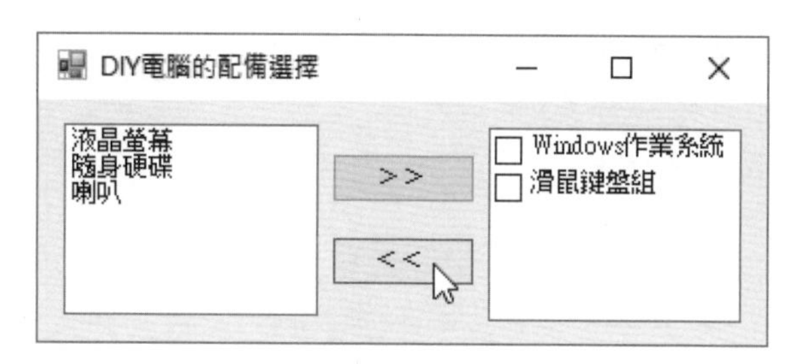

圖 9-19

在左邊選配備後，按【>>】鈕搬到右邊。反過來，在右邊勾選項目，按【<<】鈕將選取項目一起搬回左邊。

表單的版面配置

Step 01：請參考「ch09\ch9-3-2」資料夾建立專案，然後拖拉更改表單 Form1 的尺寸爲【360, 150】（也可以更改表單的【Size】屬性值）。

Step 02：新增與編排 1 個 ListBox、1 個 CheckedListBox 和 2 個 Button 控制項，如下圖所示：

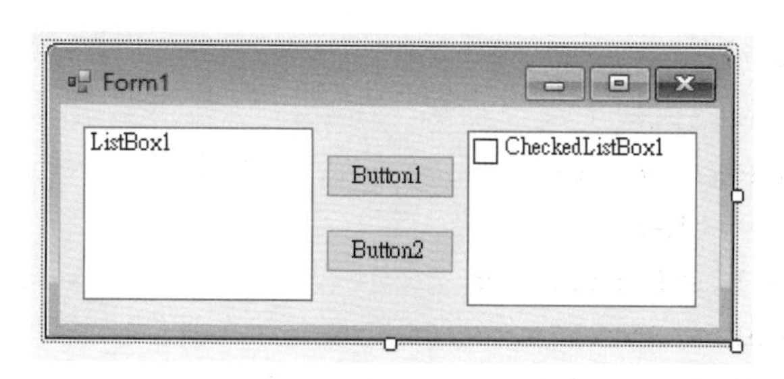

圖 9-20

控制項屬性

Step 03：選取各控制項後，更改各控制項的屬性值，如下表所示：

表 9-13

控制項	Text 屬性
Form1	DIY 電腦的配備選擇
Button1	＞＞
Button2	＜＜

Step 04：點選 ListBox1 控制項右上角箭頭圖示開啟「ListBox 工作」功能表，選【編輯項目】超連接，可以看到「字串集合編輯器」對話方塊。

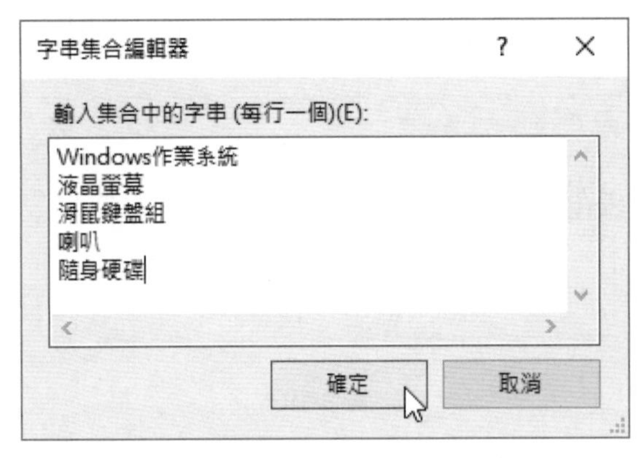

圖 9-21

Step 05：請輸入項目名稱的字串，一行是一個項目，按【確定】鈕建立清單控制項的項目清單。

程式碼編輯

Step 06：按二下 Button1~2 按鈕控制項，可以分別建立 Button1~2_Click() 事件處理程序，和新增 Form1_Load() 事件處理程序。

```
01: Private Sub Button1_Click(sender As Object,
                  e As EventArgs) Handles Button1.Click
02:     Dim idx As Integer
03:     Dim name As String
04:     idx = ListBox1.SelectedIndex      ' 索引
05:     If idx <> -1 Then
06:         name = ListBox1.Items(idx)    ' 名稱
07:         CheckedListBox1.Items.Add(name)        ' 新增
08:         ListBox1.Items.RemoveAt(idx) ' 刪除
```

```
09:     End If
10: End Sub
11:
12: Private Sub Button2_Click(sender As Object,
                  e As EventArgs) Handles Button2.Click
13:     Dim i As Integer
14:     For i = 0 To CheckedListBox1.CheckedItems.Count - 1
15:         ListBox1.Items.Add(CheckedListBox1.CheckedItems(i)) ' 新增
16:     Next
17:     For i = CheckedListBox1.Items.Count - 1 To 0 Step -1
18:         If CheckedListBox1.GetItemChecked(i) Then
19:             CheckedListBox1.Items.RemoveAt(i)  ' 刪除
20:         End If
21:     Next i
22: End Sub
23:
24: Private Sub Form1_Load(sender As Object,
                 e As EventArgs) Handles MyBase.Load
25:     CheckedListBox1.CheckOnClick = True ' 按一下
26: End Sub
```

程式碼解說

- 第 1~10 行：Button1_Click() 事件處理程序是將項目從 ListBox 控制項搬到 CheckedListBox 控制項，在第 5~9 行的 If 條件判斷是否有選擇，如果有，在第 7 行新增 CheckedListBox 控制項的項目，第 8 行刪除 ListBox 控制項的項目。
- 第 12~22 行：Button2_Click() 事件處理程序是將項目從 CheckedListBox 控制項搬到 ListBox 控制項，因爲是複選，所以第 14~16 行使用 For 迴圈在 ListBox 新增項目，然後再使用 For 迴圈反過來刪除 CheckedListBox 控制項的項目，請注意！一定要反過來刪除，否則會產生錯誤。
- 第 24~26 行：Form1_Load() 事件處理程序是將 CheckedListBox 控制項的 CheckOnClick 屬性設爲選取就勾選。

9-3-3 下拉式清單方塊控制項

下拉式清單方塊（ComboBox）是使用下拉方式顯示項目清單，如下圖所示：

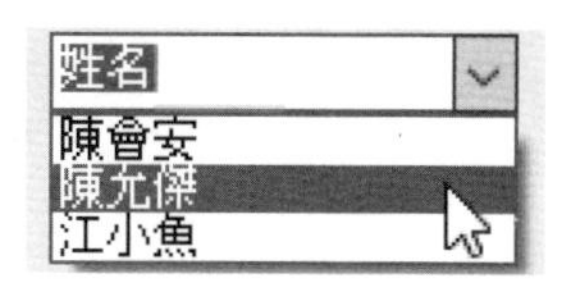

圖 9-22

上述清單方塊需要點選右方的向下箭頭才會顯示項目清單。ComboBox 和 ListBox 控制項的功能相似，但 ComboBox 控制項擁有多種顯示樣式，預設擁有文字方塊，可以讓使用者輸入字串來新增項目。

ComboBox 控制項的常用屬性與事件

ComboBox 控制項的常用屬性說明，如下表所示：

表 9-14

屬性	說明
Text	取得目前選取的項目文字
DropDownStyle	設定下拉式清單方塊的樣式，其值是 ComboBoxStyle 常數，DropDown 允許編輯文字方塊和從清單選取項目（預設值），DropDownList 只能從下拉式清單選取，Simple 顯示清單方塊和允許編輯

ComboBox 控制項的常用事件說明，如下表所示：

表 9-15

事件	說明
SelectedIndexChanged	當改變選取選項時觸發此事件

範例專案：LINE 好友登錄 -ch9-3-3\ch9-3-3.sln

在 Windows 應用程式建立好友清單登錄程式，可以在 ComboBox 控制項新增和選擇好友姓名，其執行結果如下圖所示：

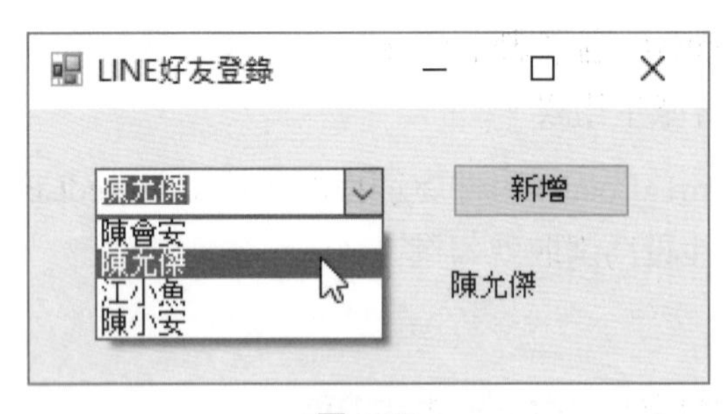

圖 9-23

在下拉式清單方塊選【陳允傑】，可以在右下方顯示選擇的姓名，在上方文字方塊輸入新姓名，按【新增】鈕新增清單項目。

表單的版面配置

Step 01：請參考「ch09\ch9-3-3」資料夾建立專案，然後拖拉更改表單 Form1 的尺寸為【300, 150】（也可以更改表單的【Size】屬性值）。

Step 02：新增與編排 1 個 ComboBox、1 個 Label 和 1 個 Button 控制項，如下圖所示：

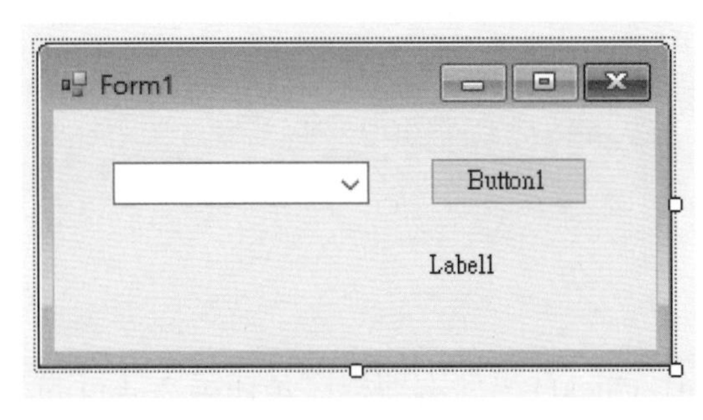

圖 9-24

控制項屬性

Step 03：選取各控制項後，更改各控制項的屬性值，如下表所示：

表 9-16

控制項	Text 屬性
Form1	LINE 好友登錄
ComboBox1	姓名
Button1	新增
Label1	< 空白 >

程式碼編輯

Step 04：請按二下 Button1 按鈕控制項建立 Button1_Click() 事件處理程序，同時新增 ComboBox 控制項的 SelectedIndexChanged 事件處理程序，和 Form1_Load() 事件處理程序。

```
01: Private Sub Button1_Click(sender As Object,
                  e As EventArgs) Handles Button1.Click
02:     If ComboBox1.Items.IndexOf(ComboBox1.Text) = -1 Then
03:         ComboBox1.Items.Add(ComboBox1.Text)
04:     End If
05: End Sub
06:
```

```
07: Private Sub ComboBox1_SelectedIndexChanged(sender As Object,
        e As EventArgs) Handles ComboBox1.SelectedIndexChanged
08:     Label1.Text = ComboBox1.Text
09: End Sub
10:
11: Private Sub Form1_Load(sender As Object,
                e As EventArgs) Handles MyBase.Load
12:     ComboBox1.Items.Add("陳會安")
13:     ComboBox1.Items.Add("陳允傑")
14:     ComboBox1.Items.Add("江小魚")
15: End Sub
```

程式碼的解說

- 第 1~5 行：Button1_Click() 事件處理程序是在第 2~4 行的 If 條件使用 IndexOf() 方法檢查項目是否存在，-1 爲不存在，第 3 行新增項目。
- 第 7~9 行：ComboBox1_SelectedIndexChanged() 事件處理程序可以將選取項目顯示在 Label 控制項。
- 第 11~15 行：Form1_Load() 事件處理程序是使用 Add() 方法新增下拉式清單方塊控制項的項目。

隨堂練習

1. 在 VB 程式碼取得 ListBox 控制項的選取項目，單選是使用 ____________ 屬性取得索引值後，使用 __________ 屬性取得項目名稱。
2. CheckedListBox 控制項是一種複選的清單控制項，我們需要使用 _______________ 屬性取得所有勾選的項目。
3. _____________ 清單控制項預設提供新增清單項目的使用介面。
4. ComboBox 控制項的 ______________ 事件是改變選取選項時觸發的事件。
5. ______________ 控制項是 ListBox 控制項的擴充，每一個項目都是一個核取方塊。

9-4 控制項位置的調整

在表單設計視窗新增的控制項可以拖拉調整控制項位置，不過，因為使用者可能自行調整 Windows 視窗尺寸，為了顯示一致的顯示效果，我們可以指定 Dock 或 Anchor 屬性在表單固定控制項的顯示位置。

控制項的 Dock 屬性

Dock 屬性可以設定控制項的哪幾邊需要和表單（或容器控制項）繫結，預設值 None 是不繫結，或繫結 Top、Bottom、Left 和 Right 邊的框線，Fill 表示填滿整個容器控制項的可用區域，如下圖所示：

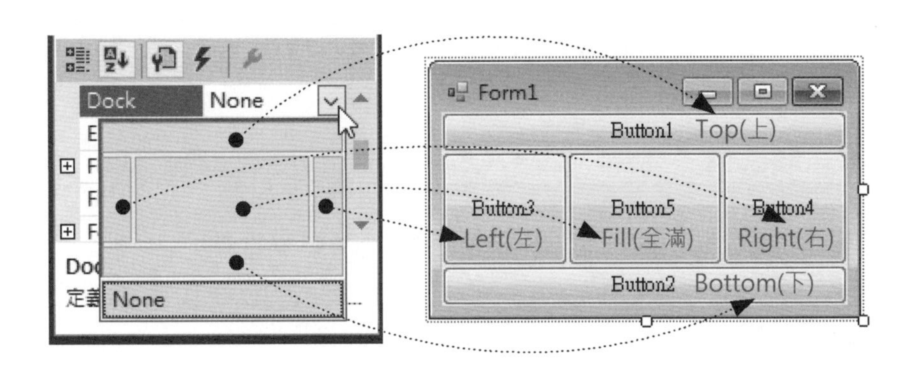

圖 9-25

上述 Dock 屬性可以在下拉式清單的圖示來選擇，當調整 Windows 視窗尺寸後，控制項依然會繫結在四邊，或填滿整個可用區域。

控制項的 Anchor 屬性

Anchor 屬性可以指定控制項和表單（或容器控制項）四個邊界的距離是否維持固定尺寸，如下圖所示：

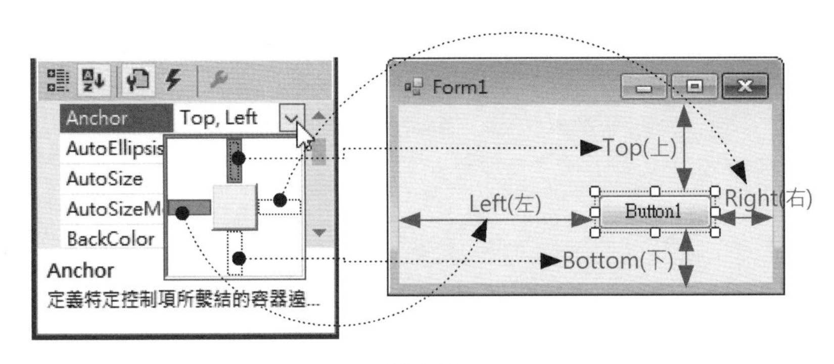

圖 9-26

上述 Anchor 屬性可以點選來設定上、下、左和右值，預設只有上和左，當調整 Windows 視窗尺寸後，只會維持與上邊界和左邊界的固定距離，如果加上右和下，因為控制項需要與四邊維持固定尺寸，所以，當放大視窗時也會同時放大控制項尺寸。

學習評量

選擇題

( ) 1. 如果表單需要建立單選的輸入介面，我們可以使用下列哪一種控制項？
A. 文字方塊 B. 群組方塊 C. 核取方塊 D. 選項按鈕

( ) 2. 請問控制項可以指定下列哪一個屬性，讓控制項填滿整個可用區域？
A. Anchor B. Size C. Dock D. Location

( ) 3. 請問 ListBox 控制項可以指定下列哪一個屬性為 True，讓控制項使用多欄來顯示？
A. SelectionMode B. SelectedIndex C. SelectedItems D. MultiColumn

( ) 4. 如果表單需要建立輸入介面來選擇性別，請問我們使用下列哪一種控制項是最佳的選擇？
A. 文字方塊 B. 核取方塊 C. 選項按鈕 D. 群組方塊

( ) 5. 請問下列哪一種控制項並不是 VB 的清單控制項？
A. DropDownList B. CheckedListBox C. ComboBox D. ListBox

簡答題

1. 請簡單說明核取方塊與選項按鈕的差異？
2. 如果在 VB 程式的使用介面有多組選項按鈕，請問我們需要如何建立這種使用介面？
3. 請問清單控制項有哪三種？
4. 如果我們需要建立可以新增項目的清單控制項，請問哪一種控制項是最佳的選擇？
5. 請問 Dock 或 Anchor 屬性的用途為何？

實作題

1. 請建立 VB 光碟燒錄片訂購程式，使用核取方塊勾選光碟片種類，白金片每片 2 元、金片 3 元、水藍片 4 元，DVD 片為 5 元，在其後新增文字方塊輸入每種燒錄片的訂購數量，選項按鈕選擇付款方式為：付現或刷卡，刷卡需加 5% 手續費，按【結帳】鈕可以顯示總片數和總價。
2. 請建立 VB 車資計算程式，輸入公里數可以計算車資，程式是使用選項按鈕選擇日間或夜間計費，日間 1500 公尺以內車資 80，每 500 公尺加 5 元；夜間 1500 公尺以內車資 90，每 300 公尺加 5 元，開後行李箱加 20 元。

3. 請建立 VB 問卷調查程式，在選擇性別，勾選擁有的 3C 產品：智慧型手機、平板電腦和數位相機後，使用 MsgBox() 顯示輸入的問卷資料，如下圖所示：

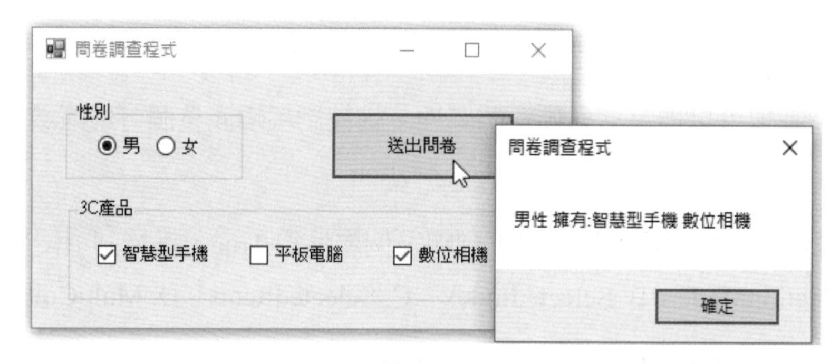

圖 9-27

4. 請使用 VB 建立簡單的收銀機程式，程式是使用 ListBox 控制項顯示飲料的商品清單，在選取和輸入數量後，按【小計】鈕計算單品的小計，如下圖所示：

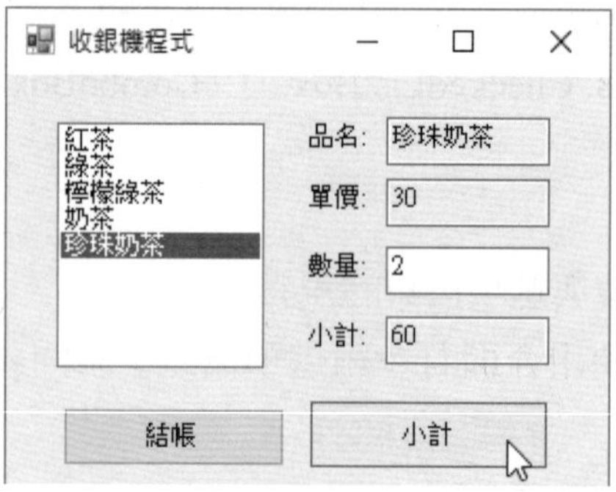

圖 9-28

在完成單品輸入後，按【結帳】鈕，可以清除欄位值和顯示各小計加總的總價，如下圖所示：

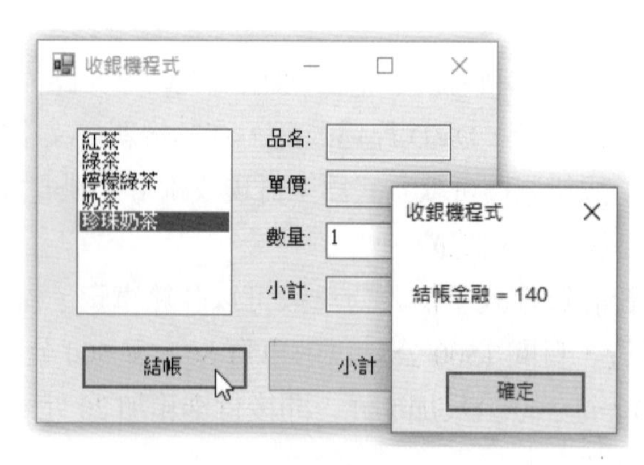

圖 9-29

VisualBasic

Chapter 10

陣列應用

本章綱要

10-1 認識陣列

「陣列」（arrays）是一種程式語言的基本資料結構，屬於循序性的資料結構。日常生活最常見的範例是一排信箱，如下圖所示：

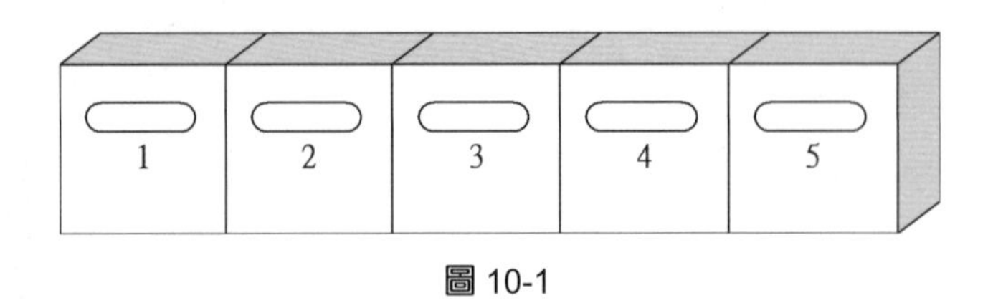

圖 10-1

上述圖例是公寓或社區住宅的一排信箱，郵差依信箱號碼投遞郵件，住戶依信箱號碼取出郵件。在 VB 語言的陣列可以將相同資料型態的變數集合起來，使用一個名稱代表，以索引值存取元素，每一個元素相當於是一個變數，如下圖所示：

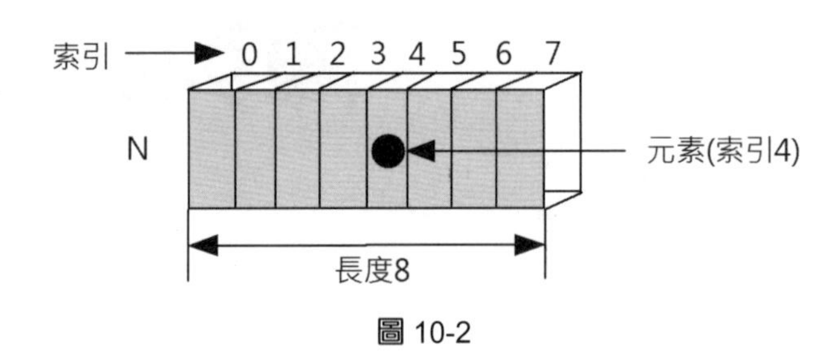

圖 10-2

上述圖例的 N 陣列是一種固定長度的結構，每一個「陣列元素」（array elements）是使用「索引」（index，或稱註標）存取，索引值是從 0 開始到陣列長度減 1，即 0~7。。換句話說，如果在程式中需要使用很多相同資料型態的變數時，例如：儲存 20 位學生的成績，如下所示：

```
Dim s01、s02、s03、...、s20 As Integer
```

上述程式碼宣告 20 個變數，換一種方式，我們可以直接宣告 1 個擁有 20 個元素的 S 陣列，而不用宣告一堆變數，如下所示：

```
Dim S(19) As Integer
```

10-2 一維陣列

「一維陣列」（one-dimensional arrays）是最基本的陣列結構，擁有一個索引，可以直接使用索引值來存取陣列元素。

10-2-1 一維陣列的使用

VB 語言的陣列是使用【Dim】關鍵字宣告，我們可以在宣告同時指定陣列尺寸。一維陣列宣告的基本語法，如下所示：

```
Dim 陣列名稱(最大索引) As 資料型態
或
Dim 陣列名稱(0 To 最大索引) As 資料型態
```

上述語法宣告指定資料型態，名為【陣列名稱】的陣列，其元素個數是括號的最大索引數加一，或使用 To 關鍵字指出其範圍（索引值是從 0 開始）。例如：宣告一維陣列儲存期中考三科的成績，如下所示：

```
Dim M(0 To 2) As Integer
```

上述程式碼宣告一維整數陣列 M，括號值是陣列是索引值範圍，因為索引值預設從 0 開始，所以陣列索引值為 0~2 共有 3 個元素，我們也可以只指定最大索引值，如下所示：

```
Dim M(2) As Integer
```

在宣告陣列時，我們也可以不指定陣列最大索引值，直接指定陣列元素的初值，如下表所示：

表 10-1

陣列宣告與初值	說明
Dim F() As Integer = {60, 89, 75}	一維陣列 F 沒有指定大小，其大小是初值個數，陣列索引的最大值是初值個數減一
Dim F = {60, 89, 75}	我們也可以使用 Dim 宣告且指定初值，但不用指定資料型態，編譯器會自動依初值判斷其資料型態

當宣告陣列後，作業系統預設會保留一塊連續記憶體空間來儲存陣列（下方位元組欄位是資料型態佔用的位元組數），如下表所示：

表 10-2

範例	元素數	位元組	佔用空間
Dim A(9) As Integer	10	4	4 x 10 = 40 位元組
Dim B(4) As Long	5	8	8 x 5 = 40 位元組
Dim C(10) As Single	11	4	4 x 11 = 44 位元組
Dim D(5) As Double	6	8	6 x 8 = 48 位元組

存取一維陣列的元素

宣告的一維陣列如果沒有指定初值，我們可以使用指定敘述指定陣列值，如下所示：

```
M(0) = 70
M(1) = 79
M(2) = 65
```

上述指定敘述使用索引值指定陣列元素值。同樣方式，我們可以使用索引值取出陣列元素值，如下所示：

```
Dim s1, s2 As Integer
s1 = M(1)
s2 = F(1)
```

上述程式碼取得陣列索引 1 的值，因爲索引值是從 0 開始，所以取得的是陣列第 2 個元素值 79 和 89。

使用迴圈走訪陣列

一維陣列可以使用 For 迴圈走訪每一個陣列元素，如下所示：

```
For i As Integer = 0 To 2
   sum = sum + M(i)
Next i
```

上述程式碼可以將各陣列元素值加總。

範例專案：學生成績計算 -ch10-2-1\ch10-2-1.sln

在 Windows 應用程式建立學生各科成績計算，使用 2 個一維陣列儲存一位學生的期中和期末考成績，包含：國文、英文和數學三科，可以計算此位學生期中和期末考的總分與平均，其執行結果如下圖所示：

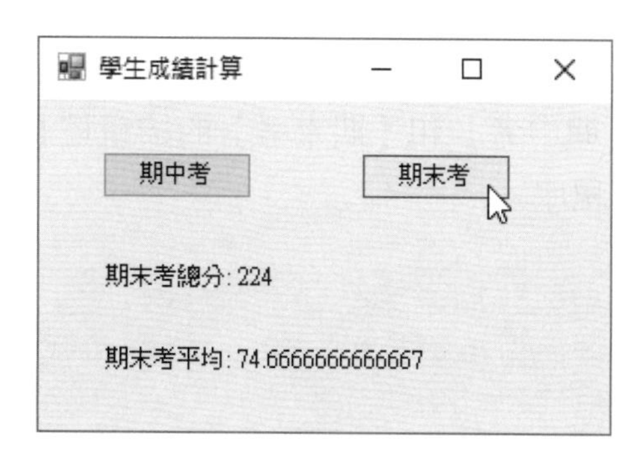

圖 10-3

表單的版面配置

Step 01：請參考「ch10\ch10-2-1」資料夾建立專案，然後拖拉更改表單 Form1 的尺寸為【300, 200】（也可以更改表單的【Size】屬性值）。

Step 02：新增與編排 2 個 Label 和 2 個 Button 控制項，如下圖所示：

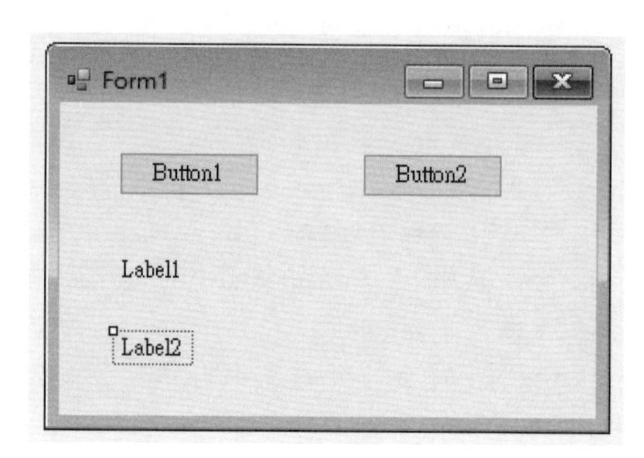

圖 10-4

控制項屬性

Step 03：選取各控制項後，更改各控制項的屬性值，如下表所示：

表 10-3

控制項	Text 屬性
Form1	學生成績計算
Label1	< 空白 >
Label2	< 空白 >
Button1	期中考
Button2	期末考

程式碼編輯

Step 04：按二下標題爲【期中考】和【期末考】的按鈕控制項，可以建立 Button1~2_Click() 事件處理程序。

```
01: Private Sub Button1_Click(sender As Object,
                   e As EventArgs) Handles Button1.Click
02:     Dim M(0 To 2) As Integer
03:     Dim sum As Integer = 0
04:     ' 指定一維陣列的元素值
05:     M(0) = 70
06:     M(1) = 79
07:     M(2) = 65
08:     ' 計算總分與平均
09:     For i As Integer = 0 To 2
10:         sum = sum + M(i)
11:     Next i
12:     Label1.Text = "期中考總分：" & sum
13:     Label2.Text = "期中考平均：" & (sum / 3)
14: End Sub
15:
16: Private Sub Button2_Click(sender As Object,
                   e As EventArgs) Handles Button2.Click
17:     Dim F = {60, 89, 75}
18:     Dim sum As Integer = 0
19:     ' 計算總分與平均
20:     For i As Integer = 0 To 2
21:         sum = sum + F(i)
22:     Next i
23:     Label1.Text = "期末考總分：" & sum
24:     Label2.Text = "期末考平均：" & (sum / 3)
25: End Sub
```

程式碼解說

- 第 2 行和第 17 行：宣告 2 個一維陣列 M 和 F，F 陣列是使用指定初值方式來指定元素值。
- 第 5~7 行：使用指定敘述指定 M 陣列的元素值。
- 第 9~11 行和第 20~22 行：使用 For 迴圈走訪陣列來計算總分。
- 第 12~13 行和第 23~24 行：顯示成績的總分與平均。

隨堂練習

1. VB 陣列宣告的括號中是 ___________，索引值預設從 ____ 開始。
2. 請完成下列 VB 程式碼整數陣列 T 的宣告，元素數是 12 個，如下所示：

   Dim _________ As _______

3. 請完成下列 VB 程式碼的陣列 A 宣告，陣列值爲 4, 1, 0, 6, 8，如下所示：

   Dim _________ As _______ = { _________ }

4. 請問在隨堂練習 3. 中，陣列 A(3) 的值是 ______________。
5. 請問陣列宣告 Dim B(4) As Long 後，陣列 B 佔用 _______ 位元組的空間。
6. 請完成下列程式碼取出陣列 T 的第 5 個元素，如下所示：

   Value = ____________

7. 請寫出執行下列程式後的輸出結果，如下所示：

```
Dim A(10) As Integer
Dim x As Integer
x = 8
A(0) = 0 : A(1) = 1
For i = 2 To x
  A(i) = A( i - 1) + A(i - 2)
Next
MsgBox(A(x))
```

8. 請寫出執行下列程式後的輸出結果，如下所示：

```
Dim A(4) As Integer
A(1) = 0
For i = 2 To 4
  If i Mod 2 = 1 Then
    A(i) = A(i - 1) + 1
  Else
    A(i) = A(i - 1) + 2
  End If
Next
MsgBox(A(4))
```

10-2-2 陣列的參數傳遞

程序或函數的參數如果是陣列，傳值呼叫可以在程序與函數中走訪參數的陣列元素，也可以更改陣列元素的值，如下所示：

```
Function max(ByVal A() As Integer)
  …
End Function
```

範例專案：陣列最大值元素 -ch10-2-2\ch10-2-2.sln

在 Windows 應用程式建立陣列最大值函數 max()，只需傳遞陣列參數就可以找出陣列最大值和傳回元素總和，其執行結果如下圖所示：

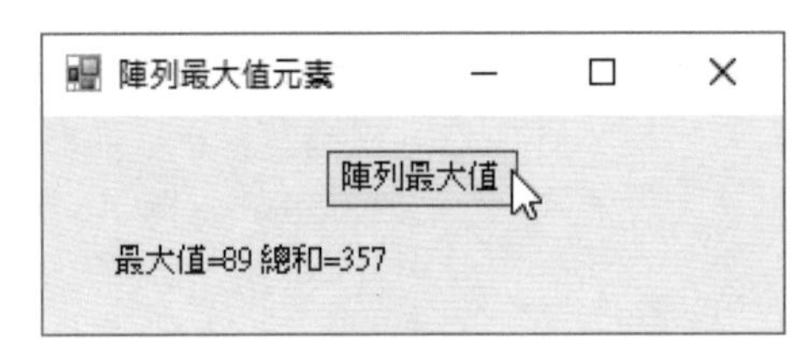

圖 10-5

表單的版面配置

Step 01：請參考「ch10\ch10-2-2」資料夾建立專案，然後拖拉更改表單 Form1 的尺寸為【300, 120】（也可以更改表單的【Size】屬性值）。

Step 02：新增與編排 1 個 Label 和 1 個 Button 控制項，如下圖所示：

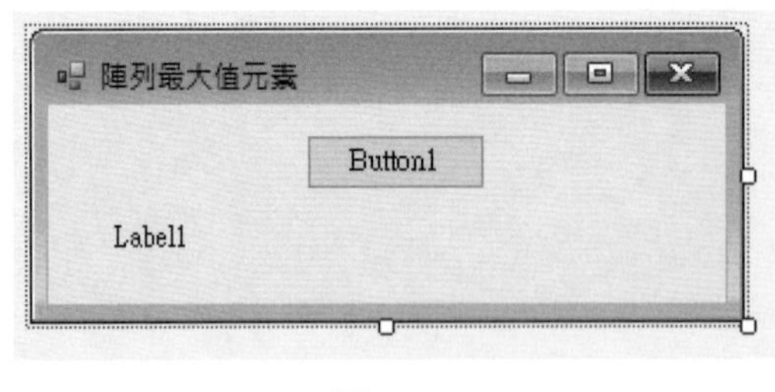

圖 10-6

控制項屬性

Step 03：選取各控制項後，更改各控制項的屬性值，如下表所示：

表 10-4

控制項	Text 屬性
Form1	陣列最大值元素
Button1	陣列最大值
Label1	< 空白 >

程式碼編輯

Step 04：按二下標題為【陣列最大值】的 Button1 按鈕控制項，可以建立 Button1_Click() 事件處理程序和 max() 函數。

```
01: Function max(ByVal A() As Integer)
02:     Dim idx, sum, t As Integer
03:     idx = 0 : sum = 0
04:     For i As Integer = 0 To UBound(A)
05:         If A(i) > A(idx) Then idx = i
06:         sum += A(i)
07:     Next i
08:     t = A(0)        ' 交換陣列元素
09:     A(0) = A(idx)
10:     A(idx) = t
11:     Return sum      ' 傳回陣列元素和
12: End Function
13:
14: Private Sub Button1_Click(sender As Object,
                  e As EventArgs) Handles Button1.Click
15:     Dim sum, m As Integer
16:     Dim A = {60, 89, 75, 88, 45}
17:     sum = max(A)  ' 呼叫函數
18:     m = A(0)  ' 最大值
19:     Label1.Text = "最大值=" & m & " 總和=" & sum
20: End Sub
```

程式碼解說

- 第 1~12 行：max() 函數使用第 4~7 行的 For 迴圈找出陣列最大值和計算元素和，迴圈是使用 UBound() 函數取得陣列最大索引值，在第 8~10 行將陣列最大元素交換到第 1 個元素，第 11 行傳回陣列元素和。For 或 Do/Loop 迴圈在存取陣列元素時可以搭配 Visual Basic 函數取得陣列邊界，傳入參數是陣列，如下表所示：

表 10-5

函數	說明
LBound(array)	傳回整數值的陣列最小索引值，預設傳回值是 0
UBound(array)	傳回整數值的陣列最大索引值

- 第 17~18 行：呼叫 max() 函數後，可以傳回陣列元素和，在第 18 行取出第 1 個元素的陣列最大值。

10-3 二維陣列

「二維陣列」（two-dimensional array）或多維陣列都是一維陣列的擴充。如果將一維陣列想像成一度空間的線；二維陣列是二度空間的平面；三維陣列即空間。

10-3-1 二維陣列的使用

日常生活的二維陣列應用非常廣泛，只要是平面表格，都可以轉換成二維陣列來表示。例如：月曆、功課表和成績單等。

宣告二維陣列

在 VB 語言宣告二維與多維陣列和一維陣列相似，只是每增加一個維度，就需新增 1 個索引，所以，二維陣列在宣告時需要指定 2 個維度的陣列尺寸，例如：使用二維陣列儲存全班 5 位學生國文的期中和期末考，如下所示：

```
Dim G(1, 4) As Integer
```

上述程式碼宣告 2 X 5 的二維陣列，其元素數是 2 個尺寸 5 的一維陣列，即 2 x 5 = 10 個元素。同樣的，二維陣列也可以不指定陣列最大索引值，直接指定陣列元素的初值，如下所示：

```
Dim G(,) As Integer = { {70, 79, 65, 98, 60},
                        {60, 89, 75, 68, 90} }
```

上述程式碼宣告二維陣列 G，並且指定元素值，在第一維有 2 個元素，每一個元素是一次考試全班 5 位學生的成績，即一維陣列 {70, 79, 65, 98, 60} 和 {60, 89, 75, 68, 90}，各擁有 5 個元素，二維陣列有 2 X 5 共 10 個元素，如下圖所示：

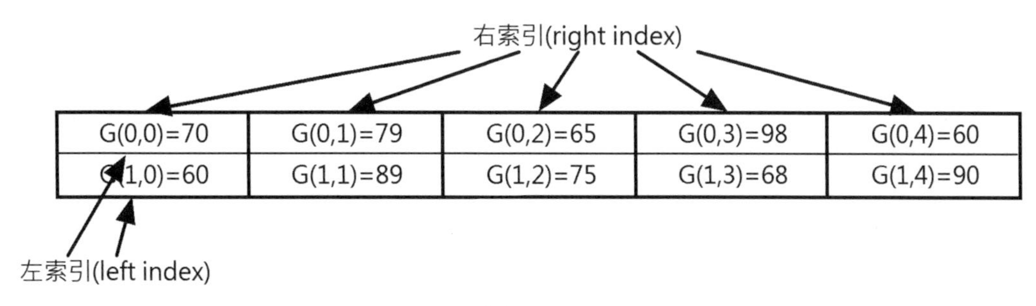

圖 10-7

上述二維陣列擁有 2 個索引，左索引（left index）指出元素位在哪一列；右索引（right index）指出位在哪一欄，使用 2 個索引值可以存取指定儲存格的二維陣列元素。

存取二維陣列的元素

在宣告二維陣列後，我們可以使用指定敘述指定二維陣列的元素值，如下所示：

```
G(0,0)=70
G(0,1)=79
G(0,2)=65
G(0,3)=98
G(0,4)=60
G(1,0)=60
G(1,1)=89
G(1,2)=75
G(1,3)=68
G(1,4)=90
```

上述程式碼指定二維陣列的元素值。在指定陣列值後，我們可以使用二層巢狀迴圈來走訪二維陣列，如下所示：

```
For i = 0 To 1
  For j = 0 To 4
    S(i) += G(i, j)
  Next j
Next i
```

上述程式碼的外層迴圈取得第一維陣列，內層迴圈是第二維陣列。

範例專案：學生成績管理 -ch10-3-1\ch10-3-1.sln

在 Windows 應用程式使用二維陣列儲存成績資料，提供功能計算期中和期末考的總分與平均，可以在下方標籤控制項顯示計算結果，其執行結果如下圖所示：

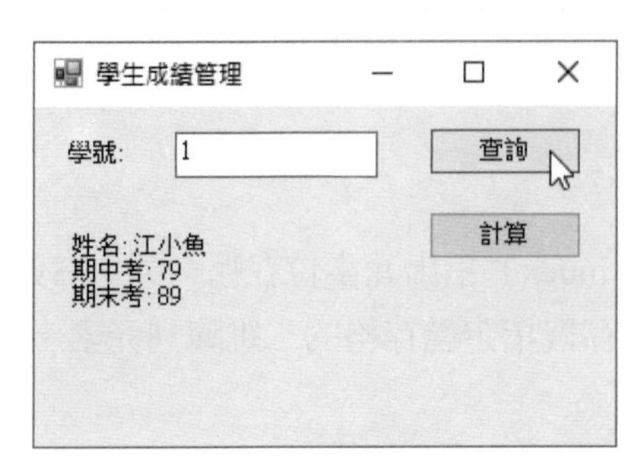

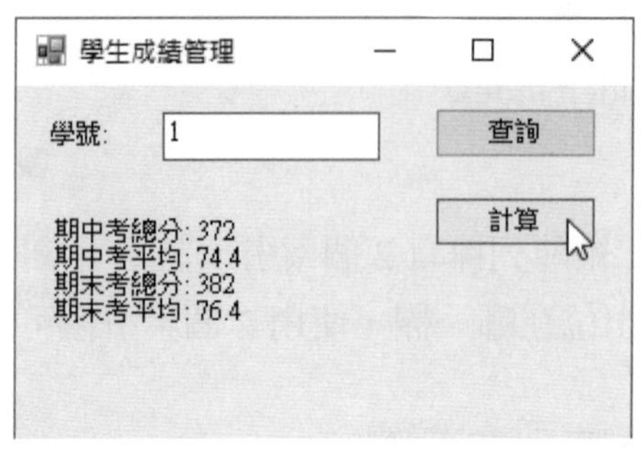

圖 10-8

在輸入學號後，按【查詢】鈕查詢學生成績；按【計算】鈕可以計算和顯示期中考與期末考的全班總分和平均。

表單的版面配置

Step 01：請參考「ch10\ch10-3-1」資料夾建立專案，然後拖拉更改表單 Form1 的尺寸爲【300, 200】（也可以更改表單的【Size】屬性值）。

Step 02：新增與編排 2 個 Label、1 個 TextBox 和 2 個 Button 控制項，如下圖所示：

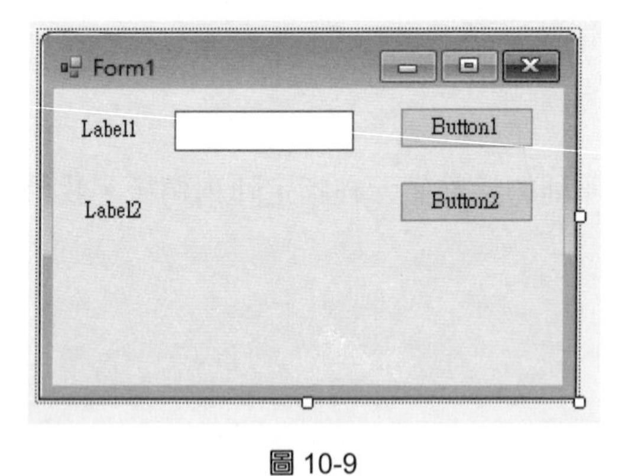

圖 10-9

控制項屬性

Step 03：選取各控制項後，更改各控制項的屬性值，如下表所示：

表 10-6

控制項	Text 屬性
Form1	學生成績管理
Label1	學號：
Label2	< 空白 >
TextBox1	1
Button1	查詢
Button2	計算

程式碼編輯

Step 04：按二下標題為【查詢】和【計算】的按鈕控制項，可以建立 Button1~2_Click() 事件處理程序。

```
01: ' 宣告一維陣列
02: Dim N() As String = {"陳會安", "江小魚", "陳允傑",
03:                       "楊過", "小龍女"}
04: ' 宣告二維陣列
05: Dim G(,) As Integer = {{70, 79, 65, 98, 60},
06:                        {60, 89, 75, 68, 90}}
07:
08: Private Sub Button1_Click(sender As Object,
                 e As EventArgs) Handles Button1.Click
09:     Dim idx As Integer
10:     idx = CInt(TextBox1.Text) ' 取得索引
11:     If idx >= 0 And idx <= 4 Then
12:         ' 顯示查詢結果
13:         Label2.Text = "姓名：" & N(idx) & vbNewLine
14:         Label2.Text &= "期中考：" & G(0, idx) & vbNewLine
15:         Label2.Text &= "期末考：" & G(1, idx) & vbNewLine
16:     Else
17:         Label2.Text = "學號錯誤！"
18:     End If
19: End Sub
20:
21: Private Sub Button2_Click(sender As Object,
                 e As EventArgs) Handles Button2.Click
22:     Dim S(1), A(1) As Double
23:     Dim i, j As Integer
24:     ' 二層巢狀迴圈來計算總分
25:     For i = 0 To 1
```

```
26:          For j = 0 To 4
27:              S(i) += G(i, j)
28:          Next j
29:      Next i
30:      ' 計算平均
31:      For i = 0 To 1
32:          A(i) = S(i) / 5
33:      Next i
34:      Label2.Text = "期中考總分：" & S(0) & vbNewLine
35:      Label2.Text &= "期中考平均：" & A(0) & vbNewLine
36:      Label2.Text &= "期末考總分：" & S(1) & vbNewLine
37:      Label2.Text &= "期末考平均：" & A(1) & vbNewLine
38: End Sub
```

程式碼解說

- 第 2~6 行：使用全域變數宣告 1 個一維陣列和二維陣列。
- 第 8~19 行：Button1_Click() 事件處理程序查詢學生成績，在第 14~15 行從二維陣列取得學生成績。
- 第 21~38 行：Button2_Click() 事件處理程序計算總分與平均，在第 25~29 行使用二層巢狀迴圈計算學生成績的總分，第 31~33 行使用 For 迴圈計算平均成績。

隨堂練習

1. VB 二維陣列有 _____ 索引；三維陣列有 _______ 索引。
2. 宣告 3 X 4 整數陣列 S 的程式碼爲 _____________ 。
3. 二維陣列宣告是 Dim E(5, 8)，請問二維陣列包含的元素數是 _____________ 。
4. 請寫出執行下列程式後的輸出結果，如下所示：

```
Dim A(3. 4) As Integer
For i = 1 To 3
  For j = 1 To 4
    A(i, j) = 3 * i + 2 * j
  Next j
Next i
MsgBox(A(2, 3) * A(3, 2))
```

10-3-2 矩陣相加

在數學上，二維陣列最常使用在「矩陣」（matrices）處理，矩陣類似二維陣列，一個 m X n 矩陣表示這個矩陣擁有 m 列（rows）和 n 欄（columns），或稱爲列和行，如下所示：

	第1欄	第2欄	第3欄
第1列	6	2	0
第2列	1	0	3
第3列	6	4	2
第4列	1	4	7

圖 10-10

上述圖例是 4 X 3 矩陣，m 和 n 是矩陣的「維度」（dimensions）。矩陣相加是將相同位置的元素相加，如下所示：

$$\begin{bmatrix} 1 & 3 & 5 \\ 7 & 9 & 2 \\ 4 & 6 & 8 \end{bmatrix} + \begin{bmatrix} 2 & 4 & 6 \\ 8 & 1 & 3 \\ 5 & 7 & 9 \end{bmatrix} = \begin{bmatrix} 3 & 7 & 11 \\ 15 & 10 & 5 \\ 9 & 13 & 17 \end{bmatrix}$$

圖 10-11

範例專案：矩陣相加 -ch10-3-2\ch10-3-2.sln

在 Windows 應用程式使用二維陣列建立 3 X 3 的矩陣相加，可以在 Label 控制項顯示相加結果的矩陣，其執行結果如下圖所示：

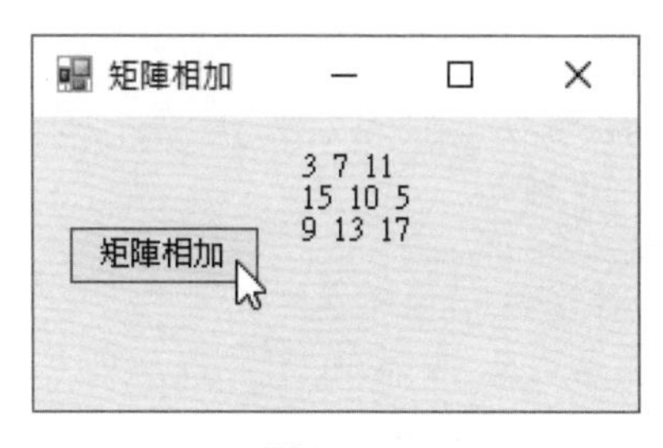

圖 10-12

表單的版面配置

Step 01：請參考「ch10\ch10-3-2」資料夾建立專案，然後拖拉更改表單 Form1 的尺寸爲【250, 150】（也可以更改表單的【Size】屬性值）。

Step 02：新增與編排 1 個 Label 和 1 個 Button 控制項，如下圖所示：

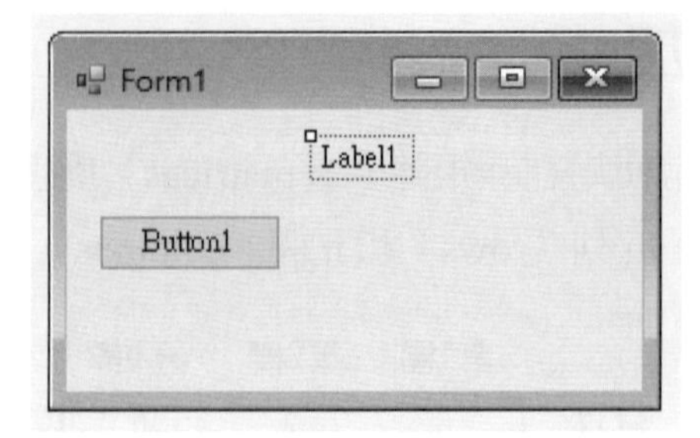

圖 10-13

控制項屬性

Step 03：選取各控制項後，更改各控制項的屬性值，如下表所示：

表 10-7

控制項	Text 屬性
Form1	矩陣相加
Label1	<空白>
Button1	矩陣相加

程式碼編輯

Step 04：按二下標題為【矩陣相加】的 Button1 按鈕控制項，可以建立 Button1_Click() 事件處理程序。

```
01: Private Sub Button1_Click(sender As Object,
                  e As EventArgs) Handles Button1.Click
02:     Dim A(,) = {{1, 3, 5}, {7, 9, 2}, {4, 6, 8}}
03:     Dim B(,) = {{2, 4, 6}, {8, 1, 3}, {5, 7, 9}}
04:     Dim C(2, 2) As Integer
05:     For i As Integer = 0 To 2
06:         For j As Integer = 0 To 2
07:             C(i, j) = A(i, j) + B(i, j)
08:             Label1.Text &= C(i, j) & "   "
09:         Next j
10:         Label1.Text &= vbNewLine
11:     Next i
12: End Sub
```

程式碼解說

- 第 5~11 行：使用兩層 For 迴圈走訪 2 個二維陣列的每一個元素，在第 7 行將 2 個元素相加，可以得到矩陣相加的結果。

10-4 陣列排序

「排序」（sorting）和「搜尋」（searching）屬於計算機科學資料結構與演算法的範疇，電腦有相當多執行時間都是在處理資料排序和搜尋。排序和搜尋實際應用在資料庫系統、編譯器和作業系統之中。

排序方法有很多種，在本節是使用陣列來說明常用的基本排序方法，即泡沫排序法（bubble sort）和選擇排序法（selection sort）。

10-4-1 排序的基礎

排序處理的資料主要是針對檔案中的記錄，依記錄的某些欄位，稱為「鍵值」（key），以特定規則排列成遞增或遞減順序。例如：學生聯絡與成績記錄的資料，如下表所示：

學生

編號	姓名	地址	成績	生日
S001	江小魚	新北市中和景平路10號	85	1978/2/2
S002	劉得華	桃園市三民路1000號	77	1982/3/3
S003	郭富成	台中市中港路三段500號	90	1978/5/5
S004	張學有	高雄市四維路1000號	65	1979/6/6

上述學生記錄可以依指定欄位的比較來重新排列記錄順序，例如：使用【成績】欄位重新排列找出成績最高的學生，如下表所示：

學生

編號	姓名	地址	成績	生日
S003	郭富成	台中市中港路三段500號	90	1978/5/5
S001	江小魚	新北市中和景平路10號	85	1978/2/2
S002	劉得華	桃園市三民路1000號	77	1982/3/3
S004	張學有	高雄市四維路1000號	65	1979/6/6

上述記錄已經依成績欄位值從大到小排列，可以得到最高成績 90 分，這種比較和重新排列記錄的工作稱為排序，成績欄位值是鍵值。換句話說，排序工作是執行鍵值比較和交換，以便重新排列鍵值的順序。

10-4-2 泡沫排序法

在常見的排序法中，最出名的排序法是「泡沫排序法」（bubble sort，或稱氣泡排序法），因爲這種排序法的名稱好記且簡單，可以將較小的鍵值逐漸移到陣列開始；較大的鍵值慢慢浮向陣列的最後，鍵值如同水缸中的泡沫，慢慢往上浮，故稱爲泡沫排序法。

泡沫排序法是使用交換方式進行排序。例如：使用泡沫排序法排列樸克牌，就是將牌攤開放在桌上排成一列，將鄰接兩張牌的點數鍵值進行比較，如果兩張牌沒有照順序排列就交換，直到牌都排到正確位置爲止。

筆者準備使用整數陣列 Data() 來說明排序過程，比較方式是以數值大小的順序爲鍵值，其排序過程如下表所示：

執行過程	Data(0)	Data(1)	Data(2)	Data(3)	Data(4)	Data(5)	比較	交換
初始狀態	11	12	10	15	1	2		
1	11	12	10	15	1	2	0和1	不交換
2	11	10	12	15	1	2	1和2	交換1和2
3	11	10	12	15	1	2	2和3	不交換
4	11	10	12	1	15	2	3和4	交換3和4
5	11	10	12	1	2	15	4和5	交換4和5

在上表只是走訪一次一維陣列 Data() 的排序過程，依序比較陣列索引值 0 和 1，1 和 2，2 和 3，3 和 4，最後比較 4 和 5，陣列中的最大值 15 會一步步往陣列結尾移動，在完成第 1 次走訪後，陣列索引 5 是最大值 15。

接著縮小一個元素，只走訪陣列 Data(0) 到 Data(4) 進行比較和交換，可以找到第 2 大值，依序處理，即可完成整個整數陣列的排序。

範例專案：泡沫排序法 -ch10-4-2\ch10-4-2.sln

在 Windows 應用程式建立一維陣列的泡沫排序法，按下按鈕，可以在 Label 控制項顯示從小到大的排序結果，其執行結果如下圖所示：

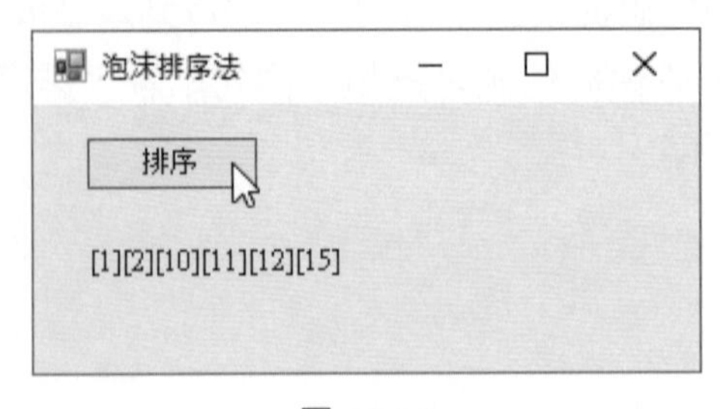

圖 10-14

表單的版面配置

Step 01：請參考「ch10\ch10-4-2」資料夾建立專案，然後拖拉更改表單 Form1 的尺寸爲【300, 150】（也可以更改表單的【Size】屬性值）。

Step 02：新增與編排 1 個 Label 和 1 個 Button 控制項，如下圖所示：

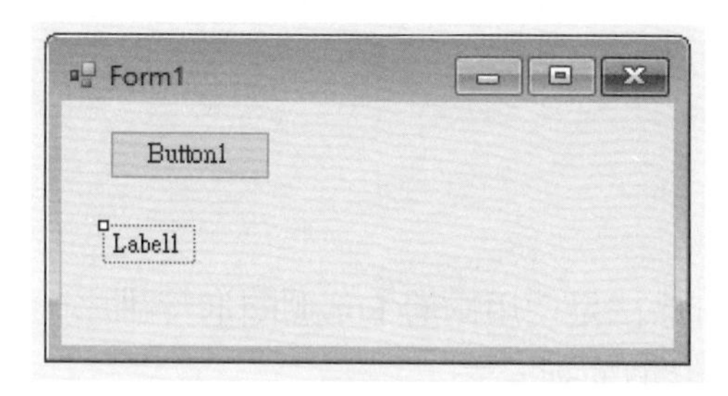

圖 10-15

控制項屬性

Step 03：選取各控制項後，更改各控制項的屬性值，如下表所示：

表 10-8

控制項	Text 屬性
Form1	泡沫排序法
Label1	< 空白 >
Button1	排序

程式碼編輯

Step 04：按二下標題爲【排序】的 Button1 按鈕控制項，可以建立 Button1_Click() 事件處理程序。

```
01: Private Sub Button1_Click(sender As Object,
                  e As EventArgs) Handles Button1.Click
02:     Dim Data() As Integer = {11, 12, 10, 15, 1, 2}
03:     Dim i, j, mi, t As Integer
04:     ' 泡沫排序法
05:     mi = 5
06:     For i = mi To 0 Step -1
07:         For j = 0 To mi - 1
08:             If Data(j + 1) < Data(j) Then
09:                 t = Data(j + 1) ' 交換
10:                 Data(j + 1) = Data(j)
```

```
11:                 Data(j) = t
12:             End If
13:         Next j
14:     Next i
15:     ' 顯示排序結果
16:     For i = 0 To 5
17:         Label1.Text &= "[" & Data(i) & "]"
18:     Next
19: End Sub
```

程式碼解說

- 第 6~14 行：泡沫排序法是使用兩層 For 迴圈進行排序，在第 7~13 行的內層迴圈使用 If 條件判斷是否交換陣列元素。
- 第 16~18 行：使用 For 迴圈顯示陣列的排序結果。

10-4-3 選擇排序法

「選擇排序法」（selection sort）是從排序的鍵值中選出最小的一個鍵值，然後和第 1 個鍵值交換，接著從剩下鍵值中選出第 2 小的鍵值和第 2 個鍵值交換，重覆操作直到最後一個鍵值爲止。

如果使用樸克牌來說明，就是將每張牌攤開放在桌子上，然後從這些牌中選出最小點數的牌放在手上，接著從桌上剩下的牌中選擇最小的牌，將它放在手上樸克牌的最後，直到所有樸克牌都放在手上，這時手中的牌就完成排序。例如：整數陣列 Data() 的排序過程，如下表所示：

執行過程	Data(0)	Data(1)	Data(2)	Data(3)	Data(4)	Data(5)	最小	交換
初始狀態	12	11	10	15	1	2		
1	1	11	10	15	12	2	4	交換0和4
2	1	2	10	15	12	11	5	交換1和5
3	1	2	10	15	12	11	2	交換2和2
4	1	2	10	11	12	15	5	交換3和5
5	1	2	10	11	12	15	4	交換4和4

選擇排序法也需要兩層迴圈，在外層迴圈執行元素交換，也就是上表的每一列，共需要執行元素個數 n-1 次，以此例是 6-1 = 5 次；內層迴圈的目的是找出最小值，依序找出：1、2、10、11 和 12。

範例專案：選擇排序法 -ch10-4-3\ch10-4-3.sln

在 Windows 應用程式建立陣列的選擇排序法，按下按鈕，可以在 Label 控制項顯示從小到大的排序結果，其執行結果如下圖所示：

圖 10-16

表單的版面配置

Step 01：請參考「ch10\ch10-4-3」資料夾建立專案，然後拖拉更改表單 Form1 的尺寸爲【300, 150】（也可以更改表單的【Size】屬性值）。

Step 02：新增和編排 1 個 Label 和 1 個 Button 控制項，可以看到和上一節相同的表單配置。

控制項屬性

Step 03：選取各控制項後，更改各控制項的屬性值，如下表所示：

表 10-9

控制項	Text 屬性
Form1	選擇排序法
Label1	< 空白 >
Button1	排序

程式碼編輯

Step 04：按二下標題爲【排序】的 Button1 按鈕，可以建立 Button1_Click() 事件處理程序。

```
01: Private Sub Button1_Click(sender As Object,
                e As EventArgs) Handles Button1.Click
02:     Dim Data() As Integer = {11, 12, 10, 15, 1, 2}
03:     Dim i, j, pos, mi, t As Integer
04:     mi = 5
```

```
05:     ' 選擇排序法
06:     For i = 0 To mi
07:         pos = i
08:         t = Data(pos)
09:         ' 找尋最小的整數
10:         For j = i + 1 To mi
11:             If Data(j) < t Then
12:                 pos = j
13:                 t = Data(j)
14:             End If
15:         Next j
16:         Data(pos) = Data(i) ' 交換兩個整數
17:         Data(i) = t
18:     Next i
19:     ' 顯示排序結果
20:     For i = 0 To 5
21:         Label1.Text &= "[" & Data(i) & "]"
22:     Next
23: End Sub
```

程式碼解說

- 第 6~18 行：選擇排序法是使用兩層 For 迴圈進行排序，在第 10~15 行的 For 內層迴圈找尋最小整數，然後在第 16~17 行交換 2 個陣列元素。

10-5 陣列搜尋

搜尋是在資料中找尋特定值，如同排序，搜尋方法也有很多種，在本節是使用陣列來說明常用的基本搜尋方法，即循序搜尋法（sequential search）和二元搜尋法（binary search）。

10-5-1 搜尋的基礎

「搜尋」（searching）是在資料中找尋特定的值，這個值稱爲「鍵值」（key）。例如：在電話簿以姓名找尋朋友電話號碼，姓名是鍵值，或在書局以書號的鍵值找尋欲購買的書。

搜尋的目的是爲了確定資料中是否存在與鍵值相同的資料。例如：學生聯絡資料，如下表所示：

學生

學號	姓名	地址	電話	生日
S001	江小魚	新北市中和景平路10號	02-22222222	1978/2/2
S002	劉得華	桃園市三民路1000號	03-33333333	1982/3/3
S003	郭富成	台中市中港路三段500號	04-44444444	1978/5/5
S004	張學有	高雄市四維路1000號	07-77777777	1979/6/6

在上述記錄欄位的【學號】是鍵值，例如：搜尋學號 S003 的學生聯絡資料，我們之所以可以找到學生郭富成，因爲在學生聯絡資料中有此學號，透過學號可以找到學生姓名和電話號碼的聯絡資料。資料搜尋方法依搜尋的資料可以分成兩種，如下所示：

- 沒有排序的資料：針對沒有排序的資料執行搜尋，需要從資料的第 1 個元素開始比較，從頭到尾以確認資料是否存在，例如：循序搜尋法。
- 已經排序的資料：對於已經排序的資料，搜尋就不需要從頭開始一個一個進行比較。例如：在電話簿找電話，相信沒有人是從電話簿的第一頁開始找，而是直接從姓名出現的頁數開始找，因爲電話簿已經依照姓名排序好。例如：二元搜尋法。

10-5-2 循序搜尋法

「循序搜尋法」（sequential search）是從循序結構的第 1 個元素開始走訪整個陣列，從頭開始一個一個比較元素是否是搜尋值，因爲需要走訪整個陣列，陣列資料是否排序就沒有什麼關係。例如：一個整數陣列 Data()，如下表所示：

0	1	2	3	4	5	6	7	8	9	10
9	25	33	74	90	15	1	8	42	66	81

在上述陣列搜尋整數 90 的鍵值，程式需要從陣列索引值 0 開始比較，在經過索引值 1、2 和 3 後，才在索引值 4 找到整數 90，共比較 5 次。同理，搜尋整數 4 的鍵值，需要從索引值 0 一直找到 10，才能夠確定鍵值是否存在，結果比較 11 次發現鍵值 4 不存在。

10-5-3 二元搜尋法

「二元搜尋法」（binary search）是一種分割資料的搜尋方法，搜尋資料需要是已經排序好的資料。二元搜尋法的操作是先檢查排序資料的中間元素，如果與鍵值相等就找到；如果小於鍵值，表示資料位在前半段，否則位在後半段，然後繼續分割成二段資料來重覆上述操作，直到找到或已經沒有資料可以分割爲止。

例如：陣列的上下範圍分別是 low 和 high，中間元素的索引值是 (low + high)/2。在執行二元搜尋時的比較分成三種情況，如下所示：

- 搜尋鍵值小於陣列的中間元素：鍵值在陣列的前半部。
- 搜尋鍵值大於陣列的中間元素：鍵值在陣列的後半部。
- 搜尋鍵值等於陣列的中間元素：找到搜尋的鍵值。

例如：現在有一個已經排序的整數陣列 Data()，如下表所示：

0	1	2	3	4	5	6	7	8	9	10
1	8	9	15	25	33	42	66	74	81	90

在上述陣列找尋整數 81 的鍵值，第一步和陣列中間元素索引值 (0+10)/2 = 5 的值 33 比較，因為 81 大於 33，所以搜尋陣列的後半段，如下表所示：

6	7	8	9	10
42	66	74	81	90

上述搜尋範圍已經縮小剩下後半段，此時的中間元素是索引值 (6+10)/2 = 8，其值為 74。因為 81 仍然大於 74，所以繼續搜尋後半段，如下表所示：

9	10
81	90

再度計算中間元素索引值 (9+10)/2 = 9，可以找到搜尋值 81。

範例專案：循序與二元搜尋法 -ch10-5\ch10-5.sln

在 Windows 應用程式建立循序和二元搜尋，可以在陣列執行搜尋，其中二元搜尋的陣列資料是已排序資料，其執行結果如下圖所示：

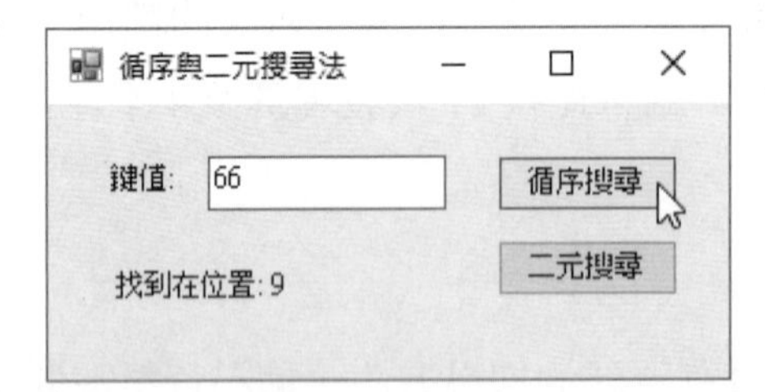

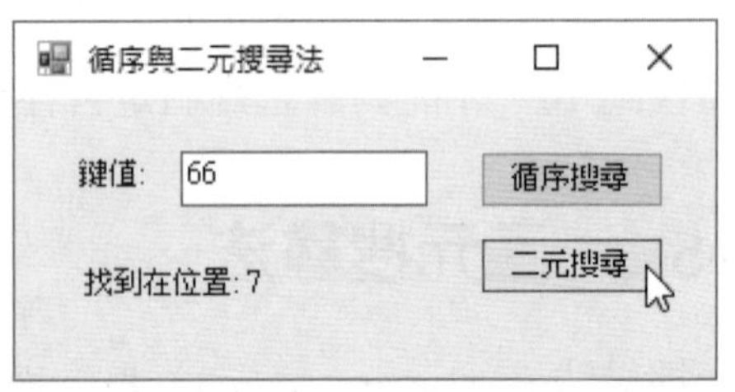

圖 10-17

在輸入鍵值後，按【循序搜尋】鈕執行循序搜尋；按【二元搜尋】鈕執行二元搜尋。

表單的版面配置

Step 01：請參考「ch10\ch10-5」資料夾建立專案，然後拖拉更改表單 Form1 的尺寸為【300, 150】（也可以更改表單的【Size】屬性值）。

Step 02：新增與編排 2 個 Label、1 個 TextBox 和 2 個 Button 控制項，如下圖所示：

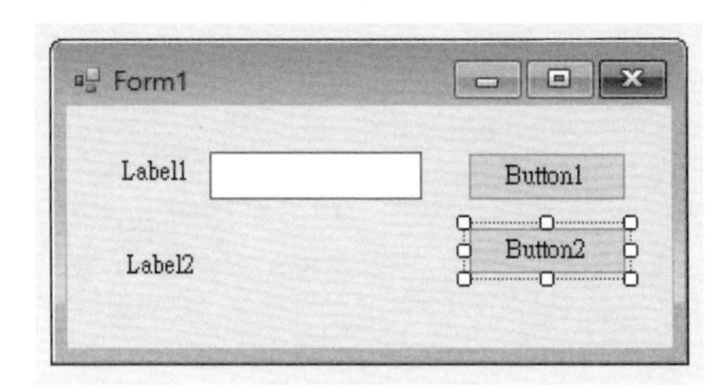

圖 10-18

控制項屬性

Step 03：選取各控制項後，更改各控制項的屬性值，如下表所示：

表 10-10

控制項	Text 屬性
Form1	循序與二元搜尋法
Label1	鍵值：
Label2	< 空白 >
TextBox1	66
Button1	循序搜尋
Button2	二元搜尋

程式碼編輯

Step 04：請按二下標題為【循序搜尋】和【二元搜尋】的 Button1~2 按鈕控制項，可以建立 Button1~2_Click() 事件處理程序。

```
01: Private Sub Button1_Click(sender As Object,
                e As EventArgs) Handles Button1.Click
02:     Dim Data() = {9, 25, 33, 74, 90, 15,
03:                   1, 8, 42, 66, 81}
04:     Dim i, t As Integer
05:     Dim found As Boolean = False
06:     t = CInt(TextBox1.Text)
```

```
07:     For i = 0 To 10
08:         If t = Data(i) Then
09:             Label2.Text = "找到在位置: " & i
10:             found = True
11:             Exit For
12:         End If
13:     Next i
14:     If Not found Then Label2.Text = "沒有找到.."
15: End Sub
16:
17: Private Sub Button2_Click(sender As Object,
                e As EventArgs) Handles Button2.Click
18:     Dim Data() = {1, 8, 9, 15, 25, 33,
19:                   42, 66, 74, 81, 90}
20:     Dim low, mid, high, t As Integer
21:     Dim found As Boolean = False
22:     t = CInt(TextBox1.Text)
23:     low = 0 : high = 10
24:     Do
25:         mid = (low + high) \ 2
26:         If Data(mid) = t Then
27:             Label2.Text = "找到在位置: " & mid
28:             found = True
29:             Exit Do
30:         ElseIf Data(mid) > t Then
31:             high = mid - 1   ' 前半段
32:         Else
33:             low = mid + 1    ' 後半段
34:         End If
35:     Loop Until low > high
36:     If Not found Then Label2.Text = "沒有找到..."
37: End Sub
```

程式碼解說

- 第 1~15 行：Button1_Click() 事件處理程序是循序搜尋，使用第 7~13 行的 For 迴圈搜尋鍵值。
- 第 17~37 行：Button2_Click() 事件處理程序是二元搜尋，在第 24~35 行的 Do/Loop 迴圈搜尋直到陣列下邊界大於上邊界爲止，第 25 行計算陣列中間元素的索引值。在第 26~34 行使用 If/ElseIf 條件判斷是否找到，如果沒有找到，表示位在前半段，或後半段，然後調整中間元素的索引值。

隨堂練習

1. 陣列 A 的值依序是 1, 4, 8, 11, 15, 21, 34, 45 共 8 個元素，使用二元搜尋法找數值 4 需比較 _______ 次。
2. 陣列 B 的元素是 10 個已排序的整數資料，使用二元搜尋法找尋其中的特定值，最多比較 _________ 次可以找到。

學習評量

選擇題

(　　) 1. 請問下列 VB 程式片段執行結果顯示的陣列元素 A(2) 的值爲何，如下所示：

```
Dim A(2) As Integer
Dim temp As Integer = 0
For i As Integer = 0 To 2
  temp = temp + i
  A(i) = temp
Next i
```

A. 0　B. 1　C. 2　D. 3

(　　) 2. 請問存取 A 陣列第 8 個元素的程式碼是下列哪一個？

A. A(6)　B. A(9)　C. A(8)　D. A(7)

(　　) 3. 對於 7 筆已經排序的資料 (2, 13, 27, 32, 44, 58, 67)，請問使用二元搜尋法搜尋鍵值 58 共需比較幾次？

A. 3　B. 2　C. 4　D. 6

(　　) 4. 請問下列 VB 程式執行結果的陣列元素 X(3, 1) 的值爲何，如下所示：

```
Dim X(5, 5) As Integer
For a As Integer = 0 To 5
  For b As Integer = 0 To 5
   If a <= b Then X(a, b) = a * b
    If a > b Then X(a, b) = a - b
 Next b
Next a
```

A. 0　B. 2　C. 3　D. 4

(　　) 5. 請問下列 VB 程式執行結果的陣列元素 A(3, 1) 的值等於哪一個元素，如下所示：

```
Dim A(3, 3) As Integer
Dim i, j As Integer
For i = 0 To 3
 For j = 0 To 3
   A(i, j) = 2 * j * (i + j)
 Next j
Next i
```

A. A(2, 1)　B. A(1, 1)　C. A(1, 3)　D. A(0, 2)

(　) 6. 請問下列 VB 程式片段執行結果顯示的陣列元素 A(A(A(1)+1)-3)+1) 的值爲何，如下所示：

```
Dim A(7) As Integer
For i As Integer = 0 To 7
  A(i) = i + 2
Next i
```

A. 8　B. 7　C. 6　D. 9

簡答題

1. 請使用圖例說明什麼是陣列？組成陣列的元素是什麼？
2. 請問什麼是二維陣列？何謂多維陣列？
3. 請簡單說明什麼是陣列的搜尋與排序？
4. 請舉例說明什麼是泡沫排序法（bubble sort）？何謂選擇排序法（selection sort）？
5. 請舉例說明什麼是二元搜尋法（binary search）？

實作題

1. 請建立 VB 程式宣告一維陣列 G，在使用文字方塊輸入 4 筆學生成績資料：95、85、76、56 後，計算總分和平均。
2. 請建立 VB 程式宣告 2 個一維陣列來儲存多項式（其最大指數 +1 是陣列尺寸，陣列索引對應指數；陣列內容是係數），然後執行多項式相加，如下所示：

$$A(X) = 7X^4+3X^2+4$$
$$B(X) = 6X^5+5X^4+X^2+7X+9$$
$$A(X) + B(X) = \Sigma(a_i + b_i)X^i$$

3. 請建立 VB 程式宣告 3X3 的二維陣列，陣列值是使用亂數產生，其範圍是 1~50，然後顯示二維陣列的元素值且計算元素總和。
4. 請建立 VB 程式宣告 2 個各 5 個元素的一維陣列 A1 和 A2，其初值如下所示，然後建立 5 個元素的一維陣列 R，使用迴圈計算 A1 和 A2 相同索引元素的和，將它存入陣列 R，最後在唯讀多行文字方塊顯示陣列內容，其格式如下所示：

```
索引 A1    A2      R
0     2 +   3 =    5
1    34 +  56 =   90
2    33 +  10 =   43
3    23 +  20 =   43
4    67 +  73 =  140
```

NOTE

VisualBasic

Chapter

11

繪圖與動畫應用

本章綱要

11-1 繪圖的基礎

VB 建立的 Windows 視窗應用程式就是表單，在螢幕上顯示的表單是一個一個點繪出的圖形，稱爲像素，當我們在表單新增控制項，更正確的說，就是在表單繪出控制項的圖形。

11-1-1 繪圖的座標

電腦螢幕的座標系統是使用「像素」（pixels）爲單位，在表單建立的畫布是一張長方形區域，其左上角是原點座標 (0, 0)，X 軸從左到右；Y 軸由上到下，如下圖所示：

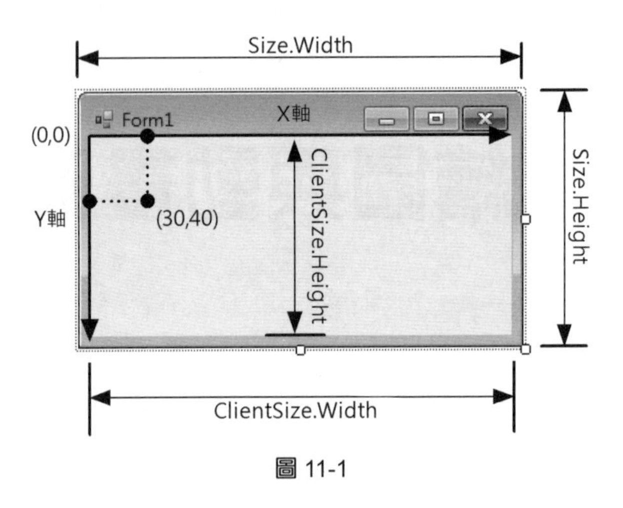

圖 11-1

上述圖例是表單座標，我們可以使用 Size.Width 和 Size.Height 屬性取得表單寬度與高度的尺寸。因爲表單上方有標題列和功能表列，下方有狀態列和四周框線的寬度，只有中間灰白區域才是實際顯示區域，我們是使用 ClientSize.Width 與 ClientSize.Height 屬性取得實際顯示區域的寬度和高度。

11-1-2 建立表單畫布

VB 繪圖功能是透過 Graphics 物件，當建立 Graphics 物件後，可以將表單轉換成一張畫布，讓我們在畫布上繪圖。

建立 Paint 事件處理程序的畫布

在表單上繪圖是使用 Paint 事件處理程序的 PaintEventArgs 參數取得 Graphics 物件。例如：在表單 Form1 的 Paint 事件處理程序繪圖，如下所示：

```
Private Sub Form1_Paint(sender As Object,
        e As PaintEventArgs) Handles MyBase.Paint
    Dim g As Graphics = e.Graphics
    ' 繪圖方法的程式碼
    …
End Sub
```

上述 Paint 事件處理程序取得 PaintEventArgs 參數的 Graphics 物件後，就可以使用第 11-2 節的繪圖方法來繪圖。

使用 CreateGraphics() 方法建立畫布

除了使用 Paint 事件處理程序，我們也可以在其他事件處理程序使用 CreateGraphics() 方法建立 Graphics 物件。例如：在表單 Form1 的 Load 事件處理程序繪圖，如下所示：

```
Private Sub Form1_Load(sender As Object,
        e As EventArgs) Handles MyBase.Load
    Dim g As Graphics = Me.CreateGraphics()
    ' 繪圖方法的程式碼
    …
End Sub
```

上述程式碼使用 CreateGraphics() 方法建立 Graphics 物件後，就可以使用第 11-2 節的繪圖方法來繪圖。

請注意！當使用者調整 Windows 視窗尺寸或切換視窗後，Paint 事件會自動重繪圖形；CreateGraphics() 方法建立的畫布並不會自動重繪，使用者需要自行處理圖形的重繪。

範例專案：小畫家 -ch11-1-2\ch11-1-2.sln

在 Windows 應用程式分別使用 Paint 事件和 CreateGraphics() 方法建立畫布，可以讓我們使用滑鼠拖拉來繪出紅色線條，其執行結果如下圖所示：

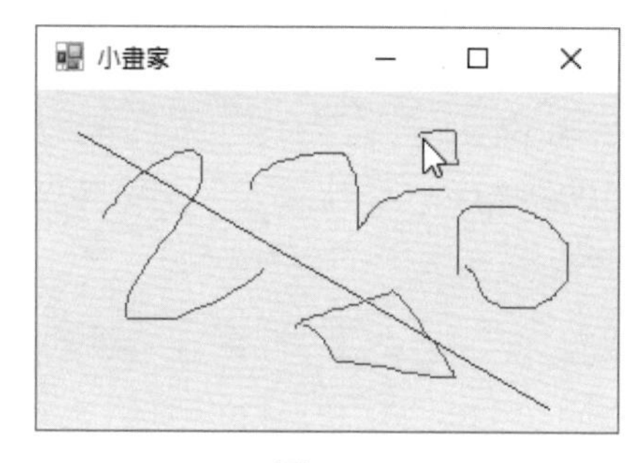

圖 11-2

上述圖例的藍色線是在 Paint 事件繪出，所以調整 Windows 視窗尺寸或切換視窗都不會消失，按下滑鼠左鍵拖拉繪出的是紅色線條，因爲是使用 CreateGraphics() 方法繪出，切換視窗就會自動清除。

表單的版面配置

Step 01：請參考「ch12\ch11-1-2」資料夾建立專案，然後拖拉更改表單 Form1 的尺寸爲【300, 200】（也可以更改表單的【Size】屬性值），即可完成表單配置。

控制項屬性

Step 02：選取表單，更改【Text】屬性值爲【小畫家】。

程式碼編輯

Step 03：選表單 Form1 設計檢視，在「屬性」視窗選上方閃電圖示，點選【Paint】事件後的空白欄位，建立 Form1_Paint() 事件處理程序，如下圖所示：

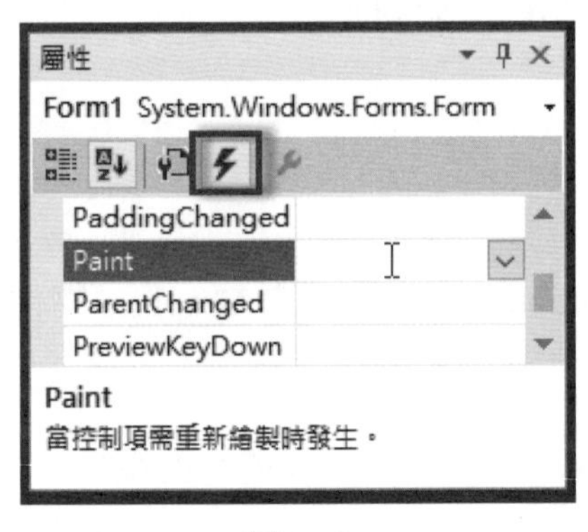

圖 11-3

Step 04：然後依序建立 Form1_Load()、滑鼠 Form1_MouseDown() 和 Form1_MouseMove() 事件處理程序。

```
01: Dim x, y As Integer
02: Dim g As Graphics
03:
04: Private Sub Form1_Load(sender As Object,
                 e As EventArgs) Handles MyBase.Load
05:     g = Me.CreateGraphics()
06: End Sub
07:
08: Private Sub Form1_MouseDown(sender As Object,
                 e As MouseEventArgs) Handles MyBase.MouseDown
09:     x = e.X  ' 開始畫線
```

```
10:     y = e.Y
11: End Sub
12:
13: Private Sub Form1_MouseMove(sender As Object,
                 e As MouseEventArgs) Handles MyBase.MouseMove
14:     ' 按下滑鼠左鍵
15:     If e.Button = MouseButtons.Left Then
16:         g.DrawLine(Pens.Red, x, y, e.X, e.Y)
17:         x = e.X
18:         y = e.Y
19:     End If
20: End Sub
21:
22: Private Sub Form1_Paint(sender As Object,
                 e As PaintEventArgs) Handles MyBase.Paint
23:     g.DrawLine(Pens.Blue, 20, 20, 250, 150)
24: End Sub
```

程式碼解說

- 第 1~2 行：宣告全域整數變數 x 和 y 和 Graphics 物件變數。
- 第 4~6 行：在 Form1_Load() 事件處理程序使用 CreateGraphics() 方法建立 Graphics 物件。
- 第 8~11 行：Form1 的 MouseDown 事件處理程序，在第 9~10 行取得繪出線條的開始座標，使用的是參數 e 的 X 和 Y 屬性。
- 第 13~20 行：Form1 的 MouseMove 事件處理程序可以使用滑鼠繪出線條，在第 15~19 行的 If 條件判斷是否按住滑鼠左鍵，Left 是左鍵；Right 是右鍵，如果是，第 16 行使用 DrawLine() 方法在表單畫布繪出直線，這就是螢幕上看到的紅色線。
- 第 22~24 行：Form1 的 Paint 事件處理程序是在第 23 行繪出一條藍色線。

隨堂練習

1. 在 VB 表單建立畫布是一張長方形區域，其左上角座標是 ________，X 軸從 ______ 到 ______；Y 軸由 ______ 到 ______。
2. 表單實際顯示區域可以使用 __________ 與 __________ 屬性取得寬度和高度的尺寸。
3. VB 繪圖功能是使用 __________ 物件。
4. 在 VB 表單上繪圖可以使用 ________ 事件，也可以在其他事件處理程序使用 __________ 方法建立繪圖物件。

11-2 繪出圖形

Graphics 物件提供繪出線條、長方形、橢圓形、弧形與扇形等多種框線和填滿圖形的方法。

11-2-1 繪出框線圖形

Graphics 物件提供繪出各種框線的方法，包含：直線、長方形、橢圓形、弧形與扇形圖形。

DrawLine()：繪出直線

```
DrawLine(Pen, x1, y1, x2, y2)
```

上述方法使用 Pen 物件的畫筆，從 (x1, y1) 座標到 (x2, y2) 座標繪出一條直線，Pen 物件可以使用 Pens.Red、Pens.Blue、Pens.Green 和 Pens.Black 取得不同色彩的畫筆。

DrawRectangle()：繪出長方形

```
DrawRectangle(Pen, x, y, 寬度 , 高度 )
```

上述方法使用 Pen 物件的畫筆，在 (x, y) 座標的長方形左上角開始繪出寬度和高度的長方形；寬度和高度相同是正方形。

DrawEllipse()：繪出橢圓形

```
DrawEllipse(Pen, x, y, 寬度 , 高度 )
```

上述方法使用 Pen 物件的畫筆，在 (x, y) 座標的長方形左上角，寬度和高度的長方形中繪出橢圓形，如果是正方形，就是繪出圓形，如下圖所示：

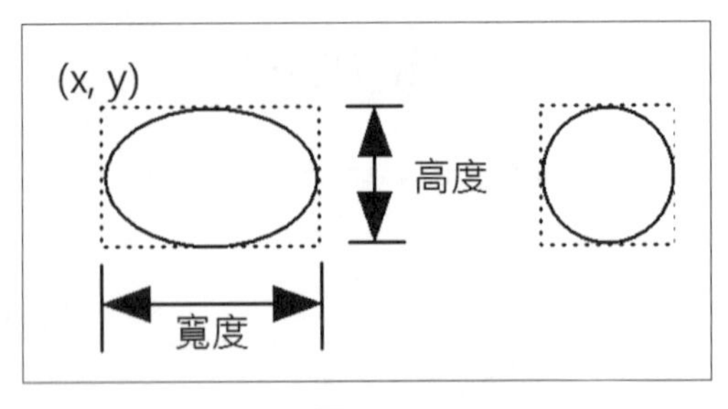

圖 11-4

DrawArc() 和 DrawPie()：繪出弧形與扇形

```
DrawArc(Pen, x, y, 寬度, 高度, 開始角度, 走過角度)
```

上述方法使用Pen物件的畫筆，在(x, y)座標的長方形左上角，寬度和高度的長方形中，繪出從【開始角度】繪至【走過角度】的弧形。

DrawPie() 方法的語法和 DrawArc() 相同，其差異只在弧形的兩個結束點會與圓心繪出直線來建立成扇形，其語法如下所示：

```
DrawPie(Pen, x, y, 寬度, 高度, 開始角度, 走過角度)
```

上述【開始角度】參數是以度爲單位的起點角度，依順時針方向從X軸（爲0度）計算，參數【走過角度】是從【開始角度】參數走到弧形或扇形結束點的角度，順時針方向是正値；負值是反時針方向，如下圖所示：

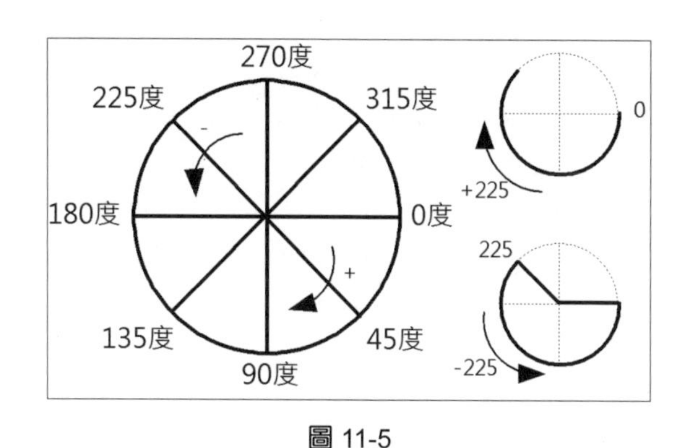

圖 11-5

上述孤形是從 0 度開始，依順時針方向走 225 度；扇形是從 225 度開始，反時針走 225 度，所以是負值。

範例專案：繪出框線圖形 -ch11-2-1\ch11-2-1.sln

在 Windows 應用程式的表單畫布繪出長方形、三角形、橢圓形、弧形和扇形，其執行結果如下圖所示：

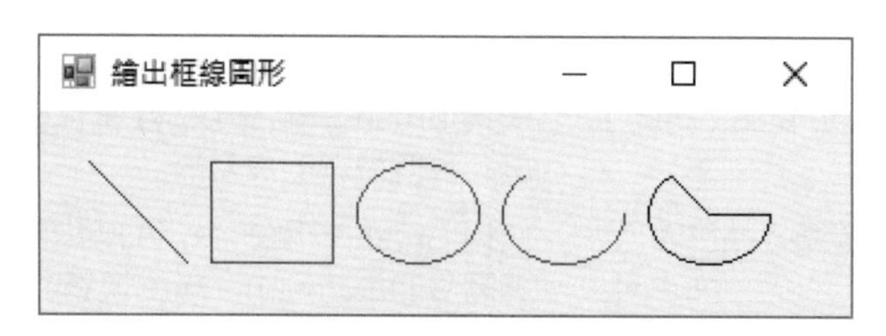

圖 11-6

表單的版面配置

Step 01：請參考「ch11\ch11-2-1」資料夾建立專案，然後拖拉更改表單 Form1 的尺寸為【350, 120】（也可以更改表單的【Size】屬性值），即可完成表單配置。

控制項屬性

Step 02：選取表單，更改【Text】屬性值為【繪出框線圖形】。

程式碼編輯

Step 03：在程式碼編輯視窗建立 Form1_Paint() 事件處理程序。

```
01: Private Sub Form1_Paint(sender As Object,
              e As PaintEventArgs) Handles MyBase.Paint
02:     Dim g As Graphics = e.Graphics
03:     g.DrawLine(Pens.Blue, 20, 20, 60, 60)
04:     g.DrawRectangle(Pens.Red, 70, 20, 50, 40)
05:     g.DrawEllipse(Pens.Green, 130, 20, 50, 40)
06:     g.DrawArc(Pens.Red, 190, 20, 50, 40, 0, 225)
07:     g.DrawPie(Pens.Black, 250, 20, 50, 40, 225, -225)
08: End Sub
```

程式碼解說

- 第 3~7 行：依序使用 Graphics 物件的方法繪出直線、長方形、橢圓形、弧形和扇形。

11-2-2 繪出填滿圖形

Graphics 物件提供方法可以使用筆刷建立填滿色彩的長方形、橢圓形和扇形，其說明如下表所示：

表 11-1

方法	說明
FillRectangle(Brush, x, y, 寬度 , 高度)	使用 Brush 筆刷在 (x, y) 座標的長方形左上角繪出寬度和高度填滿的長方形
FillEllipse(Brush, x, y, 寬度 , 高度)	使用 Brush 筆刷在 (x, y) 座標的長方形左上角，寬度和高度的長方形中，繪出填滿的橢圓形
FillPie(Brush, x, y, 寬度 , 高度 , 開始角度 , 走過角度)	使用 Brush 筆刷在 (x, y) 座標的長方形左上角，寬度和高度的長方形中，繪出從開始角度至走過角度的填滿扇形

上表方法是對應第 11-2-1 節繪出框線的方法，只是改用 Brush 筆刷物件取代 Pen 物件來繪出填滿圖形。Brush 物件可以使用 Brushes.Red、Brushes.Blue、Brushes.Green 和 Brushes.Black 取得不同色彩的筆刷。

範例專案：繪出填滿圖形 -ch11-2-2\ch11-2-2.sln

在 Windows 應用程式使用上表方法以 Brush 筆刷繪出填滿的長方形、橢圓形和扇形，其執行結果如下圖所示：

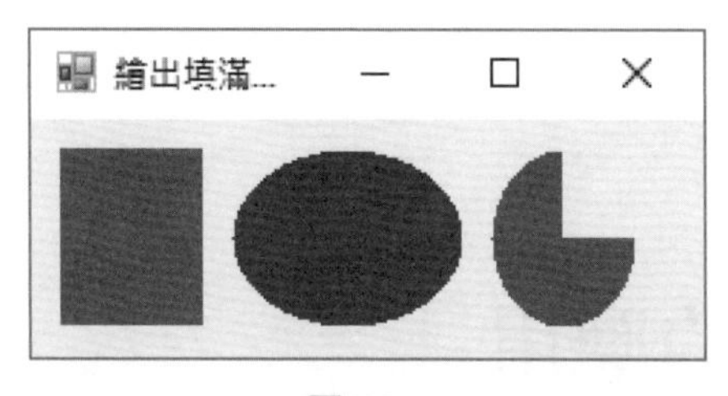

圖 11-7

表單的版面配置

Step 01：請參考「ch11\ch11-2-2」資料夾建立專案，然後拖拉更改表單 Form1 的尺寸爲【250, 120】（也可以更改表單的【Size】屬性值），即可完成表單配置。

控制項屬性

Step 02：選取表單，更改【Text】屬性值爲【繪出填滿圖形】。

程式碼編輯

Step 03：在程式碼編輯視窗建立 Form1_Paint() 事件處理程序。

```
01: Private Sub Form1_Paint(sender As Object,
                 e As PaintEventArgs) Handles MyBase.Paint
02:     Dim g As Graphics = e.Graphics
03:     g.FillRectangle(Brushes.Red, 10, 10, 50, 60)
04:     g.FillEllipse(Brushes.Blue, 70, 10, 80, 60)
05:     g.FillPie(Brushes.Green, 160, 10, 50, 60, 0, 270)
06: End Sub
```

程式碼解說

- 第 3~5 行：繪出各種填滿色彩的圖形。

隨堂練習

1. 在 VB 表單繪出直線是使用 __________ 方法，繪出橢圓形是使用 __________ 方法，繪出長方形是使用 __________ 方法。
2. 在 VB 表單繪出圓形是使用 __________ 方法。
3. 在 VB 表單繪出填滿橢圓形是使用 __________ 方法，繪出填滿長方形是使用 __________ 方法。
4. 在 VB 表單上繪出圖形的框線是使用畫筆的 __________ 物件，繪出填滿圖形是使用 __________ 物件。

11-3 繪圖的應用

在說明 Graphics 物件的繪圖方法後，我們準備使用這些繪圖方法實際應用在幾何圖形的繪製、繪出方程式和統計圖形等。

11-3-1 繪出幾何圖形

在 VB 程式只需使用 DrawLine() 方法，配位 For 迴圈和三角函數，就可以在表單畫布繪出數學的幾何圖形。

讓圖形置中顯示

因為表單畫布的原點是位在左上角，如果將圖形置中顯示，我們需要計算中心點座標，如下所示：

```
x = Me.ClientSize.Width / 2
y = Me.ClientSize.Height / 2
```

上述運算式計算表單實際區域的中心點，即位移量，換句話說，我們在繪圖時只需加上位移量，即可將圖形置中顯示，如下所示：

```
x2 = x + size * Math.Sin(36 * i * Math.PI / 180)
y2 = y + size * Math.Cos(36 * i * Math.PI / 180)
```

上述運算式計算下一點座標，x 和 y 就是之前計算的位移量。

範例專案：幾何圖形 -ch11-3-1\ch11-3-1.sln

在 Windows 應用程式使用 For 迴圈繪出多條直線組合的數學幾何圖形，其執行結果如下圖所示：

圖 11-8

表單的版面配置

Step 01：請參考「ch11\ch11-3-1」資料夾建立專案，然後拖拉更改表單 Form1 的尺寸爲【250, 200】（也可以更改表單的【Size】屬性值），即可完成表單配置。

控制項屬性

Step 02：選取表單，更改【Text】屬性值爲【幾何圖形】。

程式碼編輯

Step 03：在程式碼編輯視窗建立 Form1_Paint() 事件處理程序。

```
01: Private Sub Form1_Paint(sender As Object,
                e As PaintEventArgs) Handles MyBase.Paint
02:     Dim g As Graphics = e.Graphics
03:     Dim i, x, y, x1, y1, x2, y2 As Integer
04:     Dim size As Integer = 60
05:     ' 計算中心點
06:     x = Me.ClientSize.Width / 2
07:     y = Me.ClientSize.Height / 2
08:     x1 = x + size * Math.Sin(0)
09:     y1 = y + size * Math.Cos(0)
10:     ' 建立頂點
11:     For i = 0 To 60
12:         x2 = x + size * Math.Sin(36 * i * Math.PI / 180)
13:         y2 = y + size * Math.Cos(36 * i * Math.PI / 180)
```

```
14:         g.DrawLine(Pens.Blue, x1, y1, x2, y2)
15:         x1 = x2 : y1 = y2
16:         size = size - 1
17:     Next i
18: End Sub
```

程式碼解說

- 第 6~7 行：計算畫布的中心座標。
- 第 8~9 行：計算幾何圖形的第 1 點座標。
- 第 11~17 行：For 迴圈使用 Sin() 和 Cos() 函數計算各線條的端點座標，在第 14 行繪出藍色直線建立幾何圖形，第 15 行保留前一點座標，第 16 行縮小邊線尺寸。

11-3-2 繪出一元二次方程式圖形

對於一元二次方程式 y=f(x)= X^2-2*X-3，我們可以使用 Graphics 物件的 DrawLine() 方法建立 y=f(x) 函數的圖形。

座標系統轉換

VB 表單畫布的座標系統和數學上使用的座標系統不同，如下圖所示：

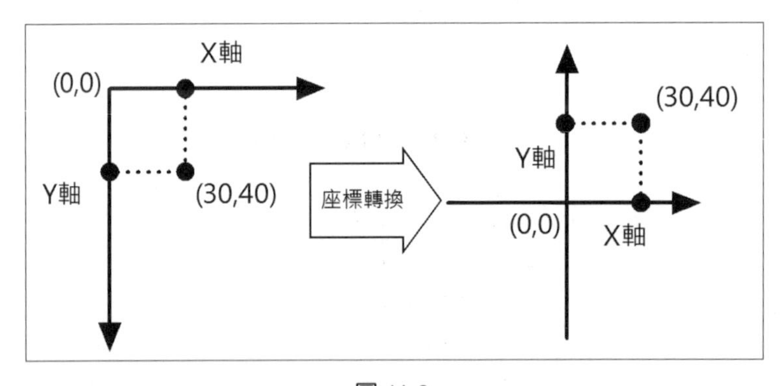

圖 11-9

上述座標系統轉換除了上一節的置中外，因爲 Y 軸的方向相反，所以座標轉換的計算稍有不同，如下所示：

```
oX = Me.ClientSize.Width / 2
oY = Me.ClientSize.Height / 2
x1 = oX + X
y1 = oY - (X ^ 2 - 2 * X - 3)
```

上述程式碼計算出中心座標的位移量 oX 和 oY 後，X 軸加上位移 oX，Y 軸因為相反，所以是 oY - (X ^ 2 - 2 * X - 3)。

範例專案：一元二次方程式 -ch11-3-2\ch11-3-2.sln

在 Windows 應用程式使用 For 迴圈繪出一元二次方程式 y=f(x)= X^2-2*X-3 的圖形，其執行結果如下圖所示：

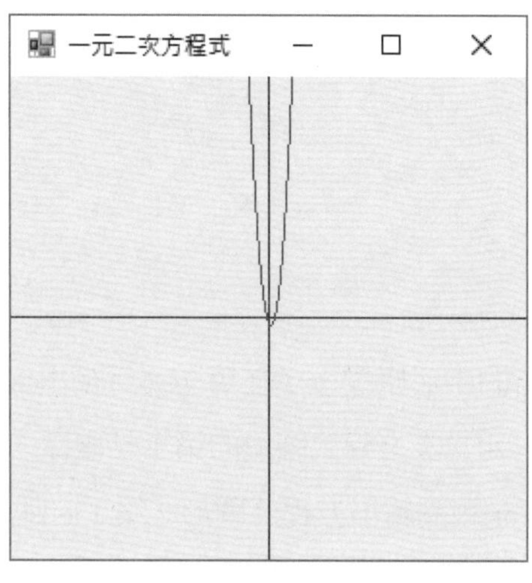

圖 11-10

表單的版面配置

Step 01：請參考「ch11\ch11-3-2」資料夾建立 Visual Basic 專案，然後拖拉更改表單 Form1 的尺寸為【280, 280】（也可以更改表單的【Size】屬性值），即可完成表單配置。

控制項屬性

Step 02：選取表單，更改【Text】屬性值為【一元二次方程式】。

程式碼編輯

Step 03：在程式碼編輯視窗建立 Form1_Paint() 事件處理程序。

```
01: Private Sub Form1_Paint(sender As Object,
              e As PaintEventArgs) Handles MyBase.Paint
02:     Dim g As Graphics = e.Graphics
03:     Dim X, oX, oY, x1, y1, x2, y2 As Integer
04:     ' 計算中心點
05:     oX = Me.ClientSize.Width / 2
```

```
06:     oY = Me.ClientSize.Height / 2
07:     g.DrawLine(Pens.Blue, 0, oY, 2 * oX, oY) ' X軸
08:     g.DrawLine(Pens.Blue, oX, 0, oX, 2 * oY) ' Y軸
09:     X = -oX    ' 計算第一點座標
10:     x1 = oX + X
11:     y1 = oY - (X ^ 2 - 2 * X - 3)
12:     For X = -oX + 1 To oX
13:         x2 = oX + X
14:         y2 = oY - (X ^ 2 - 2 * X - 3)
15:         g.DrawLine(Pens.Red, x1, y1, x2, y2)
16:         x1 = x2 : y1 = y2
17:     Next X
18: End Sub
```

程式碼解說

- 第 5~8 行：計算畫布的中心座標後，在第 7~8 行繪出 X 和 Y 軸。
- 第 10~11 行：計算一元二次方程式圖形的第 1 點座標。
- 第 12~17 行：使用 For 迴圈繪出方程式圖形，第 13~14 行計算下一點 (x2, y2) 座標，在第 15 行繪出紅色直線建立圖形，第 16 行保留前一點的座標。

11-3-3 繪出統計圖形

Graphics 物件繪出填滿長方形和扇形的方法，可以用來在表單建立統計圖形的餅圖和長條圖。

Refresh() 方法

對於繪在畫布上的圖形，我們有時需要自行呼叫 Refresh() 方法觸發 Paint 事件來重繪圖形，如下所示：

```
Me.Refresh()
Label1.Refresh()
```

上述程式碼分別重繪表單或控制項上的圖形，以此例是表單和標籤控制項。

範例專案：票選統計圖 -ch11-3-3\ch11-3-3.sln

在 Windows 應用程式建立手機品牌票選，可以讓使用者按下按鈕票選喜愛品牌，並且分別使用餅圖和長條圖的統計圖來顯示票選結果，其執行結果如下圖所示：

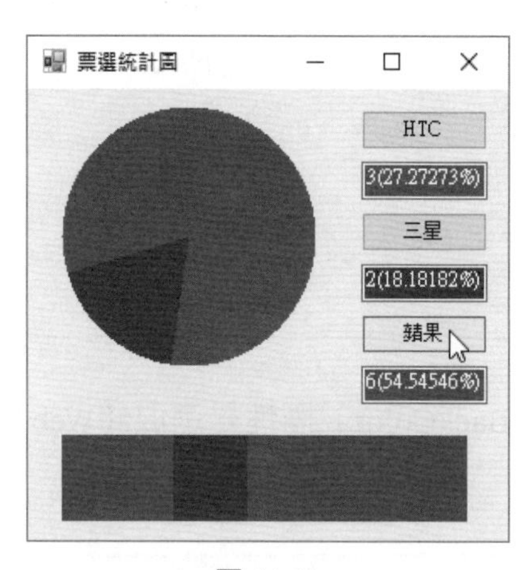

圖 11-11

表單的版面配置

Step 01：請參考「ch11\ch11-3-3」資料夾建立專案，然後拖拉更改表單 Form1 的尺寸為【300, 300】（也可以更改表單的【Size】屬性值）。

Step 02：新增與編排 3 個 TextBox 與 3 個 Button 控制項，如下圖所示：

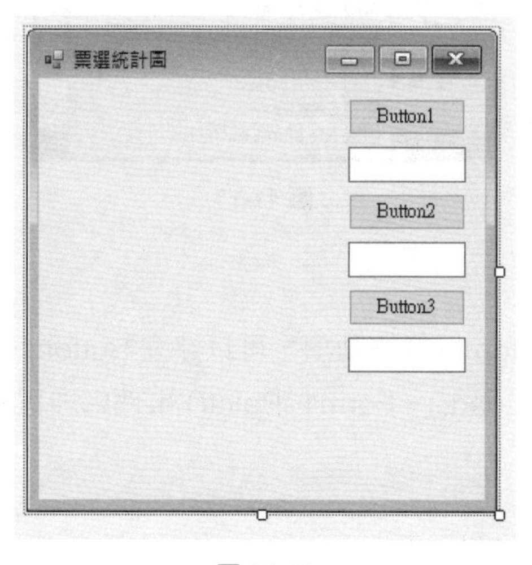

圖 11-12

控制項屬性

Step 03：選取各控制項後，更改各控制項的屬性值，如下表所示：

表 11-2

控制項	Text	ReadOnly	BackColor
Form1	票選統計圖	N/A	N/A
Button1	HTC	N/A	N/A
Button2	三星	N/A	N/A
Button3	蘋果	N/A	N/A
TextBox1	< 空白 >	True	Red
TextBox2	< 空白 >	True	Blue
TextBox3	< 空白 >	True	Green

上表 TextBox 控制項的【BackColor】屬性是選取【Web】標籤的內建色彩名稱，如下圖所示：

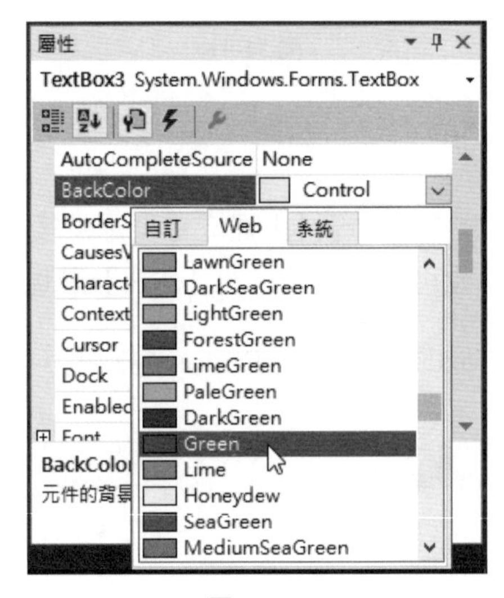

圖 11-13

程式碼編輯

Step 04：按二下 3 個 Button 按鈕控制項，可以建立 Button1~3_Click 事件處理程序，同時建立 Form1_Load()、Form1_Paint() 事件處理程序和 display() 程序。

```
01: Dim htc As Integer = 0
02: Dim samsung As Integer = 0
03: Dim apple As Integer = 0
04: Dim P() As Single = {0.33, 0.33, 0.33}
05:
06: Private Sub Button1_Click(sender As Object,
                     e As EventArgs) Handles Button1.Click
07:     htc += 1
```

```
08:    display()
09: End Sub
10:
11: Private Sub Button2_Click(sender As Object,
                  e As EventArgs) Handles Button2.Click
12:    samsung += 1
13:    display()
14: End Sub
15:
16: Private Sub Button3_Click(sender As Object,
                  e As EventArgs) Handles Button3.Click
17:    apple += 1
18:    display()
19: End Sub
20:
21: Sub display()
22:    Dim sum As Integer
23:    sum = htc + samsung + apple
24:    P(0) = htc / sum
25:    P(1) = samsung / sum
26:    P(2) = apple / sum
27:    TextBox1.Text = htc & "(" & P(0) * 100 & "%)"
28:    TextBox2.Text = samsung & "(" & P(1) * 100 & "%)"
29:    TextBox3.Text = apple & "(" & P(2) * 100 & "%)"
30:    Me.Refresh()
31: End Sub
32:
33: Private Sub Form1_Load(sender As Object,
                  e As EventArgs) Handles MyBase.Load
34:    TextBox1.ForeColor = Color.White
35:    TextBox2.ForeColor = Color.White
36:    TextBox3.ForeColor = Color.White
37: End Sub
38:
39: Private Sub Form1_Paint(sender As Object,
                 e As PaintEventArgs) Handles MyBase.Paint
40:    Dim g As Graphics = e.Graphics
41:    ' 統計圖形的餅形
42:    g.FillPie(Brushes.Red, 20, 10, 150, 150, 0, 360 * P(0))
43:    g.FillPie(Brushes.Blue, 20, 10, 150, 150, 360 * P(0), 360 * P(1))
44:    g.FillPie(Brushes.Green, 20, 10, 150, 150, 0,
45:                       -(360 - 360 * P(0) - 360 * P(1)))
```

```
46:     Dim len As Integer = 240   ' 長條圖總長
47:     ' 統計圖形的長條圖
48:     g.FillRectangle(Brushes.Red, 20, 200, len * P(0), 50)
49:     g.FillRectangle(Brushes.Blue,20+len*P(0),200,len*P(1),50)
50:     g.FillRectangle(Brushes.Green,20+len*P(0)+len*P(1),200,len*P(2),50)
51: End Sub
```

程式碼解說

- 第 1~4 行：宣告全域變數記錄票數和票數所佔比率，即陣列 P。
- 第 6~19 行：三個按鈕控制項的 Click 事件處理程序，當將票數加一後，呼叫 display() 程序計算和顯示票數與百分比，並且重繪表單的統計圖。
- 第 21~31 行：display() 程序在第 23~26 行計算票數比率後，第 27~29 行顯示票數和百分比，在第 30 行呼叫 Refresh() 方法重繪統計圖。
- 第 33~37 行：Form1_Load() 事件處理程序指定 TextBox 控制項的前景色彩爲白色 Color.White。
- 第 39~51 行：Form1_Paint() 事件處理程序是在 42~45 行使用 FillPie() 填滿扇形方法繪出統計圖形的餅圖，前 2 個是順時鐘繪，最後一個是反時鐘，爲了避免比率誤差，最後一個方法的【走過角度】參數是 360 度減去前 2 個扇形【走過角度】參數的和（負數是反時鐘），如下所示：

  -(360 - 360 * P(0) - 360 * P(1))

- 第 48~50 行：使用 FillRectangle() 方法繪出三個相連的長方形，也就是長條形統計圖，變數 len 是總長度。

11-4 建立動畫

電腦動畫是使用卡通的製作原理，快速顯示一張一張靜態圖形，因爲每張圖形有少許改變，例如：色彩、位移或尺寸，或定時在不同位置繪出圖形，在人類視覺殘留情況下，可以看到動畫效果。

11-4-1 計時器控制項

在 VB 應用程式建立動畫需要使用 Timer 計時器控制項來控制繪圖，Timer 控制項可以在指定間隔時間自動產生事件，以便事件處理程序能夠建立動畫效果。Timer 控制項的常用屬性說明，如下表所示：

表 11-3

屬性	說明
Enabled	是否啓動計時器控制項，預設值 False 為不啓動；True 為啓動
Interval	設定觸發 Tick 事件的間隔時間，預設值是 100 毫秒（10^{-3} 秒）

Timer 控制項的常用事件說明，如下表所示：

表 11-4

事件	說明
Tick	當 Enabled 屬性為 True，在 Interval 屬性的間隔時間到時，就會觸發此事件

範例專案：小時鐘 -ch11-4-1\ch11-4-1.sln

在 Windows 應用程式建立簡單的小時鐘，可以顯示電腦的系統時間，其執行結果如下圖所示：

圖 11-14

表單的版面配置

Step 01：請參考「ch11\ch11-4-1」資料夾建立專案，然後拖拉更改表單 Form1 的尺寸爲【250, 100】（也可以更改表單的【Size】屬性値）。

Step 02：新增與編排 Label1 控制項來顯示時間，如下圖所示：

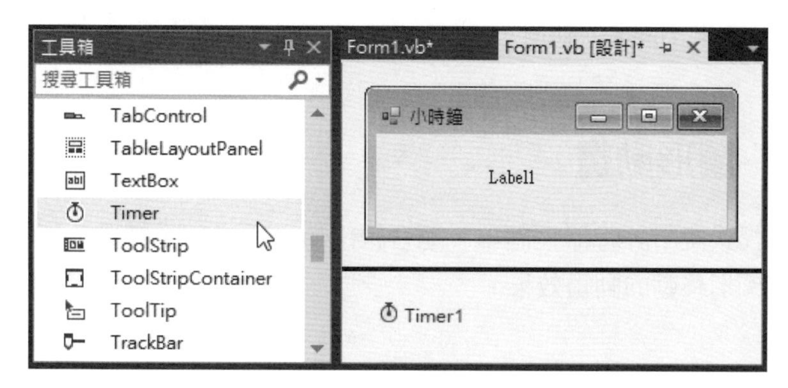

圖 11-15

Step 02：在「工具箱」視窗的【所有 Windows Form】區段，按二下 Timer1 控制項新增計時器控制項，就可以完成表單版面配置。

控制項屬性

Step 03：選取各控制項後，更改各控制項的屬性值，如下表所示：

表 11-5

控制項	Text 屬性
Form1	小時鐘
Label1	< 空白 >

程式碼編輯

Step 04：按二下 Timer1 計時器控制項，可以建立 Tick 事件處理程序，同時新增 Form1 物件的 Load 事件處理程序。

```
01: Private Sub Timer1_Tick(sender As Object,
                e As EventArgs) Handles Timer1.Tick
02:     Label1.Text = TimeOfDay
03: End Sub
04:
05: Private Sub Form1_Load(sender As Object,
                 e As EventArgs) Handles MyBase.Load
06:     Timer1.Enabled = True
07: End Sub
```

程式碼解說

- 第 2 行：在標籤控制項 Label1 顯示系統時間。
- 第 6 行：啓用 Timer 控制項。

11-4-2 圖形動畫

在 VB 應用程式使用計時器控制項，配合繪出填滿扇形的小精靈，每次調整圖形位置後，可以建立出圖形移動的動畫效果。

範例專案：小精靈動畫 -ch11-4-2\ch11-4-2.sln

在 Windows 應用程式建立動畫效果，可以看到一張從左至右重複移動圖形的小精靈動畫，其執行結果如下圖所示：

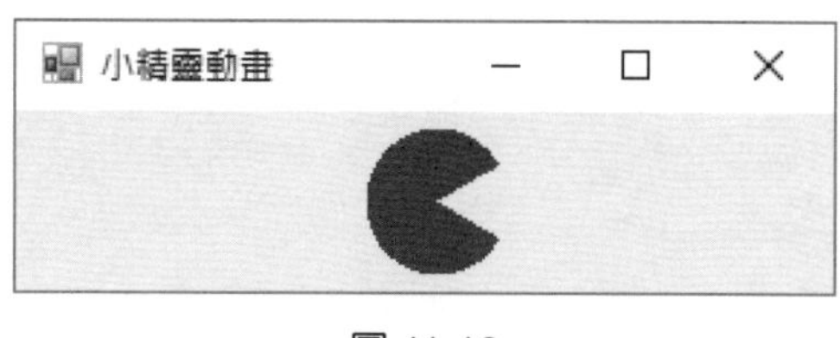

圖 11-16

表單的版面配置

Step 01：請參考「ch11\ch11-4-2」資料夾建立專案後，拖拉更改表單 Form1 的尺寸為【300, 100】（也可以更改表單的【Size】屬性值）。

Step 02：新增 Timer1 計時器控制項，如下圖所示：

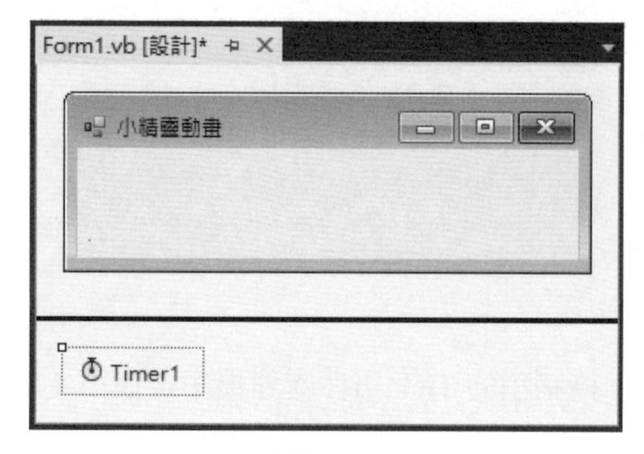

圖 11-17

控制項屬性

Step 03：選取表單，更改【Text】屬性值為【小精靈動畫】。

程式碼編輯

Step 04：按二下 Timer1 計時器控制項，可以建立 Tick 事件處理程序，同時新增 Form1 物件的 Load 和 Paint 事件處理程序。

```
01: Dim pos, turn As Integer
02:
03: Private Sub Timer1_Tick(sender As Object,
                  e As EventArgs) Handles Timer1.Tick
04:     pos += 5
```

```
05:     Me.Refresh()
06:     If pos > (Me.ClientSize.Width - 25) Then
07:         pos = 1  ' 重頭
08:     End If
09: End Sub
10:
11: Private Sub Form1_Load(sender As Object,
                e As EventArgs) Handles MyBase.Load
12:     Timer1.Enabled = True
13:     pos = 1
14:     turn = 0
15: End Sub
16:
17: Private Sub Form1_Paint(sender As Object,
                e As PaintEventArgs) Handles MyBase.Paint
18:     Dim g As Graphics = e.Graphics
19:     If turn = 0 Then
20:         g.FillPie(Brushes.Blue, pos, 5, 50, 50, 30, 300)
21:         turn = 1
22:     Else
23:         g.FillPie(Brushes.Blue, pos, 5, 50, 50, 0, 358)
24:         turn = 0
25:     End If
26: End Sub
```

程式碼解說

- 第 3~9 行：Timer1 控制項的 Tick 事件處理程序是在第 4 行調整位移，第 5 行呼叫 Refresh() 方法重繪表單圖形，在第 6~8 行的 If 條件判斷是否已到表單的最右邊，如果是，重設 pos 爲 1。
- 第 11~26 行：Form1 控制項的 Load 和 Paint 事件處理程序，在 Load 事件初始參數值，Paint 事件處理程序使用 FillPie() 方法繪出小精靈圖形，第 20 行是張嘴；23 行閉嘴。

隨堂練習

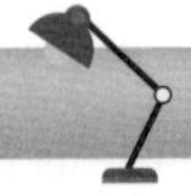

1. 在 VB 應用程式建立動畫需要使用 ____________ 控制項控制繪圖來建立動畫效果。
2. 請寫出啓用 Timer1 計時器控制項的程式碼爲 ________________；停用的程式碼是 ________________。
3. 在 VB 重繪表單圖形的程式碼是 ______________________。

11-5 PictureBox 圖形控制項

PictureBox 控制項是圖形控制項，可以顯示點陣圖格式 BMP、GIF 或 JPG 等圖檔的內容。PictureBox 控制項的常用屬性說明，如下表所示：

表 11-6

屬性	說明
Image	設定和取得 BMP、GIF、JPG、ICO 和 WMF 格式的點陣圖檔的影像資料，在 Visual Studio 可以建立專案資源來選取圖檔
SizeMode	圖形顯示方式，屬性值是 PictureBoxMode 常數，Normal 是在控制項左上角顯示圖形（預設值）；AutoSize 依圖形尺寸自動調整控制項尺寸；CenterImage 顯示在控制項正中央；StretchImage 依控制項尺寸來調整；Zoom 可以在控制項顯示完整圖形

範例專案：秀圖程式 -ch11-5\ch11-5.sln

在 Windows 應用程式建立簡易秀圖程式，只需在上方選擇檔案的選項按鈕，可以在下方顯示圖檔的資源物件，其執行結果如下圖所示：

圖 11-18

請在上方選取選項按鈕，可以在下方顯示不同圖形檔案，一是 BMP；另一為 GIF 格式的圖檔。

表單的版面配置

Step 01：請參考「ch11\ch11-5」資料夾建立專案，然後拖拉更改表單 Form1 的尺寸為【300, 250】（也可以更改表單的【Size】屬性值）。

Step 02：新增與編排 2 個 RadioButton1~2 控制項，如下圖所示：

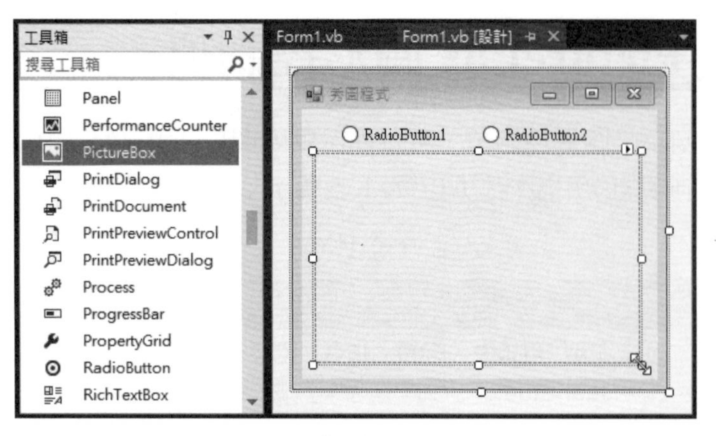

圖 11-19

Step 03：在「工具箱」視窗的【通用控制項】區段，選【PictureBox】控制項，可以在表單拖拉出 PictureBox1 控制項來完成表單的版面配置。

控制項屬性

Step 04：選取各控制項後，更改各控制項的屬性值，如下表所示：

表 11-7

控制項	Text 屬性	SizeMode 屬性
Form1	秀圖程式	N/A
RadioButton1	小兔子	N/A
RadioButton2	小老鼠	N/A
PictureBox1	N/A	Zoom

Step 05：選 PictureBox1，在「屬性」視窗按【Image】屬性後的按鈕，新增專案資源檔，請選「ch11」目錄下的【小老鼠 .gif】和【小兔子 .bmp】，預設選【小兔子】，如下圖所示：

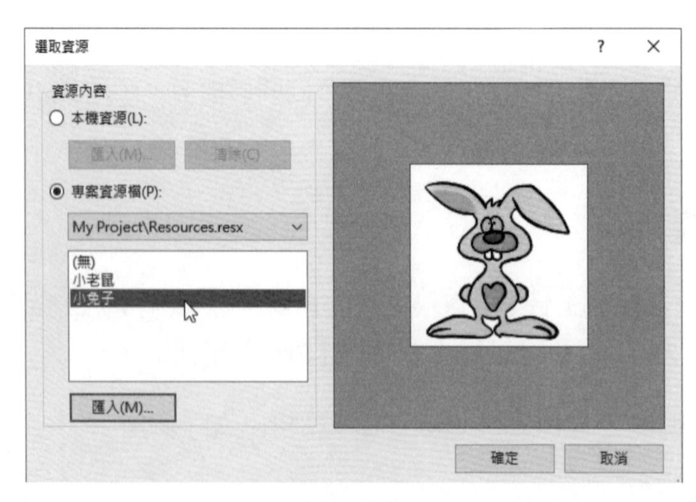

圖 11-20

程式碼編輯

Step 06：在程式碼編輯視窗建立 2 個選項按鈕的 Click 事件處理程序。

```
01: Private Sub RadioButton1_CheckedChanged(sender As Object,
         e As EventArgs) Handles RadioButton1.CheckedChanged
02:     PictureBox1.Image = My.Resources.小兔子
03: End Sub
04:
05: Private Sub RadioButton2_CheckedChanged(sender As Object,
         e As EventArgs) Handles RadioButton2.CheckedChanged
06:     PictureBox1.Image = My.Resources.小老鼠
07: End Sub
```

程式碼解說

- 第 1~7 行：2 個按鈕控制項的 Click 事件處理程序可以分別載入不同資源的圖檔。

隨堂練習

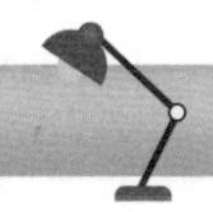

1. 在 VB 應用程式顯示圖片可以使用 __________ 控制項。
2. PictureBox 控制項的 _________ 屬性可以設定和取得點陣圖檔的影像資料。

學習評量

選擇題

( ) 1. 請問在 VB 表單可以使用下列哪一種方法來繪出填滿的長方形？
A. FillRectangle() B. DrawEllipse() C. DrawRectangle() D. FillEllipse()

( ) 2. 在表單新增的 Timer 控制項預設並沒有作用，請問程式碼需要設定下列哪一個屬性來啓用 Timer 控制項？
A. Text B. Enabled C. Visible D. Interval

( ) 3. 請問表單的下列哪一個事件可以從參數取得繪圖物件？
A. Load B. Graphic C. Draw D. Paint

( ) 4. 請問下列哪一個關於繪圖座標的說明是不正確的？
A. 電腦螢幕的座標系統是使用像素爲單位
B. 座標的 X 軸從左到右；Y 軸由上到下
C. 在表單建立的畫布是一張長方形區域，中心爲原點
D. 表單擁有標題列、功能表列、狀態列和框線寬度，中間灰白區域才是實際顯示區域

( ) 5. 請問 VB 繪圖功能是使用下列哪一種物件的方法？
A. Pen B. Brush C. Graphics D. Pictures

簡答題

1. 請使用圖例簡單說明表單顯示區域的座標系統？
2. 請舉例說明在表單或控制項如何建立 Graphics 物件的畫布。
3. 請使用圖例說明 DrawPie() 和 DrawArc() 方法的【開始角度】與【走過角度】參數。
4. 請簡單說明什麼是動畫？爲什麼動畫需要 Timer 控制項？
5. 請問 PictureBox 控制項是什麼？

實作題

1. 請建立 VB 程式在表單畫布繪出黃色的正方形，長寬各爲 150，然後在其中繪出紅色填滿的圓形。
2. 請建立 VB 程式在表單畫布繪出一個「太極」圖案，如下圖所示：

圖 11-21

3. 請建立 VB 程式在表單畫布繪出一張笑臉和憤怒臉，如下圖所示：

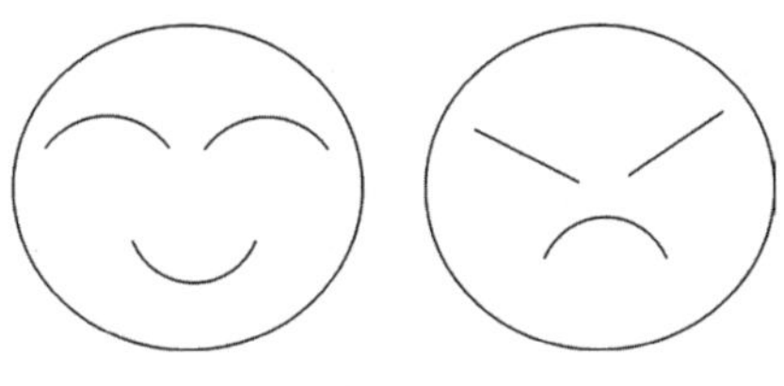

圖 11-22

4. 請在 VB 程式使用 Timer 控制項建立跑馬燈文字的動畫效果。
5. 請建立 VB 程式使用 PictureBox 控制項來顯示讀者自選的一張照片。

NOTE

Visual Basic

Chapter 12

檔案讀寫應用

本章綱要

12-1 認識檔案

「檔案」（files）是儲存在電腦周邊裝置的一種資料集合，通常是指儲存在軟式、硬式磁碟機、光碟、行動碟或記憶卡等裝置上的資料集合，程式可以將輸出資料儲存至檔案來保存，或將檔案視為輸入資料來讀取檔案內容，在處理後輸出到螢幕來顯示，如下圖所示：

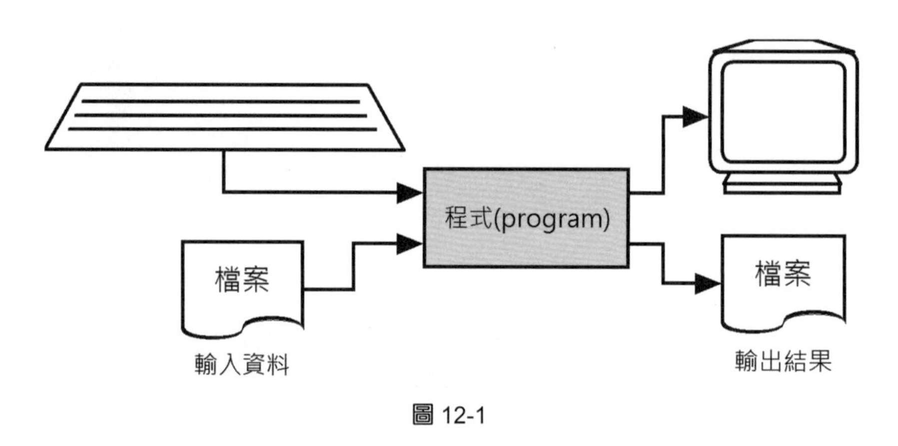

圖 12-1

上述圖例的程式輸入資料可以是鍵盤輸入或檔案；輸出資料可以顯示在螢幕，或寫入檔案來長久保存。

12-1-1 認識文字檔案

文字檔案（text files）儲存的是字元資料的集合，我們可以將它視為是一種「文字串流」（text stream），串流可以想像成水龍頭流出的是一個個字元，所以，文字檔案只能向前一個一個循序的處理字元，也稱為「循序檔案」（sequential files），如同水往低處流，並不能回頭處理之前處理過的字元。

文字檔案的操作

文字檔案的基本操作有：讀取（input）、寫入（output）和新增（append）三種，可以將字元資料寫入檔案、讀取檔案內容與寫入檔尾，例如：Windows 記錄檔或使用【記事本】建立的文字檔案。

檔案路徑

Windows 作業系統的檔案路徑可以分為兩種：絕對與相對路徑，其說明如下所示：

- 絕對路徑：Windows 作業系統的完整檔案路徑，包含磁碟代碼、各層資料夾和檔案名稱，例如：文字檔案 phonebook.txt 的絕對路徑，如下所示：

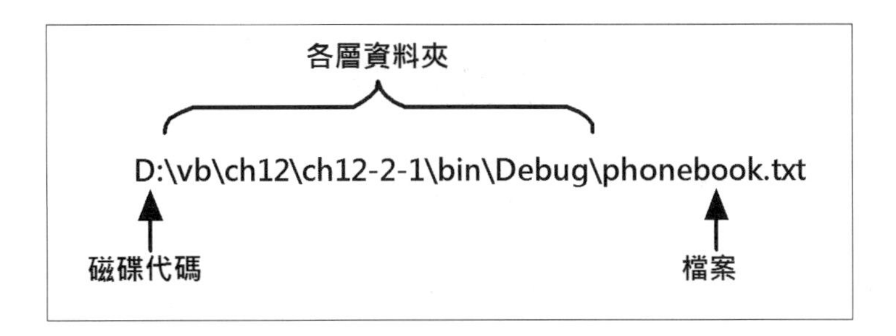

■ 相對路徑：相對路徑對於 VB 程式來說，相對程式檔目前位置的路徑，例如：phonebook.txt 和 txt\phonebook.txt 是相對於程式檔位置的相對路徑，如下所示：

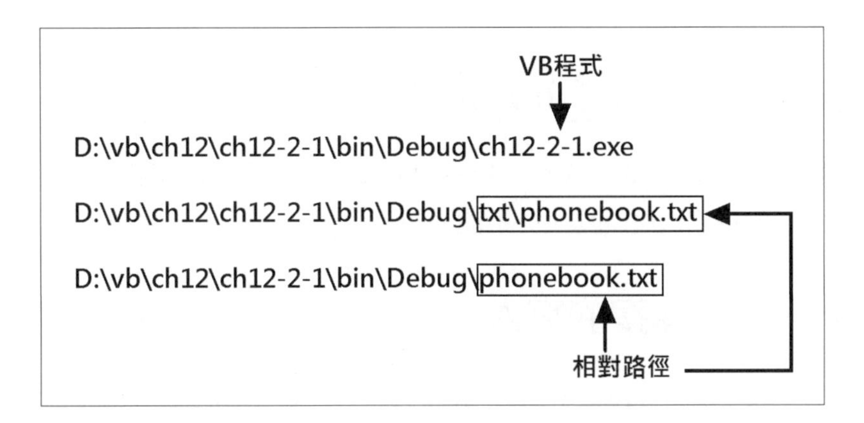

12-1-2 串流的基礎

VB 文字檔案處理有很多種方式，在本章是使用 .NET Framework 類別函數庫的 StreamReader 和 StreamWriter 物件，使用「串流」（stream）模型來處理資料的輸入與輸出。

串流（stream）觀念最早是使用在 Unix/Linux 作業系統，串流模型如同水管中的水流，因爲水往低處流，所以不能回頭處理之前處理過的資料。當程式開啓檔案來源的輸入串流後，VB 應用程式可以從輸入串流依序讀取資料，如下圖所示：

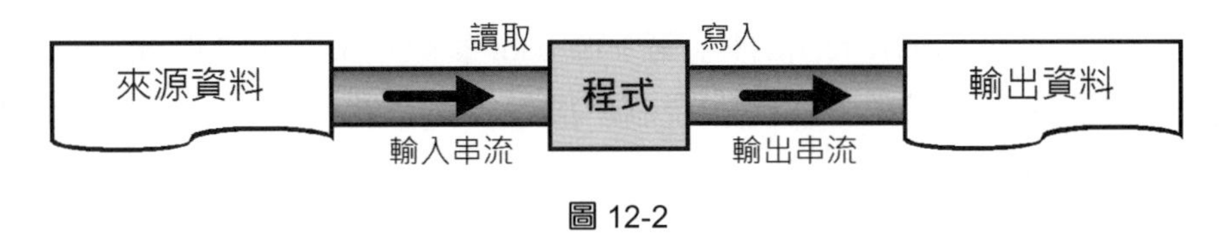

圖 12-2

上述圖例的左半邊是讀取資料的輸入串流，如果程式需要輸出資料，在右半邊可以開啓目的檔案的輸出串流，將資料寫入串流。

隨堂練習

1. 對於 VB 程式的輸入與輸出來說，_______ 可以作爲程式輸入，也可以作爲程式輸出。
2. 文字檔案的基本操作有：_________、_________ 和 ________ 三種。
3. Windows 作業系統的檔案路徑可以分爲兩種：________ 與 ________。
4. VB 文字檔案處理有很多種方式，在本章是使用 .NET Framework 類別函數庫的 _________ 和 ___________ 物件。

12-2 文字檔案的讀寫

VB 程式可以使用 StreamReader 和 StreamWriter 物件讀寫文字檔，這是一種文字資料串流，如同水流一般只能依序讀寫，並不能回頭。

12-2-1 文字檔案的寫入

在 VB 應用程式是使用 StreamWriter 物件將資料寫入文字檔案，其寫入步驟如下所示：

步驟一：開啓寫入的文字檔案

在 VB 程式可以宣告 StreamWriter 物件開啓寫入的文字檔案，如下所示：

```
Dim sw As New IO.StreamWriter(path, True)
```

或

```
Dim sw As IO.StreamWriter
sw = New IO.StreamWriter(path, True)
```

上述程式碼建立 StreamWriter 物件，第 1 個 path 參數是文字檔案路徑（可以是絕對或相對路徑），如果檔案不存在，就建立一個新檔案，第 2 個參數 True 表示新增至檔尾；False 是覆寫文字檔案的內容。

步驟二：寫入文字檔案

在建立 StreamWriter 物件後，可以使用 Write() 或 WriteLine() 方法，將字串寫入文字檔案，如下所示：

- Write() 方法：將參數字串寫入 StreamWriter 物件 sw，但不含換行符號，如需換行請在後面自行加上 vbNewLine 換行符號，如下所示：

```
sw.Write(TextBox1.Text & vbNewLine)
```

■ WriteLine() 方法：寫入含換行的參數字串到 StreamWriter 物件 sw，如下所示：

```
sw.WriteLine(TextBox1.Text)
```

步驟三：關閉文字檔案

在處理完文字檔案寫入後，請記得將緩衝區資料寫入和關閉檔案串流，如下所示：

```
sw.Flush()
sw.Close()
```

上述 Close() 方法可以關閉 StreamWriter 物件；Flush() 方法清除緩衝區資料，強迫將資料寫入文字檔案。

範例專案：寫入電話簿 -ch12-2-1\ch12-2-1.sln

在 Windows 應用程式將文字方塊控制項輸入的姓名和電話號碼寫入 phonebook.txt 檔案，其執行結果如下圖所示：

圖 12-3

在輸入姓名和電話號碼後，勾選【覆寫】表示覆寫現存檔案內容；否則是新增至檔尾，按【寫入】鈕將電話資料寫入 phonebook.txt，可以看到成功寫入的訊息視窗。

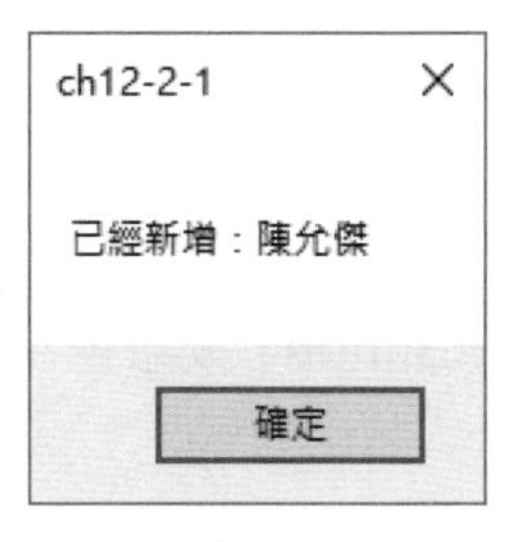

圖 12-4

本節程式建立的文字檔案位在「ch12\ch12-2-1\bin\Debug」資料夾。

表單的版面配置

Step 01：請參考「ch12\ch12-2-1」資料夾建立專案，然後拖拉更改表單 Form1 的尺寸爲【300, 150】（也可以更改表單的【Size】屬性值）。

Step 02：新增與編排 2 個 TextBox、2 個 Label、1 個 CheckBox 和 1 個 Button 控制項，如下圖所示：

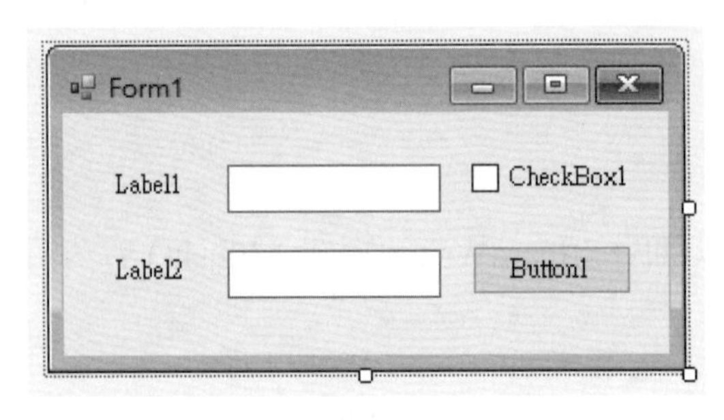

圖 12-5

控制項屬性

Step 03：選取各控制項後，更改各控制項的屬性值，如下表所示：

表 12-1

控制項	Text 屬性
Form1	寫入電話簿
Label1	姓名：
Label2	電話：
TextBox1	陳會安
TextBox2	0920111111
CheckBox1	覆寫
Button1	寫入

程式碼編輯

Step 04：按二下標題爲【寫入】的 Button1 按鈕控制項，可以建立 Button1_Click() 事件處理程序。

```
01: Dim path = "phonebook.txt"
02:
03: Private Sub Button1_Click(sender As Object,
                   e As EventArgs) Handles Button1.Click
```

```
04:     Dim sw As IO.StreamWriter
05:     If CheckBox1.Checked Then ' 覆寫
06:         sw = New IO.StreamWriter(path, False)
07:     Else ' 新增
08:         sw = New IO.StreamWriter(path, True)
09:     End If
10:     ' 寫入字串
11:     sw.WriteLine(TextBox1.Text & " " & TextBox2.Text)
12:     ' 關閉文字檔案
13:     sw.Flush()
14:     sw.Close()
15:     ' 顯示成功寫入的訊息視窗
16:     If CheckBox1.Checked Then
17:         MsgBox("已經覆寫：" & TextBox1.Text)
18:     Else
19:         MsgBox("已經新增：" & TextBox1.Text)
20:     End If
21: End Sub
```

程式碼解說

- 第 1 行：宣告全域變數的文字檔案名稱。
- 第 5~9 行：If/Else 條件判斷是否開啓覆寫的文字檔案，勾選是覆寫；否則是新增。
- 第 11 行：使用 WriteLine() 方法寫入一行字串至文字檔案。
- 第 13~14 行：寫入緩衝區後關閉寫入的文字檔案。

12-2-2　文字檔案的讀取

VB 文字檔案讀取是使用 StreamReader 物件，其讀取步驟如下所示：

步驟一：開啓讀取的文字檔案

在 VB 程式是使用 StreamReader 物件開啓讀取的文字檔案，如下所示：

```
Dim sr As New IO.StreamReader(path)
```

上述程式碼建立 StreamReader 物件讀取文字檔案內容，path 參數是文字檔案的相對或絕對路徑。

步驟二：讀取文字檔案

在建立 StreamReader 物件後，可以使用三種方法來執行文字檔案的讀取，如下所示：

■ Read() 方法：讀取檔案的下一個字元，如下所示：

```
ch = sr.Read()
```

上述 Read() 方法讀取目前檔案指標位置的下一個字元，因爲當開啓檔案，檔案指標預設指向檔案開頭，即讀取檔案內容的第一個字元。

再次呼叫 Read() 方法是從目前檔案指標位置開始，讀取下一個字元。我們可以使用 For 迴圈配合 Read() 方法讀取多個字元，如下所示：

```
For i = 1 To count
  ch = sr.Read()
  Label1.Text &= ChrW(ch) & " "
Next i
```

上述迴圈的變數 count 值是 12，表示呼叫 12 次 Read() 方法讀取 12 個字元或中文字，ChrW() 函數可以將內碼值轉換成字元來顯示。檔案指標的移動，如下圖所示：

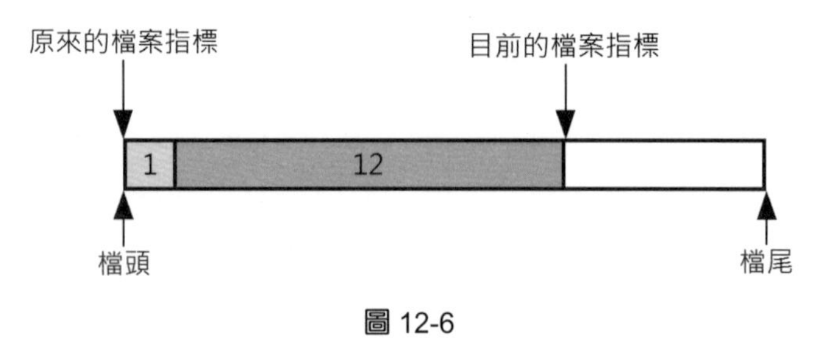

圖 12-6

上述圖例在第 1 次呼叫 Read() 方法前，檔案指標是在檔頭，呼叫讀取 1 個字元後，使用 For 迴圈呼叫 Read() 方法讀取 12 個字元，最後檔案指標位置到達上述圖例的目前位置。

■ ReadLine() 方法：一行一行來讀取文字檔案的內容，如下所示：

```
str = sr.ReadLine()
```

上述 ReadLine() 方法能夠讀取整行文字內容，檔案指標一次是移動一行，如下圖所示：

圖 12-7

■ ReadToEnd() 方法：讀取整個文字檔案，如下所示：

```
str = sr.ReadToEnd()
```

上述 ReadToEnd() 方法能夠從目前檔案位置讀取到檔尾的全部內容。如果是剛開啓的檔案，就是讀取整個檔案內容。

換一種方式，我們也可以使用 ReadLine() 方法配合 Do/Loop 迴圈讀取整個文字檔案內容，如下所示：

```
Do
  str = sr.ReadLine()
  count += 1
  Label1.Text &= count & ": " & str & vbNewLine
Loop Until sr.Peek() = -1
```

上述 Do/Loop 迴圈可以讀取整個文字檔案內容，使用 Peek() 方法檢查檔案指標是否已經讀到檔尾，傳回 -1，表示檔案已經讀完。

步驟三：關閉文字檔案

在處理完文字檔案讀寫後，請記得關閉檔案串流，如下所示：

```
sr.Close()
```

上述 Close() 方法可以關閉 StreamReader 物件。

範例專案：讀取電話簿 -ch12-2-2\ch12-2-2.sln

在 Windows 應用程式讀取電話簿的前幾個電話或整個電話簿的內容，然後將它顯示在多行唯讀文字方塊，其執行結果如下圖所示：

圖 12-8

在上方輸入幾行後，按【幾行】鈕讀取輸入行數的文字內容，最後兩個按鈕是讀取整個文字檔案內容和顯示出來。

表單的版面配置

Step 01：請參考「ch12\ch12-2-2」資料夾建立專案，然後拖拉更改表單 Form1 的尺寸為【300, 200】（也可以更改表單的【Size】屬性值）。

Step 02：新增與編排 2 個 TextBox、1 個 Label 和 3 個 Button 控制項，如下圖所示：

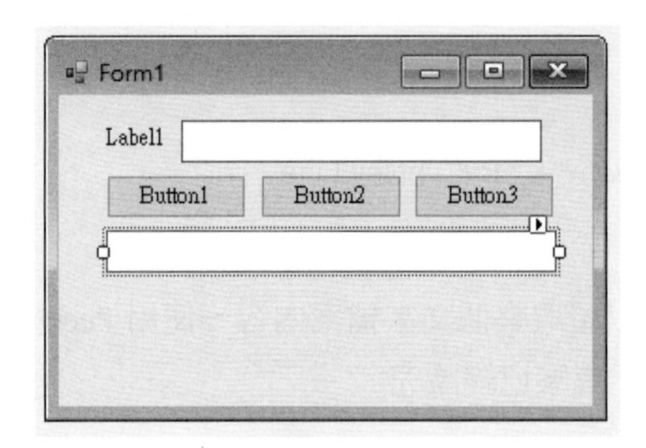

圖 12-9

控制項屬性

Step 03：選取各控制項後，更改各控制項的屬性值，如下表所示：

表 12-2

控制項	Text	Size	Multiline	ReadOnly	ScrollBars
Form1	讀取電話簿	300, 200	N/A	N/A	N/A
Label1	幾行：	N/A	N/A	N/A	N/A
TextBox1	2	N/A	N/A	N/A	N/A
TextBox2	N/A	240, 80	True	True	Vertical
Button1	幾行	N/A	N/A	N/A	N/A
Button2	至檔尾	N/A	N/A	N/A	N/A
Button3	整個檔案	N/A	N/A	N/A	N/A

程式碼編輯

Step 04：請按二下 3 個 Button1~3 按鈕控制項，可以建立 Button1~3_Click() 事件處理程序。

```
01: Dim path As String = "phonebook.txt"
02:
03: Private Sub Button1_Click(sender As Object,
                  e As EventArgs) Handles Button1.Click
04:     Dim i, c As Integer
05:     Dim str As String
06:     c = CInt(TextBox1.Text)
07:     ' 開啓文字檔案
08:     Dim sr As New IO.StreamReader(path)
09:     For i = 1 To c
10:         str = sr.ReadLine()
11:         TextBox2.Text &= str & vbNewLine
12:     Next i
13:     sr.Close()  ' 關閉檔案
14: End Sub
15:
16: Private Sub Button2_Click(sender As Object,
                  e As EventArgs) Handles Button2.Click
17:     ' 開啓文字檔案
18:     Dim sr As New IO.StreamReader(path)
19:     ' 讀取整個文字檔案
20:     TextBox2.Text = sr.ReadToEnd()
21:     sr.Close()  ' 關閉檔案
22: End Sub
23:
24: Private Sub Button3_Click(sender As Object,
                  e As EventArgs) Handles Button3.Click
25:     Dim c As Integer
26:     Dim str As String
27:     ' 開啓文字檔案
28:     Dim sr As New IO.StreamReader(path)
29:     c = 0   ' 行號
30:     TextBox2.Text = ""
31:     Do ' 讀取整個文字檔案
32:         str = sr.ReadLine()   ' 讀取整行文字內容
33:         c += 1
34:         TextBox2.Text &= c & ": " & str & vbNewLine
35:     Loop Until sr.Peek() = -1
36:     sr.Close()   ' 關閉檔案
37: End Sub
```

程式碼解說

- 第 3~37 行：3 個按鈕的 Click 事件處理程序，可以分別讀取幾行和讀取整個檔案內容，變數 c 是讀取行數，在第 31~35 行的 Do/Loop 迴圈使用 c 變數計算讀取幾行文字。

隨堂練習

1. VB 應用程式是使用 __________ 物件將資料寫入文字檔案。
2. 在 VB 程式將文字字串寫入檔案且沒有換行是使用 ___________ 方法；需換行是使用 ________ 方法。
3. VB 的文字檔案讀取是使用 ______________ 物件。
4. VB 建立讀取文字檔案物件後，可以呼叫 __________ 方法讀取整個文字檔案內容。
5. 請完成下列程式碼讀取整個文字檔案內容，如下所示：

```
Do
  str = sr.ReadLine()
  c += 1
  TextBox2.Text &= c & ": " & str & vbNewLine
Loop Until ____________
```

12-3 文字檔案的應用

文字檔案是儲存在磁碟上的資料集合，因爲容量遠比電腦記憶體大的多，所以特別適合用來處理大量資料。

12-3-1 大量業績計算

文字檔案特別適合用來處理大量資料，我們可以將它視爲是儲存在磁碟中的大型二維陣列，一次讀取一行的一維陣列來進行處理，而不用在記憶體儲存整個二維陣列。例如：儲存業務員一年四季業績資料的 sales.txt 文字檔，如下圖所示：

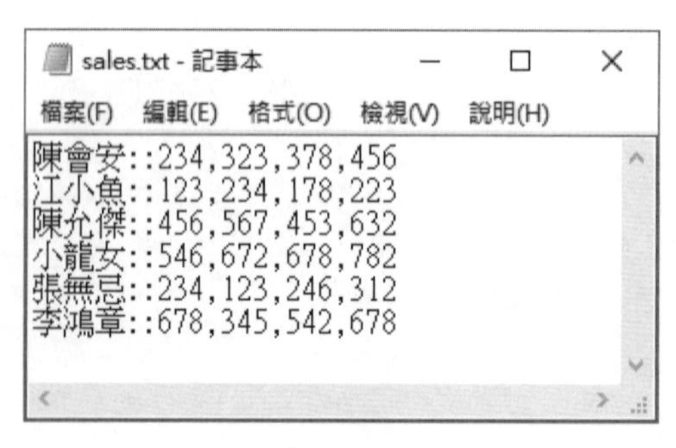

圖 12-10

上述文字檔案內容類似二維陣列，每一行文字內容是一位業務員全年四季的業績，程式是透過 Split() 函數將業績資料轉換成陣列後，使用 For 迴圈計算業績總和，如下所示：

```
Dim S = Split(A(1), ",")
For i As Integer = 0 To 3
   Label1.Text &= Sales(i) & " "
   total = total + CInt(S(i))
Next
```

上述 Split() 函數可以將字串使用分割符號轉換成陣列，第 2 個參數是分隔符號 ","，如下所示：

```
A(1) = "234,323,378,456"
```

上述 A(1) 使用分隔符號 "," 轉換成 S 陣列，如下所示：

```
S(0) = 234
S(1) = 323
S(2) = 378
S(3) = 456
```

在取得陣列後，使用 For 迴圈走訪陣列執行加總計算。

範例專案：大量業績計算 -ch12-3-1\ch12-3-1.sln

在 Windows 應用程式建立大量業績資料的計算，可以將文字檔案視為二維陣列來計算一年四季的業績總和，其執行結果如下圖所示：

圖 12-11

表單的版面配置

Step 01：請參考「ch12\ch12-3-1」資料夾建立專案，然後拖拉更改表單 Form1 的尺寸為【350, 200】（也可以更改表單的【Size】屬性值）。

Step 02：新增與編排 1 個 TextBox 和 1 個 Button 控制項，如下圖所示：

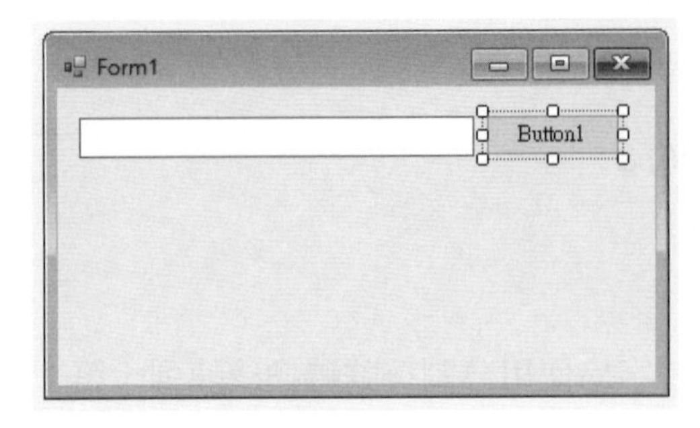

圖 12-12

控制項屬性

Step 03：選取各控制項後，更改各控制項的屬性值，如下表所示：

表 12-3

控制項	Text	Multiline	Size	ReadOnly
Form1	大量業績計算	N/A	350, 200	N/A
TextBox1	N/A	True	220, 130	True
Button1	業績計算	N/A	N/A	N/A

程式碼編輯

Step 04：按二下名為【業績計算】的 Button1 按鈕控制項，可以建立 Button1_Click() 事件處理程序。

```
01: Private Sub Button1_Click(sender As Object,
                  e As EventArgs) Handles Button1.Click
02:     Dim str As String
03:     Dim total As Integer
04:     ' 開啟文字檔案
05:     Dim sr As New IO.StreamReader("sales.txt")
06:     TextBox1.Text = "姓名     春   夏   秋    冬" &
07:                  "    總和  平均" & vbNewLine
08:     Do ' 讀取整個文字檔案
09:         str = sr.ReadLine()   ' 讀取整行文字內容
10:         Dim N = Split(str, "::")
11:         ' 取得和顯示姓名
12:         TextBox1.Text &= N(0) & ": "
13:         total = 0
14:         ' 取得業績值的陣列
15:         Dim S = Split(N(1), ",")
16:         For i As Integer = 0 To 3  ' 計算總和
17:             TextBox1.Text &= S(i) & " "
```

```
18:             total = total + CInt(S(i))
19:         Next
20:         TextBox1.Text &= total & " "
21:         TextBox1.Text &= total / 4 & vbNewLine
22:     Loop Until sr.Peek() = -1
23:     sr.Close()    ' 關閉檔案
24: End Sub
```

程式碼解說

- 第 8~22 行：使用 Do/Loop Until 迴圈讀取整個文字檔案內容，在第 9 行讀取一行文字內容，第 10 行使用 Split() 函數取出姓名和業績陣列 A，如下所示：

  A(0) = " 陳會安 "
  A(1) = "234,323,378,456"

- 第 15~21 行：再次呼叫 Split() 函數，將 A(1) 陣列值字串的業績資料轉換成 S 陣列，在第 16~19 行使用 For 迴圈計算業績總和，第 21 行計算平均業績。

12-3-2 凱撒密文程式

凱撒密文的建立方法是將每一個原始英文字母，改為其排列順序中向後移動 n 個位置的字母取代，如果移動 n 位置後超出 Z，就回到 A 位置重新開始。例如：當 n=5 時，字母取代原則如下：

A 使用 F 取代
B 使用 G 取代
……
Z 使用 D 取代

範例專案：凱撒密文程式 -ch12-3-2\ch12-3-2.sln

在 Windows 應用程式建立凱撒密文程式，可以將文字方塊控制項輸入的英文字串加密後寫入 mail.txt 檔案，其執行結果如下圖所示：

圖 12-13

在輸入位移數和欲加密字串後，按【加密寫入】鈕將資料寫入 mail.txt，檔案是位在「ch12\ch12-3-2\bin\Debug」資料夾。當我們使用記事本開啓檔案，可以看到加密後的檔案內容，如下圖所示：

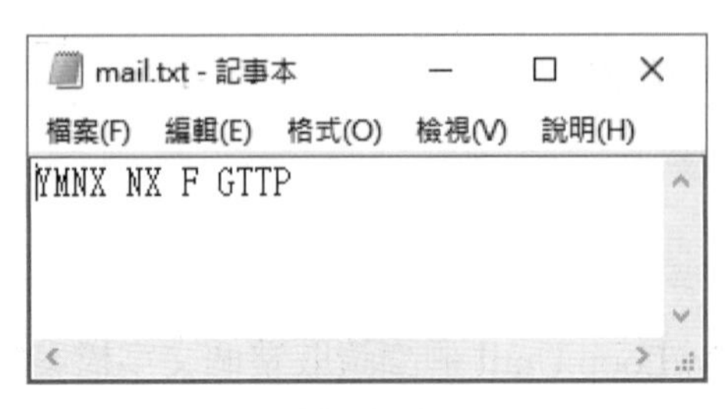

圖 12-14

表單的版面配置

Step 01：請參考「ch12\ch12-3-2」資料夾建立專案，然後拖拉更改表單 Form1 的尺寸爲【280, 200】（也可以更改表單的【Size】屬性值）。

Step 02：新增與編排 2 個 TextBox、1 個 Label 和 1 個 Button 控制項，如下圖所示：

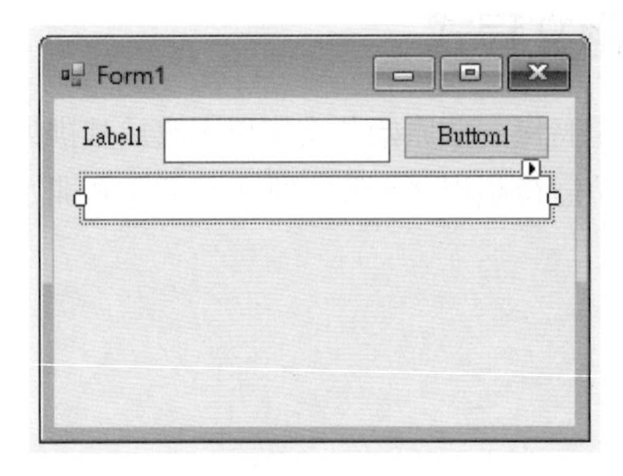

圖 12-15

控制項屬性

Step 03：選取各控制項後，更改各控制項的屬性值，如下表所示：

表 12-4

控制項	Text	Multiline	Size	ScrollBars
Form1	凱撒密文程式	N/A	280, 200	N/A
Label1	位移數：	N/A	N/A	N/A
TextBox1	5	N/A	N/A	N/A
TextBox2	< 空白 >	True	240, 110	Vertical
Button1	加密寫入	N/A	N/A	N/A

程式碼編輯

Step 04：按二下標題爲【加密寫入】的 Button1 按鈕控制項，可以建立 Button1_Click() 事件處理程序。

```
01: Private Sub Button1_Click(sender As Object,
                  e As EventArgs) Handles Button1.Click
02:     Dim i, n, t As Integer
03:     Dim str As String, c As Char
04:     Dim sw As IO.StreamWriter
05:     sw = New IO.StreamWriter("mail.txt", False)
06:     n = CInt(TextBox1.Text) ' 位移量
07:     str = UCase(TextBox2.Text)
08:     For i = 1 To Len(str)
09:         c = Mid(str, i, 1)
10:         If Not Char.IsWhiteSpace(c) Then
11:             t = Asc(c) + n
12:             If t > 90 Then
13:                 sw.Write(Chr(t - 26))
14:             Else
15:                 sw.Write(Chr(t))
16:             End If
17:         Else
18:             sw.Write(c)
19:         End If
20:     Next i
21:     ' 關閉文字檔案
22:     sw.Flush()
23:     sw.Close()
24: End Sub
```

程式碼解說

- 第 6~7 行：取得位移量和輸入的字串，呼叫 UCase() 函數將字串的英文字母改爲大寫。
- 第 8~20 行：使用 For 迴圈一個字元一個字元進行轉換，在第 9 行使用 Mid() 函數取出一個字元，第 10~19 行的 If/Else 條件判斷是否是空白字元，如果不是，才進行加密，否則直接寫入檔案。
- 第 11 行：呼叫 Asc() 函數將它轉成 ASCII 碼，並且加上位移量。
- 第 12~16 行：If/Else 條件判斷是否超過字元 Z，如果是，在第 13 行減 26 來重頭計算，第 13 行和第 15 行使用 Write() 方法將 Chr() 轉成的字元寫入檔案。

12-4 檔案對話方塊

VB 提供檔案對話方塊，依用途主要可以分爲兩種，如下所示：

- OpenFileDialog 控制項：控制項可以選擇開啓檔案，即 Windows 作業系統的「開啓檔案」對話方塊。
- SaveFileDialog 控制項：控制項是用來選擇儲存檔案，即 Windows 作業系統的「儲存檔案」對話方塊。

OpenFileDialog 和 SaveFileDialog 控制項的常用屬性

OpenFileDialog 和 SaveFileDialog 控制項的常用屬性說明，如下表所示：

表 12-5

屬性	說明
Title	對話方塊控制項的標題文字
FileName	第 1 次顯示或選取的檔案名稱
InitialDirectory	設定對話方塊的初始路徑
DefaultExt	預設的副檔名
Filter	顯示檔案類型的過濾條件，以 "|" 分隔，例如：" 文字檔案 |*.txt| 所有檔案 |*.*"，每 2 個為一組，前為說明；後為過濾條件
FilterIndex	使用 Filter 屬性中的第幾個過濾條件的索引編號，從 1 開始
RestoreDirectory	是否開啓上一次開啓時的路徑，True 為是；False 為預設值不是

取得檔案對話方塊選取的檔案路徑

VB 程式需要使用 ShowDialog() 方法開啓檔案對話方塊，如下所示：

```
If OpenFileDialog1.ShowDialog() = DialogResult.OK Then
   fn = OpenFileDialog1.FileName
End If
```

上述 If 條件使用 ShowDialog() 方法顯示檔案對話方塊，傳回值是 DialogResult 常數，DialogResult.OK 表示選好檔案；DialogResult.Cancel 是取消選取，在選取後，使用 FileName 屬性取得使用者選取檔案的完整路徑。

範例專案：簡易記事本 -ch12-4\ch12-4.sln

在 Windows 應用程式建立記事本，可以在功能表列開啓和儲存檔案，使用的是 OpenFileDialog 和 SaveFileDialog 控制項，其執行結果如下圖所示：

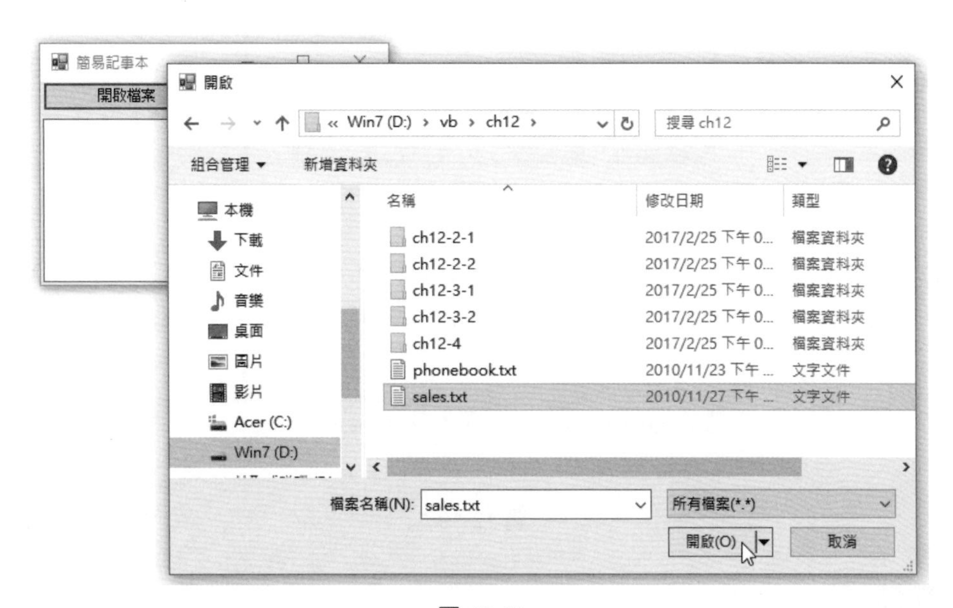

圖 12-16

按【開啓檔案】鈕，可以看到「開啓」對話方塊。在選擇文字檔案後，按【開啓】鈕可以讀取檔案內容，如下圖所示：

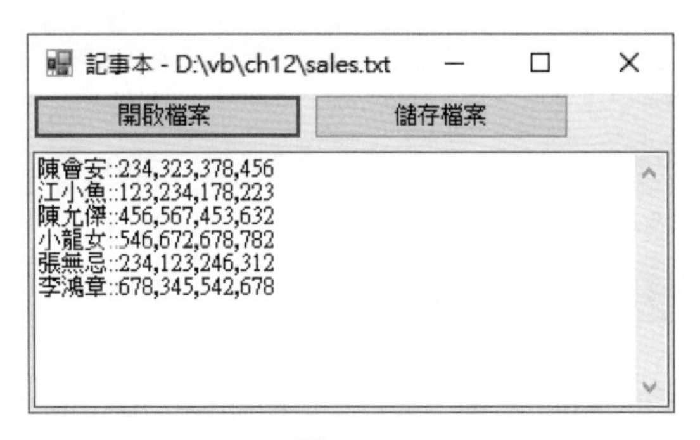

圖 12-17

在編輯後，按【儲存檔案】鈕儲存編輯後的檔案內容。

表單的版面配置

Step 01：請參考「ch12\ch12-4」資料夾建立專案，然後拖拉更改表單 Form1 的尺寸爲【300, 200】（也可以更改表單的【Size】屬性值）。

Step 02：新增與編排 1 個 TextBox 和 2 個 Button 控制項，如下圖所示：

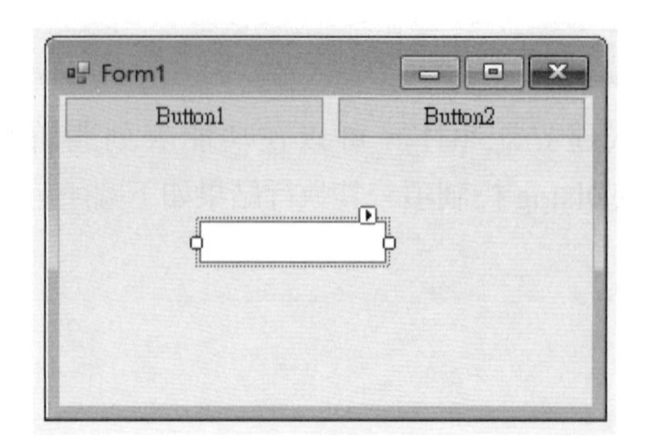

圖 12-18

Step 03：在「工具箱」箱視窗的【對話方塊】區段，分別按二下【OpenFileDialog】和【SaveFileDialog】控制項來新增這 2 個控制項，如下圖所示：

圖 12-19

控制項屬性

Step 04：選取各控制項後，更改各控制項的屬性值，如下表所示：

表 12-6

控制項	Text	Multiline	Size	ScrollBars
Form1	簡易記事本	N/A	N/A	N/A
TextBox1	< 空白 >	True	280, 130	Vertical
Button1	開啓檔案	N/A	N/A	N/A
Button2	儲存檔案	N/A	N/A	N/A

上表 TextBox1 控制項的 Anchor 屬性請新增 Right 和 Bottom，以便更改視窗尺寸一併調整 TextBox 控制項的尺寸。

程式碼編輯

Step 05：按二下【開啓檔案】和【儲存檔案】鈕建立 Click 事件處理程序後，和 Form1 表單 Load 事件處理程序來新增控制項的初始設定。

```
01: Private Sub Form1_Load(sender As Object,
                e As EventArgs) Handles MyBase.Load
02:     OpenFileDialog1.InitialDirectory = "C:\"
03:     OpenFileDialog1.Filter = "文字檔案 (*.txt)|*.txt|所有檔案 (*.*)|*.*"
```

```
04:     OpenFileDialog1.FilterIndex = 2
05:     OpenFileDialog1.RestoreDirectory = True
06:     SaveFileDialog1.Filter = "文字檔案(*.txt)|*.txt|所有檔案(*.*)|*.*"
07:     SaveFileDialog1.FilterIndex = 2
08:     SaveFileDialog1.RestoreDirectory = True
09: End Sub
10:
11: Private Sub Button1_Click(sender As Object,
                 e As EventArgs) Handles Button1.Click
12:     If OpenFileDialog1.ShowDialog() = DialogResult.OK Then
13:         Dim sr As New IO.StreamReader(
14:                       OpenFileDialog1.FileName)
15:         TextBox1.Text = sr.ReadToEnd()
16:         sr.Close()
17:         Me.Text = "記事本 - " & OpenFileDialog1.FileName
18:     End If
19: End Sub
20:
21: Private Sub Button2_Click(sender As Object,
                 e As EventArgs) Handles Button2.Click
22:     If SaveFileDialog1.ShowDialog() = DialogResult.OK Then
23:         Dim sw As New IO.StreamWriter(
24:                   SaveFileDialog1.FileName, False)
25:         sw.WriteLine(TextBox1.Text)
26:         sw.Flush()
27:         sw.Close()
28:         Me.Text = "記事本 - " & SaveFileDialog1.FileName
29:     End If
30: End Sub
```

程式碼解說

- 第 1~9 行：Form1 的 Load 事件處理程序是在第 2~8 行設定 OpenFileDialog1 和 SaveFileDialog1 控制項的初值。
- 第 11~30 行：Button1 和 Button2 的 Click 事件處理程序在取得 FileName 屬性的檔案名稱後，使用文字檔讀寫來讀取和寫入文字檔案。

隨堂練習

1. VB 預設提供的檔案對話方塊有：____________ 和 _____________ 兩種。
2. VB 程式需要使用 _______________ 方法開啓檔案對話方塊。

學習評量

選擇題

(　) 1. 請問我們可以使用下列哪一個方法寫入含換行的參數字串到 StreamWriter 物件？

A. Close　B. Flush

C. Write　D. WriteLine

(　) 2. 請問 StreamReader 物件的下列哪一個方法可以讀取整個文字檔案內容？

A. Peek()　B. ReadLine()

C. Read()　D. ReadToEnd()

(　) 3. 請問下列哪一個程式碼可以開啟一個新增至檔尾的文字檔案？

A. Dim sw As New IO.StreamWriter(path, True)

B. Dim sr As New IO.StreamReader(path, True)

C. Dim sr As New IO.StreamReader(path)

D. Dim sw As New IO.StreamWriter(path)

(　) 4. 請問下列哪一個關於檔案和文字檔案的說明是不正確的？

A. 檔案是儲存在電腦周邊裝置的一種資料集合

B. 文字檔案儲存的是字元資料的集合

C. 使用記事本建立的檔案並不是一種文字檔

D. 文字檔案也稱爲循序檔案

(　) 5. 請問 VB 程式碼需要使用下列哪一個方法來開啓檔案對話方塊？

A. ShowDialog()　B. Show()

C. Run()　D. Open()

簡答題

1. 請簡單說明什麼是檔案？什麼是文字檔案？
2. 請問文字檔案爲什麼也稱爲循序檔案？
3. 請說明檔案絕對路徑和相對路徑之間的差異？
4. 請使用圖例說明什麼是串流？
5. 請舉例說明 VB 文字檔案寫入的基本步驟？
6. 請舉例說明 VB 文字檔案讀取的基本步驟？

實作題

1. 請建立 VB 程式建立大量成績資料的計算，可以將文字檔案視爲二維陣列般計算每位學生三科成績的總分與平均，其格式如下所示：

   S001, Joe, 89,97,65

   S002, Jane, 90,67,77

   S003, Tony, 45,67,.89

2. 請建立 VB 程式讀取一篇英文內容的文字檔案，程式可以計算整篇文章共有幾個英文字。
3. 請建立 VB 程式替程式碼加上行號，例如：本書範例專案列出程式碼的方式，程式可以開啓 VB 程式檔案，然後輸出成 Output.txt，這是加上行號的文字檔案。
4. 請修改第 12-3-1 節的範例專案，改用檔案對話方塊來開啓業績資料的文字檔案。
5. 請修改第 12-3-2 節的範例專案，改用檔案對話方塊開啓加密的文字檔案，和提供解密功能。

Chapter

13

VisualBasic

海龜繪圖 LOGO 與功能表應用

本章綱要

13-1　建立應用程式的功能表

範例專案：桌面隨意貼

13-2　認識海龜繪圖

13-3　建立 VB 專案使用海龜繪圖

13-4　海龜繪圖應用範例

範例專案：基本幾何圖形

範例專案：複雜幾何圖形

13-1 建立應用程式的功能表

Windows 功能表控制項（MenuStrip）可以在標題列下方建立功能表列，如下圖所示：

圖 13-1

上述圖例上方是功能表列的 MenuStrip 控制項，每一個功能表列的選項本身或選單中的選項都是 ToolStripMenuItem 控制項。在 Windows 作業系統執行時，如果沒有看到選項名稱的英文字母底線，請按 Alt 鍵顯示字母下的底線。

新增 MenuStrip 與 ToolStripMenuItem 控制項

在 Visual Studio 開啓「工具箱」視窗後，可以在【功能表與工具列】區段看到建立功能表所需的 MenuStrip 控制項。Visual Studio 可以直接在表單設計工具上新增 MenuStrip 功能表控制項，和編輯其選項和子選單。

MenuStrip 控制項的每一個選項都是一個 ToolStripMenuItem 控制項，其常用屬性說明如下表所示：

表 13-1

屬性	說明
Text	選項的標題名稱，「&」符號可以建立 Alt 組合鍵
Enabled	選項是否有作用，True 預設值是有作用；False 為沒有作用（灰色顯示）
Visible	是否顯示選項，True 預設值是顯示；False 為不顯示
ToolTipText	選項的提示文字

建立選項的事件處理程序

功能表的選項如同按鈕控制項，按一下可以執行事件處理程序的程式碼，其預設事件是 Click。

範例專案：桌面隨意貼 -ch13-1\ch13-1.sln

在 Windows 應用程式建立視窗桌面的 Post-It 隨意貼，隨意貼是顯示在桌面的最上層，其上方擁有功能表列來提供字型變化的選項，其執行結果如下圖所示：

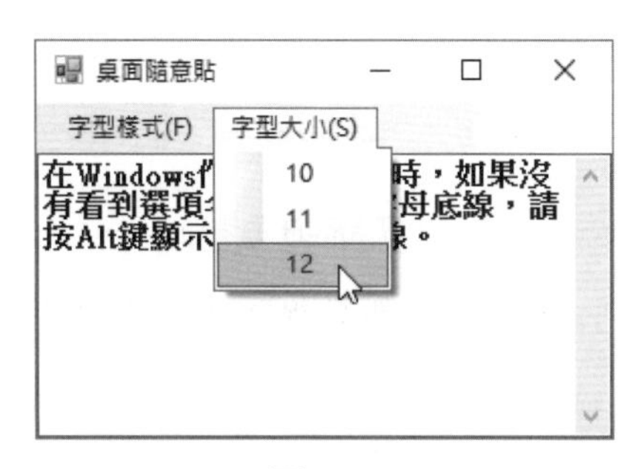

圖 13-2

在「字型樣式」功能表可以切換粗體和斜體；「字型大小」功能表更改顯示 10、11、12 大小的字型。

表單的版面配置

Step 01：請參考「ch13\ch13-1」資料夾建立專案，然後拖拉更改表單 Form1 的尺寸為【300, 200】（也可以更改表單的【Size】屬性值）。

Step 02：在「工具箱」視窗的【功能表與工具列】區段，按二下【MenuStrip】控制項，可以在標題列下方和元件匣（component tray）新增 MenuStrip1 控制項，如下圖所示：

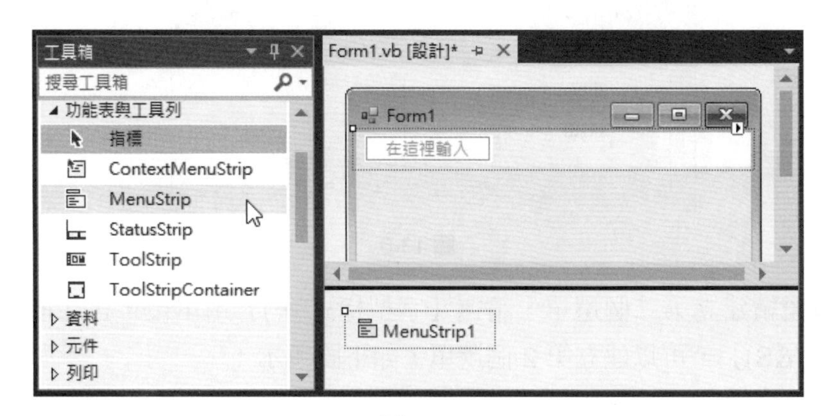

圖 13-3

Step 03：請直接在表單上點選功能表列，可以輸入功能表列的選項名稱【字型樣式(&F)】。

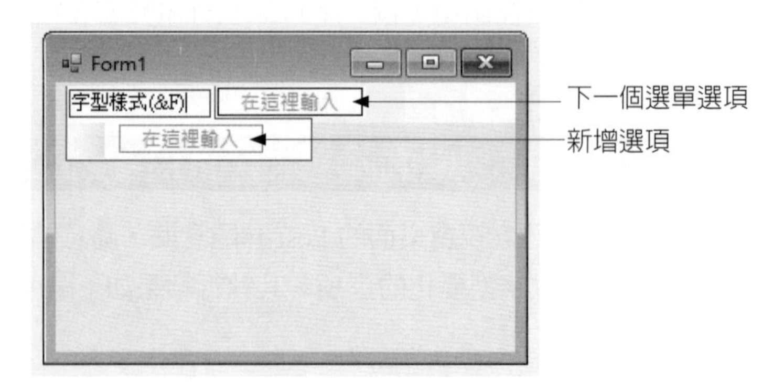

圖 13-4

■ 說明 ■

在功能表選項名稱中的「&」符號會成為底線，表示選取此選項也可以按下 Alt 鍵加上底線英文字母的組合鍵。

Step 04：接著新增選單中的選項，選【字型樣式 (F)】後，在下方輸入【粗體】新增選項，如下圖所示：

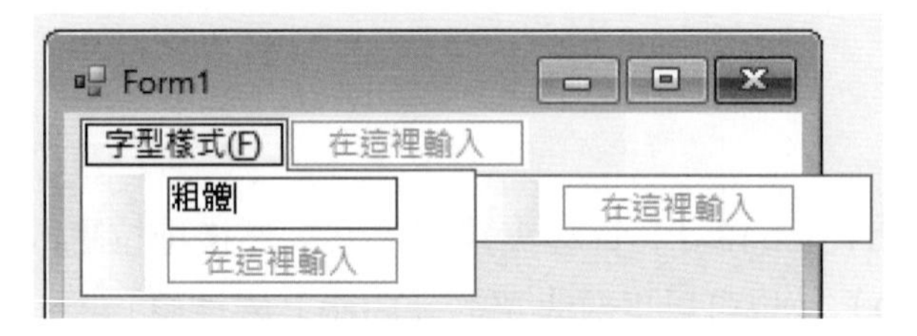

圖 13-5

Step 05：請重複步驟 4，建立【字型樣式 (F)】選單的第 2 個【斜體】選項，如下圖所示：

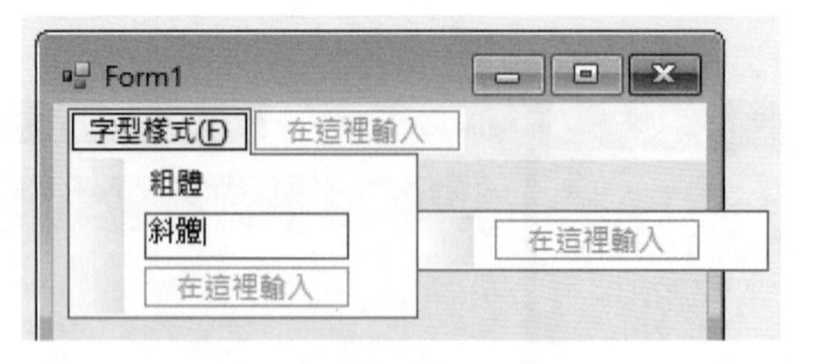

圖 13-6

Step 06：請繼續建立第二個選單，請選【字型樣式 (F)】選單後，在之後輸入【字型大小 (&S)】，可以建立第 2 個選單，如下圖所示：

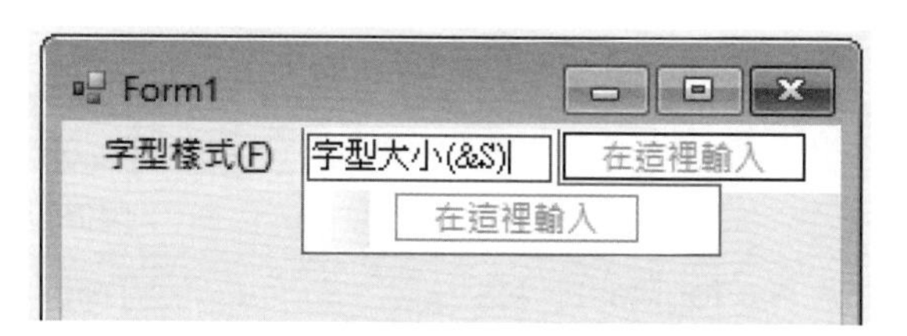

圖 13-7

Step 07：請重複步驟 4，在第二個【字型大小 (F)】選單新增 3 個選項，依序為【10】、【11】和【12】，如下圖所示：

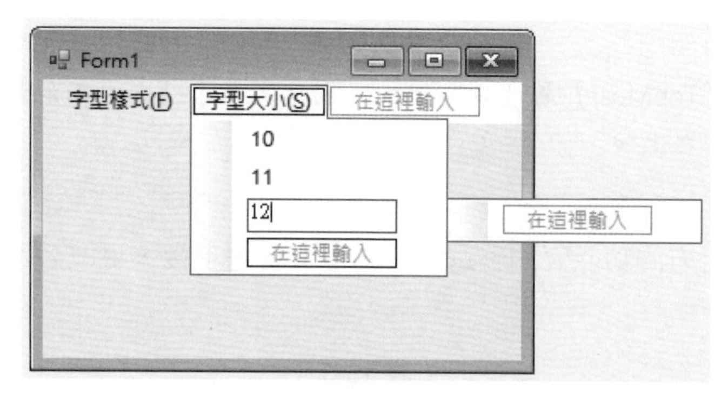

圖 13-8

Step 08：在功能表下方新增 TextBox1 控制項，就可以完成表單的版面配置，如下圖所示：

圖 13-9

控制項屬性

Step 09：選取各控制項後，更改各控制項的屬性值，如下表所示：

表 13-2

控制項	屬性	值
Form1	Text	桌面隨意貼
Form1	TopMost	True
TextBox1	Dock	Fill
TextBox1	Multiline	True
TextBox1	ScrollBars	Both

■ 說明 ■

當我們將表單的【TopMost】屬性設為 True，表示表單永遠在桌面的最上層，也就是顯示在其他開啟視窗之上。

Step 10：選表單上方的功能表開啓選單，請選取各選項後，更改各選項的屬性值，如下表所示：

表 13-3

Text 屬性	Name 屬性
粗體	itmBold
斜體	itmItaly
10	itm10
11	itm1
12	itm2

程式碼編輯

Step 11：點選功能表的【字型樣式 (F)】開啓選單，如下圖所示：

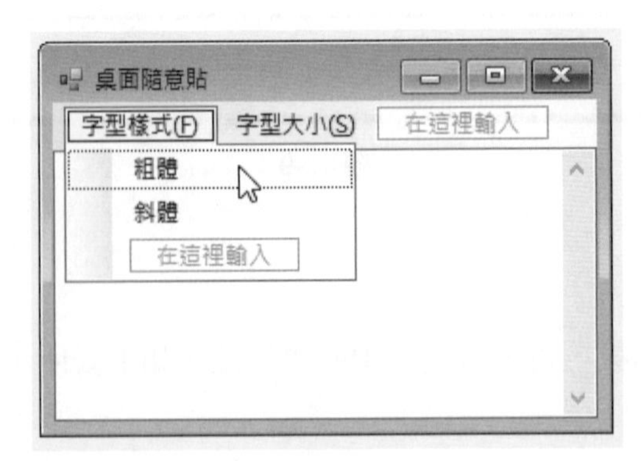

圖 13-10

Step 12：按二下【粗體】選項，可以在程式碼編輯視窗建立 itmBold_Click() 事件處理程序。

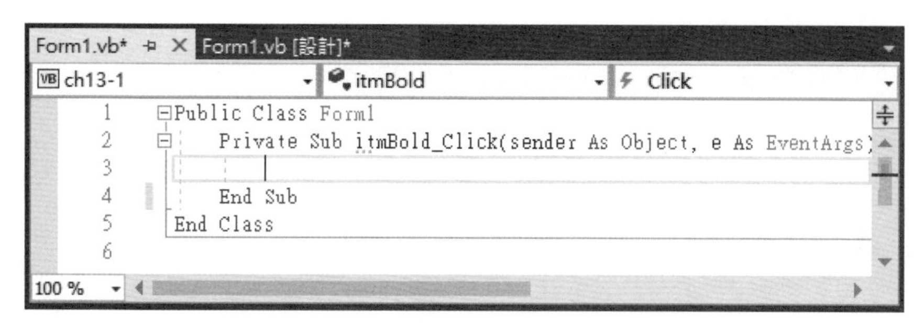

圖 13-11

Step 13：其他功能表選項的事件處理程序請比照辦理，包含 2 個選單共 5 個選項的事件處理程序，和 Form1_Load() 事件處理程序。

```
01: size As Integer = 10
02: Dim style As Integer = 0
03:
04: Private Sub itmBold_Click(sender As Object,
                e As EventArgs) Handles itmBold.Click
05:     style = 0
06:     TextBox1.Font = New Font("新細明體", size, FontStyle.Bold)
07: End Sub
08:
09: Private Sub itmItaly_Click(sender As Object,
                e As EventArgs) Handles itmItaly.Click
10:     style = 1
11:     TextBox1.Font = New Font("新細明體", size, FontStyle.Italic)
12: End Sub
13:
14: Private Sub itm10_Click(sender As Object,
                e As EventArgs) Handles itm10.Click
15:     size = 10
16:     If style = 0 Then
17:         TextBox1.Font = New Font("新細明體", size, FontStyle.Bold)
18:     Else
19:         TextBox1.Font = New Font("新細明體", size, FontStyle.Italic)
20:     End If
21: End Sub
22:
23: Private Sub itm11_Click(sender As Object,
                e As EventArgs) Handles itm11.Click
```

```
24:     size = 11
25:     If style = 0 Then
26:         TextBox1.Font = New Font("新細明體", size, FontStyle.Bold)
27:     Else
28:         TextBox1.Font = New Font("新細明體", size, FontStyle.Italic)
29:     End If
30: End Sub
31:
32: Private Sub itm12_Click(sender As Object,
                e As EventArgs) Handles itm12.Click
33:     size = 12
34:     If style = 0 Then
35:         TextBox1.Font = New Font("新細明體", size, FontStyle.Bold)
36:     Else
37:         TextBox1.Font = New Font("新細明體", size, FontStyle.Italic)
38:     End If
39: End Sub
40:
41: Private Sub Form1_Load(sender As Object,
                 e As EventArgs) Handles MyBase.Load
42:     TextBox1.Font = New Font("新細明體", size, FontStyle.Bold)
43: End Sub
```

程式碼解說

- 第 1~2 行：宣告全域變數儲存字型尺寸與樣式，0 是粗體；1 是斜體字。
- 第 4~12 行：【字型樣式】功能表 2 個選項的事件處理程序，我們是使用下列語法指定 Font 屬性值，如下所示：

```
New Font(字體, 字型大小, 字型樣式)
```

上表參數的【字體】是 Windows 作業系統安裝的字型名稱，【字型大小】是整數值，最後【字型樣式】參數是 FontStyle 常數，其說明如下表所示：

表 13-4

FontStyle 常數	說明
FontStyle.Regular	標準字
FontStyle.Bold	粗體字
FontStyle.Italic	斜體字
FontStyle.Underline	底線字

- 第 14~39 行：【字型大小】功能表 3 個選項的事件處理程序，使用 If Then 條件判斷顯示目前選擇的字型樣式和尺寸。
- 第 41~43 行：Form1_Load() 事件處理程序指定文字方塊控制項的字型初值。

隨堂練習

1. ____________ 控制項可以在表單上方標題列建立功能表列。
2. 按一下功能表選項可以執行事件處理程序的 VB 程式碼，其預設事件是 __________。
3. 請修改 ch13-1 專案的功能表列，新增字型尺寸 14 的選項。

13-2 認識海龜繪圖

海龜繪圖（Turtle Graphics）是一種入門級的電腦繪圖方法，你可以想像在沙灘上有一隻海龜在爬行，其爬行留下的足跡繪出了一幅精彩的圖形，這就是海龜繪圖。

海龜繪圖簡介

海龜繪圖是使用電腦程式來模擬這隻在沙灘上爬行的海龜，海龜使用相對位置的前進和旋轉命令來移動位置和更改方向，我們只需重複執行這些操作，就可以使用海龜經過的足跡來繪出幾何圖形，這也是著名的入門程式語言 LOGO 的核心特點。

基本上，海龜繪圖的這隻海龜擁有三種屬性：目前位置、方向和畫筆（即足跡），畫筆可以進一步指定其色彩、寬度，下筆繪圖或停筆不繪圖。

海龜繪圖提供相關命令來控制這隻海龜的移動與旋轉，移動命令是使用相對位置移動這隻海龜，例如：【向前走 10 步】命令是以目前海龜的位置和方向來移動海龜向前爬十步；【旋轉 90 度】命令不會移動海龜的位置，而是在原地以目前方向旋轉 90 度，我們只需透過這 2 個命令就可以模擬海龜在沙灘上爬行。

海龜爬行留下的足跡是使用畫筆來控制，我們可以指定畫筆色彩來繪出不同色彩的足跡，也可以指定寬度，繪出較寬的線條，更可以提起畫筆暫時不繪出，或下筆開始繪出足跡。在實務上，完整的海龜繪圖系統需要控制結構的語法，因爲配合迴圈才能繪出各種幾何圖形，例如：正方形、三角形、圓形、六角形、星形和更多複雜的幾何圖形。

Turtle Graphics.NET

Nakov.TurtleGraphics 函數庫是使用 C# 語言開發的免費 .NET 函數庫，可以讓我們擴充 .NET 應用程式的功能，讓 VB 和 C# 語言建立的 .NET 應用程式可以執行海龜繪圖的命令，官方部落格的 URL 網址，如下所示：

- http://www.nakov.com/blog/2016/02/14/turtle-graphics-net-csharp-open-source-library/

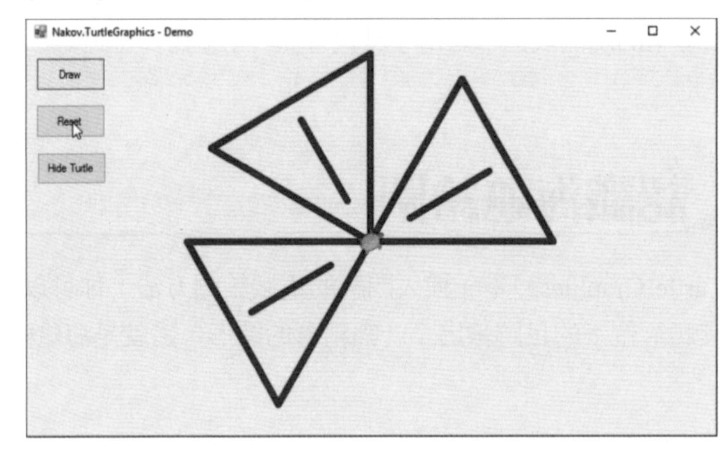

圖 13-12

13-3 建立 VB 專案使用海龜繪圖

現在，我們可以使用 Visual Studio 建立 VB 專案來使用 Turtle Graphics.NET 的海龜繪圖功能。

13-3-1 建立 VB 專案使用海龜繪圖

因爲 VB 語言已經擁有控制結構的語法，只需加上海龜繪圖的命令，就可以建立完整的海龜繪圖系統，我們是透過 Turtle Graphics.NET 的 DLL 檔來擴充海龜繪圖功能。

認識微軟的 DLL 動態連結函數庫

DLL 的英文全名是 Dynamic Link Library（動態連結函數庫），在此所謂的動態連結是直到執行檔呼叫到 DLL 檔的函數時，Windows 作業系統才將 DLL 檔載入記憶體，我們可以將一些常用的共用函數模組化，也就是建立成 DLL 檔，當程式呼叫這些共用函數時才進行動態連結。

事實上，Windows 作業系統本身就是模組化的作業系統，擁有大量各式各樣的 DLL 檔，用來提供 Windows 所需的常用功能，而且，當 Windows 作業系統升級時，微軟也只需將對應 DLL 檔更新，或加入一些新的 DLL 檔，並不用全部重新改寫程式碼，可以節省開發時間與降低系統的複雜度。

對於使用 VB 語言開發的 .NET 應用程式來說，我們可以使用一些現成功能的 DLL 檔（如同電玩的特殊裝備），當建立新的 VB 程式時，只需參考這個 DLL（加上裝備），就可以在程式使用 DLL 提供的新功能。例如：Turtle Graphics.NET 是 DLL 檔，我們在 VB 專案加入 Turtle Graphics.NET 的 DLL 參考，VB 程式馬上就擁有海龜繪圖功能。

在 Community 版專案加入 DLL 參考

Turtle Graphics.NET 的 DLL 檔名是【Nakov.TurtleGraphics.dll】，我們可以啓動 Visual Studio 新增專案來加入 Turtle Graphics.NET 的 DLL 參考，Community 版的加入參考步驟如下所示：

Step 01：請啓動 Visual Studio，然後執行功能表命令新增名爲 ch13-3-1 的專案。

Step 02：執行「專案 > 加入參考」命令，可以看到「參考管理員」對話方塊。

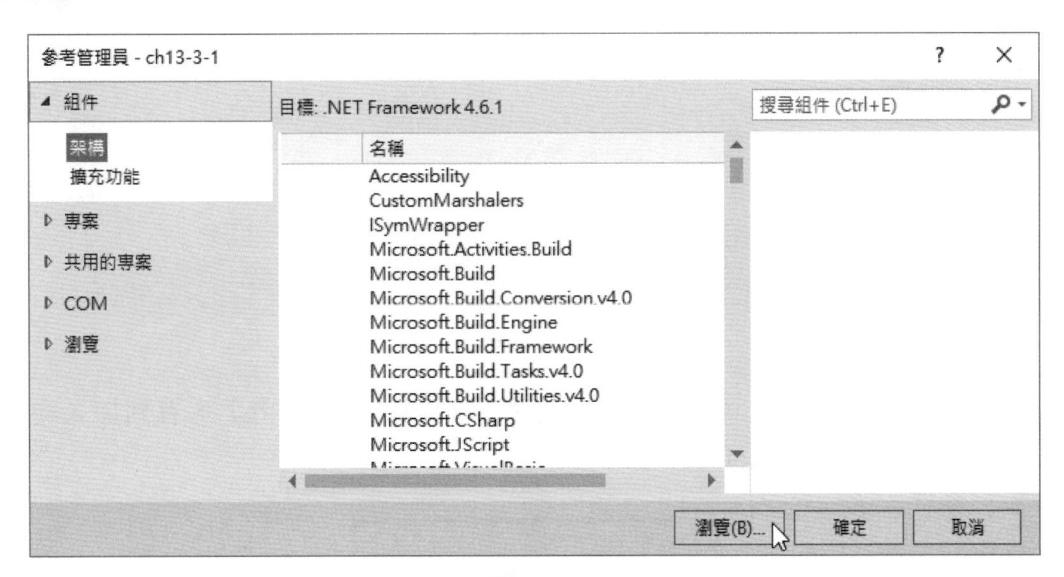

圖 13-13

Step 03：請按右下方【瀏覽】鈕，可以看到「選取要參考的檔案」對話方塊。

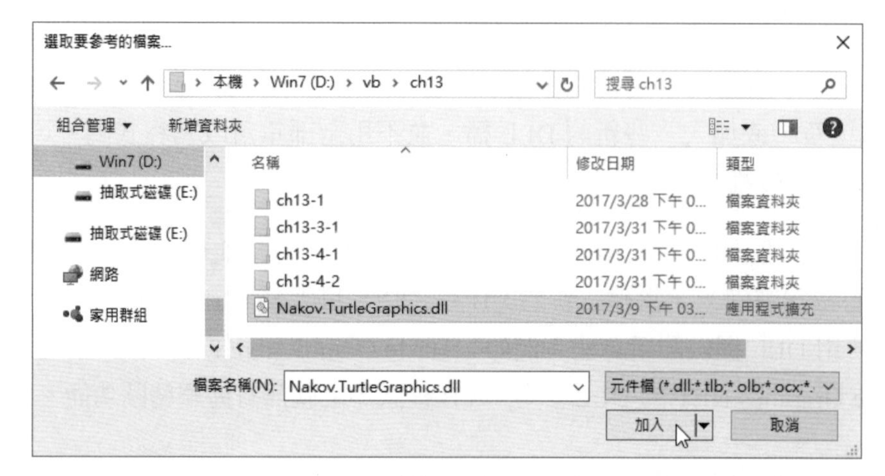

圖 13-14

Step 04：請切換至「\vb\ch13」路徑，選【Nakov.TurtleGraphics.dll】，按【加入】鈕，可以在「參考管理員」對話方塊看到加入的參考名稱。

圖 13-15

Step 05：按【確定】鈕，可以在「方案總管」視窗展開【參考】，看到加入的參考 Nakov.TurtleGraphics，如下圖所示：

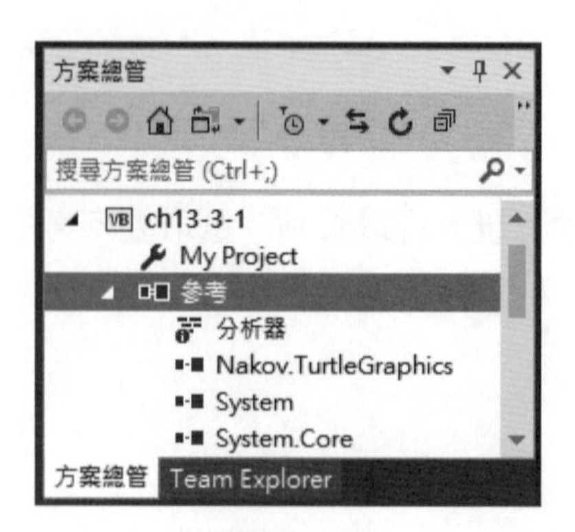

圖 13-16

在 Express 版專案加入 DLL 參考

Turtle Graphics.NET 的 DLL 檔名是【Nakov.TurtleGraphics.dll】，我們可以啓動 Visual Studio 新增專案來加入 Turtle Graphics.NET 的 DLL 參考，Express 版的加入參考步驟如下所示：

Step 01：請啓動 Visual Studio，然後執行功能表命令新增名爲 ch13-3-1 的專案。

Step 02：執行「專案 > 加入參考」命令，可以看到「加入參考」對話方塊。

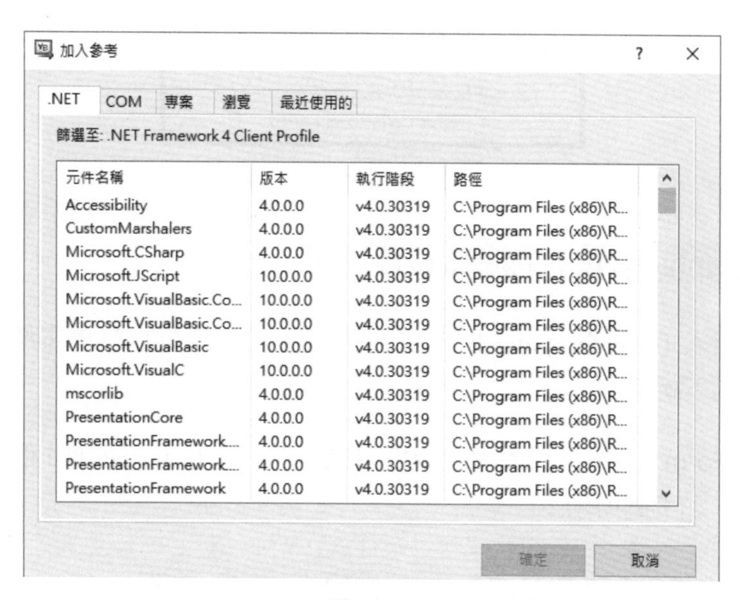

圖 13-17

Step 03：選上方的【瀏覽】標籤，然後切換至「\vb\ch13」路徑，選【Nakov.TurtleGraphics.dll】，按【確定】鈕加入參考。

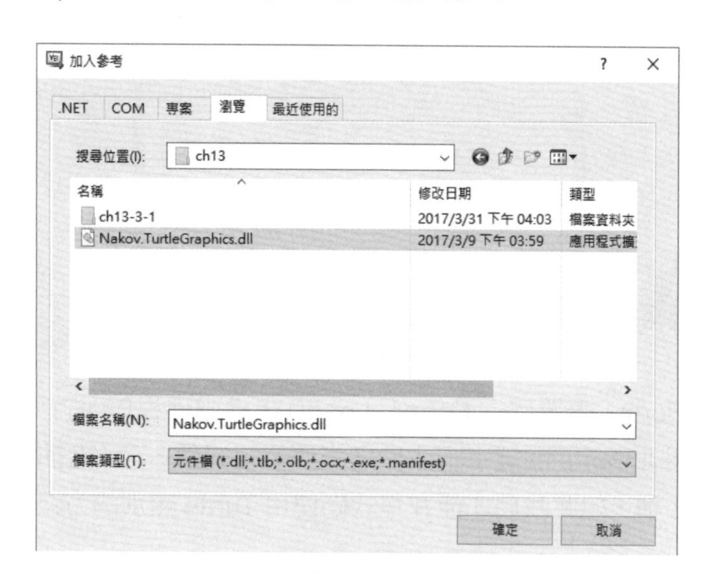

圖 13-18

Step 04：在「方案總管」視窗上方選第 2 個圖示顯示所有檔案，可以展開【參考】看到加入的參考 Nakov.TurtleGraphics，如下圖所示：

圖 13-19

使用 Turtle Graphics.NET 的海龜繪圖功能

在 VB 專案加入 Turtle Graphics.NET 的參考後，我們就可以在專案使用海龜繪圖的繪圖功能，其步驟如下所示：

Step 01：請將 Form1 表單尺寸放大成 400, 400，並且在左上角新增 1 個 Button 按鈕【繪圖】，如下圖所示：

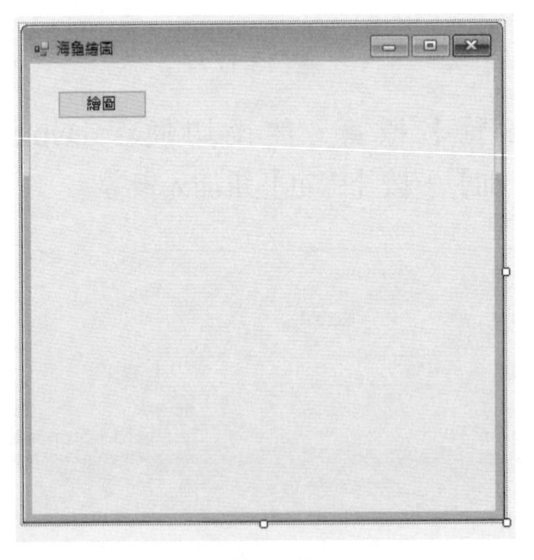

圖 13-20

Step 02：按二下 Form1 表單建立 Form1_Load() 事件處理程序，首先在程序外的第 1 行輸入使用 Imports 關鍵字匯入命名空間的程式碼，命名空間是海龜繪圖 DLL 檔的參考名稱，如此我們才能在程式碼使用 Turtle 類別的方法與屬性，如下所示：

```
Imports Nakov.TurtleGraphics
```

Step 03：然後輸入 Form1_Load() 事件處理程序的程式碼，如下圖所示：

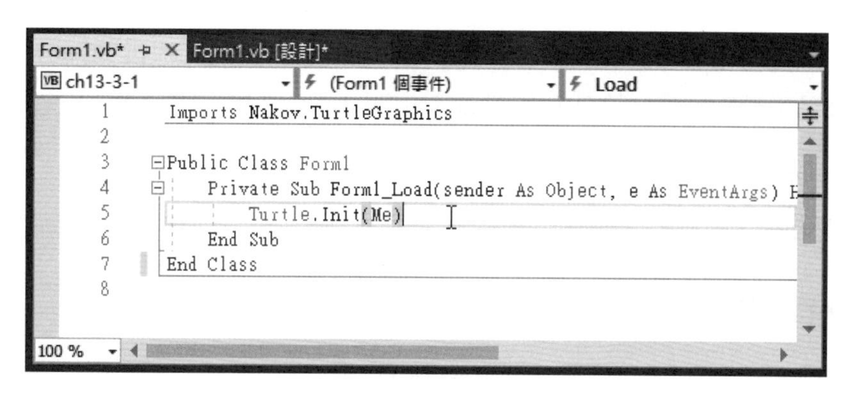

圖 13-21

上述程式碼呼叫 Turtle.Init() 方法初始海龜繪圖系統，參數 Me 是指繪在自己的 Form1 表單上。

Step 04：按二下【繪圖】鈕建立 Button1_Click() 事件處理程序後，輸入 VB 程式碼（相關屬性和方法的說明請參閱第 13-3-2 節），如下所示：

```
Turtle.PenColor = Color.Red
Turtle.Delay = 250
Turtle.Rotate(30)
Turtle.Forward(100)
Turtle.Rotate(120)
Turtle.Forward(100)
Turtle.Rotate(120)
Turtle.Forward(100)
```

Step 05：在儲存後，執行「偵錯 > 開始偵錯」命令或按 F5 鍵執行專案，請在應用程式視窗按【繪圖】鈕，可以看到海龜繪圖繪出的三角形，如下圖所示：

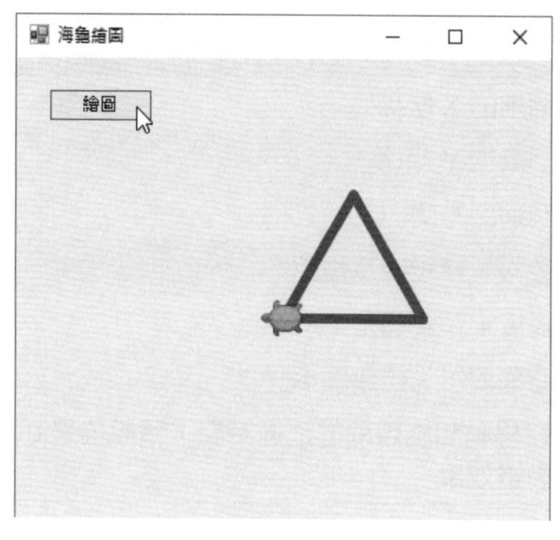

圖 13-22

 13-3-2 Turtle Graphics.NET 的方法與屬性

Turtle Graphics.NET 的 DLL 檔只有一個名為 Turtle 的類別，提供類別方法來執行海龜繪圖命令，因為是類別方法，方法和屬性都需指明 Turtle，如下所示：

```
Turtle.Forward(100)
Turtle.X = 100
```

Turtle Graphics.NET 的方法

表 13-5

方法	說明
Init(Form)	初始海龜繪圖系統，參數是繪圖所在的表單元件，海龜圖示的初始位置是在表單正中央 (0, 0)，方向向上
Dispose()/Reset()	結束與重設海龜繪圖系統，Reset() 方法可以清除之前的繪圖
Forward(distance)	海龜圖示以目前方向向前移動參數的距離
Backward(distance)	海龜圖示以目前的反方向移動參數的距離
MoveTo(x, y)	將海龜圖示移動到參數的座標
Rotate(angle)	將海龜圖示從目前方向開始旋轉參數的角度，例如：45、-30 和 315 等
RotateTo(angle)	將海龜圖示旋轉至參數的角度，例如：0、45、180 和 315 等
PenUp()	提筆暫停繪圖
PenDown()	下筆開始繪圖

Turtle Graphics.NET 的屬性

表 13-6

屬性	說明
X	海龜圖示目前的 X 座標
Y	海龜圖示目前的 Y 座標
Angle	海龜圖示目前的方向
PenColor	指定畫筆色彩，預設值是藍色
PenSize	指定畫筆寬度，預設值是 7
ShowTurtle	是否顯示海龜圖示，預設顯示
Delay	海龜圖示在移動和旋轉前的延遲時間，預設值是 0，建議值是 200~300 之間，以便顯示動畫效果

隨堂練習

1. 海龜繪圖中的海龜有三個主要屬性：______、______ 和 ______。
2. 海龜繪圖 Turtle Graphics.NET 是一個 ____ 檔案，我們可以在專案加入此檔案的參考。

13-4 海龜繪圖應用範例

海龜繪圖的命令只需配合 VB 語言的迴圈結構，我們就可以繪出各種基本和複雜的幾何圖形。

13-4-1 使用迴圈繪出基本圖形

我們可以使用迴圈和海龜繪圖功能，重複執行多次移動幾步和旋轉一個角度，就可以繪出正方形、三角形、六角形、星形和圓形。

範例專案：基本幾何圖形 -ch13-4-1\ch13-4-1.sln

在 Windows 應用程式建立一個視窗畫布和 6 個 Button 按鈕，可以使用海龜繪圖繪出 6 種基本的幾何圖形，如下所示：

繪出正方形

```
Turtle.Reset()
Turtle.MoveTo(0, 0)
Turtle.RotateTo(90)
For i As Integer = 1 To 4
    Turtle.Forward(100)
    Turtle.Rotate(90)
Next
```

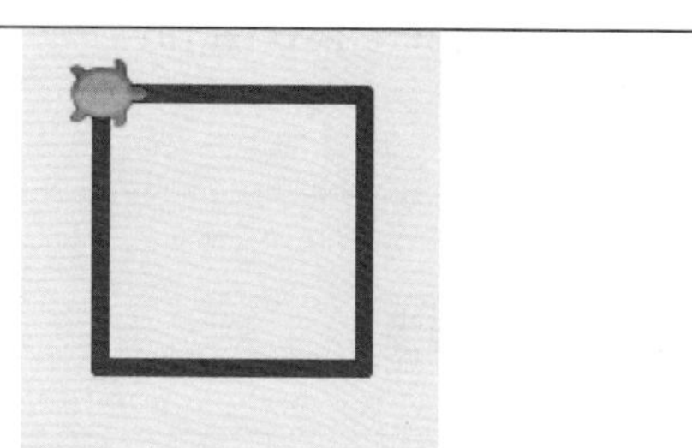

繪出六角形

```
Turtle.Reset()
Turtle.MoveTo(0, 0)
Turtle.RotateTo(90)
For i As Integer = 1 To 6
    Turtle.Forward(80)
    Turtle.Rotate(60)
Next
```

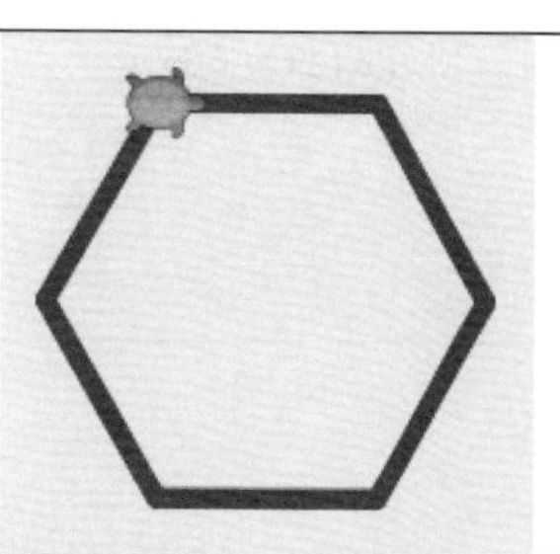

繪出三角形

```
Turtle.Reset()
Turtle.MoveTo(0, 0)
Turtle.RotateTo(90)
For i As Integer = 1 To 3
    Turtle.Forward(100)
    Turtle.Rotate(120)
Next
```

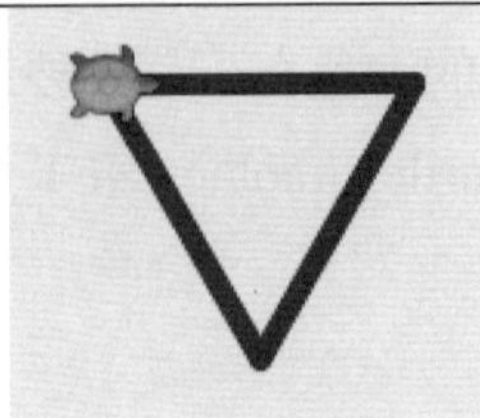

繪出星星

```
Turtle.Reset()
Turtle.MoveTo(0, 0)
Turtle.RotateTo(90)
For i As Integer = 1 To 5
    Turtle.Forward(150)
    Turtle.Rotate(144)
Next
```

繪出圓形

```
Turtle.Reset()
Turtle.MoveTo(0, 0)
Turtle.RotateTo(90)
For i As Integer = 1 To 36
    Turtle.Forward(10)
    Turtle.Rotate(10)
Next
```

繪出螺旋圖形

```
Turtle.Reset()
Turtle.MoveTo(0, 0)
Turtle.RotateTo(90)
For i As Integer = 1 To 20
    Turtle.Forward(i * 5)
    Turtle.Rotate(60)
Next
```

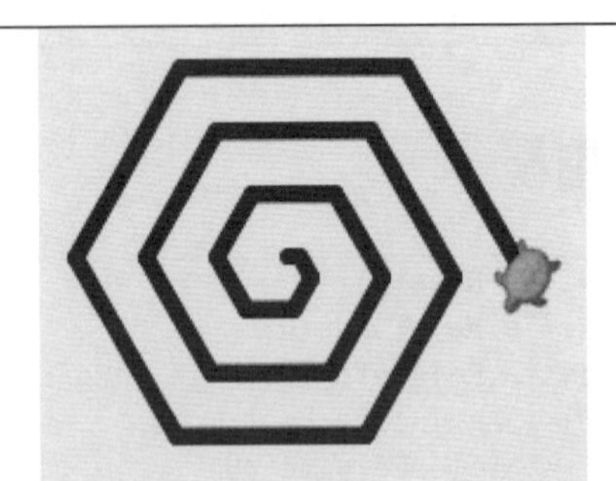

13-4-2 使用巢狀迴圈繪出複雜圖形

我們只需使用兩層巢狀迴圈和海龜繪圖，就可以繪出複雜的幾何圖形，在作法上，我們是在內層迴圈繪出基本圖形，然後在外層迴圈重複位移或旋轉來繪出多個內層迴圈的基本圖形，就可以繪出複雜的幾何圖形，包含：旋轉正方形、雪花、國徽和甜甜圈等圖形。

範例專案：複雜幾何圖形 -ch13-4-2\ch13-4-2.sln

在 Windows 應用程式建立一個視窗畫布和 4 個 Button 按鈕，可以使用海龜繪圖繪出 4 種複雜的幾何圖形，如下所示：

繪出旋轉正方形

```
Turtle.Reset()
Turtle.MoveTo(0, 0)
Turtle.RotateTo(90)
For j As Integer = 1 To 12
    For i As Integer = 1 To 4
        Turtle.Forward(100)
        Turtle.Rotate(90)
    Next
    Turtle.Rotate(30)
Next
```

繪出雪花圖形

```
Turtle.Reset()
Turtle.MoveTo(0, 0)
Turtle.RotateTo(90)
For j As Integer = 1 To 6
    For i As Integer = 1 To 6
        Turtle.Forward(50)
        Turtle.Rotate(60)
    Next
    Turtle.Rotate(60)
Next
```

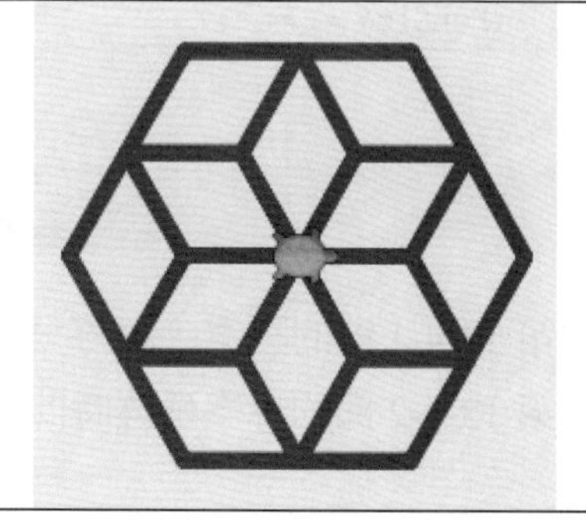

繪出國徽圖形

```
Turtle.Reset()
Turtle.MoveTo(0, 0)
Turtle.RotateTo(90)
For j As Integer = 1 To 12
    For i As Integer = 1 To 3
        Turtle.Forward(50)
        Turtle.Rotate(120)
    Next
    Turtle.Forward(50)
    Turtle.Rotate(30)
Next
```

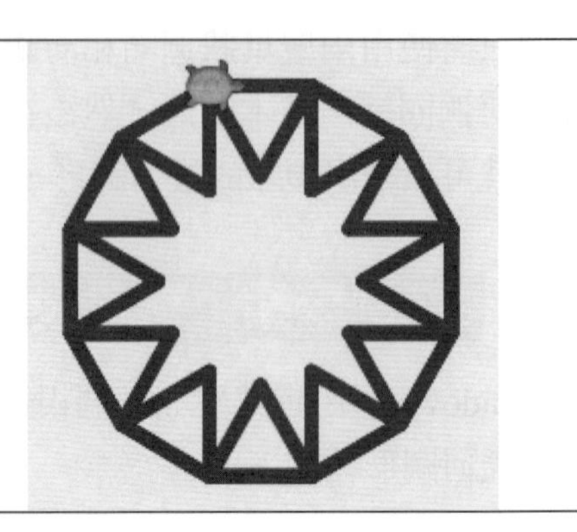

繪出甜甜圈圖形

```
Turtle.Reset()
Turtle.PenUp()
Turtle.MoveTo(0, 150)
Turtle.RotateTo(90)
Turtle.PenDown()
Turtle.PenSize = 2
For j As Integer = 1 To 36
    For i As Integer = 1 To 36
        Turtle.Forward(5)
        Turtle.Rotate(10)
    Next
    Turtle.PenUp()
    Turtle.Forward(15)
    Turtle.Rotate(10)
    Turtle.PenDown()
Next
Turtle.PenSize = 7
```

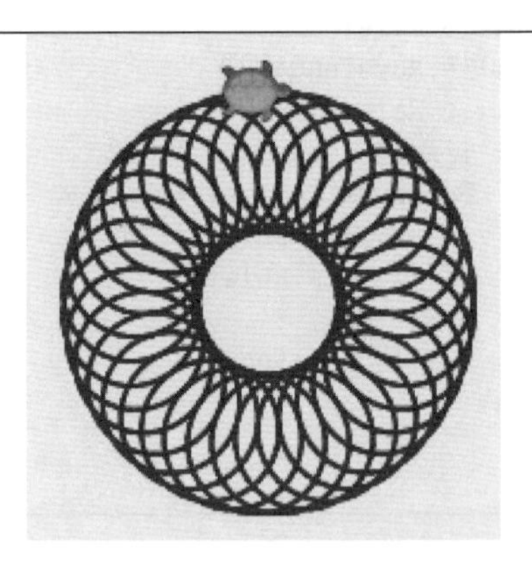

隨堂練習

1. 請修改第 13-4-1 節的專案，讓每一個幾何圖形使用不同的色彩來繪出。
2. 請調整第 13-4-2 節的專案延遲時間和畫筆尺寸來比較海龜繪圖的動畫效果。

學習評量

選擇題

( ) 1. 請問 VB 程式建立功能表選單的選項是使用下列哪一種控制項？
A. MenuStrip B. ContentMenuStrip C. ToolStripMenuItem D. ToolStrip

( ) 2. 請問 VB 程式建立上方功能表列是使用下列哪一種控制項？
A. ContentMenuStrip B. ToolStripMenuItem C. MenuStrip D. ToolStrip

( ) 3. 請問下列關於 DLL 的說明，哪一個是不正確的？
A. DLL 的英文全名是 Dynamic Link Library
B. 本章的 Turtle Graphics.NET 並不是 DLL
C. Windows 作業系統本身就擁有很多 DLL
D. VB 程式一樣可以使用 C# 語言開發的 DLL

( ) 4. 如果想讓 Turtle Graphics.NET 海龜繪圖的海龜圖示有動畫效果，請問我們需要設定下列哪一個屬性？
A. PenColor B. PenSize C. Delay D. ShowTurtle

( ) 5. 如果想讓 Turtle Graphics.NET 海龜繪圖不顯示海龜圖示，請問我們需要設定下列哪一個屬性？
A. PenColor B. PenSize. C. Delay D. ShowTurtle

簡答題

1. 請簡單說明如何在 Visual Studio 建立功能表列？
2. 請問什麼是海龜繪圖？何謂 Turtle Graphics.NET ？
3. 請簡單說明 DLL 檔的用途為何？
4. 請問 VB 專案如何加入 DLL 檔的參考？
5. 當在 VB 專案加入 DLL 檔的參考後，為了使用 DLL 檔的函數庫，我們還需作什麼事？

實作題

1. 請修改第 13-4-1 節的範例專案，在上方新增【海龜繪圖】功能表的選項來繪出 6 種幾何圖形。
2. 請修改第 13-4-2 節的範例專案，新增功能表選項來更改畫筆色彩、寬度和動畫的延遲時間。

NOTE

Chapter

14

綜合應用練習

本章綱要

14-1 檢查身份證字號

身份證字號是使用英文字母開頭，之後有 9 個數字的字串，總長度為 10 碼，例如：A123456789，如下表所示：

表 14-1

E0	N1	N2	N3	N4	N5	N6	N7	N8	N9
A	1	2	3	4	5	6	7	8	9

上表的身份證字號除第 1 碼為英文字母 E0 外，其他是數字 N1~N9。而且，身份證字號的第 1 個英文字母也需要編碼成數字，其轉換表如下表所示：

表 14-2

A	B	C	D	E	F	G	H	I	J	K	L	M
10	11	12	13	14	15	16	17	34	18	19	20	21
N	O	P	Q	R	S	T	U	V	W	X	Y	Z
22	35	23	24	25	26	27	28	29	30	41	42	43

當 E0 編碼成數值 N0 後，我們可以使用公式檢查身份證字號是否正確，其公式如下所示：

```
N0\10+(N0*9)+(N1*8)+(N2*7)+(N3*6)+(N4*5)+ _
        (N5*4)+(N6*3)+(N7*2)+(N8+N9)
```

上述公式 N0\10 可以取出數字的十位數，如果最後公式運算結果的值可以被 10 整除，表示是一個合法正確的身份證字號。

範例專案：ch14\ 檢查身份證字號

在 Windows 應用程式建立身份證字號檢查程式，只需輸入身份證字號，按下按鈕，可以檢查是否是一個合法正確的身份證字號，其執行結果如下圖所示：

圖 14-1

表單的版面配置

Step 01：請參考「ch14\ 檢查身份證字號」資料夾建立專案，然後拖拉更改表單 Form1 的尺寸爲【320, 150】（也可以更改表單的【Size】屬性值）。

Step 02：新增與編排 2 個 Label、1 個 TextBox 和 1 個 Button 控制項，如下圖所示：

圖 14-2

控制項屬性

Step 03：選取各控制項後，更改各控制項的屬性值，如下表所示：

表 14-3

控制項	Name	Text	AutoSize	BorderStyle
Form1	N/A	檢查身份證字號	N/A	N/A
Label1	N/A	輸入身份證字號：	N/A	N/A
TextBox1	txtID	A123456789	N/A	N/A
Button1	N/A	檢查	N/A	N/A
Label2	lblOutput	< 空白 >	False	FixedSingle

程式碼編輯

Step 04：按二下名爲【檢查】的 Button1 按鈕控制項，可以建立 Button1_Click() 事件處理程序。

```
01: Private Sub Button1_Click(sender As Object,
                   e As EventArgs) Handles Button1.Click
02:     Dim first, j, value As Integer
03:     Dim id As String
04:     id = txtID.Text
05:     ' 宣告英文字母代表的值
06:     Dim NumCodes() As Integer = {10, 11, 12, 13, 14, 15, 16,
07:                          17, 34, 18, 19, 20, 21, 22, 35, 23,
```

```
08:                              24, 25, 26, 27, 28, 29, 30, 41, 42, 33}
09:         ' 取得英文字母的值
10:         first = NumCodes(CInt(Asc(Mid(id, 1, 1))) - 65)
11:         value = ((first \ 10) + first * 9)
12:         For j = 2 To 8 ' 加總
13:              value += CInt(Mid(id, j, 1)) * (10 - j)
14:         Next
15:         value += CInt(Mid(id, 9, 1)) + CInt(Mid(id, 10, 1))
16:         If value Mod 10 <> 0 Then ' 是否能以 10 整除
17:              lblOutput.Text = "身份證字號錯誤：" & id
18:         Else
19:              lblOutput.Text = "身份證字號正確：" & id
20:         End If
21: End Sub
```

程式碼解說

- 第 6~8 行：宣告第 1 個英文字母轉換表的一維陣列。
- 第 10~15 行：在第 10 行使用字串函數將第 1 個字母編碼成數字，第 12~14 行使用 For 迴圈建立身份證字號的檢查公式。
- 第 16~20 行：If 條件檢查身份證字號是否是正確的字號。

隨堂練習

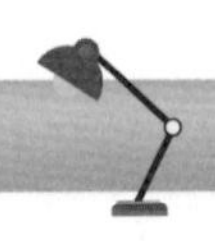

1. 身份證字號的第 1 個字母是英文，接著數字是性別，值 1 代表男；2 是女，請修改程式檢查第 1 個數字，如果值不是 1 或 2，表示它不是合法的身份證字號，例如：A323456783。

14-2 解數學問題

因爲電腦本身就是一台功能強大的計算機，我們可以使用電腦的運算能力，撰寫程式碼來解決數學問題，在本章前筆者已經說明很多數學問題的範例，這一節準備再補充一些常見的數學問題。

14-2-1 質因數分解

一個不為零的整數 A，若能整除另一整數 B，A 稱為 B 的因數，B 稱為 A 的倍數。質數是只能被 1 和其本身整除的數。

找出因數

在輸入一個不為0的整數n後，我們可以使用程式碼找出n的所有因數，其基本步驟為：

建立計數迴圈 i 從 2 至 n 後，使用 If Then 判斷 n 是否可被 i 整除（n Mod i = 0），可以，表示 i 是 n 的因數。

質因數分解

質因數分解是將一個正整數分解成質因數（是質數；也是因數）的乘積，例如：90=2*3*3*5；108=2*2*3*3*3。程式首先找出最小質數 i（即 2），然後使用下列步驟執行整數 n 的質因數分解，如下：

(1) 如果質數 i = n，分解過程結束，輸出 n。
(2) 如果 i <> n，但 n 可被 i 整除，輸出 i 後，執行 n = n / i，以新 n 值跳至步驟 (1) 來重複執行。
(3) 如果 n 不能被 i 整除，就將 i 加 1，即 i = i + 1，使用新 i 值跳至步驟 (1) 來重複執行。

範例專案：ch14-2\ 質因數分解

在 Windows 應用程式建立找出因數和質因數分解的程式，只需輸入一個正整數，按下按鈕，可以找出所有因數和顯示質因數分解的運算式，其執行結果如下圖所示：

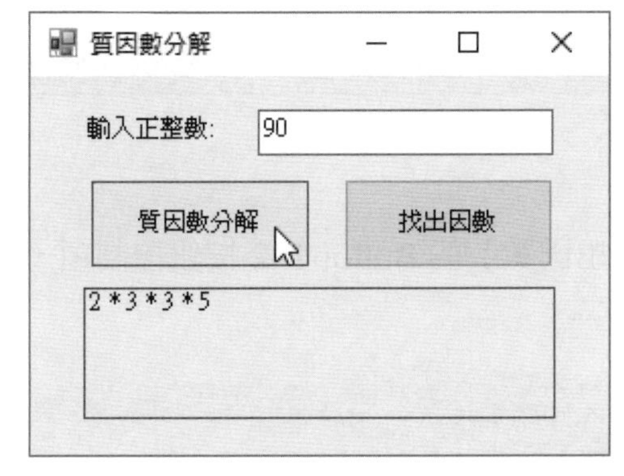

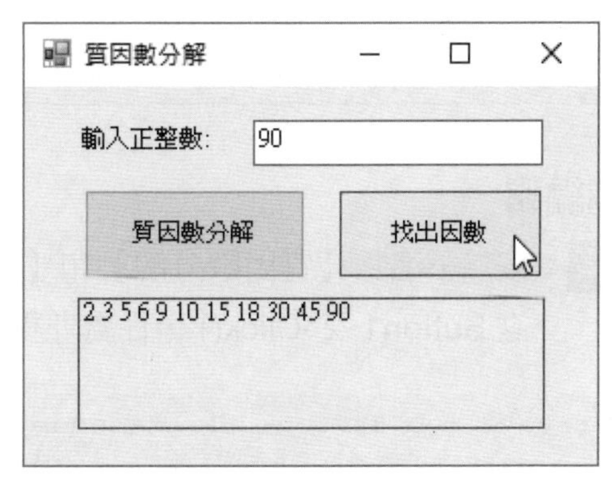

圖 14-3

表單的版面配置

Step 01：請參考「ch14-2\ 質因數分解」資料夾建立專案，然後拖拉更改表單 Form1 的尺寸爲【300, 220】（也可以更改表單的【Size】屬性值）。

Step 02：新增與編排 2 個 Label、1 個 TextBox 和 2 個 Button 控制項，如下圖所示：

圖 14-4

控制項屬性

Step 03：選取各控制項後，更改各控制項的屬性值，如下表所示：

表 14-4

控制項	Name	Text	AutoSize	BorderStyle
Form1	N/A	質因數分解	N/A	N/A
Label1	N/A	輸入正整數：	N/A	N/A
TextBox1	txtN	90	N/A	N/A
Button1	N/A	質因數分解	N/A	N/A
Button2	N/A	找出因數	N/A	N/A
Label2	lblOutput	< 空白 >	False	FixedSingle

程式碼編輯

Step 04：按二下名爲【質因數分解】和【找出因數】的 Button1~2 按鈕控制項，可以建立 Button1~2_Click() 事件處理程序。

```
01: Private Sub Button1_Click(sender As Object,
                  e As EventArgs) Handles Button1.Click
02:     Dim i, n As Integer
03:     Dim s As String = ""
04:     n = CInt(txtN.Text)
```

```
05:     For i = 2 To n
06:         Do While n <> i
07:             If (n Mod i) = 0 Then
08:                 s &= i & " * "
09:                 n = n / i
10:             Else
11:                 Exit Do
12:             End If
13:         Loop
14:     Next
15:     s &= n
16:     lblOutput.Text = s
17: End Sub
18:
19: Private Sub Button2_Click(sender As Object,
                 e As EventArgs) Handles Button2.Click
20:     Dim i, n As Integer
21:     Dim s As String = ""
22:     n = CInt(txtN.Text)
23:     For i = 2 To n
24:         If (n Mod i) = 0 Then
25:             s &= i & " "
26:         End If
27:     Next
28:     lblOutput.Text = s
29: End Sub
```

程式碼的解說

- 第1~17行：Button1_Click()事件處理程序的第5~14行是巢狀迴圈第一層的For迴圈，第6~13行是第二層Do While/Loop迴圈，在第7~12行的If/Else條件判斷是否可以整除，如果可以，顯示i，然後計算n=n/i，繼續因數分解n，否則跳出第二層迴圈。
- 第19~29行：Button2_Click()事件處理程序是使用第23~27行的For迴圈找出所有因數，在第24~26行使用If條件判斷是否可以整除，可以整除就是因數。

14-2-2 平均數、變異數和標準差

數學的平均數、變異數和標準差公式，如下所示：

- 算術平均數：(A1 + A2 + ... + An)/n
- 變異數：[(A1 - v) ^ 2] + (A2 - v) ^ 2 + ... + (An - v) ^ 2]/n，v是算術平均數
- 標準差：變異數 ^ 0.5

範例專案：ch14-2\ 平均數、變異數和標準差

在 Windows 應用程式建立計算平均數、變異數和標準差的程式，只需輸入一序列整數（以逗號分隔），按下按鈕，可以使用公式計算平均數、變異數和標準差，其執行結果如下圖所示：

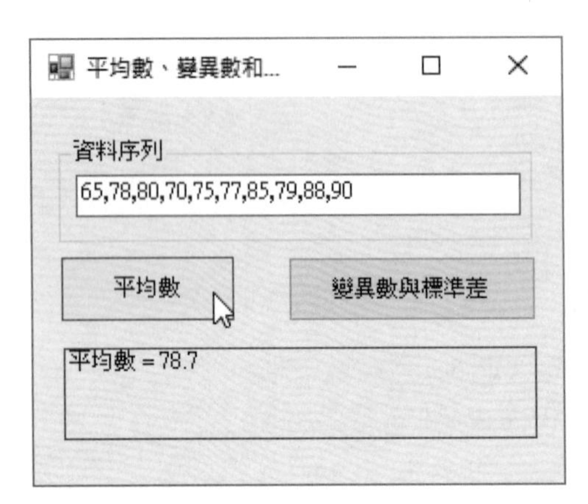

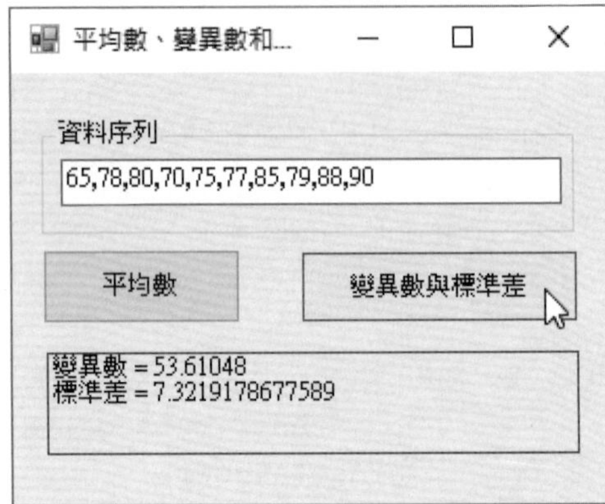

圖 14-5

表單的版面配置

Step 01：請參考「ch14-2\ 平均數、變異數和標準差」資料夾建立專案，然後拖拉更改表單 Form1 的尺寸為【300, 240】（也可以更改表單的【Size】屬性值）。

Step 02：新增與編排 1 個 GroupBox、1 個 Label、1 個 TextBox 和 2 個 Button 控制項，如下圖所示：

圖 14-6

控制項屬性

Step 03：選取各控制項後，更改各控制項的屬性值，如下表所示：

表 14-5

控制項	Name	Text	AutoSize	BorderStyle
Form1	N/A	平均數、變異數和標準差	N/A	N/A
GroupBox1	N/A	資料序列	N/A	N/A
TextBox1	txtList	65,78,80,70,75,77,85,79,88,90	N/A	N/A
Button1	N/A	平均數	N/A	N/A
Button2	N/A	變異數與標準差	N/A	N/A
Label2	lblOutput	< 空白 >	False	FixedSingle

程式碼編輯

Step 04：按二下名為【平均數】和【變異數與標準差】的 Button1~2 按鈕控制項，可以建立 Button1~2_Click() 事件處理程序。

```
01: Private Sub Button1_Click(sender As Object,
                 e As EventArgs) Handles Button1.Click
02:     Dim Data() As String
03:     Dim i, n, sum As Integer
04:     Data = Split(txtList.Text, ",") ' 取得資料陣列
05:     n = UBound(Data) + 1 ' 資料數
06:     sum = 0
07:     For i = 0 To n - 1   ' 計算資料和
08:         sum += CInt(Data(i))
09:     Next
10:     lblOutput.Text = "平均數 = " & sum / n
11: End Sub
12:
13: Private Sub Button2_Click(sender As Object,
                 e As EventArgs) Handles Button2.Click
14:     Dim Data() As String
15:     Dim i, n, sum, total, d As Integer
16:     Dim avg, var As Single
17:     Data = Split(txtList.Text, ",")
18:     n = UBound(Data) + 1 ' 資料數
19:     sum = 0 : total = 0
20:     For i = 0 To n - 1
21:         d = CInt(Data(i))
```

```
22:         sum += d
23:         total += d ^ 2
24:      Next
25:      avg = sum / n                ' 平均數
26:      var = total / n - avg ^ 2    ' 變異數
27:      lblOutput.Text = "變異數 = " & var & vbNewLine &
28:                       "標準差 = " & var ^ 0.5
29: End Sub
```

程式碼解說

- 第 1~11 行：Button1_Click() 事件處理程序是在第 4 行將字串轉換成陣列，第 5 行取得資料數，在第 7~9 行的 For 迴圈計算總和，第 10 行計算平均數。
- 第 13~29 行：Button2_Click() 事件處理程序是在第 17 行將字串轉換成陣列，第 18 行取得資料數，在第 20~24 行的 For 迴圈計算總和與平方和，第 25 行計算平均數，在第 26 行計算變異數，第 28 行是標準差。

14-2-3 解聯立方程式

數學的二元一次聯立方程式，如下所示：

a X + b Y = m
c X + d Y = n

解上述聯立方程式的步驟，首先輸入 a、b、c、d、m 和 n 的係數和值後，可以使用公式判斷是否有解，如下所示：

a * d - c * b 值 =0 無解；<> 0 有解

如果聯立方程式有解，我們可以使用公式計算 X 和 Y 值，如下所示：

X = (b * n - d * m) / (b * c - a * d)
Y = (a * n - c * m) / (a * d - b * c)

範例專案：ch14-2\ 解聯立方程式

在 Windows 應用程式建立解二元一次聯立方程式的程式，只需輸入係數和值，按下按鈕，可以解出聯立方程式的 X 和 Y 值，其執行結果如下圖所示：

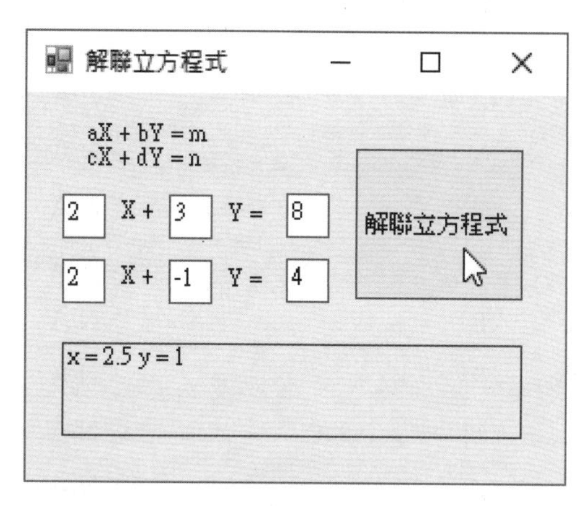

圖 14-7

表單的版面配置

Step 01：請參考「ch14-2\ 解聯立方程式」資料夾建立專案，然後拖拉更改表單 Form1 的尺寸爲【288, 230】（也可以更改表單的【Size】屬性值）。

Step 02：新增與編排 6 個 Label、6 個 TextBox 和 1 個 Button 控制項，如下圖所示：

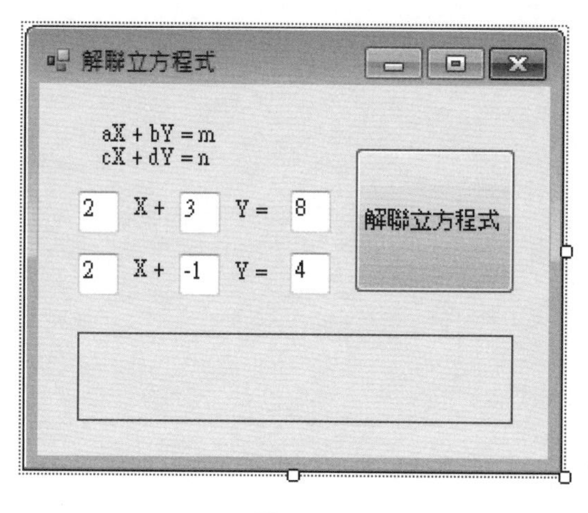

圖 14-8

控制項屬性

Step 03：選取各控制項後，更改各控制項的屬性值，如下表所示：

表 14-6

控制項	Name	Text	AutoSize	BorderStyle
Form1	N/A	解聯立方程式	N/A	N/A
Label1	N/A	aX + bY = m cX + dY = n	N/A	N/A
Label2、5	N/A	X +	N/A	N/A
Label3、4	N/A	Y =	N/A	N/A
TextBox1	txtA	2	N/A	N/A
TextBox2	txtB	3	N/A	N/A
TextBox3	txtM	8	N/A	N/A
TextBox4	txtC	2	N/A	N/A
TextBox5	txtD	-1	N/A	N/A
TextBox6	txtN	4	N/A	N/A
Button1	N/A	解聯立方程式	N/A	N/A
Label2	lblOutput	<空白>	False	FixedSingle

程式碼編輯

Step 04：按二下名為【解聯立方程式】的 Button1 按鈕控制項，可以建立 Button1_Click() 事件處理程序。

```
01: Private Sub Button1_Click(sender As Object,
                 e As EventArgs) Handles Button1.Click
02:     Dim a, b, c, d, m, n, z As Integer
03:     Dim x, y As Double
04:     a = CInt(txtA.Text)
05:     b = CInt(txtB.Text)
06:     m = CInt(txtM.Text)
07:     c = CInt(txtC.Text)
08:     d = CInt(txtD.Text)
09:     n = CInt(txtN.Text)
10:     z = a * d - c * b
11:     If z = 0 Then
12:         lblOutput.Text = "無解..."
13:     Else
14:         x = (b * n - d * m) / (b * c - a * d)
15:         y = (a * n - c * m) / (a * d - b * c)
16:         lblOutput.Text = "x = " & x &
17:                          " y = " & y
18:     End If
19: End Sub
```

程式碼解說

- 第 4~9 行：取得輸入聯立方程式的係數與值。
- 第 10 行：使用公式計算是否有解。
- 第 11~18 行：If/Else 條件判斷是否有解，如果有，在第 14~15 行計算聯立方程式的解。

14-2-4　分數的計算

數學的分數是幾分之幾，例如：1/2、3/4、3/5 等，分數 a/b 和 c/d 的四則運算，如下所示：

- 分數加法：分子 1 乘分母 2 加分子 2 乘分母 1，除以分母 1 乘分母 2，即 (a*d+c*b)/b*d。
- 分數減法：分子 1 乘分母 2 減分子 2 乘分母 1，除以分母 1 乘分母 2，即 (a*d-c*b)/b*d。
- 分數乘法：分子 1 乘分子 2 除以分母 1 乘分母 2，即 (a*c)/(b*d)。
- 分數除法：分子 1 乘分母 2 除以分子 2 乘分母 1，即 (a*d)/(c*b)。

上述分數計算結果需要除以分子和分母的最大公因數來簡化分數。如果分子和分母的最大公因數爲 1，不用處理，否則，請將分子和分母都除以最大公因數來簡化分數。

範例專案：ch14-2\ 分數的計算

在 Windows 應用程式建立分數計算程式，只需輸入 2 個分數的分母和分子，在選擇使用的運算子後，按下按鈕，可以計算 2 個分數的加、減、乘和除，其執行結果如下圖所示：

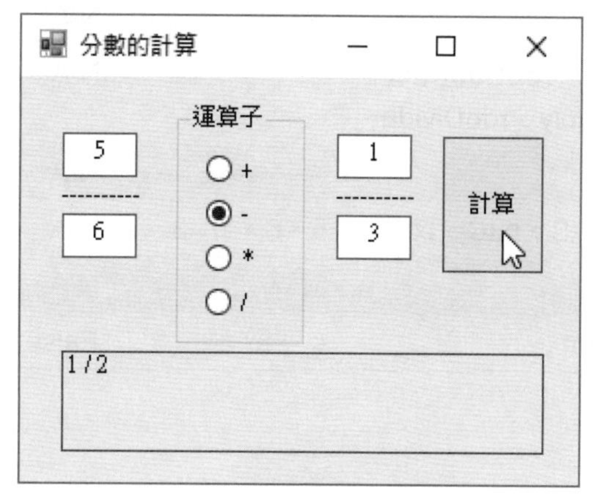

圖 14-9

表單的版面配置

Step 01：請參考「ch14-2\ 分數的計算」資料夾建立專案，然後拖拉更改表單 Form1 的尺寸爲【300, 240】（也可以更改表單的【Size】屬性值）。

Step 02：新增與編排 3 個 Label、1 個 GroupBox、4 個 RadioButton、4 個 TextBox 和 1 個 Button 控制項，如下圖所示：

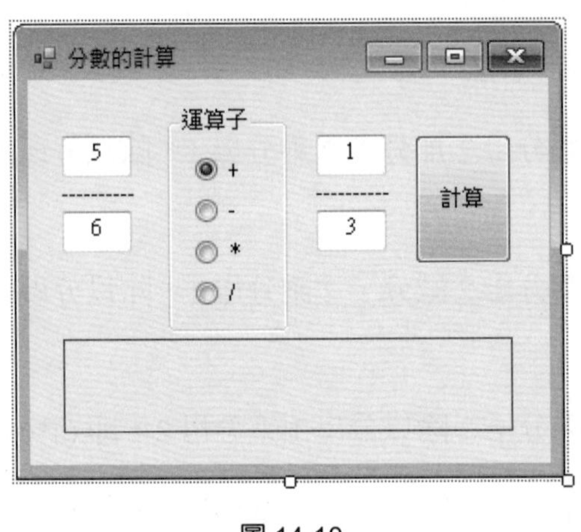

圖 14-10

控制項屬性

Step 03：選取各控制項後，更改各控制項的屬性值，如下表所示：

表 14-7

控制項	Name	Text	AutoSize	BorderStyle
Form1	N/A	分數的計算	N/A	N/A
GroupBox1	N/A	運算子	N/A	N/A
RadioButton1~4	rdbAdd、rdbSubtract、rdbMultiply、rdbDivide	+、-、*、/	N/A	N/A
Label1~2	N/A	----------	N/A	N/A
TextBox1~4	txtA、txtB、txtC、txtD	5、6、1、3	N/A	N/A
Button1	N/A	計算	N/A	N/A
Label3	lblOutput	<空白>	False	FixedSingle

程式碼編輯

Step 04：按二下名爲【計算】的 Button1 按鈕控制項，可以建立 Button1_Click() 事件處理程序，和計算最大公因數的 GCD() 函數。

```
01: Private Sub Button1_Click(sender As Object,
                e As EventArgs) Handles Button1.Click
02:     Dim a, b, c, d, x, y, g As Integer
03:     a = CInt(txtA.Text)    ' 取得分數 a/b
04:     b = CInt(txtB.Text)
05:     c = CInt(txtC.Text)    ' 取得分數 c/d
06:     d = CInt(txtD.Text)
07:     If rdbAdd.Checked Then  ' 分數相加
08:         x = a * d + c * b
09:         y = b * d
10:         g = GCD(x, y)
11:         lblOutput.Text = x / g & " / " & y / g
12:     End If
13:     If rdbSubtract.Checked Then  ' 分數相減
14:         x = a * d - c * b
15:         y = b * d
16:         If x <> 0 Then ' 分子不等於 0
17:             g = GCD(x, y)
18:             lblOutput.Text = x / g & " / " & y / g
19:         Else
20:             lblOutput.Text = 0
21:         End If
22:     End If
23:     If rdbMultiply.Checked Then  ' 分數相乘
24:         x = a * c
25:         y = b * d
26:         g = GCD(x, y)
27:         lblOutput.Text = x / g & " / " & y / g
28:     End If
29:     If rdbDivide.Checked Then  ' 分數相除
30:         x = a * d
31:         y = c * b
32:         g = GCD(x, y)
33:         lblOutput.Text = x / g & " / " & y / g
34:     End If
35: End Sub
36: ' 計算最大公因數
37: Function GCD(m As Integer, n As Integer) As Integer
38:     Dim t, r As Integer
39:     r = m
40:     t = m * n
41:     ' 使用輾轉相除法
```

```
42:     Do While m Mod n <> 0
43:         r = m Mod n
44:         m = n
45:         n = r
46:     Loop
47:     Return r
48: End Function
```

程式碼解說

- 第 1~35 行：Button1_Click() 事件處理程序是在第 3~6 行取得 2 個分數的分子和分母，第 7~34 行使用 4 個 If 條件處理 4 個 RadioButton 控制項的加、減、乘和除的分數計算，和使用分子和分母的最大公因數來簡化分數。
- 第 37~48 行：GCD() 函數是使用輾轉相除法找出最大公因數。

14-3 換零錢機

換零錢機是一個換零錢的工具程式，使用者可以勾選欲兌換的硬幣種類，在輸入金額後，可以顯示各種硬幣的兌換數量，其作法是儘可能兌換成最大額的硬幣，接著是次大額的硬幣，直到 1 元硬幣爲止，換句話說，我們建立的是一台兌換硬幣數量最少的換零錢機。

範例專案：ch14\ 換零錢機

在 Windows 應用程式建立換零錢的工具程式，只需輸入金額和選擇想兌換的硬幣種類，例如：50、20、10、5 和 1 元硬幣，可以自動計算出可兌換成幾個 50 硬幣或幾個 20 元硬幣等。

因爲硬幣有 5 種，所以程式最多執行 5 次迴圈計算各種硬幣的兌換量，而且，不見得能兌換所有種類的硬幣，所以在兌換金額爲 0 時跳出迴圈中止執行，迴圈最多執行 5 次，其執行結果如下圖所示：

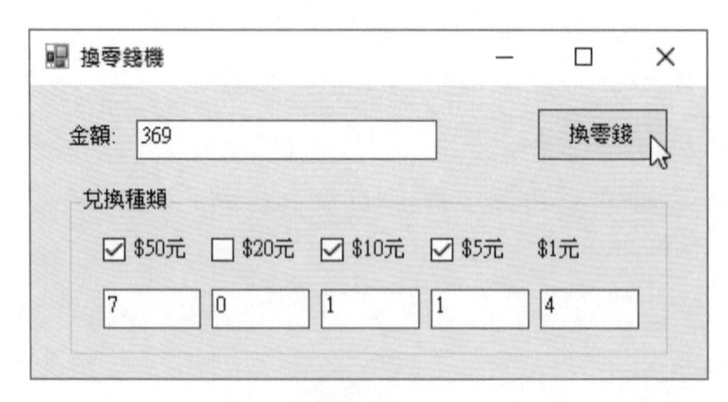

圖 14-11

在上方欄位輸入兌換金額，和勾選需要兌換的硬幣種類後，按【換零錢】鈕，可以在下方顯示各種硬幣的兌換數量。

表單的版面配置

Step 01：請參考「ch14\ 換零錢機」資料夾建立專案，然後拖拉更改表單 Form1 的尺寸為【400, 200】（也可以更改表單的【Size】屬性值）。

Step 02：新增與編排 2 個 Label、6 個 TextBox、1 個 GroupBox、4 個 CheckBox 和 1 個 Button 控制項，如下圖所示：

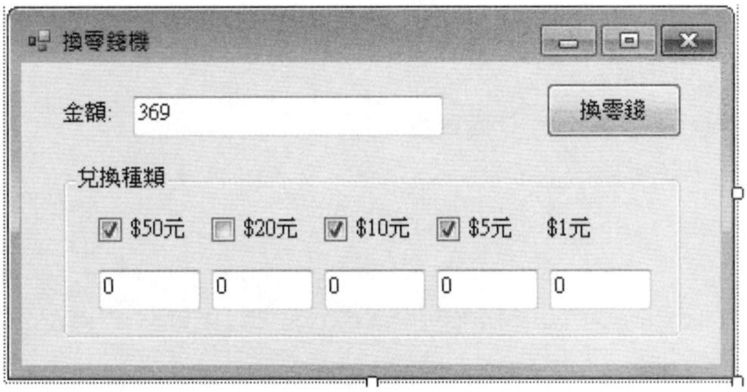

圖 14-12

在上述表單左上方是名為 txtAmount 文字方塊輸入兌換金額，右上方 Button1 按鈕控制項執行兌換，在下方是群組方塊控制項，內含 4 個 CheckBox、1 個 Label 和 5 個 TextBox 控制項。

控制項屬性

Step 03：在群組方塊控制項中選取各控制項後，更改各控制項的屬性值，如下表所示：

表 14-8

控制項	Name 屬性	Text 屬性
CheckBox1	chk50	$50 元
CheckBox2	chk20	$20 元
CheckBox3	chk10	$10 元
CheckBox4	chk5	$5 元
Label2	N/A	$1 元
TextBox1	txt50	0
TextBox2	txt20	0
TextBox3	txt10	0
TextBox4	txt5	0
TextBox5	txt1	0

程式碼編輯

Step 04：按二下名為【換零錢】的 Button1 按鈕控制項，可以建立 Button1_Click() 事件處理程序。

```
01: Private Sub Button1_Click(sender As Object,
                  e As EventArgs) Handles Button1.Click
02:     Dim c, amount, change, coins As Integer
03:     Dim doit As Boolean  ' 是否兌換此錢幣
04:     amount = CInt(txtAmount.Text)  ' 取得金額
05:     ' 清除文字方塊控制項
06:     txt50.Text = "0" : txt20.Text = "0"
07:     txt10.Text = "0" : txt5.Text = "0"
08:     txt1.Text = "0"
09:     For c = 1 To 5     ' 兌換迴圈
10:         doit = False
11:         Select Case c ' 是否選此錢幣
12:             Case 1 : If chk50.Checked Then doit = True
13:             Case 2 : If chk20.Checked Then doit = True
14:             Case 3 : If chk10.Checked Then doit = True
15:             Case 4 : If chk5.Checked Then doit = True
16:             Case 5 : doit = True
17:         End Select
18:         If doit Then
19:             ' 取得零錢的金額
20:             Select Case c
21:                 Case 1 : change = 50
22:                 Case 2 : change = 20
23:                 Case 3 : change = 10
24:                 Case 4 : change = 5
25:                 Case 5 : change = 1
26:             End Select
27:             If c = 5 Then
28:                 coins = amount  ' 1元
29:             Else
30:                 coins = 0       ' 不是1元
31:                 ' 計算錢幣數
32:                 Do While amount - change >= 0
33:                     coins += 1
34:                     amount = amount - change
35:                 Loop
36:             End If
37:             ' 顯示兌換錢幣數
38:             Select Case c
```

```
39:                 Case 1 : txt50.Text = coins
40:                 Case 2 : txt20.Text = coins
41:                 Case 3 : txt10.Text = coins
42:                 Case 4 : txt5.Text = coins
43:                 Case 5 : txt1.Text = coins
44:             End Select
45:         End If
46:         ' 檢查是否已經兌完
47:         If amount <= 0 Then
48:             Exit For   ' 離開 For 迴圈
49:         End If
50:     Next c
51: End Sub
```

程式碼解說

- 第 6~8 行：清除 5 個文字方塊控制項的值爲"0"。
- 第 9~50 行：For 迴圈是巢狀迴圈的外層迴圈，可以執行硬幣兌換，總共執行 5 次，依序計算兌換多少個 50、20、10、5 和 1 元硬幣（如果有勾選的話）。
- 第 11~17 行：使用 Select Case 條件判斷使用者是否勾選核取方塊，即判斷是否有勾選目前兌換種類的硬幣，有，執行第 18~45 行的 If 條件判斷。
- 第 20~26 行：使用 Select Case 條件判斷取得硬幣的面額。
- 第 27~36 行：If/Else 條件判斷是否是兌換最後一次迴圈的 1 元硬幣，因爲如果是 1 元就不需計算；如果不是，在第 32~35 行使用 Do While/Loop 迴圈計算最大可能的兌換數量。
- 第 38~44 行：使用 Select Case 條件判斷更新對應文字方塊控制項的 Text 屬性值，即兌換數量。
- 第 47~49 行：If 條件判斷是否已經兌換完畢，如果已經兌換完畢，就使用 Exit For 跳出迴圈。

隨堂練習

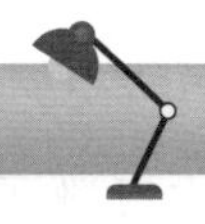

1. 金額 100 元，硬幣有 50 元、10 元和 5 元三種，請寫 VB 程式列出可能的兌換組合，例如：1 個 50 元、3 個 10 元和 4 個 5 元（提示：巢狀迴圈）？
2. 雞有 2 隻腳；兔子是 4 隻腳，如果現在有 88 隻腳，請寫 VB 程式列出可能的雞兔組合，例如：17 兔隻和 10 隻雞？

14-4 本息攤還程式

房屋貸款或車貸都是使用本息攤還方式來計算每月所需的還款金額，我們每一月攤還的金額都相同，其中除利息外，還需攤還部分本金。每月攤付本息的公式，如下所示：

Payment = Principal * MInterest / (1- (1 + MInterest) ^ (-Months))

上述公式的 Payment 是每月攤還貸款的金額，Principal 是貸款金額，Minterest 是月利率，Months 是以月份爲單位的貸款期。

範例專案：ch14\ 本息攤還程式

在 Windows 應用程式建立本息攤還程式，使用巢狀迴圈配合上述公式計算當不同期數和利率時，每月所需攤還的本息金額，其執行結果如下圖所示：

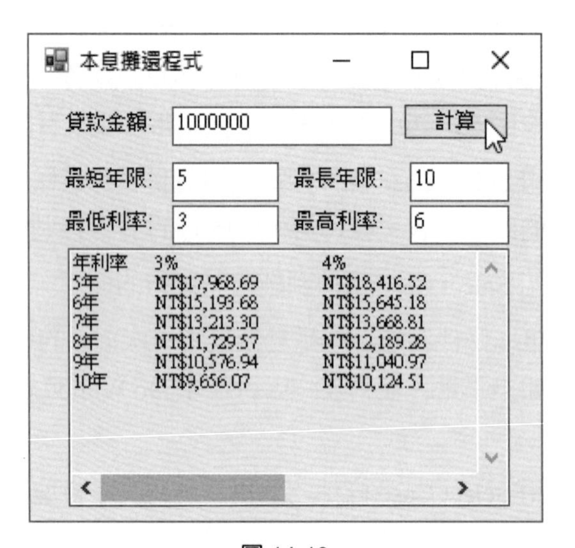

圖 14-13

請輸入貸款金額、年限和利率範圍，按【計算】鈕，可以在下方唯讀多行文字方塊顯示不同利率和年限的每月還款金額。

表單的版面配置

Step 01：請參考「ch14\ 本息攤還程式」資料夾建立專案，然後拖拉更改表單 Form1 的尺寸爲【310, 280】（也可以更改表單的【Size】屬性値）。

Step 02：新增與編排 5 個 Label、6 個 TextBox 和 1 個 Button 控制項，如下圖所示：

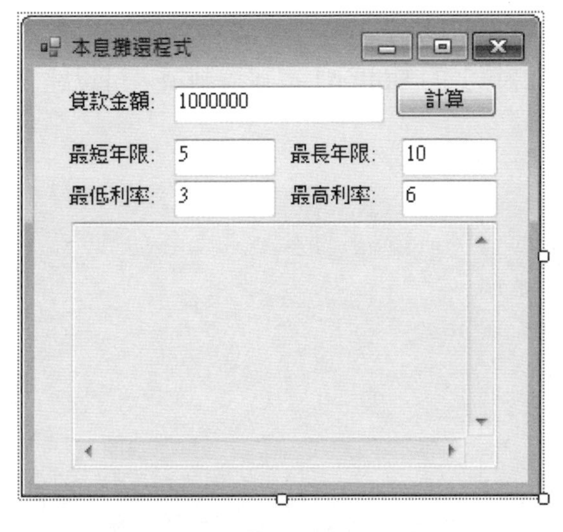

圖 14-14

控制項屬性

Step 03：選取上方各控制項後，更改各控制項的屬性值，如下表所示：

表 14-9

控制項	Name 屬性	Text 屬性
Label1	N/A	貸款金額：
TextBox1	txtPrincipal	1000000
Label2	N/A	最短年限：
TextBox2	txtShortYears	5
Label3	N/A	最長年限：
TextBox3	txtLongYears	10
Label4	N/A	最低利率：
TextBox4	txtLowInterest	3
Label5	N/A	最高利率：
TextBox5	txtHighInterest	6
Button1	N/A	計算

Step 04：選最下方 TextBox 控制項來更改屬性值，如下表所示：

表 14-10

控制項	Name	Multiline	Size	ScrollBars	ReadOnly
TextBox6	txtOutput	True	254, 144	Both	True

程式碼編輯

Step 05：按二下名為【計算】的 Button1 按鈕控制項，可以建立 Button1_Click() 事件處理程序。

```
01: Private Sub Button1_Click(sender As Object,
                  e As EventArgs) Handles Button1.Click
02:     Dim y As Integer
03:     Dim pl, pm As Double
04:     Dim sy, ey As Integer
05:     Dim hi, li, i, mi As Double
06:     pl = CInt(txtPrincipal.Text)      ' 貸款金額
07:     sy = CInt(txtShortYears.Text)     ' 最短年限
08:     ey = CInt(txtLongYears.Text)      ' 最長年限
09:     hi = CInt(txtHighInterest.Text)   ' 最高年利率
10:     li = CInt(txtLowInterest.Text)    ' 最低年利率
11:     txtOutput.Text = "年利率" & vbTab
12:     ' 使用 For 迴圈顯示第 1 列標題列
13:     For i = li To hi
14:         txtOutput.Text &= i & "%" & vbTab & vbTab
15:     Next i
16:     txtOutput.Text &= vbNewLine
17:     ' 第一層 For 迴圈
18:     For y = sy To ey
19:         txtOutput.Text &= y & "年" & vbTab
20:         ' 第二層 Do/Loop 迴圈
21:         i = li    ' 指定年利率初值
22:         Do
23:             mi = i / 100.0 / 12 ' 計算月利率
24:             ' 計算每月攤還本息
25:             pm = pl * mi / (1 - (1 + mi) ^ (-(y * 12)))
26:             txtOutput.Text &= pm.ToString("C") & vbTab
27:             i += 1
28:         Loop Until i > hi
29:         txtOutput.Text &= vbNewLine
30:     Next y
31: End Sub
```

程式碼解說

- 第 6~10 行：取得輸入的本金、利率與年限。
- 第 13~15 行：使用 For 迴圈顯示表格的標題列。

- 第 18~30 行：巢狀迴圈的外層 For 迴圈。
- 第 22~28 行：Do/Loop Until 迴圈是內層迴圈，在第 25 行是計算公式，第 26 行使用 ToString() 方法顯示貨幣格式的金額。

隨堂練習

1. 請使用本節公式建立一個計算本息平均攤還法的試算程式，在輸入貸款本金、年數和利率，計算出每月攤還本息金額後，顯示每一期的利息和本金分別是多少，例如：5 年是 60 期，相關公式如下所示：

   利息 = 本金餘額 X 月利率
   本金 = 每月攤還本息金額 - 利息
   本金餘額 = 貸款金額 - 每月攤還本金

14-5 井字遊戲

井字遊戲是一個大家都一定玩過的小遊戲，在本節範例是使用 9 個按鈕控制項建立遊戲介面，使用二維陣列儲存哪一個位置是「O」或「X」，其對應的陣列元素值分別為 0 和 1。

範例程式是使用二維陣列儲存遊戲過程，而且陣列元素的初值都設為 -3，如此，我們只需計算二維陣列的哪一列、哪一欄或 2 個對角線的和是 0（每一個「O」對應的元素值是 0，3 個 0 的和是 0）或 3（每一個「X」對應的元素值是 1，3 個 1 的和是 3），就表示遊戲結束，如下所示：

```
For i As Integer = 0 To 2
   total = 0 : total1 = 0
   For j As Integer = 0 To 2
      total += board(i, j)
      total1 += board(j, i)
   Next j
……
Next i
```

上述巢狀迴圈走訪整個二維陣列計算 total 的每一列和，和 total1 的每一欄和，然後使用 If 條件判斷和是否是 0 或 3，就知道遊戲是否結束，如果和是 0，表示「O」贏；3 表示「X」贏。

在 2 個對角線部分是直接使用運算式計算元素和，如下所示：

```
total = board(0, 0) + board(1, 1) + board(2, 2)
total1 = board(2, 0) + board(1, 1) + board(0, 2)
```

範例專案：ch14\ 井字遊戲

在 Windows 應用程式建立井字遊戲，遊戲介面共有 9 個按鈕，按下按鈕，可以在 Button 控制項顯示「O」或「X」，如果有任何一欄、一列和對角線是相同的「O」或「X」，表示贏了且遊戲結束，其執行結果如下圖所示：

圖 14-15

表單的版面配置

Step 01：請參考「ch14\ 井字遊戲」資料夾建立專案，然後拖拉更改表單 Form1 的尺寸爲【280, 290】（也可以更改表單的【Size】屬性值）。

Step 02：新增與編排 9 個 Button 控制項，如下圖所示：

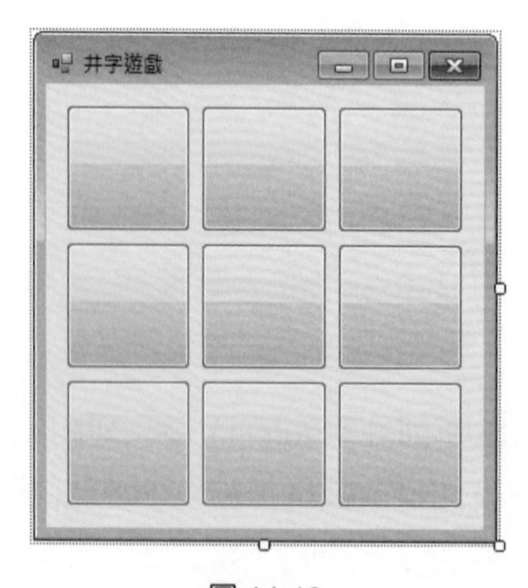

圖 14-16

控制項屬性

Step 03：選取 Button1~9 控制項後，更改每一個控制項 Font 屬性下的 Size 屬性值爲【20】放大字型，並且清除 Text 屬性值成爲空白。

程式碼編輯

Step 04：按二下每一個 Button 按鈕控制項，可以建立 Button1~9_Click() 事件處理程序，並且新增 Form1_Load() 事件處理程序和 checkwin() 函數。

```
001: Dim turn As Boolean = True
002: Dim board(2, 2) As Integer
003:
004: Private Sub Form1_Load(sender As Object,
                 e As EventArgs) Handles MyBase.Load
005:     ' 初始陣列元素值爲 -3
006:     For i As Integer = 0 To 2
007:         For j As Integer = 0 To 2
008:             board(i, j) = -3
009:         Next j
010:     Next i
011: End Sub
012:
013: Function checkwin()
014:     Dim total, total1 As Integer
015:     ' 檢查每一列和每一欄
016:     For i As Integer = 0 To 2
017:         total = 0 : total1 = 0
018:         For j As Integer = 0 To 2
019:             total += board(i, j) ' 每一列
020:             total1 += board(j, i) ' 每一欄
021:         Next j
022:         If total = 0 Or total1 = 0 Then
023:             MsgBox(" 遊戲結束！○贏 ")
024:             Return True
025:         End If
026:         If total = 3 Or total1 = 3 Then
027:             MsgBox(" 遊戲結束！×贏 ")
028:             Return True
029:         End If
030:     Next i
031:     ' 檢查對角線
```

```
032:     total = board(0, 0) + board(1, 1) + board(2, 2)
033:     total1 = board(2, 0) + board(1, 1) + board(0, 2)
034:     If total = 0 Or total1 = 0 Then
035:         MsgBox("遊戲結束！○贏")
036:         Return True
037:     End If
038:     If total = 3 Or total1 = 3 Then
039:         MsgBox("遊戲結束！×贏")
040:         Return True
041:     End If
042:     Return False
043: End Function
044:
045: Private Sub Button1_Click(sender As Object,
                  e As EventArgs) Handles Button1.Click
046:     If turn Then
047:         Button1.Text = "○"
048:         board(0, 0) = 0
049:     Else
050:         Button1.Text = "×"
051:         board(0, 0) = 1
052:     End If
053:     turn = Not turn
054:     checkwin()  ' 檢查是否有贏家
055: End Sub
…
141: Private Sub Button9_Click(sender As Object,
                  e As EventArgs) Handles Button9.Click
142:     If turn Then
143:         Button9.Text = "○"
144:         board(2, 2) = 0
145:     Else
146:         Button9.Text = "×"
147:         board(2, 2) = 1
148:     End If
149:     turn = Not turn
150:     checkwin()  ' 檢查是否有贏家
151: End Sub
```

程式碼解說

- 第 1~2 行：宣告全域變數 turn 判斷是輪到「O」或「X」，二維陣列儲存井字遊戲各位置是「O」或「X」。
- 第 4~11 行：Form1 的 Load 事件處理程序指定二維陣列的元素初值都是 -3。
- 第 13~43 行：checkwin() 函數判斷遊戲是否結束，在第 16~30 行是 For 巢狀迴圈，第 18~21 行的內層迴圈計算每一列和欄的和，在第 22~29 行的 2 個 If 條件判斷是「O」贏，或「X」贏。
- 第 45~151 行：Button1~9_Click() 事件處理程序的程式碼都很相似，使用 If/Else 條件判斷全域變數 turn 決定輪到誰，以便在 Button 控制項顯示「O」或「X」，和指定二維陣列指定位置元素的值，「O」是 0；「X」是 1。Button 控制項對應的二維陣列位置，如下圖所示：

	0	1	2
0	Button1	Button2	Button3
1	Button4	Button5	Button6
2	Button7	Button8	Button9

圖 14-17

NOTE

Chapter

A

VisualBasic

使用 fChart 流程圖直譯器繪製流程圖

本章綱要

A-1 啓動與結束 fChart 程式語言教學工具

在本書提供的 fChart 程式語言教學工具分成兩大工具，第 1 個是流程圖直譯器；第 2 個是程式碼編輯器的整合開發環境。fChart 流程圖直譯器不只可以編輯繪製流程圖；還可以使用動畫來完整顯示流程圖的執行過程和結果，輕鬆驗證演算法是否可行和訓練讀者的程式邏輯。

fChart 程式語言教學工具是一套綠化版，並沒有安裝程式，我們可以直接在 Windows 作業系統上執行此教學工具。

安裝 fChart 程式語言教學工具

fChart 程式語言教學工具並不需要安裝，只需將相關程式檔案複製至資料夾，例如：「\FlowChart4.55v4」，在資料夾下主要執行檔的說明，如下所示：

- RunfChart.exe：以系統管理員身份啓動 fChartfChart 流程圖直譯器。
- FlowProgramming_Edit.exe：fChart 流程圖直譯器的執行檔。
- fChartCodeEditor.exe：fChart 程式碼編輯器的執行檔。

啓動 fChart 流程圖直譯器

在複製 fChart 程式語言教學工具的相關檔案至指定資料夾後，就可以在 Windows 作業系統執行 fChart 流程圖直譯器（我們可以在此工具啓動 fChart 程式碼編輯器），其步驟如下所示：

Step 01：請開啓 fChart 程式語言教學工具解壓縮後所在的「\FlowChart4.55v4」資料夾。

Step 02：執行【RunfChart.exe】後，在「使用者控制」視窗按【是】鈕啓動 fChart 流程圖直譯器。

請注意！如果使用【FlowProgramming_Edit.exe】，因為檔案權限問題，請在檔名上執行滑鼠【右】鍵快顯功能表的【以系統管理員身份執行】指令，使用系統管理員身份來啟動。

Step 03：在成功啓動 fChart 流程圖直譯器後，就可以進入主要使用介面。

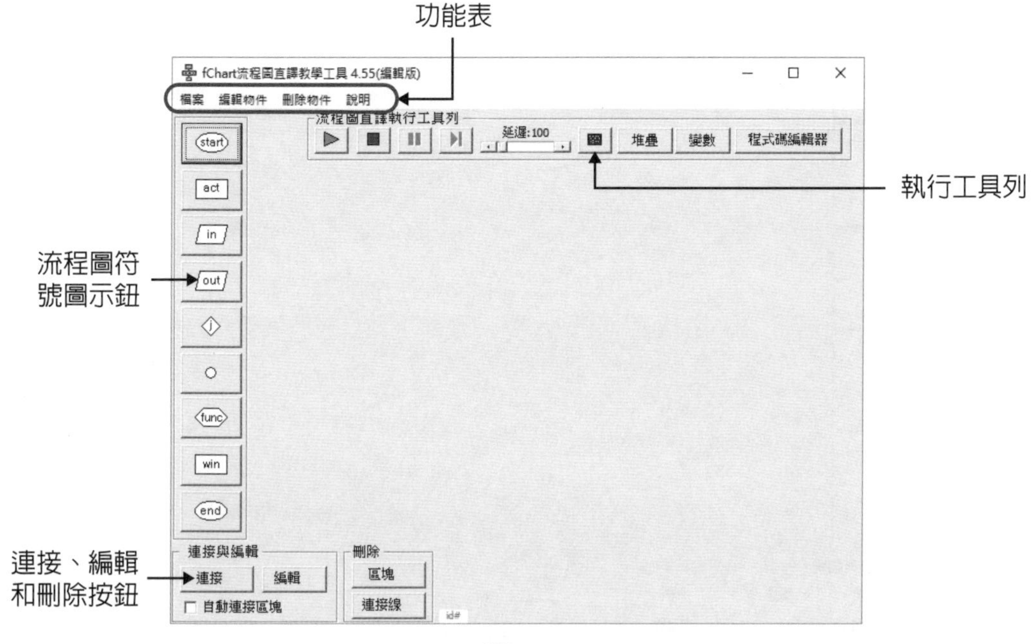

圖 A-1

上述圖例是 fChart 流程圖直譯器的使用介面，位在上方是功能表；功能表下方是執行工具列，可以執行我們繪出的流程圖，左邊是建立流程圖符號圖示的按鈕工具列，在下方是連接、編輯和刪除圖示符號的按鈕，位中間的區域就是流程圖的編輯區域。

結束 fChart 流程圖直譯器

結束 fChart 流程圖直譯器請執行「檔案 > 結束」命令，或按視窗右上角【X】鈕關閉流程圖直譯器。

A-2 建立第一個 fChart 流程圖

在啓動 fChart 流程圖直譯器後，我們可以馬上開始繪製第一個流程圖，fChart 流程圖直譯器提供相當容易的使用介面來繪製流程圖。

啓動與建立第一個 fChart 流程圖

我們準備建立第 1 個 fChart 流程圖來顯示一段文字內容，即傳統程式語言最常見的 Hello World 程式，其步驟如下所示：

Step 01：請啓動 fChart 流程圖直譯器，執行「檔案 > 新增流程圖專案」命令，可以看到新增的流程圖專案，預設新增開始和結束 2 個符號。

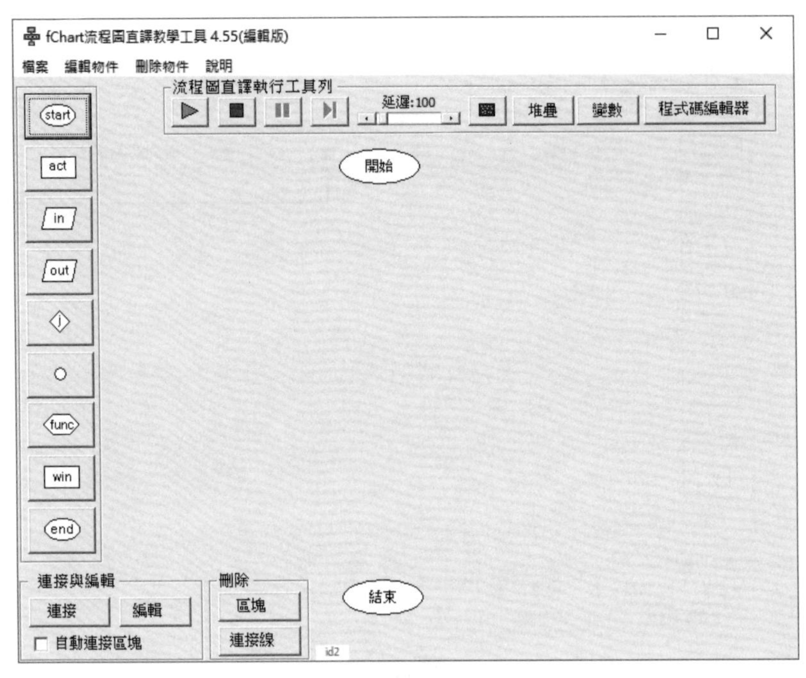

圖 A-2

Step 02：在左邊工具列選第 4 個輸出符號後，拖拉至插入位置，點選一下，可以開啓「輸出」對話方塊。

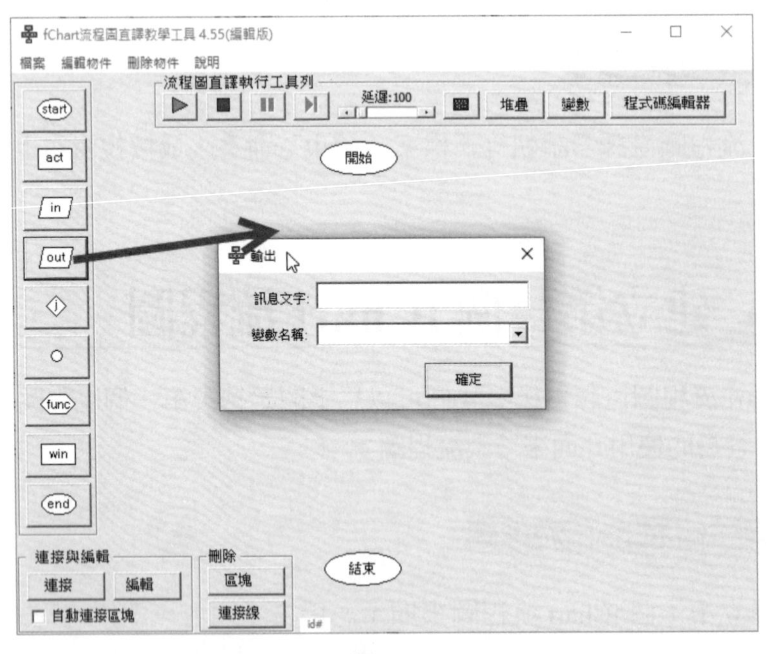

圖 A-3

Step 03：在【訊息文字】欄輸入欲輸出的文字內容【我的第 1 個流程圖程式】，如果有輸出變數值，請在下方【變數名稱】欄位輸入或選擇，按【確定】鈕，可以看到新增的輸出符號。

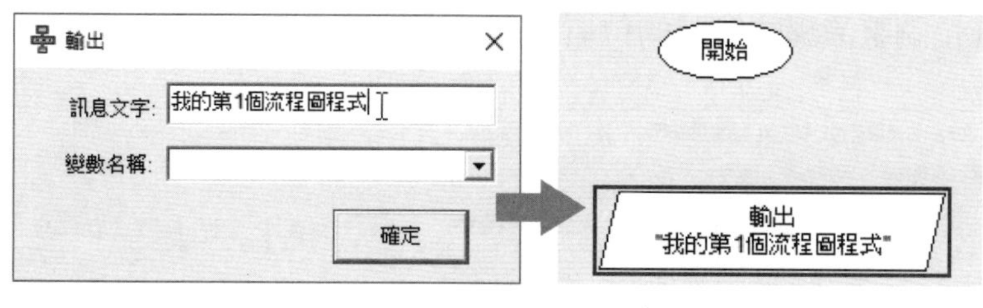

圖 A-4

Step 04：接著連接流程圖符號，請先按一下開始符號，然後是輸出符號，在沒有符號區域，執行滑鼠【右】鍵快顯功能表的【連接區塊】命令，可以建立開始至輸出符號之間的連接線，紅色箭頭是執行方向。

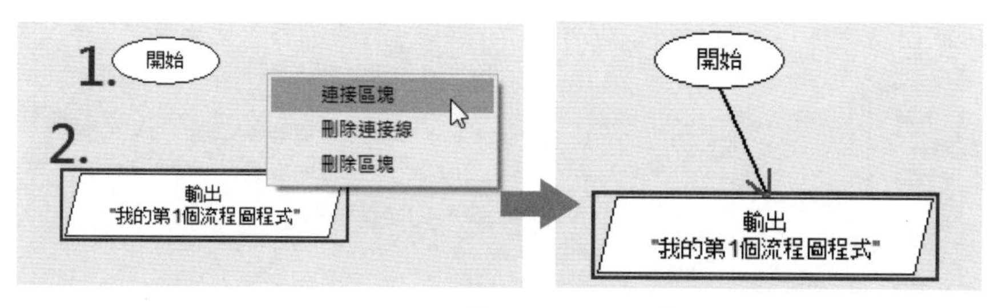

圖 A-5

Step 05：然後按一下輸出符號，再按一下結束符號，在沒有符號區域，執行滑鼠【右】鍵快顯功能表的【連接區塊】命令，新增輸出至結束符號之間的連接線，紅色箭頭是執行方向。

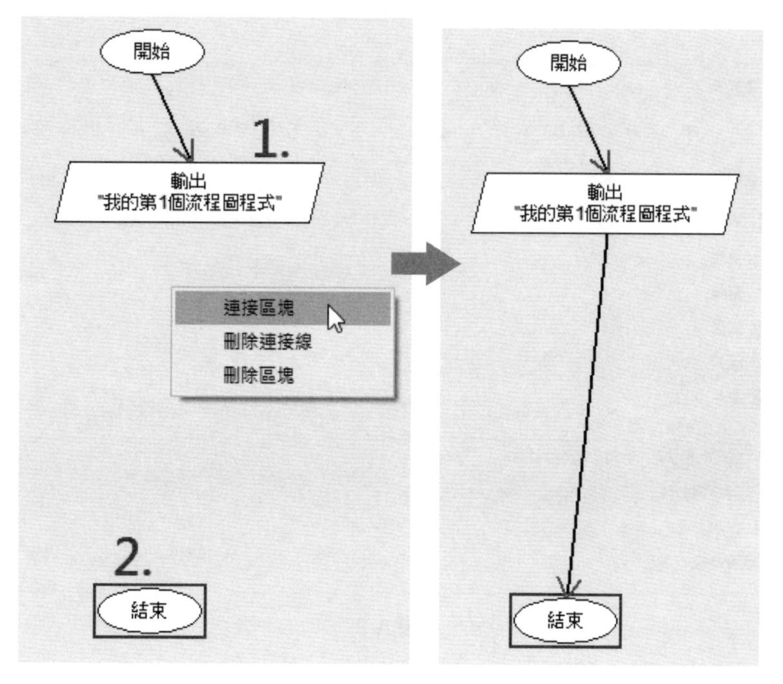

圖 A-6

Step 06：在拖拉調整流程圖符號的位置，即可完成流程圖的繪製。

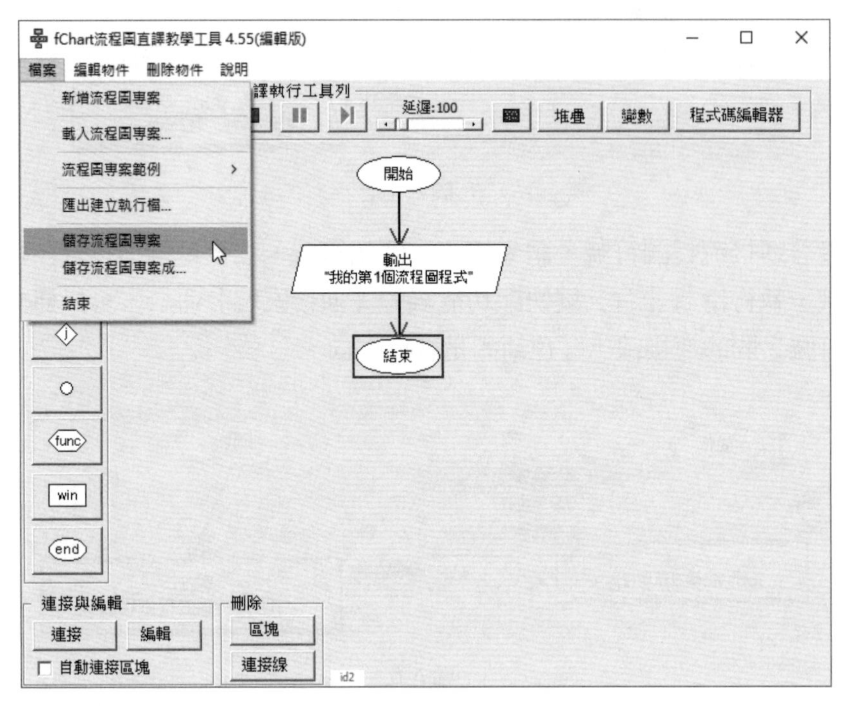

圖 A-7

Step 07：請執行「檔案 > 儲存流程圖專案」命令儲存流程圖專案，可以看到「另存新檔」對話方塊，請切換路徑至「\vb\appa」和輸入檔案名稱【firstprogram.fpp】後，按【存檔】鈕儲存流程圖專案，副檔名是 .fpp。

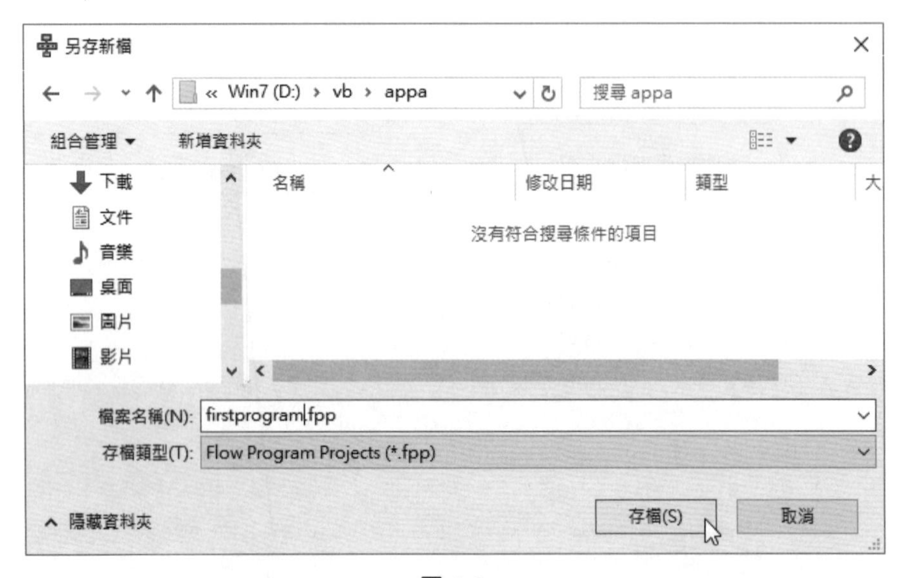

圖 A-8

A-3 開啓與編輯流程圖專案

對於已經建立的 fChart 流程圖專案，我們可以重新開啓來編輯專案的流程圖。

開啓存在的 fChart 專案

對於書附光碟的 fChart 流程圖專案，請執行「檔案 > 載入流程圖專案」命令，在「開啓」對話方塊載入流程圖專案，如下圖所示：

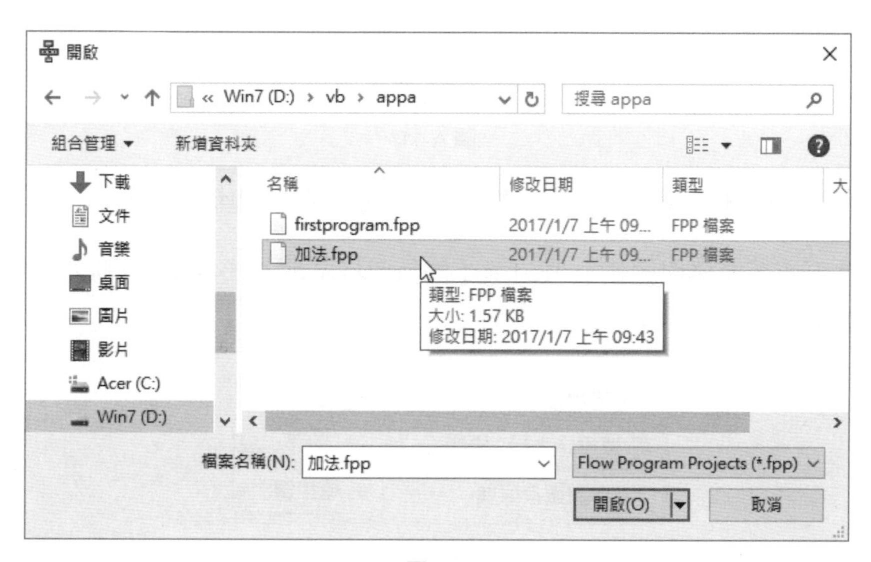

圖 A-9

編輯流程圖符號

在流程圖編輯區域建立的流程圖符號，我們只需按二下符號圖示，就可以開啓符號的編輯對話方塊，重新編輯流程圖符號，如下圖所示：

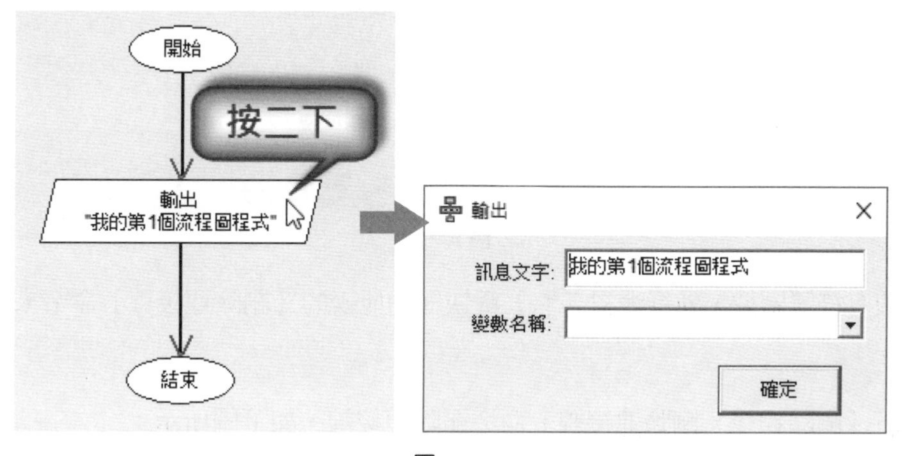

圖 A-10

連接兩個流程圖符號

在 fChart 流程圖直譯器新增連接 2 個流程圖符號之間的箭頭連接線，請在欲連接的 2 個符號各點選一下（順序是先點選開始符號，然後是結束符號）後，然後有二種方式來建立 2 個符號之間的連接線，紅色箭頭是執行方向，如下所示：

- 請按左下方「連接與編輯」框的【連接】鈕來建立，如下圖所示：

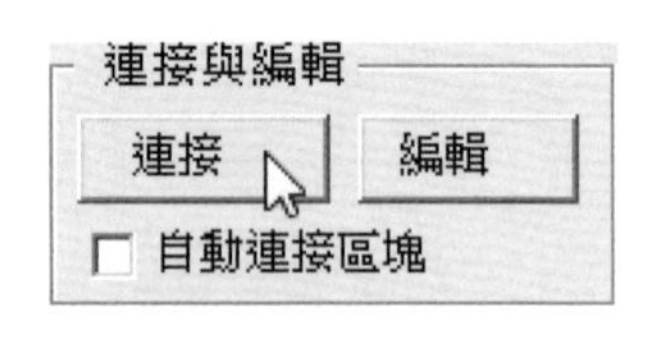

圖 A-11

- 在沒有符號區域，執行滑鼠【右】鍵快顯功能表的【連接區塊】命令來建立。

如果在左下方「連接與編輯」框勾選【自動連接區塊】，在新增符號圖示後，就會自動建立符號圖示之間的連接線，如下圖所示：

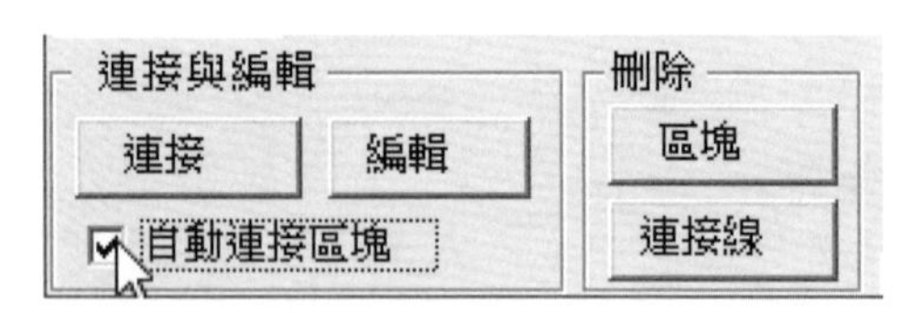

圖 A-12

刪除符號之間的連接線

刪除連接線請分別點選一下連接線兩端的流程圖符號（順序沒有關係），我們共有三種方式來刪除連接線，如下所示：

- 按左下方「刪除」框的【連接線】鈕刪除之間的連接線。

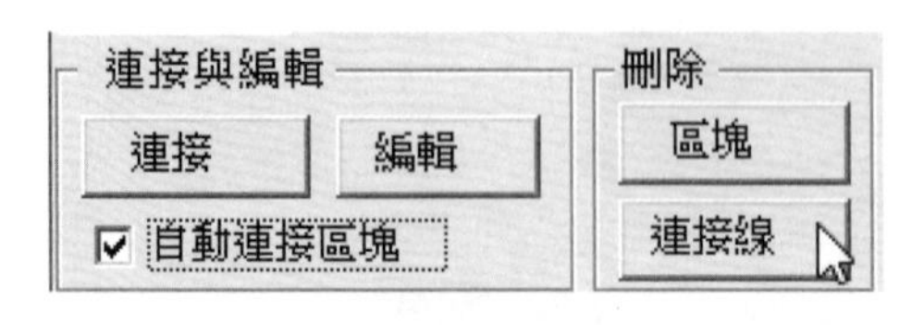

圖 A-13

- 在沒有符號區域，執行滑鼠【右】鍵快顯功能表的【刪除連接線】命令來刪除連接線。

- 執行「刪除物件 > 刪除連接線」命令刪除連接線，如下圖所示：

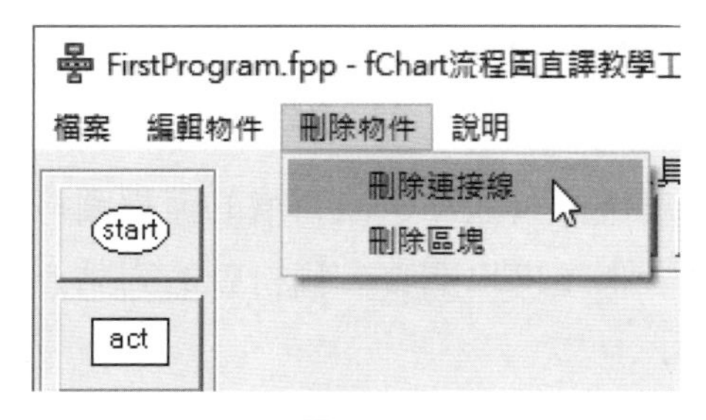

圖 A-14

刪除流程圖符號

當流程圖符號已經沒有任何連接線時，我們才可以刪除流程圖符號，請點選一下欲刪除符號後，共有三種方式刪除流程圖符號，如下所示：

- 按左下方「刪除」框的【區塊】鈕刪除流程圖符號。
- 在沒有符號區域，執行滑鼠【右】鍵快顯功能表的【刪除區塊】命令。
- 執行「刪除物件 > 刪除區塊」命令。

流程圖專案範例

在「檔案 > 流程圖專案範例」功能表的子選單提供多個內建流程圖專案的範例，如下圖所示：

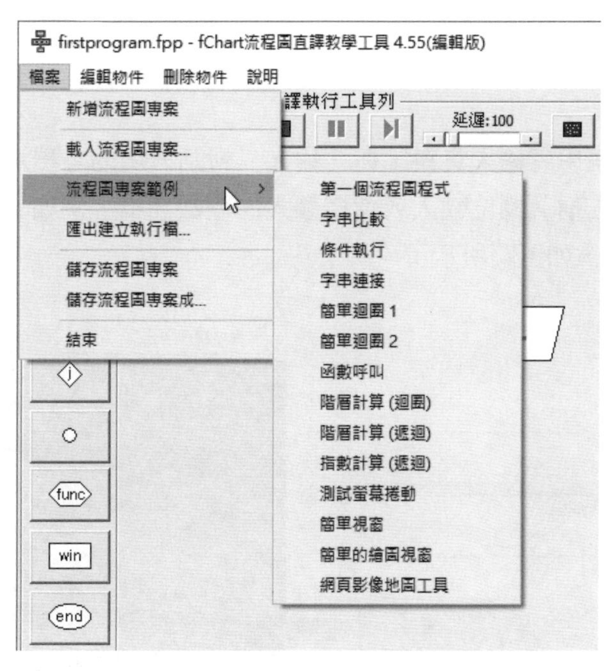

圖 A-15

請直接執行選項命令，可以馬上載入範例的 fChart 流程圖專案。

A-4 流程圖符號的對話方塊

在 fChart 流程圖直譯器左邊工具列點選欲新增的流程圖符號，然後移動符號圖示至編輯區域的欲插入位置，點選一下，可以開啓編輯符號的對話方塊來編輯符號內容，各種符號對話方塊的說明，如下所示：

輸出符號

輸出符號是用來顯示程式的執行結果，請在「輸出」對話方塊的【訊息文字】欄輸入欲輸出的文字內容，在下方【變數名稱】欄位可以輸入或選擇輸出的變數值，例如：運算結果變數 a，如下圖所示：

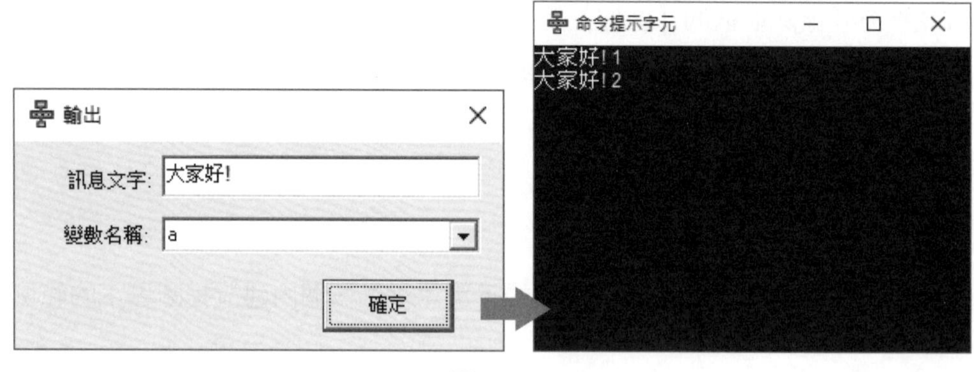

圖 A-16

輸入符號

輸入符號可以讓使用者輸入資料，在「輸入」對話方塊的【提示文字】欄輸入提示說明文字，下方【變數名稱】欄位輸入或選擇輸入的變數名稱，例如：讓使用者輸入的資料儲存至下方變數 grade，如下圖所示：

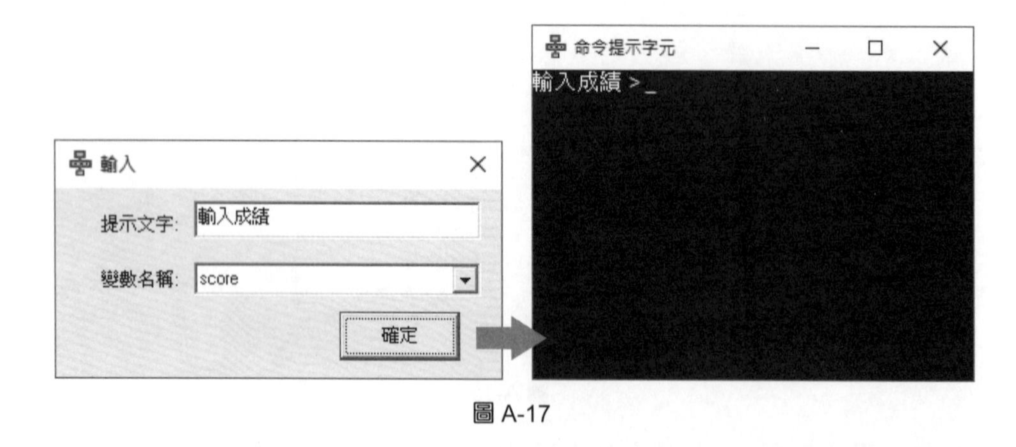

圖 A-17

動作符號

動作符號是用來定義變數值，或是建立擁有 2 個運算元的算術和字串運算式。選【定義變數】標籤可以新增變數和指定初值，我們可以在【變數名稱】欄輸入新增的變數名稱（或選擇專案已經使用過的變數），【變數值】欄輸入變數值（也可以指定成其他變數名稱，即將其他變數的值指定給新增的變數），如下圖所示：

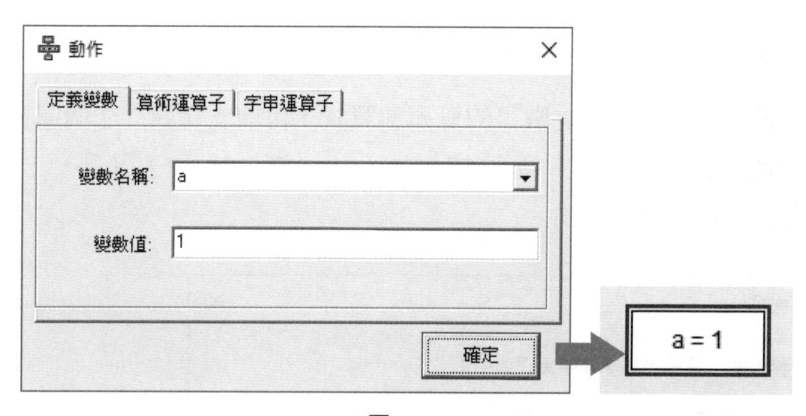

圖 A-18

上述【變數值】欄位可以是其他變數名稱，也就是將其他變數值指定給變數，例如：a = b，或一個完整的算術運算式（4.55 版支援），如下圖所示：

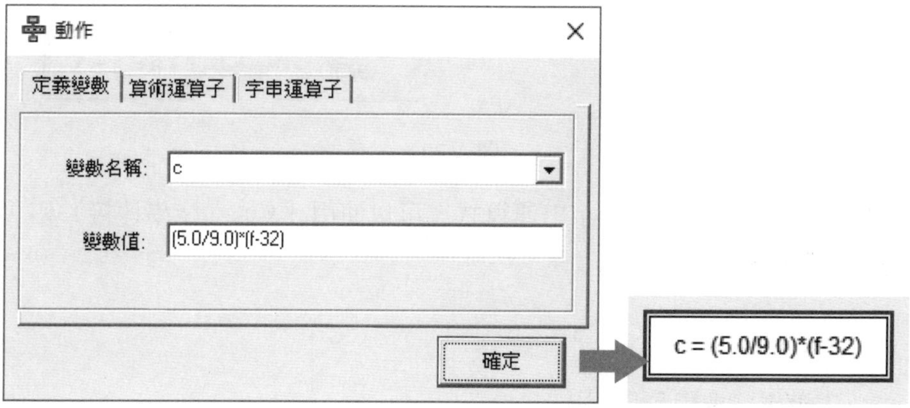

圖 A-19

上述【變數值】欄位輸入的算術運算式支援「+」、「-」、「*」、「/」、「\」（整數除法）、「^」（指數）、「%」（餘數）運算子和「()」括號，運算元可以是整數、浮點數和數學函數。支援的數學函數說明，如下表所示：

表 A-1

數學函數	說明
abs(exp)	絕對值函數
int(exp)、fix(exp)	取得整數值
sin(rad)、cos(rad)、tan(rad)、atn(rad)	三角函數，參數是徑度 deg*3.1415926/180
sqr(exp)	開平方根
factorial(exp)	階乘函數

選【算術運算子】標籤是建立數學的算術運算式，目前支援建立 2 個運算元的運算式，在中間可以選擇使用的運算子：「+」（加）、「-」（減）、「*」（乘）、「/」（除）、和「%」（餘數），如下圖所示：

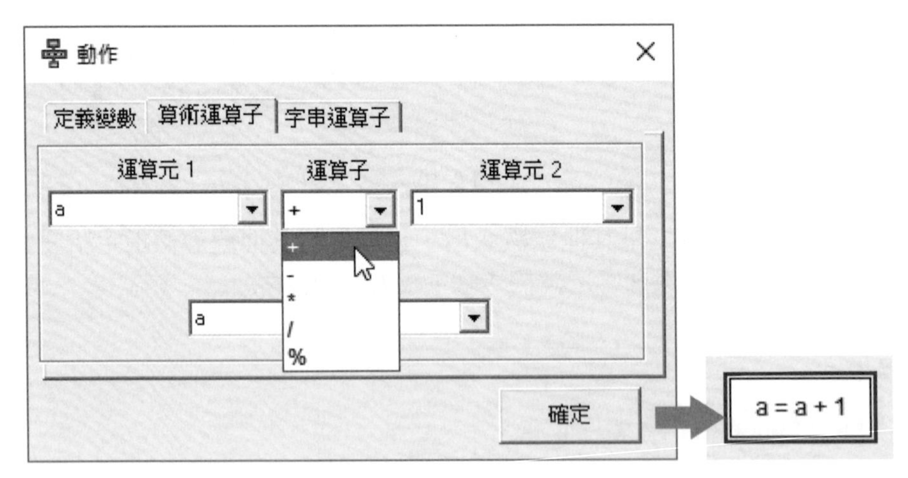

圖 A-20

選【字串運算子】標籤是建立字串運算式，可以使用「&」（字串連接）和「COMP」（字串比較）運算子，如下圖所示：

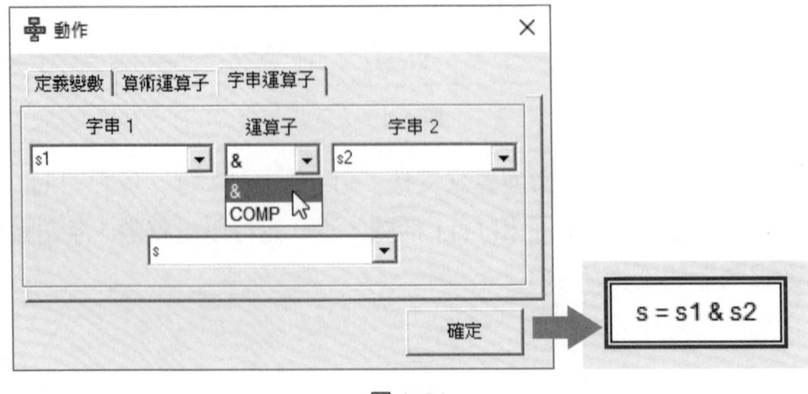

圖 A-21

決策符號

決策符號是用來輸入條件運算式，可以建立 2 個運算元的比較運算式，在中間可以選擇條件運算子：「==」（等於）、「<」（小於）、「>」（大於）、「>=」（大於等於）、「<=」（小於等於）和「!=」（不等於），如下圖所示：

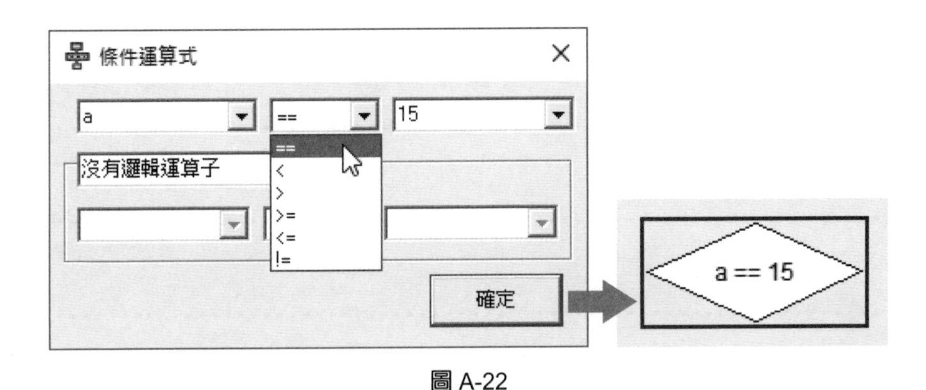

圖 A-22

fChart 流程圖直譯器支援邏輯運算子 AND 和 OR，可以建立 2 個比較運算式作爲運算元的邏輯運算式。首先是 AND 邏輯運算子，如下圖所示：

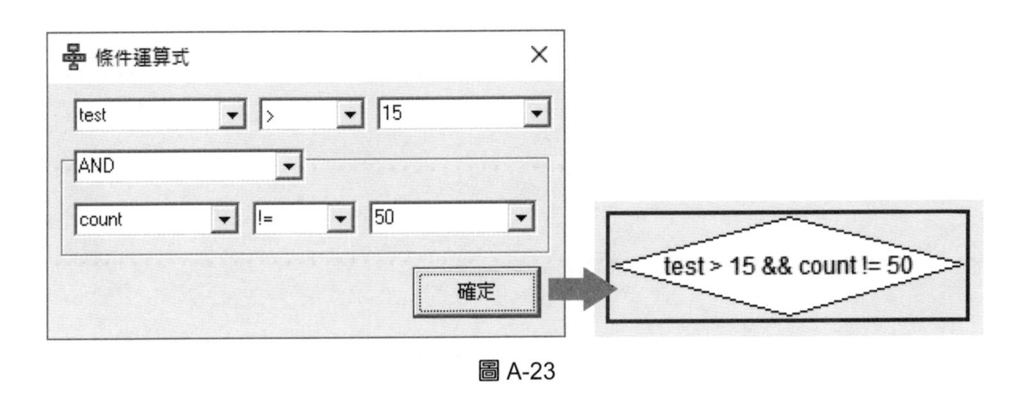

圖 A-23

然後是 OR 邏輯運算子，如下圖所示：

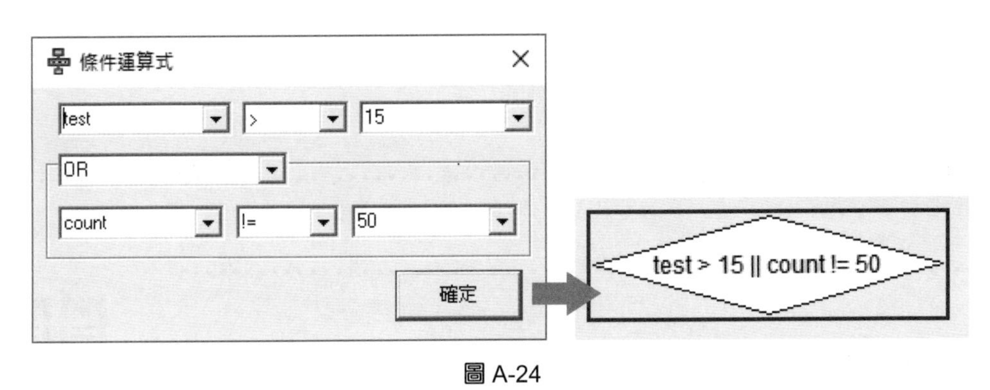

圖 A-24

NOTE

Chapter

B

Visual Studio Community 的下載與安裝

本章綱要

B-1 下載 Visual Studio Community

Visual Studio Community 版可以從網路上免費下載，其下載網址為：https://www.visualstudio.com/，如下圖所示：

圖 B-1

按【下載 Visual Studio】鈕，選 Community 版，即可下載安裝程式檔【vs_community__???????????????5.exe】。

B-2 安裝 Visual Studio Community

當成功下載 Visual Studio Community 版後，我們可以在 Windows 作業系統進行安裝，本書是使用 Windows 10 作業系統為例，其步驟如下所示：

Step 01：請執行下載【vs_community__???????????????5.exe】檔案啟動安裝程式，稍等一下，可以看到安裝畫面。

圖 B-2

Step 02：按【繼續】鈕同意授權條款，可以選擇安裝開發哪一種應用程式的 Visual Studio，如下圖所示：

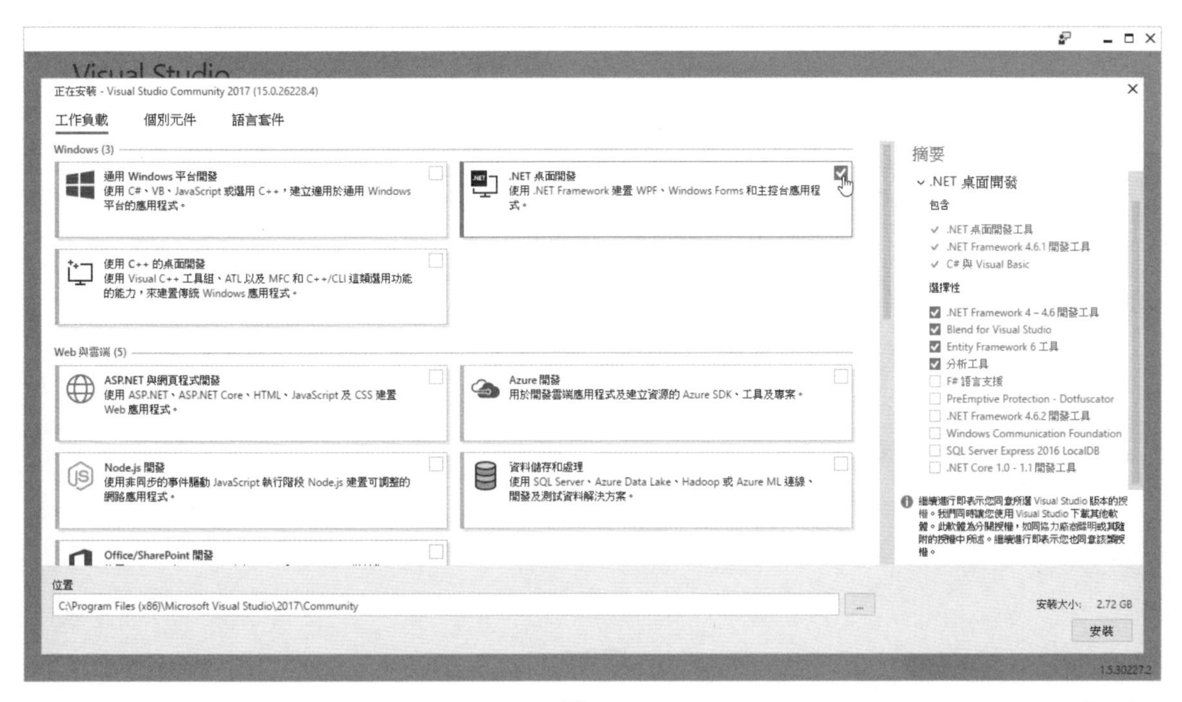

圖 B-3

Step 03：請選右上方【.NET 桌面開發】，按右下角【安裝】鈕開始進行安裝，可以看到安裝進度，如下圖所示：

Visual Studio

產品

已安裝

Visual Studio Community 2017

正在取得 Microsoft.Azure.DataLake.Tools.SDK.Compiler 78%

正在套用 Microsoft.Azure.ClientLibs.Msi 73%

取消

可用

Visual Studio Enterprise 2017

Microsoft DevOps 解決方案，適用於任何規模小組間的產能及合作

授權條款 | 版本資訊 (15.0.26228.4)

安裝

Visual Studio Professional 2017

適合小型團隊使用的專業開發人員工具與服務

授權條款 | 版本資訊 (15.0.26228.4)

安裝

歡迎!

邀請您上線精進技能，並尋找支援開發工作流程的其他工具。

了解

無論您是開發新手或資深開發人員，我們都為您提供教學課程、影片與範例程式碼。

Marketplace

使用 Visual Studio 延伸模組新增新技術的支援、與其他產品及服務整合，以及調整體驗。

需要協助嗎?

查看 Microsoft 開發人員社群 開發人員在這裡提出意見反應並對許多常見問題提供回答。

於 Visual Studio 支援取得 Microsoft 的說明

圖 B-4

Step 04：等到安裝完成，可以看到已安裝的畫面，如下圖所示：

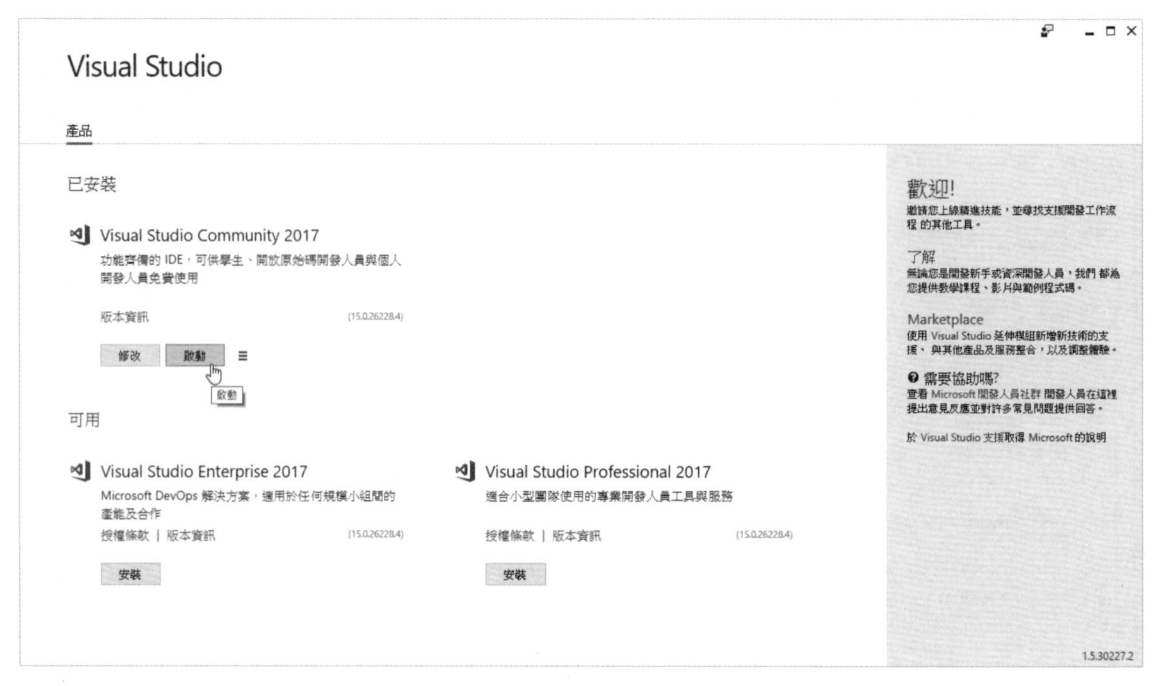

圖 B-5

Step 05：按【啟動】鈕，就可以第 1 次啟動 Visual Studio Community 版，請注意！第 1 次啟動需要註冊和登入 Windows 帳號。

VisualBasic

Chapter

C

ASCII 碼對照表

ASCII 碼	符號	HTML 碼	ASCII 碼	符號	HTML 碼
32	SPACE		80	P	P
33	!	!	81	Q	Q
34	"	"	82	R	R
35	#	#	83	S	S
36	$	$	84	T	T
37	%	%	85	U	U
38	&	&	86	V	V
39	'	'	87	W	W
40	(	(	88	X	X
41	)	)	89	Y	Y
42	*	*	90	Z	Z
43	+	+	91	[	[
44	,	,	92	\	\
45	-	-	93	]	]
46	.	.	94	^	^
47	/	/	95	_	_
48	0	0	96	`	`
49	1	1	97	a	a
50	2	2	98	b	b
51	3	3	99	c	c
52	4	4	100	d	d
53	5	5	101	e	e
54	6	6	102	f	f
55	7	7	103	g	g
56	8	8	104	h	h
57	9	9	105	i	i
58	:	:	106	j	j
59	;	;	107	k	k

ASCII 碼	符號	HTML 碼	ASCII 碼	符號	HTML 碼
60	<	<	108	l	l
61	=	=	109	m	m
62	>	>	110	n	n
63	?	?	111	o	o
64	@	@	112	p	p
65	A	A	113	q	q
66	B	B	114	r	r
67	C	C	115	S	s
68	D	D	116	t	t
69	E	E	117	u	u
70	F	F	118	v	v
71	G	G	119	w	w
72	H	H	120	x	x
73	I	I	121	y	y
74	J	J	122	z	z
75	K	K	123	{	{
76	L	L	124	|		
77	M	M	125	}	}
78	N	N	126	~	~
79	O	O	127	DEL	

NOTE